锂离子电池
——科学与技术

Lithium-Ion Batteries
Science and Technologies

[日] 义夫正树 Masaki Yoshio　[美] 拉尔夫·J.布拉德 Ralph J. Brodd　[日] 小泽昭弥 Akiya Kozawa　等编

苏金然　汪继强　等译

化学工业出版社

·北京·

锂离子电池作为信息化、动力和储能等应用的最重要新能源材料而越来越重要，对其性能要求也越来越高。本书是由世界上锂离子电池首位发明者和奠基者亲自撰写，也是国际上一批享有盛誉的电池行业知名专家所著。

本书共分23章，全面介绍了锂离子电池材料、生产工艺、应用及市场等方面的历史、进展及未来趋势，对锂离子电池的市场、应用进行了深入分析，对电池生产工艺及材料技术进行了全面和系统的阐述。全书内容丰富、实用。

本书可以作为我国从事电池、锂离子电池研究、生产和使用的广大科技人员、工程技术人员极具价值的参考书和工具书，同时也可作为各类中、高等院校及电化学及新能源材料专业师生的有益参考书。

图书在版编目(CIP)数据

锂离子电池——科学与技术/[日] 义夫正树，[美] 布拉德(Brodd，R. J.)，[日] 小泽昭弥等编；苏金然等译．—北京：化学工业出版社，2014.10(2022.8重印)
书名原文：Lithium-Ion Batteries：Science and Technologies
ISBN 978-7-122-21653-3

Ⅰ.①锂…　Ⅱ.①义…②布…③小…④苏…　Ⅲ.①锂离子电池-研究　Ⅳ.①TM912

中国版本图书馆CIP数据核字（2014）第193332号

Lithium-Ion Batteries：Science and Technologies/by Masaki Yoshio，Ralph J. Brodd，Akiya Kozawa

ISBN 978-0-387-34444-7

北京市版权局著作权合同登记号：01-2013-7927

责任编辑：朱　彤　　　　文字编辑：刘志茹
责任校对：吴　静　　　　装帧设计：刘丽华

出版发行：化学工业出版社（北京市东城区青年湖南街13号　邮政编码100011）
印　　装：天津盛通数码科技有限公司
787mm×1092mm　1/16　印张19　字数452千字　2022年8月北京第1版第9次印刷

购书咨询：010-64518888　　　　售后服务：010-64518899
网　　址：http://www.cip.com.cn
凡购买本书，如有缺损质量问题，本社销售中心负责调换。

定　　价：88.00元

译者前言

《锂离子电池——科学与技术》是由日本的义夫正树、美国的拉尔夫·J. 布拉德、日本的小泽昭弥等国际知名的电池专家撰写的锂离子电池专著。《锂离子电池——科学与技术》是一代锂离子电池研究人员研究成果的总结，对锂离子电池的市场、应用进行了深入的分析，对锂离子电池生产工艺及材料技术进行了全面系统的阐述。

《锂离子电池——科学与技术》共23章。全书介绍了锂离子电池材料、生产工艺、应用及市场等方面的历史、进展及未来趋势，内容丰富、知识实用。相信本书可以成为我国从事锂离子电池研究、生产和使用的各类科技与专业人员的一本极具价值的参考书，同时也可以作为各类中、高等院校电化学及材料学相关专业学生的参考书。

参加本书翻译和审校的专家与科技人员均来自天津力神电池股份有限公司和天津电源研究所。天津力神电池股份有限公司是国内投资规模最大的锂离子电池研发生产企业，锂离子电池市场占有率居世界前五位；而天津电源研究所则是国内最大的电池专业研究所。参加本书翻译和审校的专家与科技人员有：苏金然、汪继强、杨秀梅、刘雪省、王晌、葛婵、贾红英、高俊奎、金慧芬、熊泳莲等。天津力神电池股份有限公司的相关领导、研究院及质量部部分同事对本书的翻译提供了许多支持和帮助。

在此我们谨向参与本书翻译和相关工作的专家和科技人员表示衷心感谢；向支持本项工作的领导和同事表示衷心感谢。

本书翻译过程中，还得到《锂离子电池——科学与技术》编者之一的世界IEEE电池组主席张正铭博士亲自指正，在此深表感谢。

由于译者水平与时间所限，此书难免有不当之处，欢迎读者批评指正。

苏金然　汪继强

2014年6月

前言

我的锂离子电池之路

Yoshio Nishi

自从1966年加入Sony公司，40年来我一直从事电子产品用新型材料的研究与开发工作。在Sony公司，我的科研生涯是从作为一名锌空气电池的研究人员开始的，历经8年的电化学研究之后，我的研究却背离了我的愿望领域，转向电声材料，特别是用于包括扬声器、耳机和麦克风在内的电声转换器的膜片材料，后来研究工作又扩展到扬声器系统的箱体材料。这种逆转最初使我感到很不适应，但却迫使自己投身到了我原先陌生的各种类型材料的研究中，这涵盖了浆纸类、金属类（即钛、铝、铍）、陶瓷类（B4C、TiN、BN、SiC）、碳材料类（碳纤维、固化碳、人造钻石）、FRP用增强纤维类（碳纤维、芳香族聚酰胺纤维、玻璃纤维、硅化碳纤维、拉伸聚乙烯纤维）、有机聚合物类（聚酰胺、聚乙烯、聚丙烯、聚甲基戊烯、聚酰亚胺、聚砜、聚醚酰亚胺、聚醚砜、PET）、板材类（胶合板、颗粒板）、树脂复合材料类（散装模塑化合物、树脂混凝土、人造大理石）等。我也曾致力于研制采用聚偏二氟乙烯（PVDF）的压电扬声器。在此期间，我从事的研究与开发工作中最显著的成绩就是有机聚合物晶须和细菌纤维素。前者系由M. Iguchi发现的世界上第一种有机晶须，由聚甲醛（POM）构成。有机晶须具有用做扬声器膜片材料的优异特性，即高的弹性模量与低的密度。由此索尼（Sony）公司和Iguchi博士对POM晶须开展了联合研制工作，成功进行了小规模的批量生产，并通过晶须和聚乙烯复合材料的开发在扬声器膜片中得到应用。

细菌纤维素是借助在含有单糖和双糖的介质中培养出的木醋杆菌实现生化合成的。我们还开发了由细菌纤维素板构成的耳机膜片，其比弹性模量比低密度的铝和钛箔更高。这项成果曾被日本农用化学品协会授予技术奖。

经过12年的电声材料方面的工作后，1986年起我重新开始了对新型电化学电池的研究。我的研究重点集中于非水溶剂电解质电池，特别是采用碳-锂合金做负极的电池。1990年，索尼公司（Sony）宣布新型高功率可再充电的电池开发完成，该电池采用$LiCoO_2$正极活性材料，特制的碳材料用于负极。当电池充电的时候，锂嵌入负极碳中，放电时从负极中脱出。我们将这种电池体系称之为锂离子电池（或LIB）。显然前述先进材料的研究经验的广泛积累，对本人新的研究与开发工作是十分有帮助的。因为锂离子电池（LIB）需要各种不同类型的材料，包括陶瓷（$LiCoO_2$）、碳材料（负极）、聚合物膜（隔膜）、黏合剂（正负极黏合材料）、有机溶剂（电解质）。

例如合成 POM 时，必须将原材料溶液中的水含量控制到一个非常低的水平（几个 μg/mL）。而当我制备非水电解质时，其水含量要尽可能低，由此我就能将先前的技术加以借鉴。双向拉伸聚乙烯微孔膜作为一种隔膜得到采用，这种材料近似于前面提到的拉伸聚乙烯纤维。PVDF 作为电极活性材料的黏合剂得到了使用，而早先作为一种压电扬声器材料，我就对它非常熟悉。

负极活性材料是 LIB 中最为重要的材料之一。按本人的追溯认知，关于碳/锂负极的介绍最早源于 1978 年 8 月 7 日申请的德国专利。自此，大量关于碳/锂电极的专利及论文涌现出来。

在正极方面，我们曾开发了 $AgNiO_2$ 作为正极活性材料用于氧化银电池中。在充放电反应期间，发现 Ag 在 NiO_2 层中的嵌入与脱嵌。通过对这一现象的类推，我们有了一个妙想，即 $LiMO_2$（M=Ni、Co 等）可能用作锂电池的正极活性材料。然而，J. B. Goodenough 先前已经向我们显示，$LiCoO_2$ 和 $LiNiO_2$ 用正极在质子惰性有机溶剂的金属锂/$LiMO_2$ 电池中的充放电是可逆的。从上述事实不难看出，LIB 体系本身并不是一项原创发明，但却是一种我们已知技术的创新组合。

以我之见，电化学电池开发中最重要的工作就是创造一种办法，使所有的材料（正负极活性材料、电解质、隔膜、集流体等）保持在有限的封闭空间内，并使其在没有安全问题情况下，能提供的能量尽可能大。我们于 1991 年 12 月实现了这个目标，成功将锂离子电池投入实际应用中。

第一代锂离子电池的比能量为 200W·h/L 和 80W·h/kg，仅比同时期的氢镍（Ni-MH）电池略高一点。自此之后，锂离子电池（LIB）性能持续提升，至今其比能量已达到 560W·h/L 和 210W·h/kg，甚至更高。

在锂离子电池商品化之前，我们在 1988 年已开始研究与开发采用凝胶型电解质的锂离子电池（LIB），并于 1998 年投放市场。这种电池的性能堪与传统锂离子（LIB）电池比美，且因为聚合物薄膜封装可以代替金属外壳，使其有更高的质量比能量。我相信，锂离子（LIB）电池已经进入到“无处不在”的时代，使得长时间在户外使用移动设备成为了可能。现在在日本，锂离子电池每年制造量近 10 亿只。

自从我在 Sony 公司从事研究与开发工作以来，我追逐的梦想就是使用与欣赏一款新产品，在此产品中使用了我本人所研究的新型材料或器件。1976 年末，一款新高保真扬声器系统投入市场，其中采用了本人所研究的新型材料膜片，我想买来一套来自用，然而我备感遗憾，二百万日元的价格对我来说实在是太昂贵了！我继而成功地推出了一系列音响设备进入市场，而这些音响设备采用了我研究出的新材料，包括有机聚合物晶须、超拉伸聚乙烯、人造金刚石等；这些产品对我来说也还是很昂贵。1988 年，一种应用细菌纤维素膜片的耳机上市，我希望可以买到一个，因为耳机往往比扬声器便宜。但是当我听到这个耳机要花费 36 万日元时，我立刻哑口无言了。

从价格的角度上来说，锂离子电池（LIB）比一个扬声器更便宜，其价格我是可以接受的。然而，不幸的是，单独的电池毫无用处，我必须购买昂贵的移动装置如笔记本电脑、便携式电话、数码相机等。

参考文献

1. M. Iguchi, *Br. Polymer J.*, 5 (1973) 195
2. Y. Nishi, M. Uryu, *New Mater. New Process.*, 3 (1985) 102
3. M. Iguchi, T. Suehito, Y. Watanabe, Y. Nishi, M. Uryu, *J. Mater. Sci.*, 17 (1982) 1632
4. Y. Nishi, M. Uryu, S. Yamanaka, K. Watanabe, K. Kitamura, M. Iguchi, N. Mitsuhashi, *J. Mater. Sci.*, 25 (1990) 2997
5. F. Heinz, German Patent, DE 2834485 C2, filed in 1978
6. A. G. MacDiarmid, A. Heager, P. J. Nigrey, U.S. Patent 4,442,125, filed in 1980
7. R. Yazami, Ph. Touzain, Abstract No. 23, International Meeting on Lithium Batteries, 1982
8. S. Basu, U.S. Patent 4,423,125, filed in 1982
9. F. P. McCullough, Jr., U.S. Patent, filed in 1984
10. T. Nagaura and T. Aida, Japanese Patent S62-11460, filed in 1980
11. J. B. Goodenough, M. Miaushima, P. J. Wiseman, British Patent, filed in 1979
12. Y. Nishi, *Chem. Rec.*, 1 (2001) 406
13. Y. Nishi, Lithium Ion Batteries, M. Wakihara, O. Yamamoto, Eds., Kodansha/Wiley-VCH, Tokyo (Japan), 1998, p. 181
14. Y. Nishi, Advances in Lithium-Ion Batteries, W. A. van Schalkwijk, B. Scrosati, Eds., Kluwer/Plenum, New York, 2002, p. 233

撰稿人

栗野秀 Hidekazu Awano

Nippon Chemical Industrial Co. , Ltd. , 9-11-1, Kameido, Koto-ku, Tokyo 136-8515, Japan, hidekazu. awano@nippon-chem. co. jp

拉尔夫 · J. 布拉德 Ralph J. Brodd

Broddarp of Nevada, Inc. , 2161 Fountain Springs Dr. , Henderson, NV 89074, USA, ralph. brodd@earthlink. net

曹在弼 Jaephil Cho

Department of Applied Chemistry, Hanyang University, Ansan 426-791, South Korea, jpcho@hanyang. ac. kr

尼古拉 · 迪莫夫 Nikolay Dimov

Department of Applied Chemistry, Saga University, 1 Honjo, Saga 840-8502, Japan, nikjapan@yahoo. com

万马后藤 Kazuma Gotoh

Department of Chemistry, Faculty of Science, Okayama University, Okayama 700-8530, Japan

堀辰雄 Tatsuo Horiba

Shin-Kobe Electric Machinery Co. , Ltd. , 2200 Oka, Fukaya, Saitama 369-0297, Japan, t. horiba@shinkobe-denki. co. jp

彦菊屋 Kazuhiko Kikuya

Toda Material Corp. Kyushu, 1-26 Hibiki-machi, Wakamatsu, Kitakyushu, Kazuhiko _ Kikuya@todakogyo. co. jp

小野道之 Michiyuki Kono

R& D Division, Dai-Ichi Kogyo Seiyaku Co. , Ltd. , 55, Nishi-Shichijo, Higashikubo-Cho, Shimogyo-Ku, Kyoto 600-8873, Japan, m-kono@dks-web. co. jp

小泽昭弥 Akiya Kozawa

ITE Aichi Office, 2-15-19 Kamejima, Nakamura-ku, Nagoya 453-0013, Japan

前田真理子 Mariko Maeda

Research Center, Kureha Corporation, 16, Ochiai, Nishiki, Iwaki, Fukushima 974-8232, Japan

森秀 Hidekazu Mori

Zeon Co. , Yako 1-2-1, Kawasaki 210-9507, Japan, h. mori@zeon. co. jp

永井爱作 Aisaku Nagai
Research & Technology Division，Kureha Corporation，3-3-2，Nihonbashi-Hamacho，Chuo-ku，Tokyo 103-8552，Japan，a-nagai@kureha. co. jp

西义雄 Yoshio Nishi
1-7-302 Wakabadai，Asahi-ku，Yokohama 241-0801，Japan，west24440@mmm-keio. net

西田达也 Tatsuya Nishida
Hitachi Chemical Co. Ltd.，Japan，13-1，Higashi-Cho 4-chome，Hitachi City 317-8555，Japan，t-nishida@hitachi-chem. co. jp

野口秀幸 Hideyuki Noguchi
Department of Applied Chemistry，Saga University，1 Honjyo，Saga 840-8502，Japan

沼田浩一 Koichi Numata
Mitsui Mining & Smelting Co，Ltd.，Corporate R& D Center，1333-2 Haraichi，Ageo，Saitama 362-0021，Japan，k _ numata@mitsui-kinzoku. co. jp

荻野隆夫 Takao Ogino
Research and Development Division，Bridgestone Corporation，3-1-1 Ogawa-higashi，Kodaira 187-8531 Tokyo，Japan

小久见善八 Zempachi Ogumi
Department of Energy & Hydrocarbon Chemistry，Graduate School of Engineering，Kyoto University，Kyoto 606-8501，Japan，ogumi@scl. kyoto-u. ac. jp

冈田正树 Masaki Okada
Nanyo Research Laboratory，TOSOH Corporation，4560，Kaisei-cho，Shin-nanyo 746-8501，Japan，okada _ m@tosoh. co. jp

冈田重人 Shigeto Okada
Institute for Materials Chemistry and Engineering，Kyushu University，6-1 Kasuga Koen，Kasuga-shi，Fukuoka 816-8580，Japan，s-okada@cm. kyushu-u. ac. jp

大泽俊 Toshiyuki Osawa
Kanagawa Industry Technology Center，705-1，Shimoizumi，Ebina，243-0435，Japan，tohsawa@kanagawa-iri. go. jp

史乙木 Masashi Otsuki
Central Research，Bridgestone Corporation，3-1-1

Ogawa-higashi，Kodaira，Tokyo 187-8531，Japan，
masashi. otsuki@bridgestone. co. jp

朴君宇 Byungwoo Park
School of Materials Science and Engineering and Research Center for Energy Conversion & Storage，Seoul National University，Seoul，Korea

普瑞蒙兰德·罗摩达斯 Premanand Ramadass
Celgard，LLC，13800 South Lakes Dr.，Charlotte，NC 28273，USA

清水一彦 Kazuhiko Shimizu
Research Center，Kureha Corporation，16，Ochiai，Nishiki，Iwaki，Fukushima 974-8232，Japan

迈克尔·E. 斯帕 Michael E. Spahr
TIMCAL Ltd.，Strada Industriale，CH-6743 Bodio，Switzerland，
m. spahr@ch. timcal. com

孙阳坤 Yang-kook Sun
Department of Chemical Engineering，Hanyang University，Seoul，Korea

田川一夫 Kazuo Tagawa
Hohsen Corporation，10-4-601 Minami Semba 4-chome，Chuo-ku，Osaka 542-0081，Japan

宇江誠 Makoto Ue
Mitsubishi Chemical Group，Science and Technology Research Center，Inc.，
Battery Materials Laboratory，8-3-1 Chuo，Ami，Inashiki，Ibaraki 300-0332，
Japan，3707052@cc. m-kagaku. co. jp

上田正美 Masami Ueda
Toda Kogyo Corp.，1-26 Hibiki-machi，Wakamatsu，Kitakyushu，Fukuoka 808-0021，Japan

王宏宇 Hongyu Wang
Advanced Research center，Saga university，
1341 Yoga-machi，Saga 840-0047，Japan，
wanghongyu@hotmail. com

山木纯一 Jun-ichi Yamaki
Institute for Materials Chemistry and Engineering，Kyushu University，6-1
Kasuga Koen，Kasuga-shi，Fukuoka 816-8580，Japan，
yamaki@cm. kyushu-u. ac. jp

山本晴久 Haruhisa Yamamoto
ZEON Corporation，Yako 1-2-1，Kawasaki 210-9507，Japan

Hiroshi Yamamoto Toda Kogyo Corp. ，1-1-1 Shinoki，
Onoda，756-0847，Japan

义夫正树 Masaki Yoshio
Advanced Research Center，Saga university，
1341 Yoga-machi，Saga 840-0047，Japan，
yoshio@cc. saga-u. ac. jp

秀哉吉武 Hideya Yoshitake
Specialty Chemicals & Products Company，Ube Industries，Ltd. ，1-2-1 Shibaura，
Minato-ku，Tokyo 105-8449，Japan，27452u@ube-ind. co. jp

张正铭 Zhengming（John）Zhang
Celgard，LLC，13800 South Lakes Dr. ，Charlotte，NC 28273，USA，
johnzhang@celgard. co

目录

第3章 碳负极材料 38

第4章 功能电解质：添加剂 55

第5章 锂离子电池的碳导电添加剂 82

第6章 锂离子电池中聚偏氟乙烯（PVDF） 相关材料的应用 104

第19章 锂离子电池功能电解质 219

Hideya Yoshitake

第20章 锂离子电池隔膜 235

Zhengming（John）Zhang and Premanand Ramadass

第21章 聚合物电解质与聚合物电池 266

Toshiyuki Osawa and Michiyuki Kono

引言：

锂离子电池的发展

Masaki Yoshio，Akiya Kozawa，and Ralph J. Brodd

0.1 简介

为满足电池更高的性能需求，日本 Asahi Kasei 公司[1]设计开发了锂离子电池（LIB）并由 Sony 公司[2]和 A&T 电池公司（Toshiba 电池与 Asahi Kasei 的合资公司）先后于 1991 年、1992 年将其商业化。由于锂离子电池的能量密度比镍-镉（Ni-Cd）或镍-氢（Ni-MH）电池高、性能优良且没有记忆效应，所以被市场迅速接受。锂离子电池主要应用在便携式电子设备，特别是手机和笔记本电脑中。近来，锂离子电池的应用已拓展到了电动工具和电动助力自行车方面，还有一些公司正在采用锂离子电池取代 Ni-MH 电池应用到混合动力交通工具中。

0.2 锂离子电池发展史

目前，电池体系主要为可再充铅酸电池和一次锌锰电池，这两种电池历史悠久且技术已十分成熟。出于对更高性能电池的需求，锂离子电池正在挑战这些成熟的电池体系。锂原子量低且电极电势高，因此锂离子电池比传统的铅、锌电池具有更高的能量密度。然而，高能量的锂离子体系的发展既不简单又不容易，需要建立一种系统的方法和基于新型正负极、非水电解质研究的技术突破，以保持高能量锂离子电池体系的稳步提升。

锂金属一次电池是基于非水电解质的，如 20 世纪 70 年代初开发出的碳酸丙烯酸酯-高氯酸锂和锂负极体系电池、1973 年松下电器推出的锂氟化碳（Li-CF_x）一次电池、三洋公司于 1975 年商业化的锂锰一次电池，这些电池用于 LED 鱼漂、照相机和记忆备份装置上。经过努力研究，高能量密度的一次锂电池已发展为二次电池，各种研究成果见表 0.1。20 世纪 70～80 年代研究最多的主要为无机负极化合物，导电聚合物材料如聚乙炔也被开发出来，可能用作正负极的电极材料。但是，这些聚合物材料的密度比水小，除了聚并苯（PAS）电池以外，当电池尺寸增大时，采用这些材料就不具有竞争优势。研究发现，低密度导电聚合物正极仅能用于记忆备份的纽扣式电池上。

早期，二次锂离子电池被安全性问题所困扰，该问题是由于锂金属负极在反复充电过程中形成枝晶引起的。出于安全性考虑，高性能高氯酸盐电解质被停止使用，因为在充电过程中其易形成锂枝晶。1989 年，Moli 能源公司发现 AA 型电池中热的产生与金属锂有关，改为

表 0.1 多种已开发的二次锂金属电池体系

体系	电压/V	质量比能量 /(W·h/kg)	体积比容量 /(W·h/L)	公司
Li/TiS_2	2.1	130	280	1978 埃克森
LiAl/TiS_2				1979 日立
Li/$LiAlCl_4$-SO_2/C	3.2	63	208	1981～1985 金霸王
Li/V_2O_5	1.5	10	40	1989 东芝
Li/$NbSe_3$	2.0	95	250	1983～1986 贝尔实验室
LiAl/聚苯胺	3.0	—	180	1987 普利司通
LiAl/聚吡咯	3.0	—	180	1989 嘉娜宝
Li/Al/聚乙烯	3.0	—	—	1991 嘉娜宝/精工
Li/MoS_2	1.8	52	140	1987 莫里
Li/CDMO(Li_xMnO_2)	3.0	—	—	1989 三洋
Li/$Li_{0.3}MnO_2$	3.0	50	140	1989 泰迪兰
Li/VO_x	3.2	200	300	1990 魁北克水电局

使用 Li-Al 合金负极的纽扣式电池更加安全。然而，合金的冶炼不适用于 AA 型电池。Tadiran 开发了一种二氧杂环戊烷基电解质，该电解质可在 110℃以上自主聚合[3]，聚合电解质具有高阻抗并且能终止电池反应，为电池提供安全保障。锂金属二次电池现在仅限于小容量纽扣式电池。早期开发的目前还在使用的锂电池是基于 Li-Al-PAS 电化学体系。PAS-PAS 或 Li-掺杂的 PAHs-PAS 混合电池（其中 PAHs 多环芳香烃是 PAS 的结构变形）与小型太阳能电池配合作为电容器，能提供实用且便捷的动力源，该电池现广泛使用于夜间照明的路面标识或偏远地区的类似应用中[4,5]。另一些锂合金也正在被开发，以用作锂离子电池的活性物质，本书随后会论述。

0.3 锂离子电池历史及专利

由于锂金属存在安全问题，人们将关注点转移到嵌锂负极材料上。1981 年 6 月三洋公司的 H. Ikeda 最先在专利号为 1769661 的日本专利中公开了一种在有机溶液中使用的嵌入式材料，如石墨[6]。在 Ikeda 石墨专利的前一年，Goodenough 发表了嵌入式正极材料 $LiCoO_2$ 专利[7]。贝尔实验室的 S. Basu 在该专利基础上发现在室温下锂可以嵌入石墨，并于 1982 年发表美国专利 4423125[8]。I Kuribayashi 和 A. Yoshino 在世界上首先开发了一种使用嵌入式碳负极和 $LiCoO_2$ 正极的新型电池，并发表专利。1991 年，在二次 Li-MnO_2 电池试生产的基础上，Sony 能源技术公司开始使用旭化成的专利生产商用电池（锂离子电池）。在电池中他们导入了控制充放电的保护电路、电池内部压力过大时切断电流的装置以及一种具有“关闭”功能的聚合物隔膜。

尽管电池没有使用锂金属，但是“锂离子”的名称已在世界范围内被电池行业广泛接受。然而，在充电过程中经常发生锂金属在碳负极上沉积，这可能导致锂离子电池出现一些问题。电池正负极都会发生锂离子嵌入活性材料结构的反应。东芝电池与旭化成化学公司的合资公司 AT 电池公司，第二个将旭化成专利技术商业化。表 0.2 展示了锂离子电池领域的杰出专利。

表 0.2　锂离子电池的相关专利

专利	专利号和申请日期	姓名	公司
作为正极的过渡金属氧化物 $LiCoO_2$	US 4302518 (1980/3/31)	J. B. Goodenough	United Kingdom Atomic Energy Authority
非水溶剂体系中的石墨/Li	Japan 1769661 (1981/6/18)	H. Ikeda, K. Narukawa, H. Nakashima	Sanyo
非水溶剂体系中的石墨/Li	US 4423125 (1982/9/13)	S. Basu	Bell Telephone Laboratories, Inc.
熔融盐中的石墨/Li	US 4304825 (1980/11/21)	S. Basu	Bell Telephone Laboratories, Inc.
石墨化中间相碳	Japan 2943287 (Sept. 1990)	Kawagoe, Ogino	Bridgistone
锂离子电池(基于碳材料的电池)	Japan 1989293 (1985/5/10)	A. Yoshino, K. Jitsuchika, T. Nakajima	Asahi Chemical Ind.
碳/Li 非水溶剂体系	US 4959281 (1989/8/29)	N. Nishi	Sony Co.
用于 Gr 亚乙烯基碳的添加剂	Japan 3059832 (1992/7/27)	M. Fujimoto, M. Takahashi, A. Nishio	Sanyo
用于 Gr 亚乙烯基碳的添加剂	US 5626981 (May 6, 1997)	A. Simon, J-P. Boeuve	Saft
丙磺酸内酯添加剂	US 6033809 (1997/8/22)	S. Hamamoto. A. Hidaka, K. Abe	Ube

0.4 电解质添加剂：一种提高锂离子电池能量密度和安全性的方法

图 0.1 描述了 1992～2006 年间圆柱型 18650 型（直径 18mm，长度 65mm）电池容量的增长。早期锂离子电池的容量仅有 800mA・h 且充电终止电压为 4.1V，电池使用的负极材料是质量比容量约为 200mA・h/g 的硬碳，正极材料是质量比容量接近 130mA・h/g 的 $LiCoO_2$，电解质为碳酸丙烯酯。然而，锂离子电池的能量密度以平均每年 10% 的速度迅速增长，并在 2005 年达到 2.6A・h。

为了满足终端制造商的要求，通过工艺改进、石墨负极的引入、$LiCoO_2$ 正极材料的改善和电解质添加剂的引入使电池容量得到提升。溶剂-溶质的关系及杂质的控制是至关重要的。20 世纪 90 年代中期，用碳酸乙烯酯取代碳酸丙烯酯作为电解质的主要组分以克服溶液的分解。研究人员发现，增加石墨化度可以提高容量，但是提高碳的石墨化度会加速溶液的分解，锂离子电池制造商无法快速解决这一难题，且早期的电池中使用的人造石墨仍在使用，如 280mA・h/g 石墨化的中间相碳（石墨化度低的第一代 MCMB6-28）。电池中的微量水分杂质可使六氟磷酸锂（$LiPF_6$）水解产生 HF，它对正极组分有不良影响。

1998 年，宇部有限公司引进一种包含特殊添加剂的高纯度“功能电解质”，其在第一次

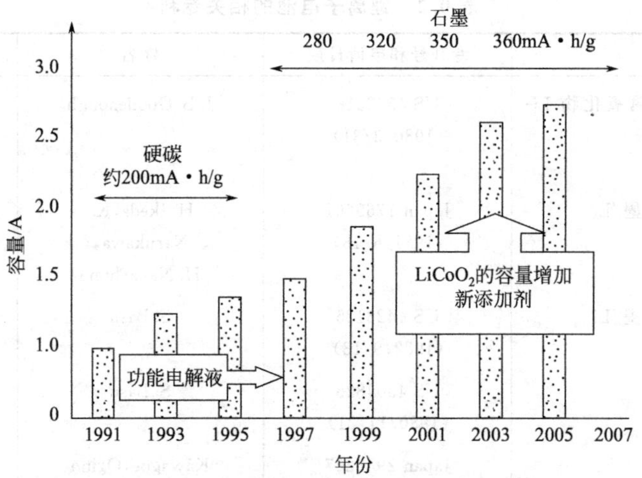

图 0.1 来源于材料和充电方式变化的容量提升

充电反应时形成一种固态电解质界面保护膜［新型的固态电解质界面膜（SEI）］[10,11]。这种膜覆盖了石墨材料的“活性点”，可以防止电解质的分解。石墨化度的增加使碳负极材料［石墨化中间相碳纤维（MCF）或二代 MCMB-6-28］的质量比容量首次提高至 320mA·h/g，现在已经接近达到 372mA·h/g 的理论值（例如，块状人造石墨 MAG，该材料结构中有一个狭小的孔隙以吸收电解质添加剂）。另一种电解质添加剂——苯基环己烷（CHB）在较高电压下会产生氢气，以防止保护电路失效时的过充电，此类气体的产生可以启动电流切断装置及安全阀，以预防重大安全问题。

2003 年，18650 型电池容量达到 2.4A·h，比能量高于 200W·h/kg 或 500W·h/L。实现这些性能的部分原因是因为使用了改善的石墨负极材料、电解质添加剂及稳定的 $LiCoO_2$，这使得电池的工作电压增至 4.2V 以上。为了抑制电池电解质在 $LiCoO_2$ 表面活性点的分解，宇部有限公司开发了一种新型添加剂，以抑制正极活性点上电解质的分解[12,13]。这种理念是基于正极上导电薄膜的形成，这种薄膜就像 SEI 膜保护负极一样，覆盖了正极活性物质从而保护正极。一般的负极添加剂为 1,3-丙磺酸内酯[14]、碳酸亚乙烯酯[15]及其他两到三种负极添加剂。正极添加剂和主要的防止过充电的添加剂是苯基环己烷（CHB）。负极添加剂的数量和种类根据石墨种类的不同而不同，一种比较流行的石墨负极 MAG，对添加剂具有良好的亲和性。2006 年，使用石墨负极、二元镍基正极和若干种不同添加剂的 18650 型电池的容量达到 2.9A·h。电池的电解质中还含有其他少量的专用添加剂。

然而，将电池充电至较高的截止电压导致锂基电源的安全问题更加突出，生成适宜的 SEI 膜是电池安全性和性能的保证，特别是在较高的截止电压的情况下。在锂离子电池行业中，通过使用添加剂，特殊 SEI 膜的形成和生长的过程称为“条件过程”。这是生产制造最重要的步骤之一，用于抑制电解质的分解和保证安全性。

含有优化设计添加剂的电极的条件过程是通过下述方式实现的。首先，在较低倍率（大约 1/4C 倍率）下，通过几次充放电循环使添加剂分解，激发保护膜的形成；初始（条件过程）循环后，充电态的电池在室温或高温下储存数天，以完成保护膜的生长过程。

图 0.2 展示了相同的电极在加/未加添加剂 VA 时 SEI 膜的形貌。可以清晰地观察到石墨负极表面形成的 SEI 膜并不均匀，有大量的微小斑点存在，这些斑点的形成是由于在电解质中添加了 VA 添加剂。充分形成 SEI 膜对锂离子电池性能和安全性的提升起到至关重要

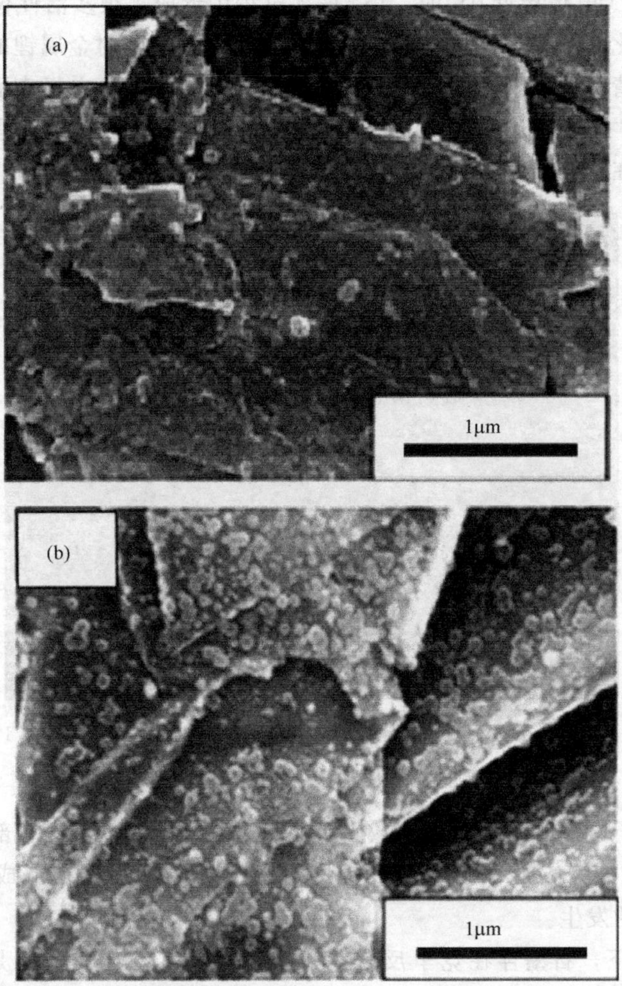

图 0.2　未添加（a）和添加（b）1%VA 的天然石墨充电后的扫描电子显微镜（SEM）图

的作用。

另一方面，即使没有添加剂，Li^+ 在 PC 基电解质中也可以嵌入石墨中，只是会消耗 PC，如图 0.3 所示。然而，在这种情况下，在 0.6～0.8V 附近出现了一个电压平台，其初始库仑效率骤降且金属锂可能发生沉积。该现象可以由电极表面存在着大量的活性位来解

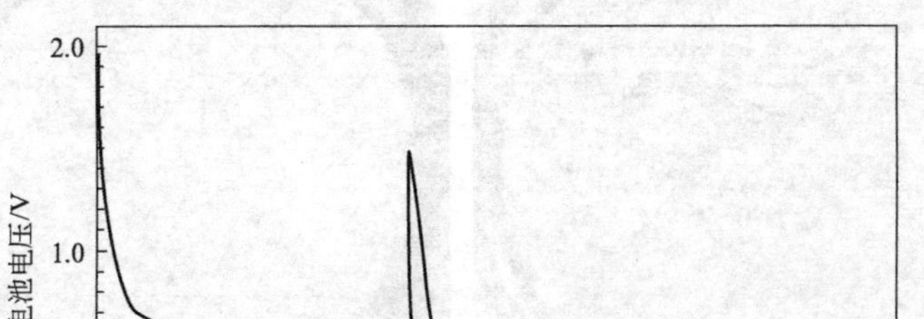

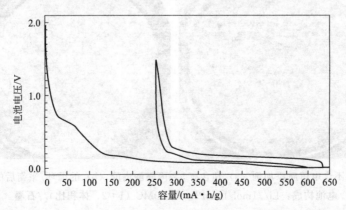

图 0.3　石墨在 1mol/L $LiPF_6$［PC：MEC(碳酸乙烯酯)，1：4］中对 Li/Li^+ 电压曲线

释。因为在对 Li/Li^+ 电位接近 0V 时，Li^+ 嵌入过程中形成了很多活性位，这些活性位是整个负极表面电位变化的结果，这种不均匀的电压分布导致充电时金属锂的沉积。

从图 0.4 可以清楚地看到石墨表面的电荷分布是不均匀的。电极表面的某些部分类似于石墨脱落-膨胀。Li^+ 不能嵌入脱落的石墨中；另一方面，脱落的石墨是良好的导电体，锂或其他金属离子会在其表面发生沉积。

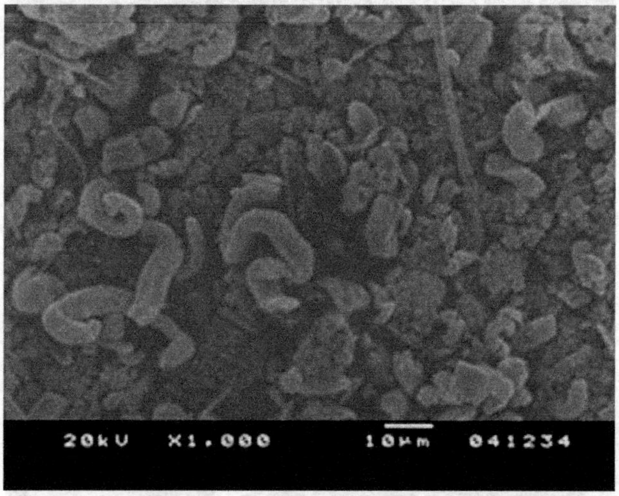

图 0.4 石墨电极在 1mol/L $LiPF_6$ [PC∶MEC（碳酸乙烯酯），1∶4] 中对 Li/Li^+ 循环的 SEM 图

图 0.4 是锂离子电池的石墨负极在数十次循环过程中的典型示例。部分石墨可能会被破坏和脱落，Li^+ 不能嵌入，从而造成金属锂的沉积。条件过程旨在形成稳定且致密的 SEI 膜，以避免此现象的发生。

特别是在低温下，石墨存在竞争反应：一是锂嵌入其结构中；一是锂在其表面沉积，它意味着锂嵌入的反应动力低。图 0.5 说明了电解质添加剂的重要性。该图展示了石墨负极在 0℃、电压窗口为 0.005～2.500V、电流密度为 0.4mA/cm^2 的条件下 6 次循环后的状态。该电池由 Li//1mol/L $LiPF_6$-EC/DMC（1∶2，体积比）//石墨组成。每次循环电池在

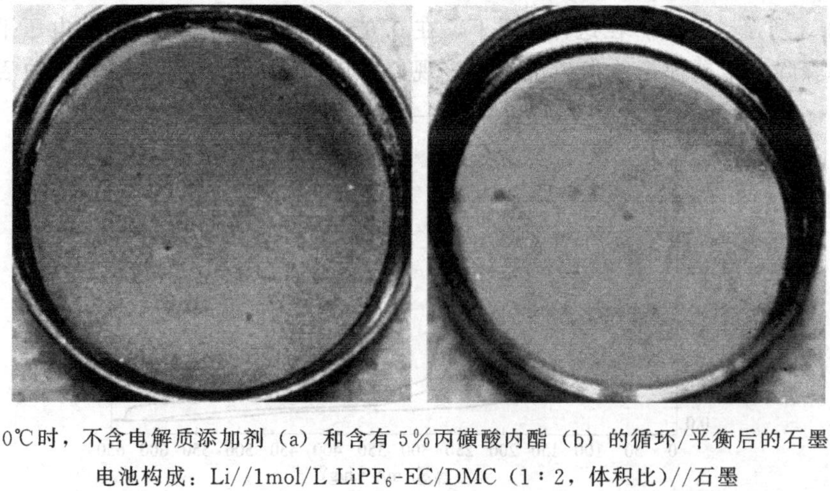

图 0.5 0℃时，不含电解质添加剂（a）和含有 5%丙磺酸内酯（b）的循环/平衡后的石墨电极外观

电池构成：Li//1mol/L $LiPF_6$-EC/DMC（1∶2，体积比）//石墨

每次循环电池在 0.005V 0℃下平衡 10h

0.005V下平衡10h。图0.5（a）所示的电极不是第一阶段LiC_6的金黄色，这是由于低温下电池的反应平衡会导致锂-金属沉积，特别是当不含添加剂时。

相同条件下，使用适宜的添加剂，例如PS，同类电极的表面状况如图0.5（b）所示，电极是典型的LiC_6金黄色[16]。这就意味着，在平衡循环中添加剂的分解和在石墨活性位上的沉积阻止了金属锂的形成。我们认为电解质添加剂通过改变锂沉积的动力，从而改善了石墨电极的性能。电解质添加剂使高结晶度石墨负极的使用成为可能，同时抑制了锂和LiC_6的共存，因此人们普遍认为电解质添加剂是锂离子电池行业的一种关键材料。

另外，近期的研究开发还包括延缓溶剂燃烧的阻燃剂和提升隔膜浸润性的新型添加剂的组合。在锂离子聚合物电池胶体电解质中使用这些添加剂是困难的，这可能是锂离子聚合物电池市场份额低的原因之一。

2007年，使用当时的石墨和镍基正极材料的18650型电池的容量达到了2.9A·h。容量的进一步提升有望通过质量比容量为700mA·h/g或更高的硅合金负极及质量比容量为250mA·h/g的锂-镍-钴-铝和镍-锰-钴正极材料的开发来实现。新型电解质和/或添加剂也在开发中。

随着社会的进步，一系列新技术、设备和体系已经被开发出来，并且更高效的工艺技术也已应用。人们对全球逐渐变暖和环保的关注，促进了需要使用更高性能的锂离子电池的纯电动车和混合电动汽车的开发和进步。同时，人们对更环保和低耗能高功效能源需求的提高，更促使了对电池高性能、高能量及存储要求的进一步提高。如本文所述，锂离子电池已经作出突出贡献并将持续进步。

参考文献

1. A. Yoshino, K. Jitsuchika, T. Nakashima, Japanese Patent 1989293 (issued 1985/5/10)
2. T. Nagura, K. Tozawa, *Progr. Batteries Solar Cells*, 10 (1991) 218
3. P. Dan, E. Mengeritsky, D. Aurbach, I. Weissman, E. Zinigrad, *J. Power Sources*, 68 (1997) 443
4. S. Yata, Y. Hato, H. Kinoshita, N. Ando, A. Anekawa, T. Hashimoto, M. Yamaguchi, K. Tanaka, T. Yamabe, *Synth. Met.*, 73 (1995) 273
5. S. Wang, S. Yata, J. Nagano, Y.Okano, H. Kinoshita, H. Kikuya, T. Yamabe, *J. Electrochem. Soc.*, 147 (2000) 2498
6. H. Ikeda, K. Narukawa, H. Nakashim, Japanese Patent 1769661 (issued 1981/6/18)
7. J.B. Goodenough, U.S. Patent 4,302,518 (issued 1980/3/31)
8. S. Basu, U.S. Patent 4,423,125 (issued 1982/9/13)
9. S. Basu, U.S. Patent 4,304,825 (issued 1980/11/21)
10. H.Yoshitake, Techno-Frontier Symposium, Makuhari, Japan (1999)
11. H. Yoshitake, *Functional Electrolyte in Lithium Ion Batteries* (in Japanese), M.Yoshio, A. Kozawa, Eds., Nikkan Kougyou Shinbunsha, Japan, 2000, pp. 73–82
12. H. Yoshitake, K. Abe, T. Kitakura, J. B. Gong, Y. S. Lee, H. Nakamura, M. Yoshio, *Chem. Lett.*, 32 (2003) 134
13. K. Abe, H. Yoshitake, T. Kitakura, T. Hattori, H. Wang, Masaki Yoshio, *Electrochim. Acta* 49 (2004) 4613
14. S. Hamamoto, A. Hidaka, K. Abe, U.S. Patent 6,033,809 (issued 1997/8/22)
15. M. Fujimoto, M. Takahashi, A. Nishio, Japanese Patent 3059832 (issued 1992/7/27)
16. Gumjae Park, Hiroyoshi Nakamura, Yunsung Lee and Masaki Yoshio *J. Power Sources*, in press (2009)

第1章

锂离子电池市场概况

Ralph J. Brodd

1.1 概述

锂离子电池（Li-Ion）体系是由朝日（Asahi）化学制品公司[1]在20世纪80年代初开始研究和开发的，后由索尼（Sony）公司于1990年将其商业化。最初是为京瓷（Kyocera）公司生产14500和20500两种用于手机电源的锂离子电池[2]，次年索尼引入18650电池作为摄像机的电源（电池型号的命名方法：前两个数字表示电池直径，单位为mm，后三个数字表示电池高度，单位为1/10mm）。自锂离子电池问世以来，其市场持续扩大，年销售额到2005年已达到40亿美元。

与传统的镍镉（Ni-Cd）、镍氢（Ni-MH）及阀控式铅酸（VRLA）电池相比，锂离子电池的特点是具有较高的体积比能量和质量比能量（见图1.1）。对于某一特定的电池规格，较高的体积比能量（W·h/L）与质量比能量（W·h/kg）可以使电池变得更小、更轻。这些特性使采用电池供电的便携式电子设备，尤其是笔记本电脑和手机的快速发展变为现实。

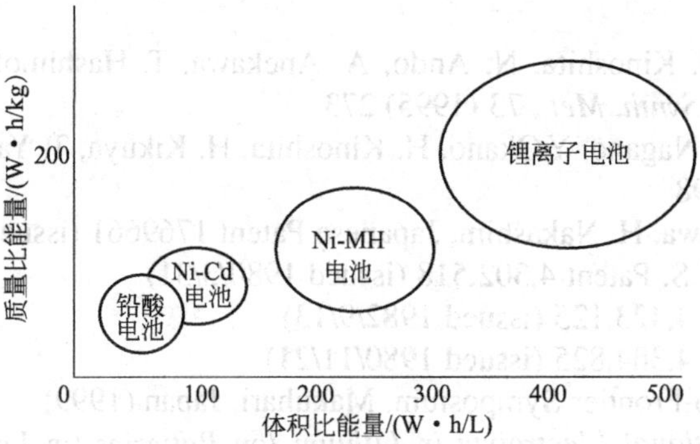

图1.1 主要的小型密封二次电池体系的体积比能量（W·h/L）和质量比能量（W·h/kg）

安全性能是锂离子电池的普遍关注点，滥用锂离子电池则导致自我毁坏，因此制造商应确保单体电池在正常使用时是安全的。此外，单体电池设计应考虑安全性，如设计一种发生滥用时能够自动切断电流的装置。联合国[3]及各国运输部门要求通过测试以保证电池在运输过程中是安全的。

表1.1列出了锂离子电池和锂离子聚合物电池的优缺点。

表 1.1　锂离子电池和锂离子聚合物电池的优缺点

优　点	缺　点
• 具有最高比能量(W・h/g)、质量最轻(W・h/kg)的化学材料体系	• 价格相对昂贵
• 没有记忆效应	
• 良好的循环寿命	• 需要安全保护电路,防止电池过充电和过放电
• 高能量转换效率	• 标称充电时间为 3h
• 良好的高倍率能力	• 不耐受过充电和过放电
	• 需关注热失控
聚合物/薄板锂离子电池的额外优缺点	
• 形状具有任意性	• 高倍率性能受到限制
• 凝胶状电解质	• 更高的价格
• 负极、正极与隔膜在内部黏结成一体	• 低温性能较差

1.2　当前锂离子电池市场

锂离子电池属于小型密封二次电池市场，并在多个应用领域与 Ni-Cd 电池和 Ni-MH 电池相竞争。锂离子电池可制成圆柱形、方形及平板结构。圆柱形和方形电池采用卷绕式极组，电池壳可以承受外部对正极、隔膜、负极的压力。质量略轻一些的聚合物电池则是利用聚合物电解质的粘接特性将正、负极黏合在一起。因此，不需要有外部压力来保持电极之间的连接，可以用质量轻的聚合物铝塑封装袋取代较重的金属外壳。这三种结构的电池使用相同的化学材料。

表 1.2 展示了锂离子电池的销售情况[4]，锂离子电池极具市场竞争力，表中展示了它与 Ni-Cd 电池、Ni-MH 电池的市场对比数据。在便携式电子设备（如笔记本电脑和手机）应用的驱动下锂离子电池的市场增长惊人。从 1991 年到 2006 年的 15 年间，锂电池的销售和生产均呈两位数的增长。表中显示，2000 年左右锂离子电池增长放缓，这是由于此时中国和韩国的电池生产增速，但这部分数据可能没包括在统计范围内。

表 1.2　世界销售额/百万美元[4]

电池型号	年份									
	1991	1992	1994	1996	1998	2000	2002	2004	2005	2006①
Ni-Cd	1535	1823	2060	1695	1394	1204	935	1006	935	939
Ni-MH	39	100	746	863	848	1245	667	767	726	891
Li-Ion	1	10	152	1292	1900	2805	2458	4019	3899	3790
Lam Li-Ion	0	0	0	0	2	187	299	487	547	657

① 估计值。

1995 年，一只 18650 电池的售价是 8 美元，到 2006 年，容量为 2.6A・h 的 18650 电池售价仅为 4 美元。这期间电池容量提升了两倍多，但售价却下降了 50%。电池制造商通过电池设计中的工艺改进、新型碳材料在负极的应用等方式来实现电池性能的改善，并通过高速自动化生产来降低电池成本。由于引入新的技术和新的应用开发，锂电池市场有望持续增长。

表 1.3 中列出了电池主要的制造商。日本制造商（三洋、索尼、松下电器）处于领导地位，中国制造商（比亚迪、力神）和韩国制造商（三星、LG 化学）有一定竞争力。尽管美国（或欧洲）拥有很大的锂离子电池作为设备电源的应用市场，但却没有重要的锂离子电池制造商[5]。在美国锂离子电池的制造商仅限于少数几个公司，主要供应小型医疗和军事市场的应用。

表 1.3　2005 年世界电池需求（百万支电池）[4]

应用	电池类型				
	Ni-Cd	Ni-MH	圆柱形锂离子	方形锂离子	薄板形锂离子
电池		50		898.16	125.85
笔记本		22	422.68	16.34	2.50
影片	2	4	67.98	11.91	
数码相机		56	18.88	48.17	0.94
电动工具	575	53	20.14	0.08	
音乐播放器	80	35	6.99	31.02	45.63
游戏机				26.82	14.4
电力用户	45	300			
手机	190	83			
其他	330	178	22.854	28.98	14.42

1.3 市场特征

表 1.4 列出了各制造商 2005 年按产品应用区分的电池产量情况。手机电池占据电池生产的主导地位，除了方形电池外，目前轻薄的聚合物/薄板电池约占市场份额的 13%，越来越受到手机市场的青睐。笔记本应用占第二位，照相机应用位列第三。

表 1.4　2005 年主要锂离子电池制造商[4]

制造商	所占比例	制造商	所占比例
三洋	27.5	LG 化学	6.45
索尼	13.30	力神	4.52
三星	10.88	NEC	3.60
松下电器	10.07	Maxell	3.26
比亚迪	7.53	其他	12.86

自锂离子电池问世以来，1991～2002 年期间主要进行锂离子电池材料和制造工艺的基础开发。这期间不断地发现问题并找到问题的解决方法，锂离子电池材料、电池设计和制造设备的成熟度都达到了一个较高的水平，这些技术基础为接下来的十年里锂离子电池的扩张和发展提供了坚实的支撑。从电池工艺角度来看，采用 2002 年已有的材料就可以制成最高容量达 2.5～2.6A·h 的 18650 电池。在电池容量和储能性能提高的同时，要保持电池的安全性就需要新型的材料。

如图 1.2 所示，从 2003 年开始，电池的市场应用发生了新的变化[6]。容量和性能的不断提高，一部分原因是由于笔记本电脑和手机应用领域的竞争更加激烈，这需要引进和发展更高容量、更高性能的正负极材料。一些高容量、更安全的正极材料，如 $LiMn_{0.3}Co_{0.3}Ni_{0.5}O_2$ 和 $LiMn_{0.5}Ni_{0.5}O_2$ 得到开发并在生产中逐步应用。与此同时，一种新型的锂合金负极材料被开发出来，这些材料可以使 18650 型电池的容量提高至 2.6A·h 以上，并在将来

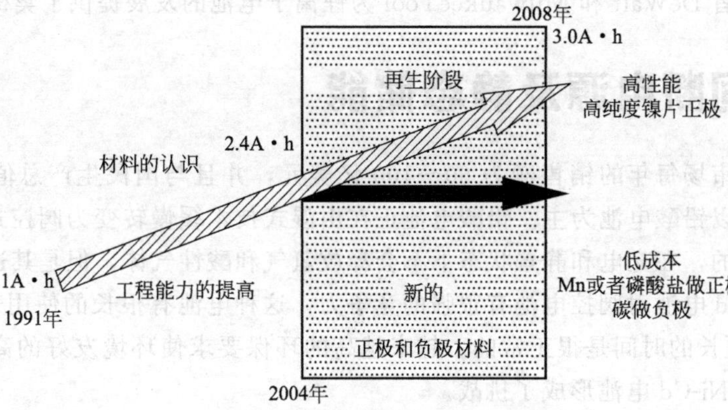

图 1.2　锂离子电池市场发展

可达到 3.0A・h。

另一方面，汽车、电动工具等应用方向并不要求锂离子电池能量密度显著提高，而是强调更低的成本和更高的功率。这些应用也需要新型的正负极材料去满足低成本、高倍率的市场需求。2003 年 Valence 科技公司和 A123 公司相继将一种新型的正极材料 $LiFePO_4$ 推向市场，这种新材料的锂离子电池主要应用在电动工具中[7~9]。

1.4 消费电子产品

手机和笔记本电脑的应用驱动将持续主导电池的应用市场，随着人们更多的关注，高性能设备、蓝牙耳机和 3G 移动电话将继续扩展这个市场。美国、欧洲的手机和笔记本电脑市场已接近饱和，增长速度与国民生产总值同步。手机和笔记本电脑市场增长潜力较大的是亚洲，尤其是中国和印度。

摄像机约占电池应用的 25%。通常摄像机是不连续使用的，在使用之前会放置一段时间，锂离子电池的储存寿命要明显好于之前使用的 Ni-Cd 电池和 Ni-MH 电池。数码照相机的应用紧随其后，它们使用的碱性电池和 Ni-MH 电池正逐渐被锂离子电池替代。大多数一次电池缺乏照相机工作时所需的瞬间高脉冲电流的要求，只有 Li-FeS_2 体系一次电池能满足数码相机工作时的性能要求。笔记本电脑和手机用户会定期为电池充电以保证持续使用。此外，很多手机都有内置摄像头，这有可能减缓数码相机市场的发展。

1.5 手持电动工具

电动工具市场主要以 Ni-Cd 电池为主。就电池体积而言，它排在第三位。与锂离子电池相比，这种电池较重且工作时间短。早期的锂离子电池高功率性能不及 Ni-Cd 电池，近来采用 $LiMn_2O_4$ 或 $LiFePO_4$ 正极材料的高功率锂离子电池开始应用于电动工具领域。与以前的 Ni-Cd 电池相比，锂离子电池体积只有其三分之一，质量也只有其一半。使用磷酸盐正极材料的电池在安全性方面具有明显优势，其 600℃以下不会热失控。纳米磷酸盐正极材料具有更好的安全性能和更高的容量，因此是理想的正极材料。由于这个市场对价格非常敏感，且 Ni-MH 电池低温性能和高功率性能较差，因此 Ni-Cd 电池得到了更多的应用。锂离子电池电动工具的引进者 DeWalt 和 MilwaukeeTool 为锂离子电池的发展提供了契机。

1.6 不间断电源及静态储能

不间断电源市场每年的销售额为 60～100 亿美元，并且与国民生产总值（GNP）同步增长。市场主要以铅酸电池为主。铅酸电池正在由湿式技术缓慢转变为阀控式技术。阀控式铅酸电池是密封的，在充电和静置状态下不会释放氢气和酸性气体，但是其造价较高。造价更高的袋式 Ni-Cd 电池对阀控电池有很强的竞争力，这种电池有很长的使用寿命，Ni-Cd 电池使用 15 年或更长的时间是很正常的。越来越高的环保要求使环境友好的高成本锂离子电池对铅酸电池和 Ni-Cd 电池形成了挑战。

不间断电源市场是价格敏感型市场，锂离子电池需要达到 0.3 美元/W·h 才有可能实现市场渗透，新型的、成本更低的锰和磷酸盐正极材料电池可以达到这个成本目标。需要说明的是，这个市场领域的几家铅酸电池公司最近已经和锂离子电池制造商签订协议，为其提供电池以进行评估，此现象表明大多数传统的铅酸电池制造商已经在积极转型中。

1.7 运输工具

锂离子电池在运输工具领域有很好的商机。锂离子电池在动力电池市场拥有最好的前景，一旦实现应用，锂离子电池在运输工具的应用市场将会远远大于便携设备市场。Segway 运输车已经将 Ni-MH 电池换为锂离子电池。丰田 Prius 将会在下一代模组设计中将 Ni-MH 电池改为锂离子电池。包括淡水湖的救援摩托艇在内，锂离子电池将进入这个庞大的市场并搭建起自己的平台。欧洲已经开始禁止在所有湖泊使用汽油摩托艇，美国的一些湖泊也开始禁止汽油摩托艇的使用，驾驶者必须使用电池驱动的摩托艇。这些摩托艇目前使用的是铅酸电池。在欧洲，更小、更轻便的锂离子电池在这个领域中已开始应用。

2007 年，Tesla 电动汽车达到了 200 英里以上的续航里程，为运输领域过渡至电池驱动奠定了基础，使用新型正负极体系的锂离子电池也将替代传统的铅酸 SLI（启动-照明-点火）电池用于燃油动力交通工具的启动电源。

参考文献

1. A. Yoshino, *The Chemical Industry*, **146**, 870 (1995)
2. T.Nagaura and K. Tazawa, *Progress in Batteries and Battery Materials*, **10**, 218 (1991)
3. R. J. Brodd, Factors affecting U.S. production decisions: Why are there no volume lithium ion battery manufacturers in the United States? ATP Working Paper 05-01, June, 2005
4. *Recommendations on the Transport of Dangerous Goods*, Manual of Tests and Criteria, Third revised edition, United Nations, New York and Geneva, 2002
5. H. Takeshita, 23rd International Seminar on Primary and Secondary Batteries, Ft. Lauderdale, FL, March 2006
6. R. J. Brodd, Keynote Lecture, IMLB 11, Monterey CA, June, 2002
7. Valence Technology, Inc., Form 10-K, June 30, 2003
8. S.-Y. Chung, J. T.Bloking, and Y.-M. Chiang, *Nature Materials*, **1**, 123 (2002)
9. A. K. Padhi, K. S. Nanjundaswamy, and J. B. Goodenough, *Journal of Electrochemistry Society* **144**, 1188 (1997)

第2章

锂离子电池正极材料综述

Masaki Yoshio and Hideyuki Noguchi

2.1 正极材料现状

采用锂离子可逆地嵌入和脱嵌的一种正极材料与碳负极材料组合，可使锂离子电池的工作电压超过 3.5V，这种电化学反应是在正极对 Li/Li^+ 为 4V 和负极对 Li/Li^+ 近似 0V 时进行的。因为电池的能量取决于其电压与容量的乘积，所以能量密度高的电池一定是由更高电压和更高容量的材料获得。因此，当采用相同的负极材料时，正极材料的容量和电位越高，则电池的能量越高。

因为正负极是要放入一定尺寸的容器内的，因此其体积比容量较质量比容量更重要。$LiCoO_2$的体积比容量为 808mA·h/cm³，作为正极材料足以满足要求，而镍基材料可以提供 870～970mA·h/cm³的较高体积比容量，但需要通过钴和铝的同时掺杂来克服其安全问题。SAFT 公司已经采用了由 Toda Kogyo 公司（原富士化学工业公司）提供的 $LiNi_{0.8}Co_{0.15}Al_{0.05}O_2$作为电动汽车（EV）用锂离子电池的正极材料，类似的化合物也在日本得到应用，根据相关报道，这种材料的比容量比 $LiCoO_2$高 20%，而且在过充电方面比 $LiCoO_2$更安全。镍基正极材料的电池已经在丰田汽车上得到应用，实现了无空转运行。

虽然尖晶石锰酸锂正极材料的性能比层状化合物的差，但其价格低廉，且地球储量丰富，因此非常适合在大规模使用的锂离子电池中用作正极材料。采用这种尖晶石结构化合物的电池已用于 NEC 公司生产的手机和 Nissan 公司生产的 EV 和 HEV 中。但是，这种材料在正极材料市场上占的份额仍相对较小。2003 年以来，电动自行车和电动助力自行车实现了商业化，在这类应用的正极材料中包含了尖晶石锰化合物，这一趋势可能促进采用尖晶石化合物正极材料的锂离子电池大规模得到应用。

锂离子电池的主要正极材料 $LiCoO_2$在倍率性能和容量方面都有很大改善。倍率性能的改善主要是通过控制颗粒形貌获得，而容量的提高则是通过提高电池电压获得，但与此同时，都需要解决相应的安全问题[1]。

2.2 正极材料的结构

锂离子电池正极材料多为层状结构，锂离子可在二维空间扩散；或为尖晶石结构，锂离子可在三维空间扩散。锂离子电池正极材料的结构、电化学特性及结构稳定性见表 2.1。

表 2.1 锂离子电池正负极材料的特性

正极							
正极材料	比容量 /(mA·h/g)	密度 /(g/mL)	体积比容量 /(mA·h/mL)	放电曲线形状	安全性	成本	备 注
$LiCoO_2$	160	5.05	808	平缓	一般	高	小型电池
$LiNiO_2$	220	4.80	1056	倾斜	差	一般	没有使用
$LiNi_{0.8}Co_{0.2}O_2$	180	4.85	873	倾斜	一般	一般	LIP? 小规模使用
$LiNi_{0.8}Co_{0.15}Al_{0.05}O_2$	200	4.80	960	倾斜	一般	一般	LIP? 小规模使用
$LiMn_{0.5}Ni_{0.5}O_2$	160	4.70	752	倾斜	好	低	?
$LiMn_{1/3}Ni_{1/3}Co_{1/3}O_2$	200	4.70		倾斜	好	低	
$LiMn_{0.4}Ni_{0.4}Co_{0.2}O_2$	200	4.70					
$LiMn_2O_4$	110	4.20	462	平缓	好	低	HEV、EV
$Li_{1.06}Mg_{0.06}Mn_{1.88}O_4$	100	4.20	420	平缓	好	低	HEV、EV
$LiAlMnO_4$							
$LiFePO_4$	160	3.70	592	平缓	好	低	导电性差

碳负极材料	结晶度①/%	实际比容量/(mA·h/g)	备 注
中间相碳微球 MCMB)	82.7	320～330	容易涂覆
石墨化碳纤维(MCF)	89.7	320～330	已停止生产
人造石墨	91.6～94.4	约 350	配合电解质添加剂使用,市场份额最大
碳包覆天然石墨	100	360～365	减少不含添加剂的电解质的分解

合金负极材料	放电电压 (vs. Li/Li^+)/V	比容量 /(mA·h/g)	密度 /(g/cm^3)	体积比容量 /($mA·h/cm^3$)	备注及最大体积膨胀率(MS)
Li	0	1840	0.5	1920	安全的
Sn	0.65	990	7.3	7230	MS=360%
Si	0.5	4200	2.3	9660	MS=400%
Al	0.4	990	2.7	2670	
Sb	1.1	650	6.7	4360	
$SnB_{0.5}Co_{0.5}O_3$	0.7	600	3.7	2220	不可逆容量高
$Li_{2.6}Co_{0.4}N$	0.8	1200	2.2	2640	空气中不稳定

① 结晶度 $(3.44-d_{002})/0.0868$。

层状结构的化合物主要有 $LiCoO_2$、$LiNiO_2$、$LiCrO_2$、Li_2MoO_3 和 $Li_{0.7}MnO_2$。前三种化合物具有 $R\bar{3}m$ 空间群对称的斜六方体结构。如图 2.1 所示，斜六方体晶胞具有三轴等长且任意两轴之间夹角相同的几何特征。鉴于这种晶胞结构很难形象地描绘，故通常用一个具有三倍单个晶胞体积的六面体结构（如图 2.1 中的粗线所示）来表示这种晶胞。在这种结构中，Li 或过渡金属离子（M）分别位于八面体结构中两层 O_2^- 平面之间，由此形成了 Li 层和 M 层。

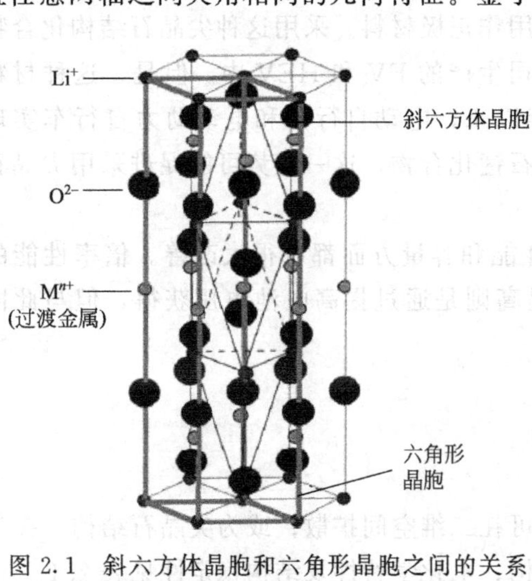

图 2.1 斜六方体晶胞和六角形晶胞之间的关系

Li_2MnO_3 的结构与上述结构略有差异，即 M 离子被 $Li_{1/3}Mn_{2/3}$ 所取代。具有这种结构的电化学活性材料有 Li_2RuO_3、Li_2IrO_3、Li_2PtO_3 和 $Li_{1.8}Ru0_{0.6}Fe_{0.6}O_3$，但这些化合物含有贵金属，不适合实际应用。很多层状电化学活性材料由锂和其他金属离子掺杂制成。这些化合物可以分为两类：一类是取代型产物，另一类是固溶体化合物。可以采用$LiNiO_2$-$LiMnO_2$-Li_2MnO_3的准三元相图（见图2.2）对这两类化合物的区别予以说明，即三角形的三个角表示纯相，$LiNiO_2$-$LiMnO_2$线的中点显示$LiNi_{1/2}Mn_{1/2}O_2$的组成，通过Ni和Mn的K带边吸收的XANES谱图分析，推测Ni和Mn的化合价分别是+2和+4[2]，因此，$1/2Ni^{2+}+1/2Mn^{4+}$取代Ni^{3+}的反应在这条直线上进行，在中点所有的Ni^{3+}被消耗。在$LiNiO_2$-Li_2MnO_3和$LiNi_{1/2}Mn_{1/2}O_2$-Li_2MnO_3组分的基础上，很容易合成一系列单相产物，通常称这些产物为"固溶体"，固溶体中金属离子的化合价等同于它们在所有组分范围内两个顶点组分的值，图2.1中阴影部分是Li_2MnO_3和$LiNi_xMn_{1-x}O_2$（$x\geqslant0.5$）之间的固溶体。

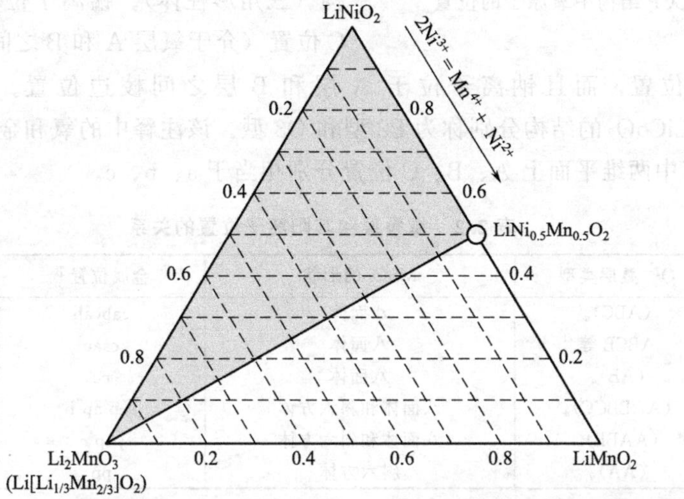

图2.2　在准三元相图中Li_2MnO_3-$LiNi_xMn_{1-x}O_2$固溶体（阴影部分）的区域

在锂离子电池用正极材料中，有两类固溶体是人们所熟知的。一类其两顶点组分都具有电化学活性，如$LiCo_xNi_{1-x}O_2$，它是由$LiCoO_2$和$LiNiO_2$制成的固溶体；另一类其两顶点组分中只有一个具有电化学活性，如$LiNiO_2$-Li_2MnO_3固溶体。$LiCoO_2$、$LiNi_{0.5}Mn_{0.5}O_2$、$LiCrO_2$、$LiMnO_2$和$LiFeO_2$是具有电化学活性的顶点组分，而Li_2MnO_3、Li_2TiO_3和$LiAlO_2$是电化学惰性的顶点组分。两种不同类型的顶点组分组合起来形成了多种多样的锂离子电池正极材料，而由顶点组分形成的更为复杂的组合固溶体是$LiNi_{0.8}Co_{0.15}Al_{0.05}O_2$或$Li_{1+x}Ni_yCo_zMn_{1-y-z}O_{2+\delta}$。

在锰基层状化合物中，一种层状曲折式斜方晶体结构的$LiMnO_2$和具有$R\bar{3}m$对称性的层状$LiMnO_2$都是电化学活性材料。后者通过离子交换法[3,4]或液相合成法[5]制备。斜方晶体结构和层状结构的$LiMnO_2$在锂离子电化学脱嵌与嵌入过程中都是不稳定的，在3～4V区间进行充放电时会转变成尖晶石结构。高温下合成的斜方体$LiMnO_2$需要多次充放电循环，方可转化成具有电化学活性的尖晶石结构[6]。然而将它粉碎成纳米颗粒时，其首次循环时的输出比容量接近200mA·h/g，而且，它的高温循环性能优越[7,8]。因此在这种水平下，它作为一种正极材料可以得到实际应用。

采用离子交换法，可以合成出一系列化学计量缺锂的化合物。$Li_{0.7}MnO_2$类似物就是通过$Na_{0.7}MnO_2$类似物与熔融态锂盐中的锂离子进行离子交换合成得到的[9]，$Na_{0.7}MnO_2$存在氧离子层的堆积缺陷，这些缺陷在离子交换后，部分地传承至$Li_{0.7}MnO_2$中。

氧离子通常在金属氧化物中形成立方体结构或密堆积六方结构（HCP），金属离子位于

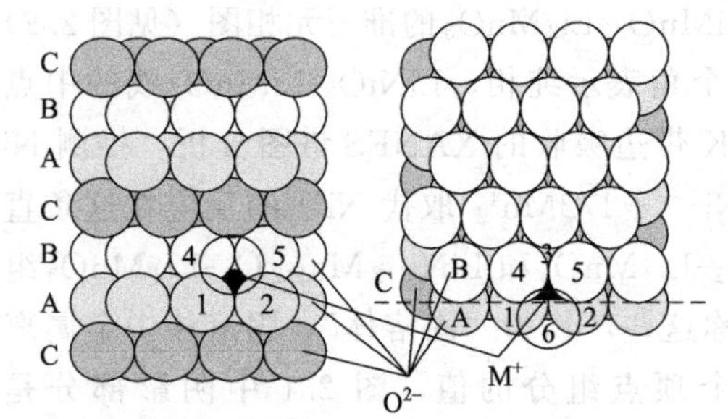

(a) (b)中虚线处的剖面图　　(b) 结构概略图

图 2.3　CCP结构中氧原子的位置

四面体或八面体的孔隙中。在密堆积立方结构（CCP）中，氧离子层可区分为具有不同相的三种类型（A、B、C），而这些层是按照 $(ABC)_n$ 模式整齐地堆叠起来的（见图 2.3）。HCP 的堆叠模式则采用 $(AB)_n$。尽管金属氧化物中，两个氧层的堆叠是很典型的，但 $Na_{0.7}MnO_2$ 的堆叠顺序却有所不同，为 $(ABBA)_n$。六个氧离子形成两种不同形状的孔洞：八面体和棱柱体结构（三角形柱体）。锰离子位于八面体结构中的 C 位置（介于氧层 A 和 B 之间），系氧层 C 的二维平面的相同位置，而且钠离子位于 A 层和 B 层之间棱边位置。文献中曾偶尔将 $Na_{0.7}MnO_2$ 和 $LiCoO_2$ 的结构分别称为 P2 型和 O3 型。该注释中的氧和金属的相互关系如表 2.2 中所列，其中两维平面上 A、B、C 位置分别相当于 a、b、c。

表 2.2　氧叠层和其阳离子位置的关系

缩写	O^{2-} 叠层类型	MnO_6 的形状	金属位置①	举例
O3	$(ABC)_n$	八面体	cabcab	$LiCoO_2$
O2	ABCB 等	八面体	caac	$Li_{0.7}MnO_2$
O1	$(AB)_n$	八面体	cc	CoO_2
P3	$(AABBCC)_n$	八面体和斜六方体	pcp′ap″b	Na_xMnO_2
P2	$(AABB)_n$	八面体和斜六方体	pcp′c	$Na_{0.7}MnO_2$
P1	$(AA)_n$	斜六方体	pp	—

① p、p′和 p″在空间平面中的位置不同。

O2-$Li_{0.7}MnO_2$ 由 P2-$Na_{0.7}MnO_2$ 通过离子交换反应制得；O3-Li_xMnO_2 由 P3-或 O3-$Na_{0.7}MnO_2$ 制得[10,11]。具有 $R3m$ 对称结构的 O3-Li_xMnO_2 会转化成尖晶石结构，但 O2-$Li_{0.7}MnO_2$ 的结构在充放电循环中不会发生变化。在 2.5～4.0V 电压平台下，O2-$Li_{0.7}MnO_2$ 的充放电容量可高达 150mA・h/g，在 3V 电压范围内容量约为一半，因此与 4V 材料相比，其能量密度稍差。目前研究人员正尝试采用钴、镍等金属部分取代化合物中的锰，其中一些化合物具有比原来更高的容量。然而，因为它们的倍率性能较差，目前只是一种研究方向，尚不能广泛使用，例如，$Li_{0.7}Mn_{2/3}M_{1/3}O_2$（M＝Ni，Co）在 C/20 低倍率下比容量仅约 100mA・h/g。

一些研究报告表明，用离子交换法制备的钴取代化合物（O3-$LiCo_{1/2}Mn_{1/2}O_2$）可以作为 5V 正极材料，但这种材料仍存在一些问题，例如其不可逆容量较高。

2.3　充放电过程中的电化学特征及结构变化

2.3.1　层状材料

$LiCoO_2$ 和 $LiNiO_2$ 的充放电曲线如图 2.4 所示。当充电终止电压为 4.3V 时，在相同电压平台下，$LiCoO_2$ 的曲线相当平滑，而 $LiNiO_2$ 的曲线较为复杂，显示出多个电压平台。下文中充放电过程中，$LiNiO_2$ 型化合物的组成将表示为 $Li_{1-x}NiO_2$，复杂的曲线归因于结构转变。最初，$Li_{1-x}NiO_2$ 保持原有的结构，但在 $0.22<x<0.64$ 时转变为单斜晶相；当 $x>0.70$ 时，进一步脱锂形成 NiO_2 相[12~14]。对于 $LiCoO_2$[15~17]，在 $x<0.25$ 的区间内，形成具有 $R\bar{3}m$ 结构的两种晶相（起始 $LiCoO_2$ 和 $Li_{0.75}CoO_2$）；若不是在 $Li_{0.5}CoO_2$ 附近很窄的范围内出现了与 $Li_{1-x}NiO_2$ 相同的单斜晶相，第二种斜六方晶相会一直持续。但通过升高温度，单斜晶相就会转化为斜六方晶相。然而富锂的 $LiCoO_2$ 表现出与化学计量型 $LiCoO_2$ 不同的行为：当 $x<0.25$ 时，它不存在两相区；x 约为 0.5 时也没有单斜晶相。这一点很容易从它的充放电曲线进行判断。富锂 $LiCoO_2$ 的电化学反应是在单相区进行，随着脱锂程度增加，c 轴逐渐加长，a 轴逐渐缩短[18]。

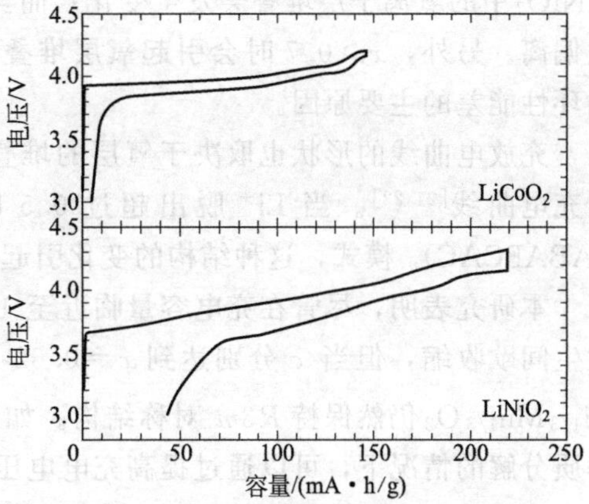

图 2.4　$LiCoO_2$ 和 $LiNiO_2$ 的充放电曲线

对于单斜晶相和 NiO_2 相的形成范围，研究人员各持已见，这可能是由于 $Li_{1-x}Ni_{1+x}O_2$（$x>0$）很容易形成，造成研究样品组成的差异所致。随着脱锂程度的增加，a 轴长度和晶胞体积持续缩小。这些变化可以很好地用以下理由来解释，即过渡金属的离子半径是随着氧化度的增加而降低的。如图 2.5 所示，虽然 c 轴（层间距）的长度随着脱锂的增加而加长，但当 $x>0.6$ 时，$LiCoO_2$ 和 $LiNiO_2$ 的 c 轴长度变化存有差异。对于 $LiCoO_2$，c 轴的长度在出现一个最大值后逐渐降低；而对于 $LiNiO_2$，当 $x>0.6$ 或更高时，层间距变得恒定；当 $x\geqslant 0.7$ 或更高时，NiO_2 相出现；对于 $LiCoO_2$，只有在 x 趋近于 1 时，CoO_2 相才能形成。如前所述，在充放电过程中，层状 $LiCoO_2$ 和 $LiNiO_2$ 的结构差异很大。然而，当用锰取代 $LiNiO_2$[19] 中 20% 的镍时，这种行为与 $LiCoO_2$ 是相同的。总之，锂含量和过渡金属离子的类型对于充电后层状材料的结构具有非常大的影响。

$LiCoO_2$ 的单斜晶体形成范围的上限（$x=0.75$）与 $LiNiO_2$ 的 NiO_2 形成范围的下限几乎相同。如果在此范围内 $Li_{1-x}CoO_2$ 的结构存在堆叠缺陷[20]，当 $x>0.7$ 时，$LiCoO_2$ 和

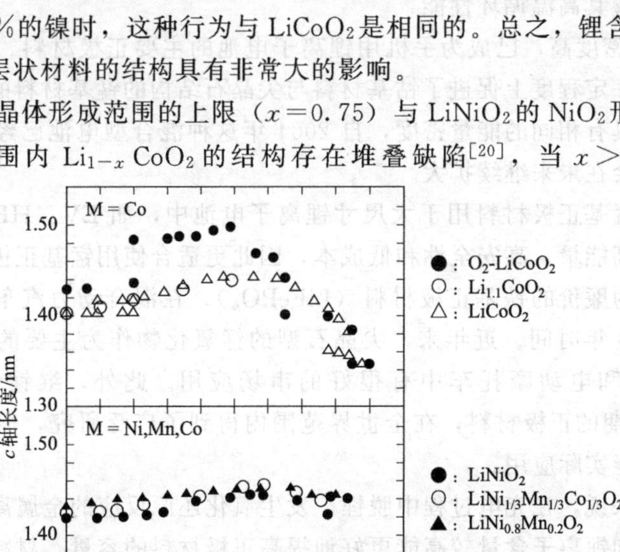

图 2.5　充电过程中层状正极材料的 c 轴变化

$LiNiO_2$中的氧离子层堆叠会发生变化；而当 $x<0.7$ 时，结构的变化则是由于原子位置的轻微偏离。另外，$x>0.7$ 时会引起氧层堆叠的变化，它是导致高容量时，$LiCoO_2$和 $LiNiO_2$ 循环性能差的主要原因。

充放电曲线的形状也取决于氧层的堆叠。O2-$Li_{0.7}MnO_2$显示出具有多个电压平台的复杂充电曲线[21,22]。当 Li^+ 脱出超过 0.5 时，氧层的堆叠从（ABCB)$_n$ 转变为（ABCB-CABABCAC)$_n$ 模式，这种结构的变化引起了层间距的缩小[22]。

本研究表明，尽管在充电容量临近至 125mA·h/g（$x=0.45$）的过程中，a 轴的长度发生间歇收缩，但当 x 分别达到 $x=0.62$[23]和 $x=0.76$[24]时，$LiNi_{0.5}Mn_{0.5}O_2$和 $LiCo_{1/3}Ni_{1/3}Mn_{1/3}O_2$仍然保持 $R\bar{3}m$ 对称结构。如果这些化合物不发生氧层堆叠的重排，在克服电解质分解的情况下，可以通过提高充电电压来获得更高的容量，并且循环性能不受影响。

利用 P2-$Na_{0.7}Li_{1/18}Mn_{17/18}O_2$进行离子交换制备的 O2-$Li_{0.7}Li_{1/18}Mn_{17/18}O_2$，在 4.0～4.5V 电压下可获得 15mA·h/g 的容量，在 3.0～3.5V 电压下可获得 130mA·h/g 的容量[24]。当部分锰离子被过渡金属离子 M(Ni、Co 等) 取代时，在 3.0～3.5V 电压下，其容量会有所降低，新的电压平台出现在 2.5～3.0V[9~11]。氧的结构在所有电压范围内保持不变，材料在 30℃下表现出优异的循环性能，但在 55℃下循环性能变差[9]。

2.3.2 尖晶石材料

锰材料资源丰富、价格低廉且环保，在于电池中已得到广泛应用。另外，使用尖晶石型锰基正极材料的锂离子电池安全性更好，可以使用廉价的保护电路。锂离子电池使用的锰基正极材料主要分为两类。第一类是应用在便携电子设备中，如手机。尽管目前市场份额较低，但由于其安全性好且可采用更廉价的保护板[1]，所以尖晶石锰酸锂已成为手机电池材料的一种选择。此外，$LiNi_xCo_{1-x}O_2$-$LiMn_2O_4$的混合使用可以有效地抑制高温下锰在负极上的析出，从而改善其高温循环性能。

$LiCoO_2$的能量密度高，已成为手机用锂离子电池的主要正极材料。但钴资源匮乏且价格波动很大，这在一定程度上促进了钴基材料与尖晶石结构的锰基材料的混合使用。这种混合材料与传统材料具有相同的能量密度，自 2004 年这种混合型电池已经进入市场，预计这类电池所占份额将会在未来继续扩大。

第二类尖晶石锰基正极材料用于大尺寸锂离子电池中，如 EV、HEV 电源。这个应用领域要求电池具有高能量、高安全性和低成本，因此更适合使用锰基正极材料。在能量密度方面，它超越了更为廉价的铁基正极材料（$LiFePO_4$）。在混合动力汽车电源领域，这种材料的市场应用已有 3 年时间。近年来，尖晶石型的锰氧化物作为主要的锂离子电池正极材料，在助力自行车和电动摩托车中有很好的市场应用。此外，继锰锂之后，铁锂材料（$LiFePO_4$）作为预期的正极材料，在全世界范围内得到了广泛研究，但由于其导电性差及合成方法复杂尚不能实际应用。

对于正极材料来说，在充电过程中脱锂，发生氧化还原反应的金属离子和锂离子是必不可少的，金属离子和锂离子含量较高能更好地提高正极材料的容量。材料的分子量越低，质量比能量就越高，因此单位电荷质量时较低的氧离子和低成本的材料更适合与锂离子搭配，也就是说，锂锰氧化物是锂离子电池的最佳正极材料。一些研究报告指出，尖晶石型的 $LiMn_2O_4$、尖晶石型的 $Li_2Mn_2O_4$[25]、斜方晶系的 $LiMnO_2$[26]、层状的 $LiMnO_2$[27]、O2 型的 $Li_{0.7}MnO_2$[28]、及 $Li_{0.33}MnO_2$[29]等都是这类的锰基正极材料。$Li_{0.33}MnO_2$是研究人员开发的高容量3V型正极材料[29]，以色列Tadiran公司已将这种正极材料和金属锂负极制备的AAA型电池商业化[30]。这种电池具有特殊的安全机理，四氢呋喃在其中充当双重角色，一是在含有聚合抑制剂胺的电解质中作为溶剂，二是当温度升高到紧急状态时又可作为聚合的单体。活性材料 $Li_{0.33}MnO_2$ 锂锰复合氧化物（CDMO）由三洋公司开发并商业化[31]，使用这种材料的纽扣式电池因其安全性好而用作记忆备份电池。此外，一般通过使用较昂贵的化学试剂进行化学还原或离子交换法来制备尖晶石 $Li_2Mn_2O_4$、层状 $LiMnO_2$ 和 $Li_{0.7}MnO_2$，因此制造成本很高，没有成本优势。总之，锂离子电池的锰基正极材料的备选材料将会是尖晶石 $LiMn_2O_4$、斜方晶的 $LiMnO_2$ 和层状的锰基材料，例如 $LiMn_xNi_yCo_{1-x-y}O_2$ 和 $LiMn_xNi_{1-x}O_2$ 型材料，这些材料都能够通过简单的固相合成法制备。有一种说法，尽管斜方晶系的 $LiMnO_2$ 在3～4V区域可以表现出200mA·h/g或更高的容量，但它的循环性能差，这是因为在首次充放电时它的晶体结构变成了尖晶石结构，且在随后充放电反应中会保持这种尖晶石结构。而据另外的报道，有一种斜方晶锰基材料在3～4V区域的循环性能优异[32]。

层状的Ni-Mn基正极材料已经以单一或混合正极材料的形式投放市场[33～35]，下面将阐述尖晶石锰基材料，这种化合物同样也以单一或与层状镍或钴基材料混合的形式投放市场。

2.3.2.1　非化学计量的锰尖晶石

20年前，研究人员发现锰尖晶石型化合物能够通过电化学方式被氧化，早期对锰尖晶石的研究集中在3V正极材料性能方面。研究表明尖晶石化合物可分为阳离子缺失型（$Li_2Mn_4O_9$）和富锂型（$Li_4Mn_5O_{12}$）。此外，贫氧型尖晶石化合物是在高温下合成的，如前所述，锂锰尖晶石是一种复杂的非化学计量化合物，其中锂和锰分布于氧阴离子的立方密堆积结构中。不论氧离子的密堆积结构是否保持稳定，尖晶石化合物都可以分为氧化学计量型尖晶石和贫氧型尖晶石，这两种尖晶石的循环性能有明显差异。作为电池正极材料的氧化学计量型化合物具有优良的循环性能，它由三种氧化学计量型尖晶石构成：$LiMn_2O_4$、$Li_4Mn_5O_{12}$（x 表示 $Li_{4/3}Mn_{5/3}O_4$ 的摩尔比）、$Li_2Mn_4O_9$（y 表示 $Li_{8/9}Mn_{16/9}O_4$ 的摩尔比），这些化合物可以用通式 $Li_{1+x/3-y/9}Mn_{2-x/3-2y/9}O_4$ 表示。如果 $y>0$，那么它的氧过量，因为氧化学计量型尖晶石由富氧型的 $Li_2Mn_4O_9$（阳离子缺失）构成。$Li_{1+x/3-y/9}Mn_{2-x/3-2y/9}O_4$ 的组成如Li-Mn-O相图（见图2.6）的 ABC 三角形内，三种氧化学计量型尖晶石 $LiMn_2O_4$、$Li_{4/3}Mn_{5/3}O_4$ 和 $Li_{8/9}Mn_{16/9}O_4$ 位于三角形的顶点。阳离子空晶格（8a 和 16d）和阴离

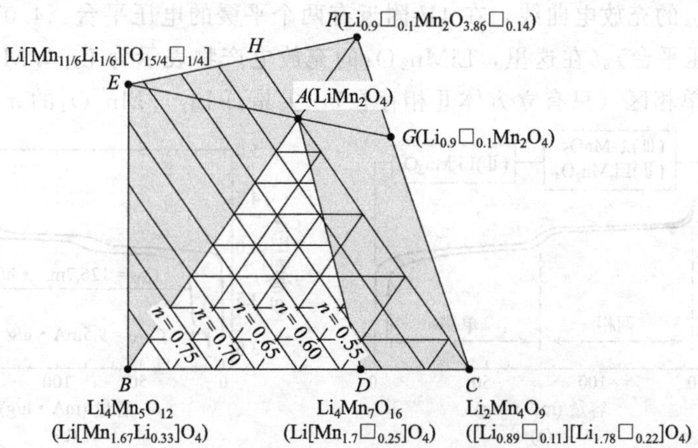

图2.6　Li-Mn-O尖晶石的三元相图

子空晶格（32*e*）用同样的符号“□”表示。相图用两种参数表示：锰的平均氧化数（*m*）和尖晶石中的锂锰原子比（*n*），参数可直接由化学分析法测定。与AC相平行的尖晶石有相同的*n*值，与BC相平行的尖晶石有相同的*m*值。如果$n<0.5$，氧化学计量尖晶石在*AGC*三角形外。尖晶石按结构可分为两类。一类是阳离子只在8*a*位置（三角形*ABD*的区域）空缺的富锂尖晶石，另一类是在8*a*和/或16*d*位置（多边形*ADCG*的区域）空缺的富氧尖晶石。

多边形*ABEFG*区域内是贫氧型尖晶石，*E*、*F*和*G*是临界状态的化合物。直线*AG*处的关系方程为：$m+n=4$，直线*AE*处的关系方程为：$3m+n=11$；*F*点是$n=0.45$时*AB*延长线上的一点。8*a*位置的锂含量低于*ABE*三角区域内Mn^{3+}的含量，在*AEFG*区域呈反向关系。在更高温度下制备尖晶石会导致缺氧，随着温度升高或者时间延长，其组成会平行上移到*AB*线，且*n*值不变。位于多边形*AGFH*区域的尖晶石化合物，在阳离子（8*a*）位置和氧（32*e*）位置空缺；位于三角形*AEH*区域内的尖晶石只有氧空缺。高结晶度的纯贫氧型尖晶石分布在*A*点附近。

Yoshio和Xia在1997年率先阐述了尖晶石的循环表现和缺氧的关系[36]。贫氧型尖晶石在3.2～3.3V电压下容量的研究[37]验证了贫氧型尖晶石是$LiMn_2O_{4-\delta}$型的晶体结构，下面将详细阐述。然而，关于贫氧型尖晶石结构有几种不同观点：它没有实质的缺氧，只是锰离子移动到8*a*位置；锰离子移动到16*c*位置；存在检测不到的Mn_2O_3杂质。由Mn_3O_4的四角形尖晶石结构可推测出锰离子占据了8*a*位置。当锂含量降低时，锰的平均氧化数接近3，由于Mn^{3+}的Jahn-Teller效应，晶体结构从立方体转化为四方体，同时锰离子转移到8*a*位置[34]。Kanno等人利用中子衍射对氧和锂具有高敏感性的特点，获得了高可靠性的数据，证实了立方体尖晶石为贫氧型[38]。他们还证实了贫氧型尖晶石的8*a*位置没有混入阳离子[37]。

在首次系统地研究了尖晶石中氧含量与电池性能的关系及晶体结构的变化后发现，尖晶石化合物的电池特性很大程度上取决于氧含量。研究表明，尖晶石的电化学性能差，尤其是贫氧型尖晶石的电化学性能更差。如多数文献所述，室温下尖晶石化合物在循环过程中容量会衰减，这是由于Jahn-Teller效应造成的，上述的尖晶石化合物是贫氧型尖晶石，下面将详细阐述。氧化学计量型尖晶石和贫氧型尖晶石的充放电曲线见图2.7[37]。图中（a）、（b）分别是氧化学计量型尖晶石$LiMn_2O_{4.02}$和缺氧型尖晶石$Li_{1.002}Mn_{1.998}O_{3.9812}O_{4.02}$的充放电曲线。$LiMn_2O_{4.02}$的充放电曲线，在4V附近有两个平缓的电压平台：4.0V（低电压平台）和4.15V（高电压平台）。在这里，$LiMn_2O_4$的充放电产物表示为$Li_{1-x}Mn_2O_4$。低电压平台（$x<0.5$）是单相区（只有立方体Ⅱ相存在），尖晶石$Li_{1-x}Mn_2O_4$的*a*轴随着*x*的增大

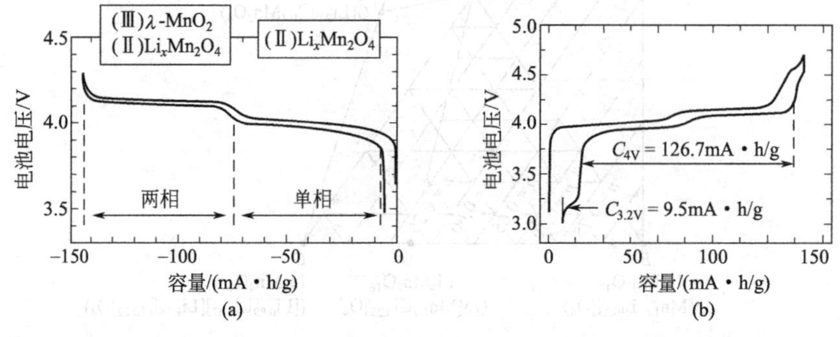

图2.7　氧计量尖晶石（a）和缺氧型尖晶石（b）的充放电曲线

连续收缩。高电压平台（$x>0.5$）是两相区域，是两个具有不同晶格参数的立方相，$Li_{0.5}Mn_2O_4$（立方Ⅱ相）和 λ-MnO_2（立方Ⅲ相）共存。另一方面，贫氧型尖晶石如 $Li_{1.002}Mn_{1.998}O_{3.981}$ 的放电曲线中除了高电压平台和低电压平台，在 3.2V 和 4.5V 时还有两个电压平台。它的电化学反应与低电压平台下的氧化学计量尖晶石的不同，是立方体Ⅰ和Ⅱ相两相共存机制[39]。两相区域内，由于充放电过程伴随着相转变，循环过程中容量易发生衰减。图 2.8 显示了室温下尖晶石化合物的缺氧量与循环性能的关系。由图可知，缺氧量（δ）与容量保持率的关系是线性的，室温下的循环性能由缺氧量决定。此外，$\delta=0$ 时容量保持率外推值为 100%，这表明了在没有氧缺失情况下，室温循环容量不会衰减。基于上述讨论，室温循环过程中贫氧型尖晶石的容量衰减是由于高低电压平台上的两相反应所导致的。

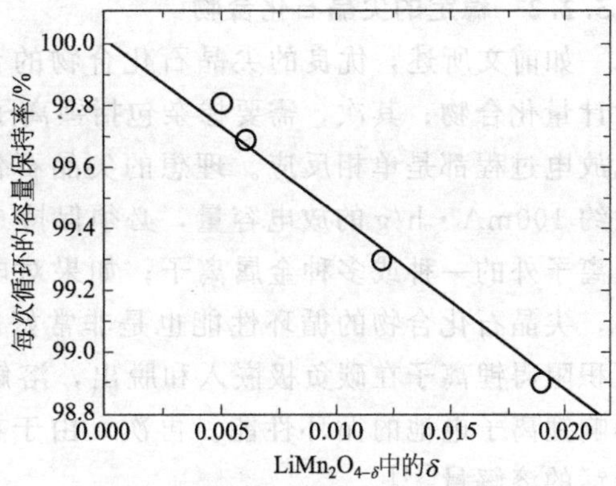

图 2.8 室温下缺氧量（δ）和每次循环容量保持率（CR 每次循环）的关系

此外，循环过程中氧化学计量型尖晶石的容量衰减也是由高电压平台的两相反应引起的，但相比贫氧型尖晶石容量而言衰减较慢。换言之，氧化学计量型尖晶石剩余容量的衰减是由于深度脱锂时形成了 λ-MnO_2 相（立方体Ⅲ）。如果抑制尖晶石的深度脱锂，则 4V 范围内的所有电化学反应均是单相的，循环性能也会有所改善。采用不缺氧且富锂的尖晶石 $Li_{1+x}Mn_2O_4$ 可以克服深度脱锂[40]。

然而，当采用富锂型化合物时，很容易形成贫氧型尖晶石。通过掺杂金属离子促进富氧型尖晶石的形成，可以很容易地解决这个问题。换言之，利用上述掺杂技术对富锂化合物进行处理，易于形成氧化学计量型尖晶石。金属掺杂的尖晶石的阳离子缺失量可由掺杂金属离子的数量和容量之间的关系计算得出（尽管它取决于合成温度）。这些掺杂 1% 的铬、1%～1.5% 的钴和铝、1.5%～2% 的镍的尖晶石证实了掺杂金属离子可以促进氧化学计量型尖晶石的形成。即使在金属掺杂的情况下，在约 800℃ 制备尖晶石时其氧的缺失也不可忽视。因此，这种合成方法需要满足两个条件，即保证氧的化学计量和防止充电状态下形成 λ-MnO_2。放电曲线中 3.2V 处出现电压平台证实了尖晶石化合物是缺氧的。

同时，电池制造商推荐使用高温合成法制备低比表面积的尖晶石，因为他们相信一些论文[41]所说的尖晶石化合物在高温循环下的容量衰减取决于锰的溶解。于是一些公司使用了贫氧型尖晶石，并对其物理化学性能和电化学性能进行了检测。然而，这些早期关于贫氧型尖晶石性质的报道使人们对尖晶石的特性产生了如下极大的误解：

① 循环过程中尖晶石恶化；

② 不同放电深度下存储时间与容量衰减关系的实验表明，在放电深度为 60%～100% 时性能劣化最严重[42]；

③ 当温度低于室温时，尖晶石化合物的结构会改变[43]。

以上是关于缺氧型尖晶石的描述，不适用于氧化学计量型尖晶石。应该特别强调的是，氧化学计量型尖晶石并没有这三个特性。如前文所述，通过化学分析法能可靠地测得尖晶石化合物的氧含量数据。

2.3.2.2 稳定的尖晶石化合物

如前文所述，优良的尖晶石化合物的合成条件是相当严格的。首先，它必须是氧化学计量化合物；其次，需要掺杂包括锂离子在内的不同种类的离子，以使整个4V区域的充放电过程都是单相反应。理想的尖晶石化学组成是 $Li_{1+x}M_yMn_{2-x-y}O_4$，为了能获得大约100mA·h/g的放电容量，必须保持 $0<x<0.06$ 和 $0.03<y<0.15$，这里，M是除锂离子外的一种或多种金属离子；如果对电极是金属锂，那么即使在60℃的电解质环境下，尖晶石化合物的循环性能也是非常好的。然而，众所周知，锂离子电池中锰离子的沉积阻碍锂离子在碳负极嵌入和脱出，溶解的锰离子会导致碳负极循环性能恶化，进而影响锂离子电池的循环性能。再次，由于在高温电解质环境下负极的恶化明显，必须降低锰的溶解量[44]。

研究人员已经开发了一种新的尖晶石型正极材料的合成方法（两步加热法：初始为900～1000℃，第二步为600～800℃），并已经成功制备出能够同时满足以上三个条件的尖晶石材料。

在第一步加热过程中形成比表面积低的尖晶石晶体，低比表面积对于降低锰在电解质中的溶解量是非常有效的。通过化学分析方法可以证明，在第二步加热过程中，贫氧型尖晶石可以吸收氧形成氧化学计量型尖晶石。然而，在第一步合成时尖晶石的制备是非常重要的，这一过程中要尽可能减少氧缺失量，以使在第二步合成时容易转化成氧化学计量型尖晶石。基于上述情况，锰、铝、镍、钴离子是适宜掺杂的金属离子。

图2.9展示了60℃下镁掺杂尖晶石材料的循环性能[45]。显而易见，氧化学计量型尖晶石表现出优良的循环性能。

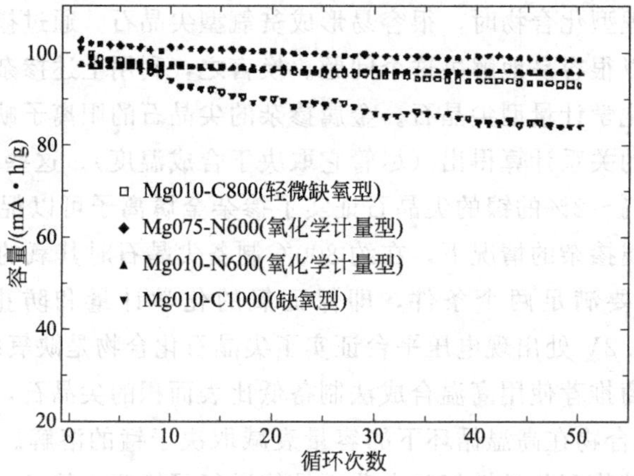

图2.9 镁掺杂的尖晶石材料在60℃时的循环性能

Mg010-C800—缺氧型 $Li_{1.035}Mg_{0.093}Mn_{1.873}O_{3.99}$；Mg075-N600—氧化学计量型 $Li_{1.034}Mg_{0.080}Mn_{1.886}O_{4.010}$；Mg010-N600—氧化学计量型 $Li_{1.036}Mg_{0.10}Mn_{1.864}O_{4.021}$；Mg010-C1000—缺氧型 $Li_{1.033}Mg_{0.090}Mn_{1.877}O_{3.997}$

采用这种方法在大约1000℃时制备的尖晶石化合物，即使在60℃时在电解质中连续浸泡4周，锰离子的浓度也仅为3μg/mL左右，这个值显然要比800℃时制备的 $LiMn_2O_4$ 的100μg/mL浓度要低得多。通过第一步加热过程可将尖晶石中锰的溶解量减少至1/30，因此，使用这种尖晶石正极材料和石墨负极的锂离子电池，其高温特性显著改善，如图2.10所示。

2.3.2.3 锰尖晶石结构

在尖晶石 $LiMn_2O_4$中，轻金属锂占据了四面体的 $8a$ 位，重金属元素锰占据了八面体的 $16d$ 位，O^{2-}（$32e$ 位）形成密堆积立方体结构，这种结构的尖晶石称为常规尖晶石。当掺杂其他金属离子时，大部分过渡金属离子取代 $16d$ 位的锰，此时仍为常规尖晶石结构。然而，根据合成条件不同，锌离子或铁离子取代锂占据 $8a$ 位，会形成不同结构的尖晶石[46]。此外，镓离子会占据 $8a$ 和 $16d$ 位[47]。锌掺杂尖晶石在缓慢冷却的情况下形成空间群 P_{4132} 的立方体结构，并引起 XRD 谱图的变化，如图 2.11 所示，在 $2\theta=15°\sim25°$时明显观察到新增的 5 个峰。尽管不能确定重金属完全占据 $8a$ 位是否为锰基反尖晶石，但钒离子占据 $8a$ 位的 $LiNiVO_4$和 $LiCoVO_4$可归为反尖晶石类锂离子电池正极材料[48,49]。这种尖晶石中锂离子的扩散路径受限，如从八面体 $16c$ 位到四面体的 $48f$ 位以及脱锂的 $16d$ 位，锂离子扩散受限导致容量低于 50mA·h/g。此外，在常规尖晶石中锂离子占据的 $8a$ 位与 4 个 $16c$ 位共享平面，锂离子可以很容易地从 $8a$ 位转移到 $16c$ 位。

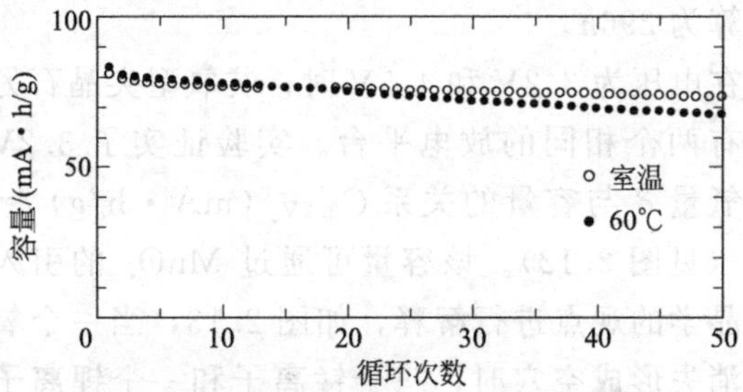

图 2.10 $Li_{1.06}Al_{0.15}Mn_{1.78}O_4$和石墨（MCMB6-28）构成的锂离子电池的循环曲线

电解质中含有碳酸亚乙烯酯，EC：MEC（3：7），1mol/L $LiPF_6$，4.2～3.3V

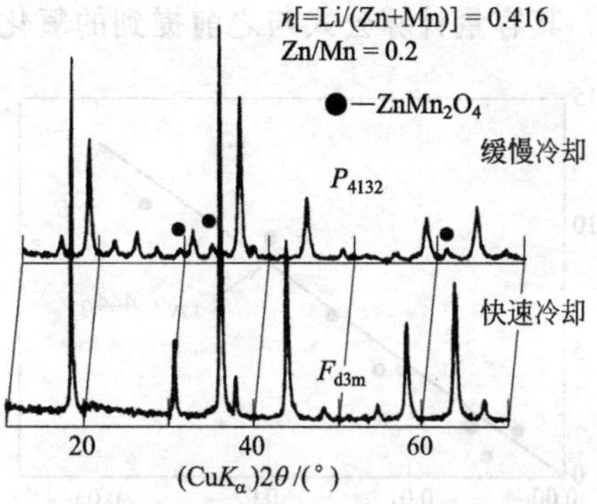

图 2.11 有序的尖晶石（P_{4132}）和无序的锌掺杂尖晶石（F_{d3m}）XRD 图

2.3.2.4 尖晶石化合物的容量

研究已经证实，氧化学计量型尖晶石化合物的容量与使用化学分析法测试 Mn^{3+}计算的容量是一致的，但存在一定的分析误差。前面已经利用在实验中获得的锂锰比（n）和锰的平均氧化数（m）建立了尖晶石化合物容量的计算公式[36,40,49~52]。尖晶石化合物的分类、尖晶石结构式以及理论容量的计算公式如表 2.3 所示。基于阳离子空缺位置的不同，氧化学计量型尖晶石可分为富锂型尖晶石和富氧型尖晶石。然而，上述两种尖晶石中的 Mn^{3+}与总 Mn 的比率均用 $(4-m)/(m+n)$ 表示，两种尖晶石的理论容量公式是相同的，即使 $n<0.5$ 和 $4\leqslant m+n$ 的贫氧型尖晶石也适用此容量公式。可以形成两种化学式不同的贫氧型尖晶石，一种是 $M_3O_{4-\delta}$（M 为任意阳离子），只在氧位上有空缺；另一种是 $Li_{1-z}Mn_2O_{4-\delta}$（$z>0$），它在 $8a$ 位上有阳离子空缺，因为在贫氧型尖晶石中锰只占据 $16d$ 位。充电过程中，如果尖晶石化合物中 Mn^{3+}氧化为 Mn^{4+}且伴随着 Li^+的释放，那么尖晶石的容量由 Mn^{3+}或者 Li^+的含量而决定，可认为在 $8a$ 位上的 Li^+具有电化学活性。

表 2.3 尖晶石 Li-Mn-O 化合物的分类、结构式及容量①②

分类		尖晶石化学式	4V 容量
氧化学计量型尖晶石	富锂型尖晶石	$Li[Mn_{8/(n+m)}Li_{(7n-m)/(n+m)}\square_{(3m-5n-8)/(n+m)}]O_4$ $m/7<n<(3m-8)/5, 3.5<m<4.0$	$1184(4-m)/(m+n)$
	富氧型尖晶石	$Li_{8n/(n+m)}\square_{(m-7n)/(n+m)}[Mn_{8/(n+m)}\square_{(2n+2m-8)/(n+m)}]O_4$ $n\leqslant m/7, 4.0<m+n$	
缺氧型尖晶石	缺 Mn^{3+} 型尖晶石	$Li[Mn_{3/(n+1)}Li_{(2n-1)/(n+1)}]O_{3(m+n)/2(n+1)}\square_{(8+5n-3m)/2(n+1)}$ $n>(3m-8)/5, 3m+n>11$	$1184(4-m)/(m+n)$
	缺 Li^+ 型尖晶石	$Li[Mn_{3/(n+1)}Li_{(2n-1)/(n+1)}]O_{3(m+n)/2(n+1)}\square_{(8+5n-3m)/2(n+1)}$ $n>(3m-8)/5, 3m+n<11$	148
		$Li_{2n}\square_{1-2n}[Mn_2]O_{m+n}\square_{4-m-n}$ $n<0.5, 4.0<m+n$	$296n$

① □代表空位。

② 分子量和 Mn 含量的推测与 $LiMn_2O_4$ 相同。

根据容量可以将贫氧型尖晶石进行分类，其中一类贫氧型尖晶石的容量由 Mn^{3+} 的含量决定，其容量计算公式与之前提到的氧化学计量型尖晶石相同。尽管还未经实验验证，但如果尖晶石中锂的含量限制其容量，此尖晶石容量可计算为 $296n$。

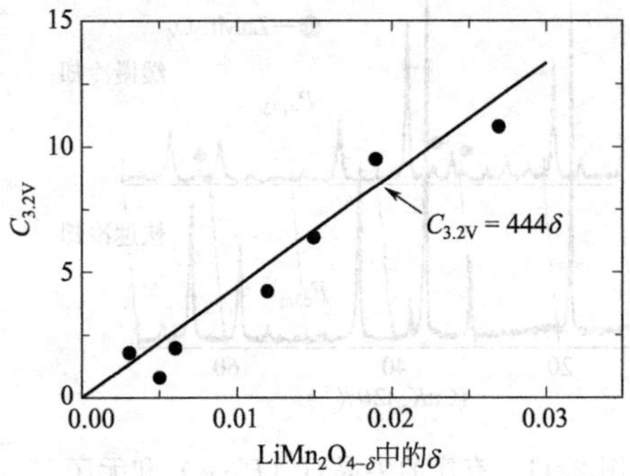

图 2.12 $C_{3.2V}$与 $LiMn_2O_{4-\delta}$ 中 δ 之间的关系

在电压为 3.2V 和 4.5V 时，贫氧型尖晶石另外还有两个相同的放电平台。实验证实了 3.2V 下缺氧量 δ 与容量的关系 $C_{3.2V}$ (mA·h/g) $=444\delta$（见图 2.12）。该容量可通过 MnO_5 的引入从结晶学的观点进行解释，如图 2.13，当一个氧离子消失形成空穴时，三个锰离子和一个锂离子环绕在一个氧离子周围从而形成三个 MnO_5，三个八面体 MnO_6 与三个 MnO_5 共边。12 个 Mn 的氧化还原电位会发生变化，并在 3.2V 和 4.5V 处产生新的电压平台。在此，探讨一下贫氧型尖晶石的容量，每一个氧空位对应的 6 个 Mn^{3+}（12 个 Mn 的一半）的容量可通过 3.2V 和 4.5V 电压下的总容量来反映。$LiMn_2O_4$ 中氧空位的形成可通过下式表达：

$$LiMn_2O_4=LiMn_2O_{4-\delta}+\delta/2O_2 \tag{2.1}$$

1g 的 $LiMn_2O_{4-\delta}$ 样品（相对分子质量为 F_w），其氧缺失的摩尔数为 δ/F_w。因此，受缺氧量

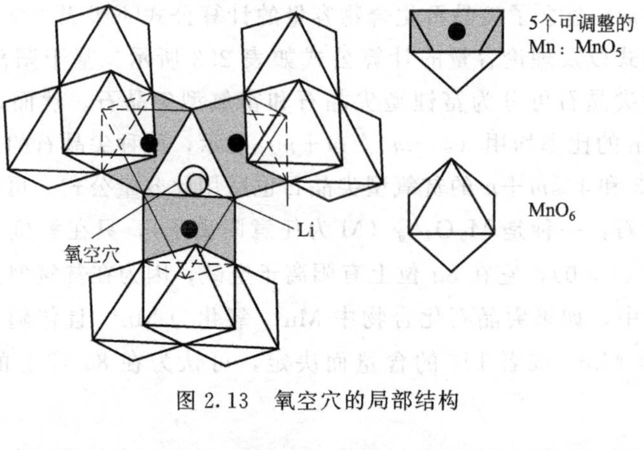

图 2.13 氧空穴的局部结构

的影响，Mn^{3+}摩尔数变成了$6\delta/F_w$。如果δ值较小，则$LiMn_2O_{4-\delta}$中F_w的值可近似为$LiMn_2O_4$的分子量。在3.2V和4.5V区域，总容量是$6\delta\times148mA\cdot h/g=888\delta mA\cdot h/g$，3.2V的容量对应于总容量的一半，$444\delta mA\cdot h/g$。

对于正极尖晶石材料，可通过抑制λ-MnO_2相的形成而提高循环性能，通过引入Li^+和其他金属离子到16d位，使得高电压平台下的电极反应变为单相反应。然而，通过对16d位组分的控制降低了Mn^{3+}的含量，导致容量的降低。因此，这解释了锂/其他金属＝0.5时尖晶石的容量。在此情况下，含有金属（M）的氧化学计量型尖晶石化学式可表示为$Li_xM_yMn_{3-x-y}O_4$。当该尖晶石的分子量接近$LiMn_2O_4$的分子量时，原子比M/(Mn+M)定义为$f[=y/2]$，金属掺杂的尖晶石的比容量C(mA·h/g)可用1g尖晶石的所含Mn^{3+}摩尔量进行计算，其表达式见式（2.2）[52,53]，掺杂金属离子（M）的电荷用v^+表示：

$$C(mA\cdot h/g)=148[1-3s-(4v)f] \tag{2.2}$$

也就是说，掺杂金属离子的电荷量越小，其f值越大，容量随之降低。可以通过设计尖晶石组分以获取最大容量，此时阳离子空位s等于0。

在理想的5V尖晶石正极材料中，锰离子是四价的[54]，且掺杂的金属离子为氧化还原类，熟知的掺杂金属有镍、铜、铁、钴、铬等。$LiM_{0.5}Mn_{1.5}O_4$和$LiMMnO_4$的组合可获得最高的5V容量，其中M分别是二价和三价[55]。在5V区域内，虽然在双电子迁移机制下掺杂二价金属化合物（Cu和Ni）后，$LiNi_{1/2}Mn_{1.5}O_4$的期望容量可达145～147mA·h/g，但是其实际放电容量仅为140mA·h/g左右。该尖晶石中氧缺失导致了基于$Mn^{3+/4+}$的4V电压平台的出现，可采用氧吸收技术（在氧气氛中退火）修复氧缺失，以提高5V容量，这是非常重要的[56,57]。掺杂铁、钴、铬的尖晶石（$LiMMnO_4$）是具有最高容量的理想化合物，这是因为这三种金属的化合价是三价的。由于没有氧缺失，$LiCrMnO_4$没有4V平台，所以在5V区域内容量不会超过100mA·h/g。

2.3.2.5　充放电机理

如前所述，为了使尖晶石具备优良的循环性能，保持整个4V区域的单相反应是非常重要的，充放电机理可阐述如下：锂在尖晶石中的电化学反应有两种类型，一种是单相反应，即单体电池在充放电过程中轻微地收缩或膨胀；另一种是两相反应，即两种不同的晶相共存，且两种晶相比率发生变化。通过电压曲线（OCV）和X射线衍射可以观测到这两种电化学反应过程中的差异。两相反应中的电压曲线应该是平缓的，然而在非平衡态的情况下，它可能呈S形，有可能被错误地识别为单相反应。再者，使用CuK_α线形成的XRD图谱（照射$K_{\alpha1}$和$K_{\alpha2}$的两种波长）显示，两相反应中初始状态的尖晶石和生成的具有密堆晶格参数的尖晶石的两条衍射线发生重合，它们有可能看成是一条宽的衍射线，被误认为是单相反应。由于高强度的单频X射线，高精度的XRD分析可能使用同步光源。研究人员初次证实了在低电压下贫氧型尖晶石的充放电机理是两相反应[39]。

在充电过程中，三种典型尖晶石化合物的立方体晶格参数的变化如图2.14。$LiMn_2O_4$的反应包括低电压平台下的单相反应（晶格参数持续降低）和高电压平台下的两相反应（具有不同晶格参数的两个立体相存在）。在掺杂了金属离子的氧化学计量型尖晶石或富锂型尖晶石中，在高电压和低电压平台下的电化学反应是单相反应，且伴有晶格参数的持续变化。另一方面，在贫氧型尖晶石中，带有不同晶格参数的两个晶相存在于低电压平台和高电压平台中。也就是说，低电压平台下晶格参数为0.825nm的立方相Ⅰ和晶格参数为0.817nm的立方相Ⅱ同时存在，当$x=0.5$时，只有立方相Ⅱ。此外，脱锂过程中形成了0.806nm的立

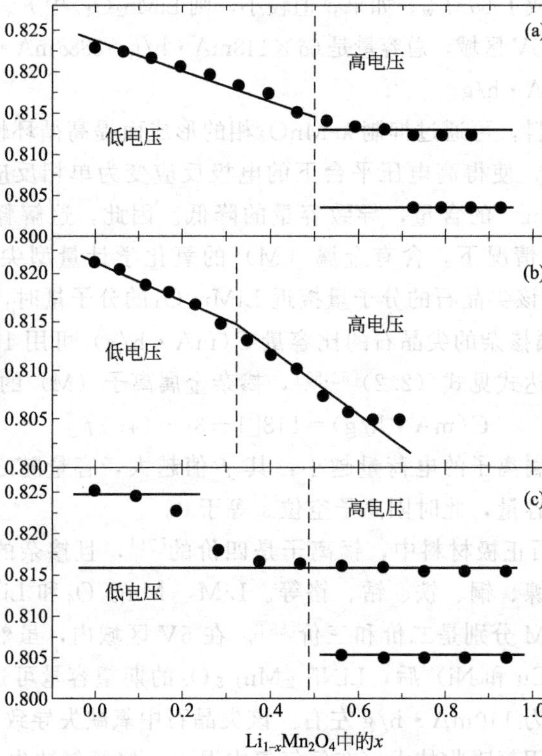

图 2.14 脱锂化学计量型 $LiMn_2O_4$ (a)、氧化学计量型尖晶石 (b)、贫氧型尖晶石 (c) 的晶格参数

方相Ⅲ，且立方体相Ⅱ和Ⅲ共存。立方相Ⅲ的比率随着脱锂的进行而升高[39]。

据报道，5V 正极材料如 $LiNi_{0.5}Mn_{1.5}O_4$ 与图 2.14 所示的 (a)、(c) 尖晶石具有相似的晶格变化[58]。在低电压和高电压平台下，它的电化学反应与贫氧尖晶石 (c) 相同，都是两相反应，这说明报告中的样品可能是贫氧型的。

2.3.3 橄榄石化合物

在充放电过程中，正交橄榄石结构的 $LiFePO_4$ 形成了 $FePO_4$ 并存的两种晶相，因此具有平滑的放电曲线[59]。使用 Rietveld 方法可以精确测量到充电时形成的具有正交晶体结构的 $FePO_4$[60,61]。用锰取代铁会使充放电曲线的形状发生变化，3.5V 低电压平台和 4.0V 高电压平台下的容量与铁和锰的含量相关。因此，锰取代物可以有效地提高能量密度，然而它会降低导电性，导致倍率性能变差。

2.4 正极材料存在的问题（层状材料和尖晶石 $LiMn_2O_4$ 型材料的安全问题）

2.4.1 层状材料

从电极电位可知，锂离子电池的正极材料在充电状态下具有强氧化性，充电的正极材料可能会使溶剂氧化或自分解，这些性能与电池的安全性能密切相关。

$LiCoO_2$ 和 $LiNiO_2$ 的自分解反应可通过热分析法和 X 射线衍射法测量，电化学脱锂材料 $Li_{1-y}CoO_2$（$0.4<y<0.6$）的热分解反应很简单。举例来说，当 $y=0.5$ 时，热分解反应见式（2.3）和式（2.4），分解产物为 $LiCoO_2$ 和 Co_3O_4[62]。相比之下，$LiNiO_2$ 的反应更为复杂。在充电状态下，晶体结构变为斜方六面体或单斜结构，这取决于充电态以及样品的组分。当 $y>0.7$ 时，$Li_{1-y}NiO_2$ 形成岩盐结构的 $Li_xNi_{1-x}O$[63]，当 $y<0.7$ 时，$Li_{1-y}NiO_2$是层状结构。当 $y=0.5$ 时，反应同样遵循式（2.3）和式（2.4）。然而，很难确定尖晶石相是否形成，因为层状结构和尖晶石结构的 XRD 图谱很相似。在富镍型的化合物中尖晶石相很容易形成[65]，但通过热分析显示，$Li_{0.5}NiO_2$向 $LiNi_2O_4$转化过程中 $LiNi_2O_4$在较短的时间内很难形成，在高纯度 $LiNiO_2$中需要几十个小时[66]。$Li_{0.5}NiO_2$中两个反应的差异在于是否析氧，这可以通过热失重分析法来测定。

$$Li_{0.5}CoO_2=1/2LiCoO_2+1/6Co_3O_4+1/6O_2 \quad (2.3)$$

$$Li_{0.5}NiO_2=(1/2LiNi_2O_4)=3/2Li_{0.33}Ni_{0.67}O+1/4O_2 \quad (2.4)$$

上述两个方程式的主要区别就是氧气的析出量不同，由于 $Li_{0.5}NiO_2$ 产生的 O_2 是 $Li_{0.5}CoO_2$ 的 1.5 倍，$LiNiO_2$ 比 $LiCoO_2$ 更易产热。

在没有电解质的情况下，充电后产品的热分析只显示了自分解的信息，因此可以知道分解反应的热性能、氧气的释放温度和释放量等。然而电解质和氧气之间的吸热反应会导致充电态下电池的热失控，因此，电池的安全性应该在电解质存在的情况下进行评估。

Dahn 等人[67]通过 DSC 方法评估了在电解质存在的情况下各种充电态的正极材料所产生的热量。图 2.15 中（a）和（b）描述了充电容量与产热速率的关系，对于所有的正极材料，随着充电容量的增加，其产热速率也会增加。图中 4V 正极材料如 $LiCoO_2$、$LiMn_2O_4$ 和 $LiNi_{0.8}Co_{0.2}O_2$ 等，两者几乎呈线性关系，但 $LiNi_{3/8}Co_{1/4}Mn_{3/8}O_2$ 偏离较大。3V 的 $LiFePO_4$ 产热量较低，这是由于其弱氧化性或者 PO_4^{3-} 的共价键稳定，而 $LiNi_{3/8}Co_{1/4}Mn_{3/8}O_2$ 的表现奇异，它的产热量非常低。

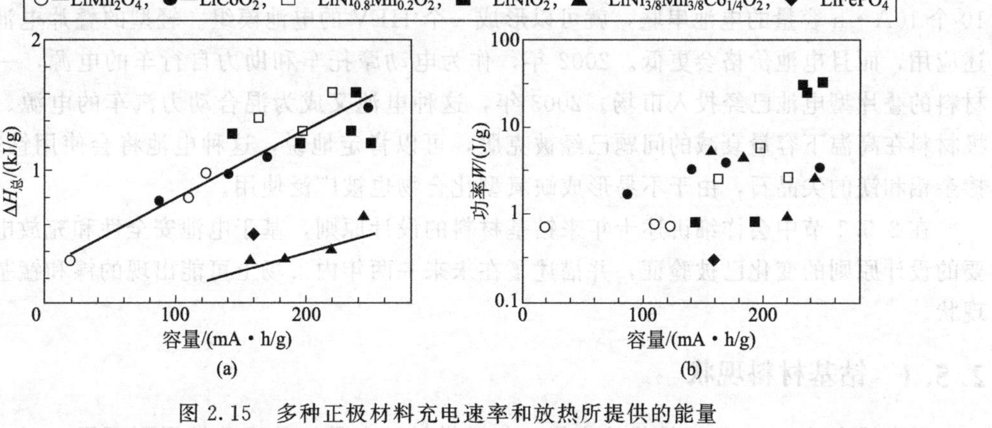

图 2.15　多种正极材料充电速率和放热所提供的能量

这些数据说明 $LiNi_{0.5}Mn_{0.5}O_2$ 类正极材料热稳定性优良，如 $LiNi_{1/3}Co_{1/3}Mn_{1/3}O_2$。

$LiNiO_2$ 表现出产热速率的独特性，在形成含有 NiO_2 相的 $Li_{0.3}NiO_2$ 时，它的产热速率会突然增加。因此，如果可以防止 NiO_2 相的产生，就可以抑制产热速率的突然增加。事实上，通过掺杂 20%的钴可以很大程度上降低产热速率。许多研究表明[67,68]，在 $LiNiO_2$ 中掺杂钴可以显著提高其热稳定性，也有人认为通过 Al 取代 1/4Ni，可以大大提高 $LiNiO_2$ 的安全性[69]。充电态的电化学活性材料与电解质在两相界面发生反应，电化学活性物质粒径的减小会导致产热速率的增加[70]，因此，使用纳米级材料提高倍率性能会增加安全风险。

聚合物电池正极材料的安全性能也经过了评估，$Li_{0.6}CoO_2$、$Li_{0.6}NiO_2$和$Li_{0.23}Mn_2O_4$在200～300℃范围内大约有几个W/g的放热峰[71]；有机材料和正极材料热分解产生的氧之间的反应几乎是不可避免的。锂离子电池安全性能的评估详见Tobishima等人的论文[72]。

2.5 锂离子电池正极材料的最新进展

表2.1中列出了锂离子电池的特性、容量、密度、充放电曲线的形状和正极材料存在的问题。从锂离子电池发明至今，$LiCoO_2$占据了锂离子电池正极材料市场份额的90%以上，主要应用在手机以及笔记本电脑等领域，锰基材料占据了剩余的市场份额。

对电池来说，最重要的是如何在单位体积内提高活性物质的量，因此体积比容量是关键因素。由于具有较高的密度，体积比容量可达到808mA·h，因此钴基材料是一种很有前途的正极材料。此外，由于曲线斜率大更容易设计电池的保护电路，故电池的放电曲线也很重要。

最初通过改善碳负极来增加锂离子电池的容量，然而，现在通过提高电池的充电电压也可以实现容量的提升。通过在$LiCoO_2$中掺杂其他离子，可以使锂离子电池在容量不衰减的情况下获得更高的充电电压[1,73~75]。对于18650型电池，通过在正极材料$LiCoO_2$中掺杂镁或铝等元素，可以获得高达2.4A·h的容量。

出于安全考虑，镍基材料在高体积比容量锂离子电池上的实际应用已经被推迟，然而掺杂不同金属的$LiNiO_2$电池的安全性已通过验证，使用镍基正极材料的电池实际已在2004年投产。

与此同时，尖晶石类锰酸锂材料也表现出了良好的安全性能，在混合动力汽车（HEV）和纯电动汽车（EV）等大型电池的应用领域中，被认为是一种有潜力的替代材料。只要将10个10A·h容量的电池串联，就可以形成一个HEV的电池模组。轻型的叠片电池适合上述应用，而且电池价格会更低。2002年，作为电动摩托车和助力自行车的电源，一种锰基材料的叠片型电池已经投入市场。2003年，这种电池又成为混合动力汽车的电源。锰基正极材料在高温下容量衰减的问题已经被克服，可以肯定地说，这种电池将会使用锰基材料。掺杂铝和镁的尖晶石，由于不易形成缺氧型化合物也被广泛使用。

在2.5.1节中会详细讲述十年来钴基材料的设计原则，基于电池安全性和充放电条件需要的设计原则的变化已被验证，并描述了在未来一两年内市场上可能出现的镍和锰基材料的现状。

2.5.1 钴基材料现状

锂离子电池1990年开始投放市场，负极材料已由最初的硬碳发展到石墨，而正极材料一直为钴酸锂，电池的制造工艺也得到非常大的改善，电池容量提高了三倍以上。然而，为适应现代手机的大电流脉冲放电需求，近年来钴酸锂性能也得到了较大的提高，其发展不容忽视。

首先，来看一下$LiCoO_2$的主要指标。某公司提供的$LiCoO_2$样品规格见表2.4。电极密度是它最重要的属性，这关系到组装密度以及极片密度。对于生产厂家制造体积比容量尽可能高的电池需求来说，这些数据是非常重要的。目前，正极片中 $LiCoO_2$ 占 96%（质量分数），剩余 4%（质量分数）是胶和导电剂（如碳）。因此，即使 $LiCoO_2$ 的填充量增加 1%（质量分数），也是极有意义的，通过增加电极密度，可以提高电池容量。

表 2.4　$LiCoO_2$ 样品的规格

项目	指标	杂质	含量/%(质量分数)
Li 含量/%	6.60～7.40	Co_3O_4	≤10
Co 含量/%	59.3～60.7	SO_4	≤0.30
Li/Co(摩尔比)	0.95～1.01	H_2O	≤0.20
SSA(比表面积)/(m^2/g)	0.35～0.55	Ni	≤0.10
D_{50}(平均粒径)	7.0～9.0	Cl	≤0.10
充气密度/(g/cm^3)	0.9～1.3	Na	≤0.050
填充密度/(g/cm^3)	1.9～2.3	Fe	≤0.020
10%浆料的 pH 值	9.5～11.0	K	≤0.010

在制备 $LiCoO_2$ 的过程中，控制 Li/Co 比是很重要的，通常小于 1。正极浆料通常由 $LiCoO_2$、导电剂分散在含有聚偏二氟乙烯（PVDF）的 *N*-甲基吡咯烷酮溶液中形成，浆料中含有一些水分是不可避免的。当 $LiCoO_2$ 中的一些未反应的锂离子以 Li_2O 的形式存在时，与浆料中的水发生反应，使得正极浆料呈碱性。在这种碱性条件下正极浆料变成凝胶态，无法涂覆在铝集流体上，因此，为了防止正极浆料形成凝胶态，传统的 $LiCoO_2$ 采用温水洗涤。以某公司提供的产品为例，10%（质量分数）$LiCoO_2$ 水溶液的 pH 值要求调至 9.5～11.0，推荐 pH 值小于 10.5，该公司提供的 $LiCoO_2$ 的 Li/Co 比小于 1，在产品中存在未反应锂盐的可能性接近于 0。但为了降低成本，一般生产厂家会取消 $LiCoO_2$ 的洗涤过程。

比表面积（SSA）也是重要属性之一。因为比表面积大，反应面积就大。显然，采用较高比表面积的正极材料可以改善倍率性能，提高电池大电流放电能力。当比表面积增大时，材料密度的降低是不可避免的，进而电极密度随之减小，因此增大材料的比表面积不是无限制的。当然，如果使用纳米级的电极活性材料，电极密度会显著下降，虽然倍率性能得到改善，但是电池的安全性能会受到影响，因此不推荐使用纳米级正极材料。纳米材料在针刺实验（一种短路测试方式）和热箱实验（电池加热到 150℃）中起火的可能性较大，所以这种材料很少在实际中使用。

不同电池生产厂家根据涂覆工艺的不同而选择不同平均粒径及粒度分布的材料。即使是同一个电池生产厂家，其方形、圆柱形、聚合物等不同型号的电池采用的正极材料的平均粒径及粒度分布也是不同的。同一材料适用于所有的电池是不现实的，这些因素与电池性能密切相关，电池生产厂家应根据用途和设备来选择适宜的材料，这也是原材料生产商批量生产不同特性的 $LiCoO_2$ 的原因。

导致电池产生氧化还原副反应的杂质应该去除。近年来，人们一直对正极材料中残存的 Co_3O_4 持怀疑态度，在反复放电过程中，Co_3O_4 以离子态溶解到电解质中，在负极被还原为金属 Co，并在电极表面析出，负极的阻抗增大使得 Li 的嵌入受阻。上述正极材料的规格提供了大量的原始信息。

下面，将从工业产品的角度阐述 $LiCoO_2$ 的合成条件及其物理和电化学特性。通常来讲，控制 $LiCoO_2$ 物理性能最简单的方法是改变 Li/Co 比。已有报道指出，当 Li/Co 比大于 1[76]，4.1V 附近 $LiCoO_2$ 的结构从斜方六面体变为单斜结构的现象消失了。在这一节中，将详细阐述具有不同 Li/Co 比的 $LiCoO_2$ 的特性。

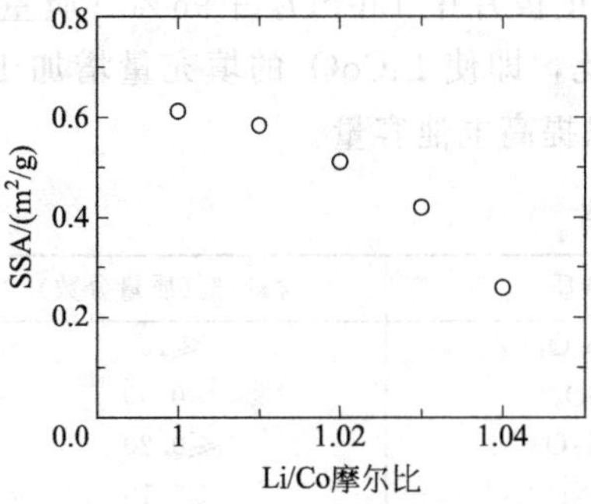

图 2.16　SSA 与 $LiCoO_2$ 中 Li/Co 比的关系

如图 2.16，随着 Li/Co 比的增加，比表面积(SSA）减小。也就是说，在高 Li/Co 比下，$LiCoO_2$ 晶体更容易形成且晶粒较大。图 2.17 所示为 Li/Co 比为 1（a）和 1.05（b）的 $LiCoO_2$ 的电子显微镜照片。Li/Co 比为 1 的样品颗粒尺寸为 2～3μm，Li/Co 比为 1.05 的大约为 10μm。研究证实，在高 Li/Co 比下 SSA 降低。显然，更高的 Li/Co 比适合制备具有较高堆积密度和振实密度的致密材料（见图 2.18）。需要指出的是，在某些情况下湿法测试的晶体粒径分布与 SEM 图显示的不同，Li/Co 比与通过 Microtrack 法（湿法）测试的粒径大小（D_{10}、D_{50}、D_{90}）的关系如图 2.19 所示。由 SEM 图可知，当 Li/Co 比为 1.0 时，晶体颗粒大小为 2～3μm，然而使用粒径分布法测试平均粒径 D_{50} 却为 10μm，两种测量结果的差异表明，在溶液中会有细颗粒团聚。换言之，采用湿法测试时，在溶液中细颗粒团聚成大颗粒，因此湿法测试反映的不是一次粒子的大小，而是团聚后的二次粒子的大小。

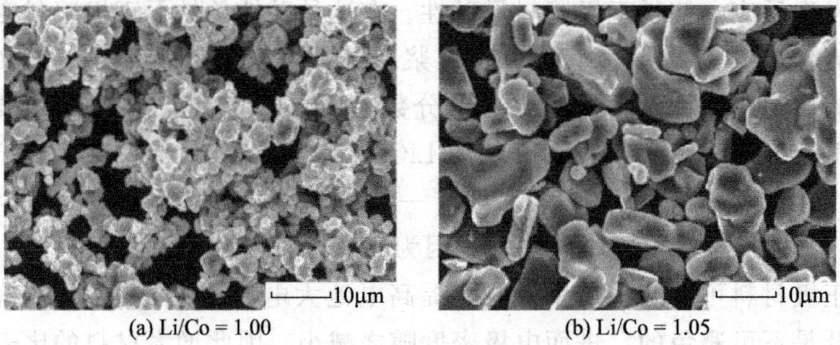

图 2.17　Li/Co 比为 1 和 1.05 的 $LiCoO_2$ 的形态

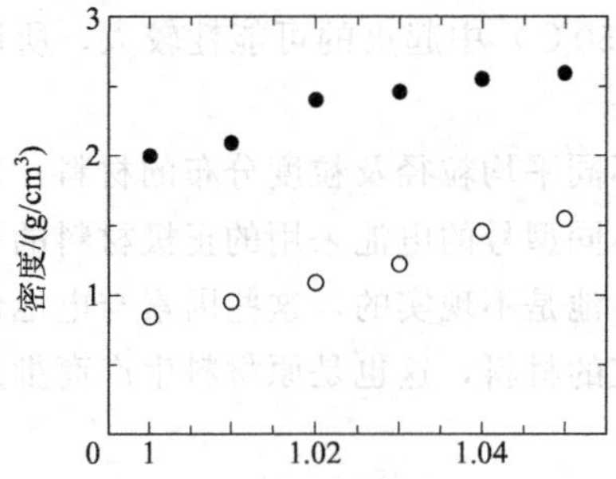

图 2.18　不同 Li/Co 比的 $LiCoO_2$ 的堆积密度（●）和振实密度（○）

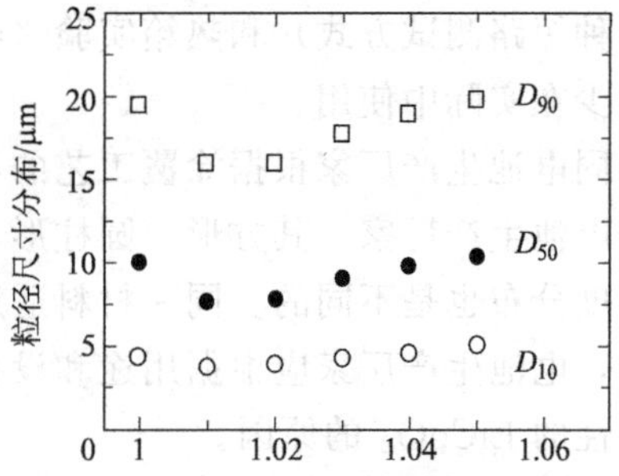

图 2.19　不同 Li/Co 比的 $LiCoO_2$ 粒径分布

另一方面，当粒子不断生长，在 SEM 图下达到 10μm 的时候，通过湿法测量的平均粒径 D_{50} 为 10μm，如图 2.19 所示。两种方法都可以提供相同的粒径尺寸。随着粒径的增大，粒子的团聚受到抑制，在这种情况下，粒径的分布反映的是一次粒子的大小。对于在更高 Li/Co 比下 $LiCoO_2$ 的合成，粒径一旦下降，过量的锂以 Li_2O 的形式存在。将 $LiCoO_2$ 溶解到水溶液中，测定 pH 值可以确定残留的 Li_2O 的量。

10%（质量分数）的 $LiCoO_2$ 悬浮液与 Li/Co 比的关系如图 2.20 所示，当 pH 值大于 10.5～10.6 时，正极浆料变成凝胶态，通过采用温水洗涤产品来调节 pH 值是必要的。

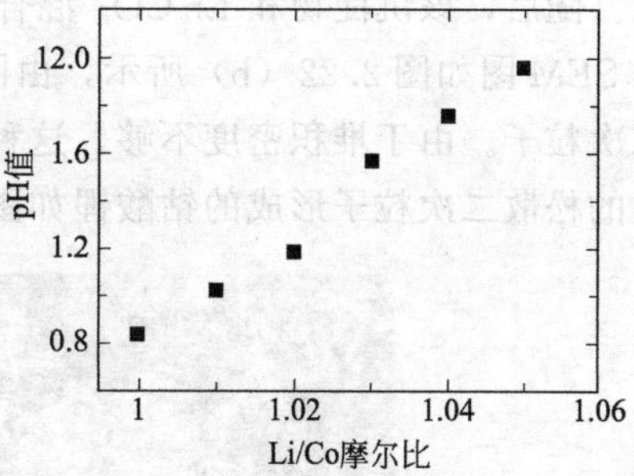

图 2.20 10%（质量分数）Li_xCoO_2 浆料的 pH 值

此外，Li/Co 比对 $LiCoO_2$ 的性能诸如颗粒尺寸以及悬浮液 pH 值的影响最早是由日本化学株式会社发表的[77]。高 Li/Co 比的 $LiCoO_2$ 对电池性能来讲有利有弊，产品合成方法需要进行优化。

现在，回顾一下 $LiCoO_2$ 合成的历史。据 Nishi（索尼公司）介绍，早期的合成方法如下[78]。原材料 Co_3O_4 和 Li_2CO_3 在含有聚乙烯醇的水溶液内进行混合形成浆料，然后焙烧。在此情况下，混合物的 Li/Co 比大于 1。为了提高电池的安全性，将焙烧温度设定为 900℃以上，由于 Li/Co 比较高，产品中会残留过量的 Li_2CO_3。当其作为锂离子电池的正极材料时，一旦电池过充电，残留的 Li_2CO_3 会产生 CO_2，产生的压力会破坏防爆阀，从而提升电池的安全性能。研究已证实，在较高的 Li/Co 比下，粒径变大，更容易烧结。针刺实验结果表明，使用大粒径的钴化合物可以有效地提高电池的安全性，大颗粒的 $LiCoO_2$ 在电池发展的早期阶段就已被应用。随着电池制造工艺的进步，使用大粒径正极材料的必要性下降，为了改善电池的性能，特别是高倍率性能，近期人们使用表 2.4 所示的小粒径正极材料。如最高焙烧温度设定为 900℃以下，则焙烧不充分，部分过量的 Li_2CO_3 焙烧后以 Li_2O 的形式存在。当 Li/Co 比接近或略低于 1 时，焙烧后 Li_2O 的残留量会降低。换言之，可以采用没有洗涤工序的低成本工艺。这些技术信息可从某公司提供的 $LiCoO_2$ 规格得知。当 Li/Co 比下降非常接近于 1 时，烧结温度也似乎应随之降低。直到现在仍使用 Co_3O_4 和 Li_2CO_3 作为原材料。

然而，在过去的两三年内，由于手机的发展，$LiCoO_2$ 的制备方法已经发生了变化，原来预期这种新型的 $LiCoO_2$ 会在 2003 年后开始使用，但目前在韩国和中国还没有被电池供应商采用。

第三代手机脉冲放电模式如图 2.21 所示。在这个系统中，手机通话时，为了捕捉通信信号，会产生最大放电电流为 2A 的 0.6ms 电流脉冲，这种大电流对电池来说是相当过分的要求，相当于 500mA·h 的电池以 4C 的大电流短时间放电。手机对大电流使用的需求持续增加，如彩屏、数码相机以及使用卫星传输的越洋电话的使用。为了电池能以 3～4C 的大电流放电，必须改善 $LiCoO_2$ 的制备方法。为了获得大放电电流，$LiCoO_2$ 一次粒子的粒径应控制在 1～2μm，且为了保持 $LiCoO_2$ 的高密度和它的电极密度，二次粒子粒径应控制在 5～10μm。这种粒径的增加有效地避免了由于一次粒子粒径的减小而导致的 SSA 增加。为了合成这种高倍率放电的 $LiCoO_2$，在传统的固相合成法的基础上开发了氢氧化物共沉淀法。当前，这种新型的 $LiCoO_2$ 主要由共沉淀法合成，原材料由传统的氧化钴变为氢氧化钴，使用这种方法，在 pH 值大于 7 的钴溶液中合成氢氧化物的沉淀物。这样一来，控制沉淀条件、pH 值、静置温度等即可获得理想大小和形状的颗

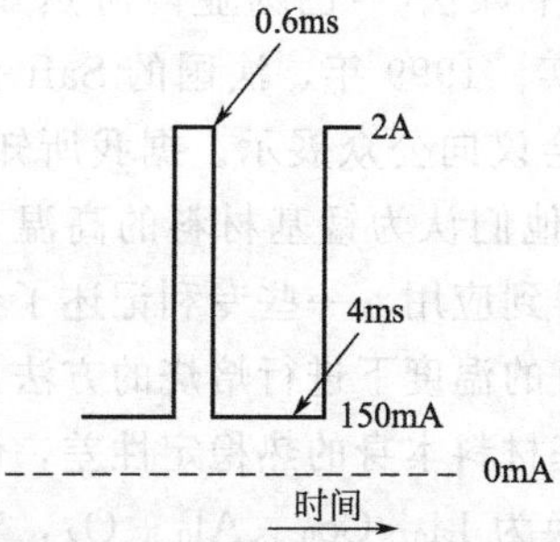

图 2.21 第三代 GSM 型手机电池的脉冲放电曲线

粒。随后，该沉淀物和 Li_2CO_3 混合焙烧后合成 $LiCoO_2$。下面特别介绍一款球形产品，它的 SEM 图如图 2.22（b）所示，由图可见，直径在 1～2μm 的一次粒子团聚成 10μm 左右的二次粒子。由于堆积密度不够，这种均一的球形 $LiCoO_2$ 不能用于电池的正极材料。如上所述的松散二次粒子形成的钴酸锂如图 2.22（a）所示。

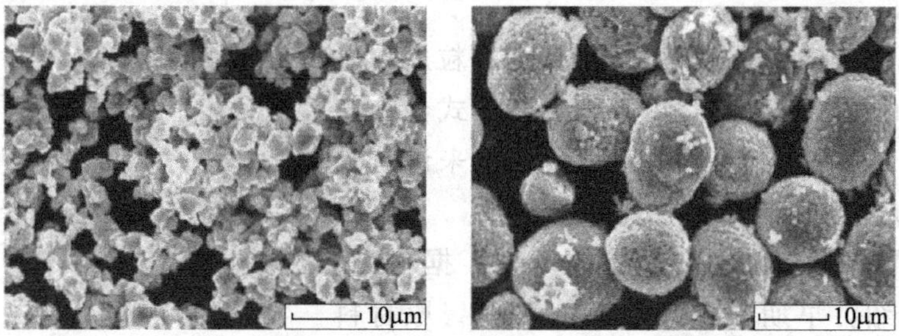

图 2.22 具有不同类型二次粒子的 $LiCoO_2$ 的 SEM 图

物理和化学性能满足电池标准、电极规格且与其他辅料匹配的活性材料已被采用，这些数据的积累是非常重要的。

2.5.2 层状镍基正极材料现状

在 $LiNiO_2$ 型材料基础上制备的产品，其化学式基本可以描述为 $Li_{1-x}Ni_{1+x}O_2$（$x>0$）。因为部分镍离子会占据锂离子层，所以材料制备条件的控制非常严格。可以实现原材料在分子水平上混合的合成方法如下（固相法基本不适用于制备纯净物）：

① 喷雾干燥合成法；

② 氢氧化法；

③ 混合金属碳酸盐法。

上述方法都是共沉淀法。通过使用这种共沉淀技术，使几种物质在原子水平上进行混合成为可能。与固相法相比，这些方法在一次粒子和二次粒子粒径的控制上具有优势，即细颗粒的粒径变得可控；其另一个优点是控制结晶度和表面形貌。然而，某些情况下，由于这些方法过于精细，不适合于实际的批量生产。

溶胶-凝胶法作为实验室合成方法经常报道，但由于制造成本昂贵且不适用于工业化的批量生产而仅限于实验使用，这种方法经常被忽略。

2.5.2.1 喷雾干燥法

由户田工业株式会社（前富士化工有限公司）发明的喷雾干燥法[79]已为业内所熟知，他们的样品被世界各地的公司所采用，其优良的特性已经被证实。1999 年，法国的 Saft 公司和韩国的三星公司已完成了安全测试，测试结果已通过国际会议向公众展示。据我所知，法国的 Saft 公司采用镍基材料作为 EV 电池的正极材料，因为他们认为锰基材料的高温容积衰减问题无法克服。到目前为止，这种材料作为电池材料已得到应用。一些专利记述了金属盐和锂盐在水溶剂中反应生成悬浮液，经过喷雾干燥后在适宜的温度下进行焙烧的方法。

铝掺杂是户田工业株式会社产品的特点，产品的缺点是镍基材料本身的热稳定性差，但通过钴和铝的掺杂已经克服。通过掺杂，化合物的组成结构转换为 $Li_{0.8}Co_{0.15}Al_{0.05}O_2$，充电状态的热稳定性可以达到 $LiCoO_2$ 的水平。这种化合物的热稳定性数据由法国 Soft 公司 Binsan 等人提供[80]，如表 2.5 所示。

表 2.5　典型正极材料和荷电态 $LiNi_{0.8}Co_{0.15}Al_{0.05}O_2$ 的热稳定性

正极材料	$LiNiO_2$	$LiCoO_2$	$LiMn_2O_4$	$LiNi_{0.8}Co_{0.15}Al_{0.05}O_2$
初始充电容量(4.2V)/(mA·h/g)	210	160	130(4.3V)	205
可逆容量/(mA·h/g)	165	150	120	160
在溶剂存在下的 DSC 主峰对应的最高加热温度/℃	200	250	300	310
荷电态正极材料的析氧温度(4.2V)/℃	200	230	290	300

由于镍含量的减少以及铝的掺杂，伴随着氧化进程放热峰的温度从 $LiNiO_2$ 的 200℃到 $LiNi_{0.8}Co_{0.15}Al_{0.05}O_2$ 的 310℃，$LiNi_{0.8}Co_{0.15}Al_{0.05}O_2$ 的热稳定性得到较大改善，300℃以下没有氧化反应发生，其热稳定性比 $LiCoO_2$ 和尖晶石 $LiMn_2O_4$ 表现得要出色。这种材料的 SEM 图如图 2.23 所示。同样使用共沉淀法也可以控制粉料的特性。从表 2.5 可看出，相对于传统的钴基正极材料，$LiNi_{0.8}Co_{0.15}Al_{0.05}O_2$ 具有更高的容量。如图 2.24 所示，这种材料 4.3V 的放电比容量可达 180mA·h/g 以上。

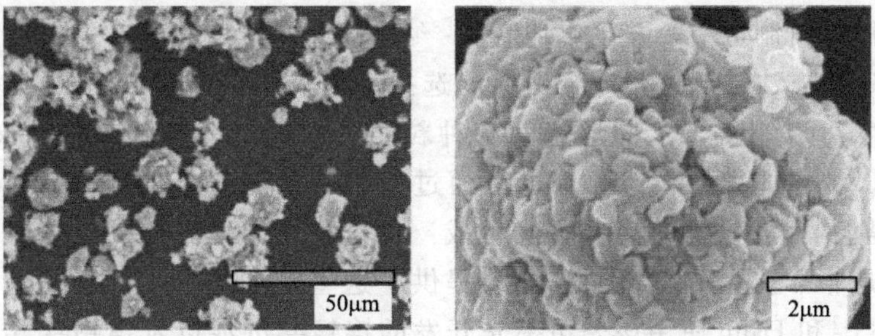

图 2.23　$LiNi_{0.8}Co_{0.15}Al_{0.05}O_2$ 的 SEM 图

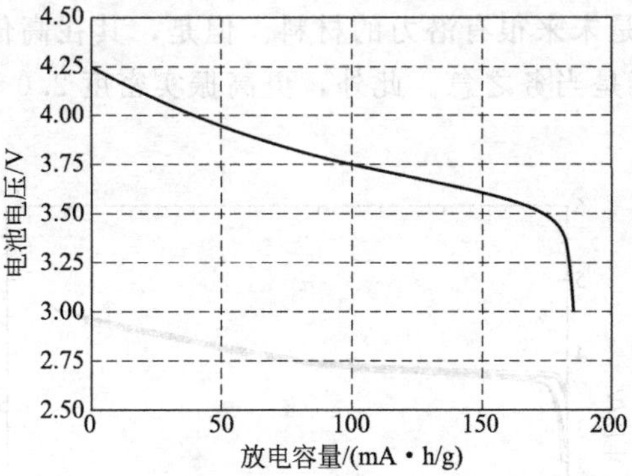

图 2.24　$LiNi_{0.8}Co_{0.15}Al_{0.05}O_2$ 的放电曲线

最近，东芝公司报道了一种用这种材料和高容量的石墨材料制备的叠片电池[81]。方形电池(厚度×宽×长=3.8mm×35mm×62mm) 具有 920mA·h 的容量以及 200W·h/g 的能量密度，比钴基正极材料高 16%，这应该归因于镍基材料的使用。这种电池的倍率性能也非常优异，如图 2.25 所示，1C 充放电循环 500 次后的剩余容量是初始容量的 70%，可以与钴基材料电池相媲美。

2.5.2.2　氢氧化物共沉淀法

Tanaka 化工有限公司开发的共沉淀法是此类方法中最领先的，作为镍镉电池以及镍氢

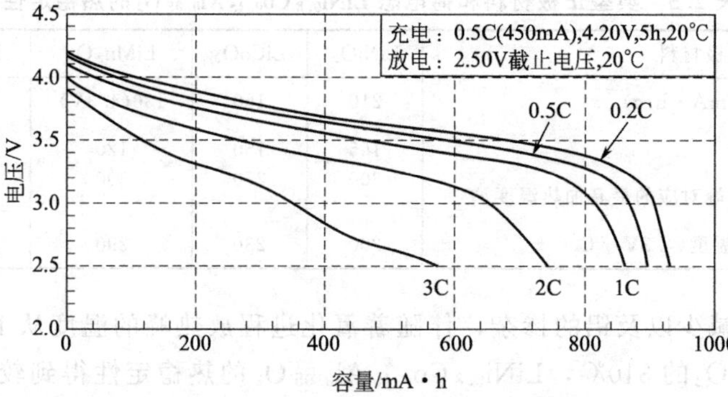

图 2.25 采用 $LiNi_{0.8}Co_{0.15}Al_{0.05}O_2$ 正极和石墨负极的叠片锂离子电池的放电速率性能

电池的正极材料供应商，这家公司处于垄断地位。金属氢氧化物由胺络合制得，通过调整水溶液的 pH 值、静置温度、反应物的比例，可以制得球形材料。该技术已经应用于锂离子电池的正极材料制造中，并已申请专利[82]。各种元素均匀分布的沉淀物可以通过共沉淀法获得，这种方法被认为是一个不错的选择。氢氧化钴通过 Tanaka 公司开发出的颗粒形状控制技术可以制得，不同形态的各种粒子，如团聚的细颗粒、团聚的片状晶体、团聚的大颗粒、独立的大颗粒等，都可以通过控制共沉淀的条件制得。锂离子电池的正极材料通过锂盐和氢氧化物的混合焙烧合成。在这种情况下，控制加热温度，保持原材料的粒子形状是非常重要的，Tanaka 公司提供了这些氢氧化物用于合成正极材料。在加拿大，Ohzuku[83]和 Dahn 使用该公司率先开发的镍锰共沉淀以及镍钴锰共沉淀技术合成了 $LiNi_{0.5}Mn_{0.5}O_2$ 和 $LiNi_{1/3}Mn_{1/3}Co_{1/3}O_2$。由于采用该材料的电池容量较高，这种材料引起了人们更多的关注。Ohzuku 提供的数据如图 2.26 所示[83]，这两种材料都可以达到 200mA·h/g，它们将会是未来很有潜力的材料。但是，其在高倍率放电方面的表现不尽人意，因此提高倍率性能是当务之急。此外，更高振实密度 2.0～2.3g/cm³ 的镍钴锰共沉淀物已被采用。

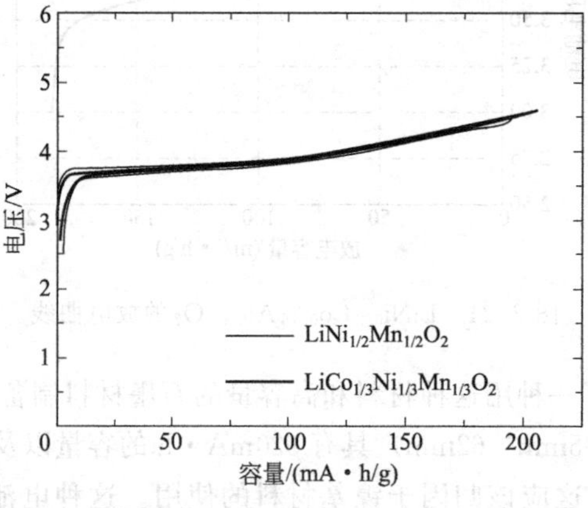

图 2.26 $LiNi_{1/2}Mn_{1/2}O_2$ 和 $LiCo_{1/3}Ni_{1/3}Mn_{1/3}O_2$ 的充放电曲线

2.5.2.3 混合金属碳酸盐法

如上所述，氢氧化物共沉淀法是一种优异的合成方法。然而，在处理技术方面，含有锰离子的氢氧化物共沉淀物的制造过程可能是很困难的。由于氢氧化物共沉淀物在碱性条件下生成，锰离子可能会是+2、+3、+4价离子，空气中的氧会加剧锰离子的氧化，因此重复合成同样的共沉淀物质是相当困难的。根据Tanaka公司的专利推测，为克服这一难题，锰离子应是在还原剂的作用下从如$Mn(OH)_2$的锰氨络合物中共沉淀出来。

另一方面，混合金属碳酸盐法是一种混合共沉淀法，是由Chuo Denki Kogyo公司开发出来的[84,85]。这些金属盐在碳酸氢盐碱性溶液中被共沉淀为碳酸盐或碳酸氢盐，这种方法不存在之前提到的氢氧化物共沉淀法的缺点，可能是一个非常好的方法。由于这种方法也是一种共沉淀法，所以可以控制颗粒的形状以获得高密度的球状颗粒，用该方法合成的$LiNi_{0.56}Mn_xCo_{0.44-x}O_2$的初始容量以及在电解质共存条件下通过DSC测得的峰值温度如表2.6所示。显然，随着锰掺杂量的增加和产热量的急剧下降，与氧化程度相关的峰值温度向高温方向移动。也就是说，通过锰的掺杂，可以提高电池的安全性，其初始容量高于钴酸锂，由于较高的放电电压，其能量密度（由电压和容量决定）也高于钴酸锂。

表2.6　$LiNi_{0.56}Mn_xCo_{0.44-x}O_2$（$x$=0.1、0.2、0.3）的电化学特性和热学性能

化合物	初始容量 /(mA·h/g)	平均容量 /V	DSC的峰温度 /℃	放热量 /(J/g)
$LiNi_{0.56}Mn_{0.1}Co_{0.34}O_2$	173	3.78	298	728
$LiNi_{0.56}Mn_{0.2}Co_{0.24}O_2$	171	3.81	300	645
$LiNi_{0.56}Mn_{0.3}Co_{0.14}O_2$	167	3.84	316	577
$LiNiO_2$	183	3.84	225	1.398
$LiCoO_2$	156	3.97	251	616

电池制造商使用这种材料作为活性物质生产100W·h级和400W·h级的大型电池。其循环寿命、热稳定性、高倍率性能、充电状态下的存储性能等均已被评估，进行1000次循环后，电池容量保持率为83%。研究已证实，随着锰含量的增加，其热稳定性增强，但是由于c轴的极度扩张，锰含量不能超过0.35，且锰和钴的含量对充放电曲线没有影响。图2.27中Terasaki等绘制的三元相图，表明了电池容量和化合物$LiNi_{1-x-y}Co_xMn_yO_2$组分之间的关系。他们报道的样品是由混合金属碳酸盐制备而成的，混合金属碳酸盐前驱体使得制备宽组分的$LiNi_{1-x-y}Co_xMn_yO_2$成为可能。

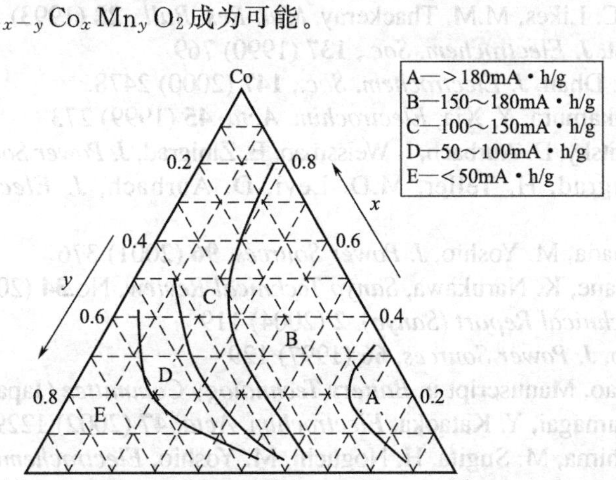

图2.27　$LiNi_{1-x-y}Co_xMn_yO_2$的放电能力

参考文献

1. M. Zou, M. Yoshio, S. Gopukumar, J. Yamaki, *Electrochem. Solid-State Lett.*, **7** (2004) A176
2. W.S. Yoon, Y. Paik, X.Q. Yang, M. Balasubramanian, J. McBreen, C.P. Grey, *Electrochem. Solid-State Lett.*, **5** (2002) A263
3. A.R. Armstrong, P.G. Bruce, *Nature*, **381** (1996) 499
4. G. Vitins, K. West, *J. Electrochem. Soc.*, **144** (1997) 2587
5. M. Tabuchi, K. Ado, H. Kobayashi, H. Kageyama, C. Masquelier, A. Kondo, R. Kanno, *J. Electrochem. Soc.*, **145** (1998) L145
6. Y.I. Jang, B. Huang, H. Wang, D.R. Sadoway, Y.M. Chiang, *J. Electrochem. Soc.*, **146** (1999) 3217
7. Y.S. Lee, M. Yoshio, *Electrochem. Solid-State Lett.*, **4** (2001) A166
8. Y.S. Lee, Y.K. Son, M. Yoshio, *Chem. Lett.*, **30** (2001) 882
9. J.M. Paulsen, C.L. Thomas, J.R. Dahn, *J. Electrochem. Soc.*, **147** (2000) 861
10. J.M. Paulsen, J.R. Dahn, *J. Electrochem. Soc.*, **147** (2000) 2478
11. J.M. Paulsen, D. Larcher, J.R. Dahn, *J. Electrochem. Soc.*, **147** (2000) 2862
12. T. Ohzuku, A. Ueda, M. Nagayama, *J. Electrochem. Soc.*, **140** (1993) 1862
13. W. Li, J.N. Reimers, J.R. Dahn, *Solid State Ionics*, **67** (1993) 123
14. H. Arai, S. Okada, H. Ohtsuka, M. Ichimura, J. Yamaki, *Solid State Ionics*, **80** (1995) 261
15. J.N. Reimers, J.R. Dahn, *J. Electrochem. Soc.*, **139** (1992) 2091
16. T. Ohzuku, A. Ueda, *J. Electrochem. Soc.*, **141** (1994) 2972
17. G.G. Amatucci, J.M. Tarascon, L.C. Klein, *J. Electrochem. Soc.*, **143** (1996) 1114
18. S. Levasseur, M. Menetrier, E. Suard, C. Delmas, *Solid State Ionics*, **128** (2000) 11
19. M. Yoshio, H. Noguchi, K. Yamato, J. Itoh, M. Okada, T. Mouri, *J. Power Sources*, **74** (1998) 46
20. A. Von der Ven, M.K. Aydinol, G. Ceder, *J. Electrochem. Soc.*, **145** (1998) 2149
21. J.M. Paulsen, J.R. Mueller-Neuhaus, J.R. Dahn, *J. Electrochem. Soc.*, **147** (2000) 508
22. D. Carlier, I. Saadoune, M. Menetrier, C. Delmas, *J. Electrochem. Soc.*, **149** (2002) A1310
23. X.Q. Yang, J. McBreen, W.S. Yoon, C.P. Gray, *Electrochemistry Comm.*, **4** (2002) 649
24. D. Li, T. Muta, L. Zhang, M. Yoshio, H. Noguchi, *J. Power Sources*, **132** (1998) 150
25. J.M. Paulsen, C.L. Thomas, J.R. Dahn, *J. Electrochemcal Soc.*, **146** (1999) 3560
26. J.M. Tarascon, D. Guyomard, *J. Electrochem. Soc.*, **138** (1991) 1378
27. R.J. Gummor, D.C. Likes, M.M. Thackeray, *Mat. Res. Bull.*, **28** (1993) 1249
28. G. Vitins, K. West, *J. Electrochem. Soc.*, **137** (1990) 769
29. J.M. Paulsen, J.R. Dhan, *J. Electrochem. Soc.*, **147** (2000) 2478.
30. M. Yoshio, H. Nakamura, Y. Xia, *Electrochim. Acta*, **45** (1999) 273
31. P. Dan, E. Mengeritsky, D. Aurbach, I. Weissman, E. Zinigrad, *J. Power Sources*, **68** (1997) 443
32. E. Levi, E. Zinigrad, H. Teller, M.D. Levi, D. Aurbach, *J. Electrochem. Soc.*, **145** (1998) 3440
33. Y.S. Lee, N. Kumada, M. Yoshio, *J. Power Sources*, **96** (2001) 376
34. N. Imachi, I. Nakane, K. Narukawa, *Sanyo Technical Review*, No.**34** (2004)79
35. S. Yoshimura, *Technical Report (Sanyo)*, **2** (2004) 119
36. Y. Xia, M. Yoshio, *J. Power Sources*, **66** (1997) 129
37. T. Nohma, H. Kitao, Manuscript in *Battery Technology Committee* (Japan), 16–3 (2004)
38. S. Komaba, N. Kumagai, Y. Kataoka, *Electrochim. Acta*, **47** (2002) 1229
39. Y. Yagi, Y. Hideshima, M. Sugita, H. Noguchi, M. Yoshio, *Electrochemistry*, **68** (2000) 252
40. X. Yang, X. Sun, M. Balasubramanian, J. McBreen, Y. Xia, T. Sakai, M. Yoshio, Electrochem. *Solid State Lett.*, **4**, (2001) A117
41. Y. Xia, M. Yoshio, *J. Electrochem. Soc.*, **144** (1997) 4186
42. D.J. Jang, Y.J. Shin, S.M. Oh, *J. Electrochem. Soc.*, **143** (1996) 2204

43. H. Yamane, M. Saitoh, M. Sano, M. Fujita, M. Sakata, M. Takada, N. Nishibori, *J. Electrochem. Soc.*, **149** (2002) A1514
44. M. Zou, M. Yoshio, S. Gopukumar, J. Yamaki, *Mat. Res. Bull.*, **40** (2005) 708
45. K. Oikawa, T. Kamiyama, F. Izumi, B.C. Chakoumakos, H. Ikuta, M. Wakihara, J. Li, Y. Matsui, *Solid State Ionics*, **109** (1998) 35
46. B. Deng, H. Nakamura, Q. Zhang, M. Yoshio, Y. Xia, *Electrochim. Acta*, **49** (2004) 1823
47. H. Noguchi, H. Nakamura, M. Yoshio, H. Wang, *Chem. Lett.*, **33** (2004) 546
48. M. Yoshio, H. Noguchi, Y. Todorov and Y. Hideshima, *Denki Kagaku*, **66** (1998) 189
49. G.T.K. Fey, W. Li, J.R. Dahn, *J. Electrochem. Soc.*, **141** (1994) 227
50. G.T.K. Fey, C.S. Wu, *Pure Appl. Chem.*, **69** (1997) 2329
51. Y. Xia, M. Yoshio, *J. Electrochem. Soc.*, **143** (1996) 825
52. Y. Xia, Y. Zhou, M. Yoshio, *J. Electrochem. Soc.*, **144** (1997) 2593
53. M. Yoshio, J. Taira, H. Noguchi, K. Isono, *Electrochemistry*, **66** (1998) 335
54. Y.M. Todorov, Y. Hideshima, H. Noguchi, M. Yoshio, *J. Power Sources*, **77** (1999) 198
55. Y. Terada, K. Yasaka, F. Nishikawa, T. Konishi, M. Yoshio I. Nakai, *J. Solid State Chem.*, **156** (2001) 286
56. H. Kawai, M. Nagata, H. Tsukamoto, A.R. West, *J. Power Sources*, **81–82** (1999) 67
57. T. Ohzuku, K. Ariyoshi, S. Yamamoto, *J. Ceram. Soc. Jpn.*, **110** (2002) 501
58. S.-H. Park, Y.-K. Sun, *Electrochim. Acta*, **50** (2004) 434
59. S. Mukerjee, X.Q. Yang, X. Sun, S.J. Lee, J. McBreen, Y. Ein-Eli, *Electrochim. Acta*, **49** (2004) 3373
60. A.K. Padhi, K.S. Nanjundaswamy, J.B. Goodenough, *J. Electrochem. Soc.*, **144**, (1997) 1188
61. A.S. Andersson, J.O. Thomas, *J. Power Sources*, **97–98** (2001) 498
62. M. Takahashi, S. Tobishima, K. Takei, Y. Sakurai, *J. Power Sources*, **97–98** (2001) 508
63. J.R. Dahn, E.W. Fuller, M. Obrovac, U. von Sachen, *Solid State Ionics*, **69** (1994) 265
64. H. Arai, S. Okada, Y. Sakurai, J. Yamaki, *Solid State Ionics*, **109** (1998) 295
65. K.K. Lee, W.S. Yoon, K.B. Kim, K.Y. Lee, S.T. Hong, *J. Power Sources*, **97–98** (2001) 321
66. M.G.S.R. Thomas, W.I.F. David, J.B. Goodenough, *Mat. Res. Bull.*, **15** (1980) 783
67. R. Kanno, H. Kubo, Y. Kawamoto, T. kamiyama, F. Izumi, Y. Takeda, M. Takano, *J. Solid State Chem.*, **110** (1994) 216
68. D.D. MacNeil, Z. Lu, Z. Chen, J.R. Dahn, *J. Power Sources*, **108** (2002) 8
69. Y. Gao, M.V. Yakovleva, W.B. Ebner, *Electrochem. Solid State Lett.*, **1** (1998) 117
70. J. Cho, H.S. Jung, Y.C. Park, G.B. Kim, H.S. Lim, *J. Electrochem. Soc.*, **147** (2000) 15
71. T. Ohzuku, T. Yanagawa, M. Kouguchi, A. Ueda, *J. Power Sources*, **68** (1997) 131
72. J. Cho, B. Park, *J. Power Sources*, **92** (2001) 35
73. Japan Patent, H11-307094, 2001-128249
74. M. Zou, M. Yoshio, S. Gopukumar, J. Yamaki, *Chem. Mater.*, **15** (2003) 4699
75. M. Zou, M. Yoshio, S. Gopukumar, J. Yamaki, *Chem. Mater.*, **17** (2005) 1284
76. S. Tobishima, K. Takei, Y. Sakurai, J. Yamaki, *J. Power Sources*, **90** (2000) 188
77. K. Ikeda, *Lithium Ion Secondary Battery*, 2nd ed. M. Yoshio and A. Kozawa(editors), p.292, 2000, Nikkan Kogyou Shinbunsha, Tokyo
78. N. Yomasaki, Recent battery technology, *Semin.Electrochem.*, **1**, (1977) 77, Electrochemical Society of Japan
79. M. Nishi, *Topics on Lithium Ion Secondary Battery*, Shokabou, (1977)
80. Patent No. WO/06679, Kokai Tokkyo Kouhou H10-069910
81. Ph. Binsan, *J. Power Sources*, **81–82** (2003) 906
82. N. Takami et al., 11th IMLB, Ab. No. **371** (2002)
83. Japan patent, 2002–201028, H9-270256
84. T. Ohzuku, K. Ariyoshi, S. Yamamoto, Y. Makimura, *Chem. Lett.*, **30** (2001) 1270
85. K. Yamato, K. Kobayashi, S. Ota, K. Hayashi, K. Kitamura, T. Miyashita, 41th Battery Symposium, p.386 (2000)

第3章

碳负极材料

Zempachi Ogumi and Hongyu Wang

随着人类社会的发展进程，储能技术的发展需求更加迫切。在众多能源种类中，电池组或电池是成功将化学能转化为电能的装置。锂基电池因其高能量密度在电池大家族中脱颖而出，这主要是因为锂是最活跃且最轻的金属。然而，在反复循环后锂枝晶的生长易导致电池短路和爆炸。用铝、硅、锌等合金取代锂金属可以解决析锂枝晶生长的问题[1]。然而，锂合金的储锂能力仅在几个充放循环后就迅速下降，这主要是因为巨大的体积变化造成合金晶格应力的变化，引起合金颗粒的破裂和粉碎。20 世纪 90 年代初期，索尼公司成功地发现了高可逆且低电压的负极、碳素材料并商业化了 $C/LiCoO_2$ 摇椅电池[2]。图 3.1 示意性地展示了在充放电过程中锂在碳中的可逆储存。嵌锂碳替代锂金属电极的应用，在很大程度上能够消除锂金属的沉积过程和不规则锂枝晶的生长，这样可减少电池短路和过热现象的发生概率。这类拥有高达 3.6V 工作电压和质量比能量密度在 120～150W・h/kg 之间的锂离子电池，迅速地在高性能便携式电子设备中得到应用。因此关于碳素材料中可逆锂的储存研究成为世界范围内电池行业的研究热门。

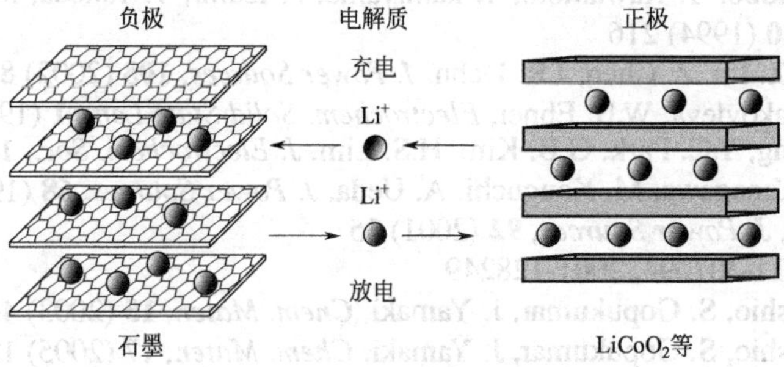

图 3.1　电池中锂离子迁移模型

事实上，层状结构的碳中嵌入各种不同元素的能力在 19 世纪中后期已经众所周知。石墨中插入阴离子的性能促进了对于石墨电极应用于二次电池的研究[3]。20 世纪中期，Juza 和 Wehle 阐述了嵌锂碳的研究[4]。

1975 年，Guerard 和 Herold 利用气相传输法完成了嵌锂石墨和不规则碳结构例如焦炭的先期研究[5]。1976 年，Besenhard 等[6,7]尝试研究石墨在溶有锂盐的 DME（1,2-二甲氧基乙烷）和 DMSO（二甲亚砜）溶剂组成的电解质中的电化学嵌锂行为，但是由于锂离子和溶剂分子间强大的亲和力而得到了 Li^+-溶剂-石墨的三重嵌入式化合物。1980 年，Basu 在使用 LiCl-KCl 熔融盐作为高温型电池的电解质时，在锂基二次电池中首次使用了锂-石墨嵌入化合物（GIC）[8]。Ikeda 和 Basu 在 1981 年和 1982 年分别申请了以 Li-GIC 作为室温型电池负极材料的专利[9,10]。1983 年，Yazami 和 Ph. Touzain 成功地使用固体有机电解质电化学合成了 Li-GIC[11]。锂在碳素材料中嵌入和脱嵌的灵活性引起了嵌锂碳负极在电池应用方面的许多研究。

3.1 Li-GIC（锂-石墨层间化合物）的阶现象

石墨层间化合物有一个重要的特性：阶现象，此现象的特征在于阳离子在石墨层中分段嵌入（比如，锂阳离子）。这种 n 阶化合物由排列在每 n 层石墨中的嵌入层构成。一阶石墨嵌入化合物计量分子式为 LiC_6，比容量为 372mA·h/g（$850mA \cdot h/cm^3$），这是常压下石墨的理论饱和储锂量。阶现象很容易通过碳在含 Li^+ 的电解质中的电化学反应进行监控，例如恒流（电流不变）充放电法[12,13]和慢扫循环伏安法（CV）[14~17]被证明是有效的电化学方法。石墨电极在含 Li^+ 电解质中的恒流充放电过程中，电压曲线图中的可逆平台对应锂-石墨相图中的两相区域，而可逆电流峰证明了 CV 图中存在两相区域。联合电化学技术，许多物理方法用来分析锂在石墨主体中脱嵌过程的阶发生和转变。这些方法包括原位[12,18]和非原位[19] XRD、原位激光拉曼光谱[20]、STM（扫描隧道显微镜）[21]等。目前已提出多种阶转换理论。事实上，在大多数人造石墨样品中存在或多或少的无序乱层石墨（石墨层的随机堆叠）。Dahn 团队已经证实无序乱层石墨阻碍了 Li-GIC 阶，特别是更高阶的形成[22,23]。

3.2 固体电解质中间相薄膜的形成

在含锂电解质中的锂-石墨层间化合物的另一个重要的特性是固体电解质（SEI）膜的形成。在锂-石墨电池首次循环放电过程中，部分锂原子会与非水溶剂反应，导致初始不可逆容量的产生。反应产物在碳表面形成了锂离子导体和电子绝缘层。Peled[24]将其命名为 SEI 膜。一旦 SEI 膜形成，锂离子通过 SEI 膜可逆地嵌入碳中，即使在碳电极的电势总是低于电解质分解的电势时也可以进行，阻止了电解质在碳电极中的继续分解。

通过研究溶剂化锂离子的嵌入，Besenhard 等[25]提出了石墨表面 SEI 膜形成机制，如图 3.2 所示。Ogumi 的团队随后在其系统研究中证实了这一假设[26~28]。通常认为，SEI 膜在碳（特别是对电解质成分更加敏感的石墨碳）负极的电性能方面起着非常重要的作用。乙烯碳酸酯（EC）和丙烯碳酸酯（PC）是广泛应用于锂离子二次电池中的高介电常数的溶剂。已证实 PC 基电解质比 EC 基电解质具有突出的低温性能，主要原因在于其熔点不同（PC 基电解质的熔点为−49℃，EC 基电解质的熔点为 39℃）。然而众所周知，EC 基电解质更适合于石墨，而 PC 基电解质与石墨负极不兼容，因为 PC 在石墨表面剧烈分解并使石墨颗粒剥离[29~32]。因而如何成功地在 PC 基电解质中使用石墨在锂离子电池界成为了一项巨大挑战。

事实上，EC 与 PC 的化学结构非常相似，只差一个甲基。为什么这一个甲基在环状碳酸酯中的引入会导致石墨的脱落和电解质的分解，从而引起溶剂共嵌方面的位阻效应呢？Chung 等[33,34]在碳酸酯结构中加入了第二个甲基且得到了两种几何异构体，即顺式和反式丁烯碳酸酯（BC）。在反式丁烯碳酸酯基电解质中，电解质的分解和石墨的脱落较轻微，但是在顺式丁烯碳酸酯中非常剧烈。这项试验也证明了 SEI 膜通过 Li^+ 溶剂共嵌形成机制的重要性。Nakamura 等[35]研究了在包含二元溶剂混合物 PC/DEC、PC/DMC、PC/EMC 的非

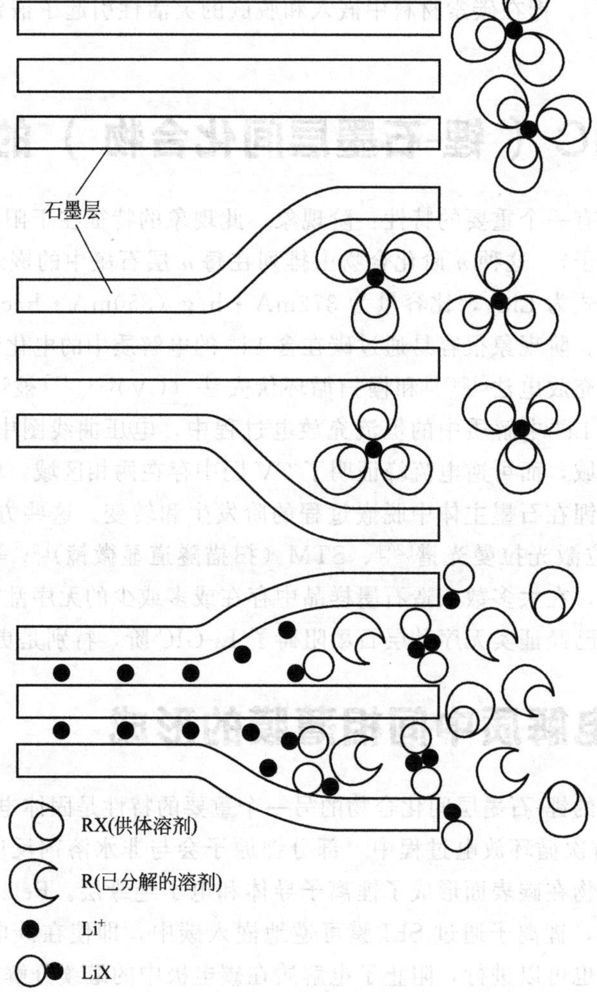

图 3.2 经由溶剂中 Li^+ 嵌入石墨中形成 SEI 的机制
经 Elsevier 有限公司授权引用，版权（1995）

水电解质中石墨碳的性能。他们发现，一旦 PC 浓度减少至［PC］:［Li^+］≤2，PC 的分解基本被抑制。Xu 等[36]近期发现二水合锂离子盐（LiBOB）可以使石墨碳在纯的 PC 中稳定存在，且支持锂离子的可逆嵌入。最近，Jeong 等[37]成功地在溶解了 2.72mol/L $LiN(SO_2C_2F_5)_2$ 的 100%PC 中可逆地嵌入锂离子，并且推测离子溶剂的共同作用将会是 SEI 膜在 PC 基电解质中形成的关键因素。另一方面，开展了使用各种添加剂（例如 1,2-亚乙烯基环状碳酸酯[38]、冠醚[39,40]、乙烯基氟碳酸酯[41]、乙烯基亚硫酸酯[42]、苯磷二酚碳酸酯[43,44]、乙烯基醋酸酯[45]等）在 PC 电解质中形成有效 SEI 膜的研究。多数情况下，在电压高于石墨负极上 PC 的分解电压时，添加剂会分解。这意味着在 PC 分解和石墨脱落之前，这些像乙烯基亚硫酸酯添加剂的分解产物可以形成一层致密的 SEI 膜包裹在石墨负极表面，以保护其不与 PC 基电解质直接反应。另外，例如冠醚、DMSO（二甲基亚砜）和四乙醇二乙醚的溶剂相对于 PC 来说对 Li^+ 有更强的键合力。

结合对非水电解质中锂金属表面钝化膜的广泛研究[47~49]，Aurbach 团队对锂离子电池中石墨的电化学行为进行了大量研究[50~54]。SEI膜的结构和化学组成对石墨性能非常重要。例如，除了Li_2CO_3，$ROCO_2Li$和$(CH_2OCO_2Li)_2$是常温下石墨电极最有效的SEI膜的关键成分。这些结论被其他团队通过电子能量损失能谱（EELS）[55]、俄歇电子能谱（ASE）和程序升温分解质谱仪（TPD-MASS）[56]得到了进一步的证实。

由于锂离子电池在高温（50～70℃）下的性能关系到其使用安全，近期已经展开了关于SEI膜在高温下的性能研究[57~62]。研究表明，在高温下SEI膜中像$ROCO_2Li$亚稳基团分解为更稳定的产物，例如LiC_2O_3和LiF。这在SEI膜上留下了更多的孔，使石墨-锂表面暴露于电解质中，在持续循环过程中造成了更多的不可逆容量。事实上，根据以上现象，许多公司通过“老化”过程在锂离子电池电极上生成稳定的SEI膜。装配后，锂离子电池充电后会在高温中存贮一定的时间。SEI膜主要由稳定的分子，例如LiC_2O_3和LiF组成，已证实它可致密、有效地钝化碳负极。

3.3 碳结构与电化学性能的相关性

碳素材料已经广泛应用于电化学技术中。事实上，这在某种程度上是由于碳素材料拥有良好的导热/导电性、低密度、抗腐蚀、热胀系数小、弹性小、成本低且纯度高的优点；然而，大部分是由于碳素材料在功能结构上的柔度和错综度。碳素材料有众多的结构，每一种结构都对碳的电化学性能有深刻的影响。

最小的空间结构是由碳原子之间的化学键形成的。碳原子以sp^3、sp^2和sp杂化轨道的形式连接。碳素材料通常以重复的sp^2键连接C—C原子的形式构成，这种碳原子构成的平面六边形网状结构（类似蜂巢）而称为石墨烯层。石墨烯层有时会掺杂其他元素，例如磷、硼、氮、硅，扰乱了C—C sp^2键的顺序，改变了碳的嵌锂性能。例如，Dahn的团队已经尝试在C—C网状结构中掺入B[63]或者N[64]元素，发现了N会嵌入碳的晶格导致工作电压变低，然而B的取代会使工作电压上升。结果，N降低了可逆容量而B却增大了存储的可逆容量。另外，石墨层的边缘或缺陷处的碳原子，存在许多C—C（摇摆椅式碳结构）、C—H、C—OH和C—COOH等sp^3杂化键；sp^3杂化碳原子的化学活泼性似乎强于sp^2杂化的C—C键。很多研究小组已经发现缝合相邻石墨烯层的边缘以得到封口表面结构的石墨碳，它类似于碳纳米管[65]。石墨烯层边缘耦合过程通过单键碳原子的连接来完成。由于化学稳定的表面阻碍了SEI膜的形成，封口石墨碳释放了微小的最初不可逆容量。

事实上，每一个石墨烯层都可以认为是一个大的共轭高分子。层与层之间由范德华力连接形成有序的微晶结构。有序堆垛的石墨层以两种形式形成理想的微晶，如图3.3所示，一种为…ABAB…顺序，另一种为…ABCABCABC…顺序。前者是拥有更高热稳定性的对称六边形结构，后者是对称的菱形结构。石墨通常包含这两种晶体结构，但是菱形结构的含量总是低于30%[66~68]。一些研究表明，菱形结构含量高的碳可以在溶剂化Li^+嵌入石墨层时抑制脱落效应，特别是在PC基电解质中。通过对人造石墨制备过程中的高温退火效应和燃烧处理等进行详尽研究后，Spahr等[69]最近总结出在大多数石墨晶体中，菱形堆垛模式的存在对初始不可逆容量没有直接影响。不可逆容量与PC基电解质的分解有关，石墨的脱落似乎取决于石墨的表面形态。

石墨层之间的范德华力相当微弱，层间易滑动。因此，在碳矩阵中石墨烯层随机的旋转和平移导致了不同程度的堆垛位错。大多数的碳原子偏离了正常位置，周期性的堆垛也不再

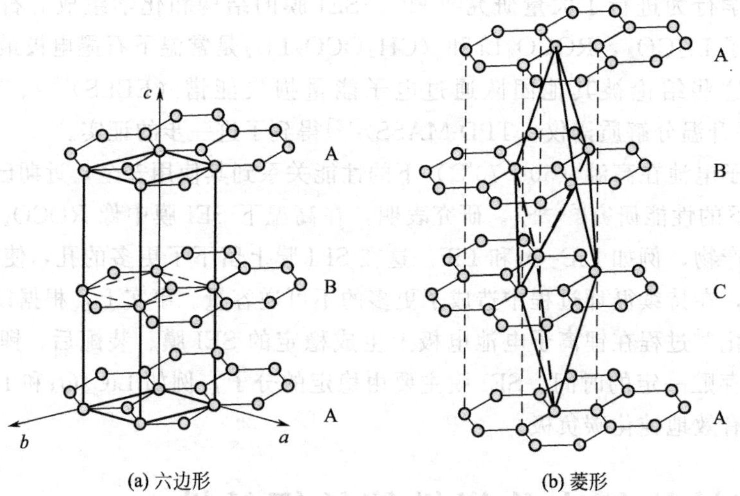

(a) 六边形　　　　(b) 菱形

图 3.3　石墨的晶体结构

连续。这种形式的结构称为湍层无序结构。其 X 射线衍射（XRD）图谱只显示了宽的（001）和不对称（hk）的衍射峰[70]，这是由于三维空间规律性弱但大致平行，石墨片层的随机堆垛可被检测出来。对湍层无序碳来说，内部层间距较大，通常大于石墨的内部层间距。湍层无序碳形成了两种形式：软碳，在加热到接近 3000℃时，无序结构很容易被消除；硬碳，在任何温度下其无序结构都很难消除。Franklin 提出了软碳和硬碳的结构模型，如图 3.4 所示。

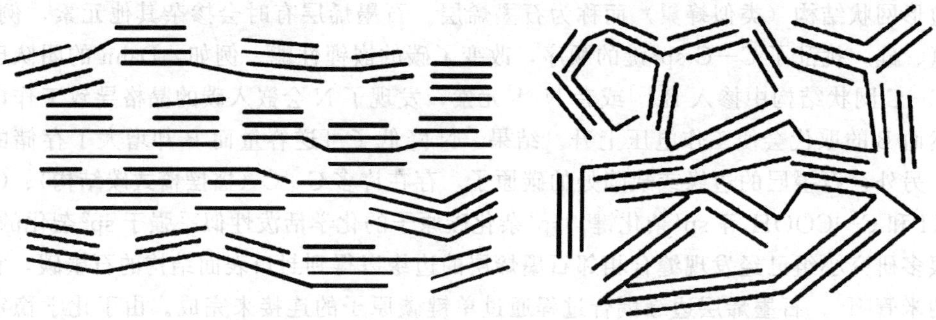

(a)　　　　(b)

图 3.4　软碳（a）和硬碳（b）结构模型

对于湍层无序结构与碳的嵌锂行为的关系进行了许多研究。Dahn 团队[71,72]通过广泛研究，在 XRD 基础上发展出一个自动结构精修程序来处理湍层无序碳。通过这个程序计算出了许多基本参数，可以定量计算碳中 Li^+ 的储存容量。这个程序应用于 40 多种软碳材料上，证明是有价值的。另外，Osaka Gas（大阪煤气）研究组从数学角度上提出了下列方程式，来预测碳可容纳的容量[73]：

$$Q=372/[1+d_{002}/L_c][1+2d_{c-c}(3^{1/2}L_a+d_{c-c})/(L_a^2+d_{c-c}^2)] \tag{3.1}$$

日本东芝公司研发团队发现了几种软碳的放电容量和实验得出的平均层间距（d_{002}）之间的关系（如图 3.5 所示）[74]。图中事实上体现了在锂离子二次电池中选择碳材料的两种趋势。d_{002}的值为 0.344nm，实际等同于乱层碳。可以选取最小值 0.344nm 处作为起始点，并关注于两个方向：一个是向 d_{002} 值减小的方向，这意味着得到更多的石墨碳；另一个是向

d_{002}值增大的方向，这意味着筛选出更无序的碳。两种方式都可以得到高容量的碳。

Tatsumi 等发现软碳在电压范围为 0～0.25V（对 Li/Li^+）时，P_1和容量的关系[75]。P_1代表碳中规则堆垛的石墨晶体的体积比。相对而言，Dahn 等人使用P 表示两个相邻石墨烯层的随机堆垛的概率[22,71,72,76]，即 $P_1=1-P$。此外，Tstsumi 等人将电压范围 0.25～1.3V（对 Li/Li^+）内的容量变化与湍层无序结构的分数用$1-P_1$表示。P_1、$1-P_1$与不同电压范围内的可逆容量之间的关系如图 3.6 所示。Fujimoto 等人计算出理想的概率函数，以软碳的标准（*hk*）XRD 峰模拟湍层无序碳相邻的平行石墨烯层[77～80]。扭曲层的计算模式表明从 AB 到 AA 的不同堆垛顺序的结构都存在“波纹”图样结构。Li^+可以嵌入 AA 堆垛“岛屿”中，但是不能嵌入 AB 层部分。在 Tatsumi 的研究推断中，湍层无序结构最大的 Li^+存储容量可以用$Li_{0.2}C_6$来估算。

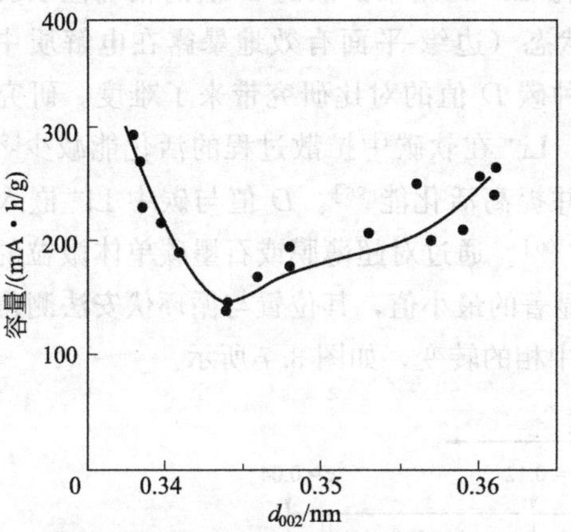

图 3.5　碳的放电容量和 d_{002}之间的关系

再版[74]，Elsevier Ltd 授权（1995）

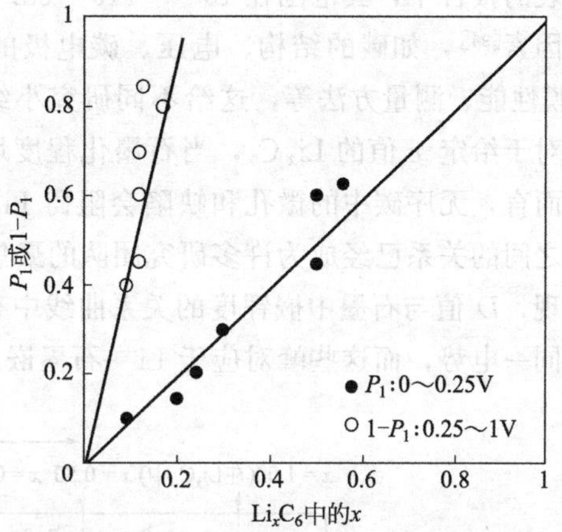

图 3.6　P_1和$1-P_1$与软碳在不同电压范围内的可逆容量（Li_xC_6中的 x）之间的关系

经电化学协会授权引用，版权（1995）

碳的表面结构同样对电池性能有重要影响。碳有两种表面结构形式：一种位于石墨层的基面，另一种位于每层石墨边缘的端面。对 Li^+嵌入高定向热解石墨（HOPG）的研究表明基面是惰性的，而端面对 Li^+的嵌入是活性的[81,82]。Li^+主要是通过端面嵌入石墨主体，只有少数的 Li^+可以通过基部平面的缺陷进入石墨主体。另外，端面上不同的功能基团，对 Li^+的嵌入也有重大影响。一些文献也报道了比表面积和不可逆容量之间的直接关系。

碳的另一种结构是纹理结构，是微晶结合的方式。纹理结构通常以微晶由随机到有序排列的取向度进行表征。如果微晶尺寸足够小且没有明确的方向，碳会呈无定形态。控制纹理结构不会改变单体微晶的性能，但是可以改变微晶聚集体的特性，诸如导电性和活性表面区域。对于不同纹理的中间相沥青基碳纤维的对比研究[83]显示，放射状的纹理比同心球状的纹理更有利于 Li^+的嵌入，但是放射状的纹理更易于被溶剂化的 Li^+破裂成片。

不同形式的纹理结构的聚集可以认为是一种特殊的更大尺寸的碳结构。由于电化学性质部分取决于电极材料的宏观结构，因此聚集状态对电化学性能方面也同样有至关重要的作用。对于炭黑来说[84,85]，可采用邻苯二甲酸二丁酯（DBP）的吸附量来表征炭黑一次微粒的聚集状态与其电化学性质的关系。颈部位置（即 DBP 的吸附位置）在凝聚体中连接两个炭黑一次微粒与石墨面平行以使 Li^+嵌入，然而炭黑一次微粒本身具有同心球形层状结构，不利于Li^+的嵌入和脱嵌。其他聚集结构的例子：石墨＋炭黑（乙炔）复合电极[39,86]、碳纤维与碳化环氧树脂结合[87]、包覆碳涂层的石墨（核壳结构）[88~90]、或者在一些碳纤维中有两种不同纹理结构共存于一个纤维中[83]。

3.4 碳中Li^+的扩散

由于Li^+在大颗粒碳中固相扩散速率低，可能成为嵌入过程的速率控制步骤，从而影响锂离子电池的功率密度，因此Li^+的化学扩散系数（D_{Li^+}）是一个非常关键的动力学参数。已经有提议用几个电化学弛豫技术来计算D，例如恒电流和电位间隙滴定技术（PITT和GITT）、电流脉冲弛豫技术（CPR）和电化学阻抗光谱[91~93]。D值可能有几个不同的数量级状态，在已发表的报告中，其范围在$10^{-13}\sim10^{-6}cm^2/s$之间。$Li^+$在碳中扩散的$D$值的精确性取决于多种因素[94]，如碳的结构、电压、碳电极的表面状态（边缘-平面有效地暴露在电解质中）、SEI膜性能、测量方法等，这给不同研究小组对各种碳D值的对比研究带来了难度。研究发现，对于给定x值的Li_xC_6，当石墨化程度增加时，Li^+在软碳中扩散过程的活化能减少[95]。相对而言，无序碳中的微孔和缺陷会阻碍Li^+扩散并提高活化能[96]。D值与碳中Li^+嵌入的容量之间的关系已经成为许多研究团队的聚焦点[97~100]。通过对超薄膜或石墨碳单体微粒的研究发现，D值与石墨中嵌锂度的关系曲线中有三个显著的最小值，其位置与循环伏安法测得的峰为同一电势，而这些峰对应于Li^+-石墨嵌入过程中相的转变，如图3.7所示。

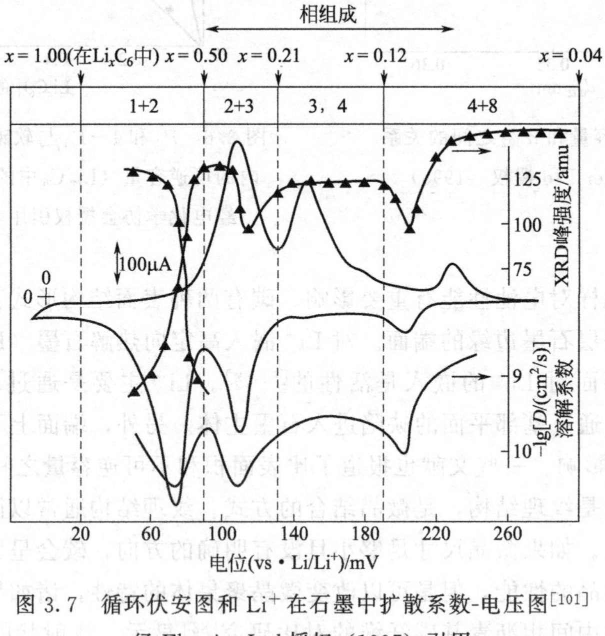

图3.7　循环伏安图和Li^+在石墨中扩散系数-电压图[101]

经Elsevier Ltd授权（1997）引用

3.5 超高容量的碳

近期，更多的兴趣点和研究都集中在超高容量碳材料的开发中，此材料在相对低温（500～1000℃）下合成并放出超过372mA・h/g的可逆容量。研究人员提出了许多模型和学说以解释“额外的”锂离子储存容量。

Sawai 等人假定高容量的碳提供了高容量的嵌锂空间，因此这些碳的质量比容量应高于石墨[102]；Yazami 等人提出石墨片层上形成了多层锂[103]；Peled 等人认为额外容量归功于石墨的适度氧化，这是因为两个相邻微晶之间与邻近缺陷和杂质之间的断面可容纳锂[104]；Sato 等人提出锂占用了嵌锂碳中的邻近位置[105]；Osaka 研究团队提出额外的锂存在于纳米级的空穴中[106~108]；Yata 等人论述了 LiC_2 在具有高层间距（约 0.400nm）“聚乙烯半导体”碳中形成的可能性[109]；Matsumura 等人假定除了石墨层间嵌入的锂外，在石墨边缘和表面的小粒径碳还可以储存相当多的锂[110]；Xiang 等人认为嵌入石墨层边缘的锂可产生大约 1V（vs. Li/Li^+）的电压平台[111]。

Dahn 和他的同事对嵌锂碳进行了系统研究[112]。他们给出了一个全面的解释来说明无序碳中高的锂储存容量。对于软碳和硬碳，当加热温度不超过 800℃时，都会获得高容量并伴随很强的迟滞现象[113,114]，迟滞容量与碳中的氢含量成正比，因此锂以某种方式键合在氢的附近[115]。Inaba 等人研究了低温处理的 MCMB 在充放电循环中的热行为[116]。在电压曲线上的滞后作用伴随着巨大的放热。这个现象可通过活化能解释，与上述关于锂-氢相互作用的理论相一致。随着加热温度的升高，碳中的氢被消耗。氢被消耗后可获得的容量主要取决于所形成碳的晶体结构。软碳加热到高于 1000℃后存在许多无序乱层结构，因此容量低于 372mA·h/g。随着加热温度的升高，石墨化效应和有序堆垛的石墨层增加，因此容量增加并接近 372mA·h/g。相对而言，在 1000℃左右时获得的硬碳几乎没有迟滞效应，在几个毫伏（vs. Li/Li^+）的低电势下释放的容量大于 372mA·h/g[117,118]。Dahn 提出锂是“吸附”在单层薄片的两面，排列类似“空中楼阁”[119]。

3.6 嵌锂碳的热安全性

类似短路、冲击、针刺、过充电/过放电等大多数滥用条件会导致电池产热。当电池超过临界温度后会产生安全问题，发生热失控。因此，锂离子电池的热稳定性和多种电池组分的组合使用对认识和改善电池的安全性来说是非常必要的。通常使用加速量热仪(ARC)[58,59,120~122]和差示扫描量热仪（DSC)[57,123]来研究 Li_xC 中热失控的起因。加速量热仪是一种敏感的绝热热量计，可以记录反应样本自放热时的温度变化。在 ARC 研究中，一开始，将样品温度和热量计加热到初始温度，然后监控绝热状态下样品的自加热速率。ARC 研究证明了 Li_xC_6 的自加热至少由四个因素决定：初始嵌锂程度、电解质、碳的比表面积和样品的初始加热温度。亚稳态的 SEI 转化为稳定的 SEI 时，在自放热速率曲线上产生了一个峰，随着碳比表面积的增加，峰的强度变大。Richard 和 Dahn 提出了 Li_xC_6 样品在电解质中反应产热的数学模型[124]。他们运用这个模型来计算自加热速率曲线和 DSC 曲线（DSC 用来测量固定的加热速率）。DSC 研究证明了在 120～140℃之间首次出现放热反应，这是由于亚稳态 SEI 膜的成分转化为 LiF 和 LiC_2O_3 所致。进一步加热，在 200℃左右时 Li_xC_6 会与熔融的 PVDF 胶通过脱氟化氢作用进行反应。前一步反应主要取决于碳的比表面积和初始不可逆容量的线性关系；后者反应取决于 PVDF 含量、嵌锂程度和碳的比表面积。

为了提高锂离子电池的安全性，许多研究也集中在阻燃电解质的开发上。一个简单的途径是在电解质中加入阻燃剂[125~130]。

3.7 碳的结构修饰

在碳作为锂离子电池负极材料的早期研究阶段，多数工作是寻找适合于锂离子电池的负极材料，这主要是由于碳材料的多样性和多面性。随着研究的发展，研究人员更深入、更全面地掌握了控制碳电化学性能的关键因素。对嵌锂碳的充分认识帮助电池研发者对碳进行设计和修饰以满足锂离子电池应用中的要求，继而在碳的处理过程中，对碳的认知得到了进一步的试验和调整。因此，在反复的研究中，碳的电化学性能一步一步地被提升至接近锂离子电池中的应用目标。

一系列针对碳的改性是掺杂杂原子（碳合金）。比如，Dahn 等人通过裂解含硅的树脂将硅吸附到碳中[131~135]，由于每一个硅可同四个锂键合，使得含硅的碳负极获得了很高的可逆容量。对磷、硫、氮掺杂的影响也进行了广泛研究[136~141]。对碳基掺杂影响最突出的是硼元素，因为硼原子可以大量地进入石墨层并降低结构应力。硼元素的掺杂可以促进碳原子的扩散，增加晶体尺寸，提高热处理时碳的结晶度。这些因素可以提高储锂的可逆容量。几个研究小组还继续研究了硼在不同碳材料中的掺杂[142~148]。

另外，还开展了一系列对碳表面进行修饰的研究。自从认识到 Li^+ 首次嵌入碳表面是所有嵌入过程中的先决条件后，Takamura 和他的同事已经在此方面做了大量的研究[148~154]。最简单的碳表面改性方法集中在官能团方面，例如除掉碳表面某些不利的官能团（如碳表面的—OH[155]）或者引入如—COOH[104]、—I[156]之类的某些易于形成 SEI 膜和嵌入 Li^+ 的官能团。显著的事例为，Peled 等人[157]观察到了温和氧化作用，它可形成纳米通道或微孔并在石墨表面形成一层致密的氧化物，因此可逆容量和库仑效率都得以提高。另外，在石墨化 MCMB 表面上的温和氧化可除掉颗粒表面的薄碳层，增加倍率容量[158,159]。研究人员同样证明了，温和氧化作用可抑制在 PC 基电解质中石墨层的脱落[69]。事实上，表面改性更流行的趋势是在碳表面上包覆一层膜，称为“壳核”结构。核的材料通常是石墨，因为它对电解质更敏感，而壳的材料可以多种多样，包括金属或合金、金属氧化物、导电聚合物和其他类型的碳。壳的材料对 Li^+ 的存储可以是活性或惰性的。前一种类型似乎对可逆容量更有价值。碳在一定程度上类似于核材料，是最具潜力的包覆材料之一[160,161]。

另一种有趣的情况是石墨-焦炭层和石墨-硬碳混合物的混合效应[162~164]。石墨负极材料最具吸引力的优势是其工作电压很低而且很平，但从另一角度看这也可能是劣势：由于 Li^+ 从石墨脱嵌（即锂离子电池的放电过程）结束时，石墨负极的工作电压会在经历三个平台以后突然升高，这会导致锂离子电池的整体工作电压急剧下降。对锂离子电池的使用者来说，如果不知道电池里剩下多少容量，使用时会很不方便。三洋研究团队认为，锂离子电池中的石墨电极在较低的电压区域内，其充放电电压的迅速变化会引起副反应如电解质分解，这是由于在整个石墨电极上的电压分布是不均匀的，从这个观点考虑，具有倾斜工作电压的无序碳优于石墨。一种解决方法是将石墨和无序碳按适当的比例进行混合，在大型锂离子电池长期的充放电循环过程中，可抑制由于电解质分解导致非活性锂的产生。

3.8 实用型碳负极材料

商品化的锂离子电池中广泛应用的碳负极材料大致可分为三类：硬碳、天然石墨和人造石墨。在以下的实例中会阐述这三种碳的优势和劣势。

3.8.1 天然石墨

当前，天然石墨由于其价格低、电势低且曲线平稳、在合适的电解质中库仑效率高、可逆容量相对较高（330～350mA·h/g），成为锂离子电池负极材料最有前途的材料之一。另一方面，它具有两个主要的缺点：倍率容量低、与PC基电解质不相容。

天然石墨的低倍率容量实际上源于它的高各向异性。如图3.8所示，石墨薄片显示出一个典型的盘状图形，在c轴方向上的尺寸大大变短，而在垂直于c轴方向上的尺寸大大变宽。涂敷在集流体（铜箔）上碾压以后，这些微粒沿c轴垂直于集流体[39]。上述石墨微粒的方向性的推论意味着在电流的垂直方向上发生了锂离子的嵌入。另外，石墨的电阻率随着石墨晶体方向的改变而变化。在c轴方向上，电阻率为$10^{-2}\Omega cm$，然而在a轴方向上电阻率为$4\times10^{-5}\Omega cm$[165]。因此，石墨微粒不适宜的方向会导致锂离子嵌入迟缓和石墨微粒与铜箔之间的电接触不充分。这些因素导致天然石墨的倍率容量低，特别是在低温下。为了解决这个问题，可应用机械研磨法将天然石墨薄片研磨成小块[166]。在这种方式下，天然石墨薄片颗粒中的晶体取向在一定程度上被独立的石墨碎片扭曲，如图3.8所示。许多研究小组也尝试将不同取向的小微粒结合成更大的石墨颗粒[167]。

图3.8 沿电流方向的石墨薄片和碎片的取向

人们已广泛研究了石墨与PC基电解质的不相容性。通常有两种方式来解决这个问题：一个是用添加剂来对电解质进行改性；另一种是通过包覆来对石墨进行改性。佐贺大学和三井矿业公司已经应用过热水蒸气分解（TVD）技术在天然石墨微粒表面完全、均匀地包覆碳[168～170]。高品质的负极材料已发展并商业化。在TVD碳包覆之前，小的天然石墨碎片已经堆叠成大的梭状颗粒，而边缘层表面大部分是暴露的，如图3.9所示。这种形态是易于Li^+嵌入的，但是容易使PC电解质分解。在TVD碳包覆以后，可以基本抑制电解质分解。此外，梭状结构使铜箔上的石墨微粒分散成多种方向，可以提高天然石墨的倍率性能。

TVD包覆碳和梭形天然石墨有许多优点，但仍有很大的空间提高其电化学性能。例如，TVD包覆碳的密度（$1.86g/cm^3$）比天然石墨的密度（$2.27g/cm^3$）小，降低了负极材料的能量密度。另外，TVD过程增加了负极材料的制备成本，所以碳包覆天然石墨不但需要抑制电解质的分解，还包括如何减少碳包覆量。为了满足上述需求，需要降低核部分（天然石墨）的表面活性。在TVD碳包覆之前，石墨碎片被包裹成球状，如图3.9所示。由于大多数端面的表面隐藏在球体中，在TVD碳包覆之前，惰性基面的表面占据了外部表面，因此只需少量碳就足够包覆残留的端面。TVD碳包覆球状天然石墨的电化学性能比TVD碳包覆梭状天然石墨更好[172]。此外，在每个球状天然石墨微粒中，石墨层的高取向性很大程度上被破坏，这种形貌非常有利于提高倍率性能。

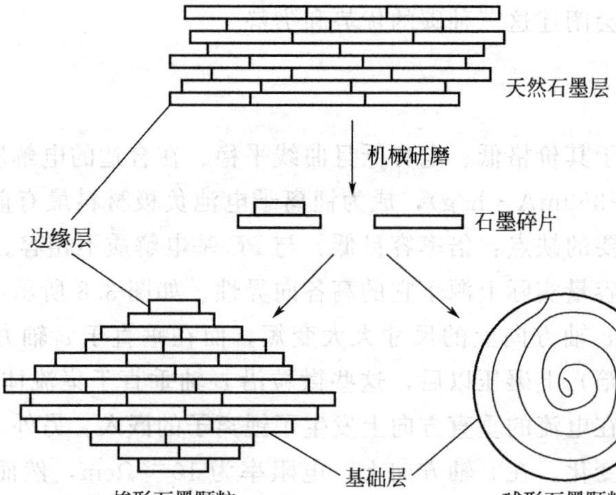

图 3.9　石墨碎片堆叠模型[171]

Wiley-VCH Verlag 股份有限公司& KGaA 公司授权引用，版权（2003）

3.8.2　人造石墨

人造石墨有许多性质与天然石墨相同。另外，人造石墨有许多显著的优点，如纯度高、结构适于 Li^+ 顺畅地嵌入和脱嵌等。然而，由于需要高温（>2800℃）处理软碳前驱体，它的成本较高，并且它的可逆容量略低于天然石墨。石墨化 MCMB、中间相沥青碳纤维（MCF）和气相生长碳纤维（VGCF）是当今市场上锂离子电池应用的合成石墨负极材料的典型代表。

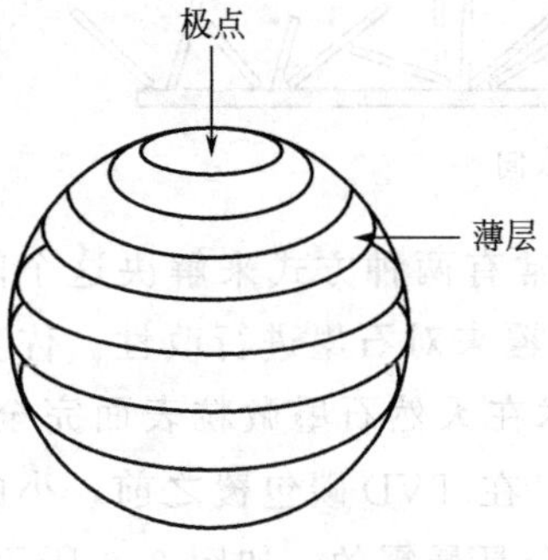

图 3.10　Brooks-Taylor 型 MCMB 结构模型

MCMB 前驱体通常在石墨化之前从含有中间相微球的热沥青中分离出来。MCMB 有不同种类的纤维，例如 Brooks-Taylor 型、Honda 型、Kovac-Lewis 型和 Huttinger 型[173]。在日本，有两个主要的公司，大阪煤气[174~176]和川崎制铁有限公司[177~179]大量地生产 MCMB，产品属于 Brooks-Taylor 型，结构如图 3.10 所示。

石墨化 MCMB 具有许多优点：

① 堆积密度高，保证了高能量密度；

② 表面积小，减少了由电解质分解而产生的不可逆容量；

③ 大多数 MCMB 球形表面由端面构成，因此更易嵌入锂离子，提升倍率性能；

④ MCMB 容易在铜箔上涂布。

由 Petoca 股份有限公司供应的 MCF 是由萘球中间相沥青通过熔融鼓风方法生产的[180]。图 3.11 展示了石墨化 MCF 的典型横截面的 SEM 图。MCF 在表面呈放射状结构，内部呈层状结构[95,181~183]。表面放射状结构可以使锂离子平滑嵌入，提升了倍率性能。另一方面，在核中的层状结构似乎可以保持碳纤维的稳定，避免锂离子嵌入和脱嵌过程中的体积变化。另外，在几次充放电循环后碳纤维很容易解体为碎片，循环性能变得很差。

VGCF 是通过烃类化合物在 1000~3000℃下，采用过渡金属作为催化剂分解形成[184]。这类碳纤维的特征是石墨层沿纤维轴向排列。图 3.12 展示了日机装株式会社（Nikkiso）生产的 VGCF（Grasker^{TM}）的 SEM 图。由于长纤微的外表面通常由基面构成，它们通常截成约 10μm 长，以使横截面暴露更多的端面[15,185~188]。通过两个方法可制备石墨化的短 VGCF：先截短后石墨化和先石墨化后截短。制备的方法与纤维的长度、直径是影响电化学性能的关键因素。

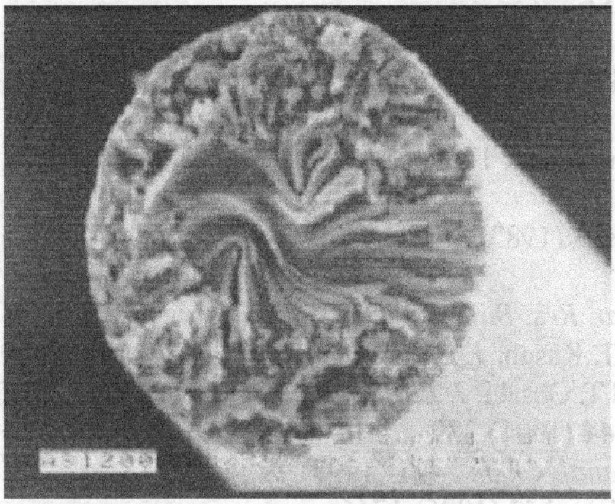

图 3.11 MCF 横截面 SEM 图[178]

经 Elsevier 股份有限公司授权引用，版权（2000）

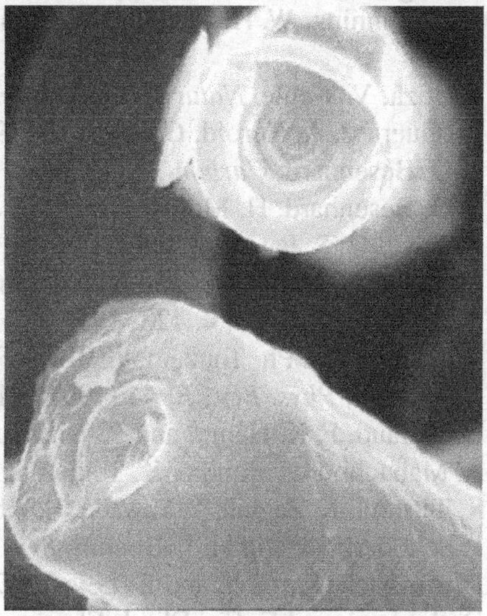

图 3.12 VGCF 横截面 SEM 图[186]

经 Elsevier 股份有限公司授权引用，版权（1999）

至今，日本日立化学制品有限公司生产的 MAG（块状人造石墨）占据了日本手机市场 70% 的份额，成为最普遍用于锂离子电池的人造石墨之一。MAG 微粒内部富含的孔（纤细的通道）可浸满电解质，因此有利于锂离子在电极中的迁移。如果电解质含有功能性添加剂，在 MAG 微粒内部形成与其他地方相同的稳定且安全的界面层。MAG 的具体描述见第 18 章。

3.8.3 硬碳

如果硬碳可以充分地嵌锂，它们可以在低电势范围（$<0.2V$，vs. Li/Li^+）内释放高容量。一般来说，在通常情况下实现这一点是非常困难的。硬碳的石墨层随机排列提供了许多空间来容纳锂，然而，锂离子在硬碳内的扩散类似于迷宫，因此锂离子的扩散变得非常缓慢，硬碳的倍率性能通常很差。硬碳内部的空间同样占有一定体积。尽管硬碳的质量比容量看起来比石墨高得多，但是体积比容量确实比期望值低很多。当然，与石墨相比，硬碳仍然有很多优点。举例来说，在放电结束时，通过倾斜的电压和容量曲线图可以显示剩余容量，这是非常有价值的。

吴羽化学通过苯酚树脂制备硬碳（Carbotron® P）[189,190]。这种硬碳的充电容量高达 600mA·h/g，放电容量高达 500mA·h/g。在 Carbotron® P 中相邻的两个石墨层之间的平均距离（d_{002}）高达 0.38nm（相比于石墨 $d_{002}=0.3354$nm）。充分嵌锂以后，Carbotron® P 的 d_{002} 值只增长了 1%（约相当于石墨体积膨胀的 10%）。这说明 Carbotron® P 的晶体结构在锂离子脱嵌过程中非常稳定，因此它的循环性能非常优异。另外，Carbotron® P 在 PC 电解质中比较稳定，很难脱落。

参考文献

1. D. Fauteux, R. Koksbang, *J. Appl. Electrochem.*, **23** (1993) 1
2. T. Nagaura, T. Tozawa, *Progr. Batteries Solar Cells*, **9** (1990) 2
3. J. S. Dunning, W. H. Tiedemann, L. Hseuh, D. N. Bennion, *J. Electrochem. Soc.*, **118** (1971) 1886
4. R. Juza, V. Wehle, *Naturwissenschaften*, **52** (1965) 560
5. D. Guerard, A. Herold, *Carbon*, **13** (1975) 337
6. J. O. Besenhard, *Carbon* **14** (1976) 111
7. J. O. Besenhard, H. Molhward, and J. J. Nickl, *Carbon* **18** (1980) 399
8. S. Basu, U. S. Patent 4, **304** (1981) 825
9. H. Ikeda, S. Narukawa, and N. Nakajima, Jpn. Patent 1769661
10. S. Basu, U. S. Patent **4**, 423, 125
11. R. Yazami and Ph. Touzain, *J. Power Sources*, **9** (1983) 365
12. J. R. Dahn, *Phys. Rev., B*, **44** (1991) 9170
13. D. Billaud, F. X. Henry, and P. Willmann, *Mat. Res. Bull.*, **28** (1993) 477
14. A. Mabuchi, H. Fujimoto, K. Tokumitsu, and T. Kasuh, *J. Electrochem. Soc.*, **142** (1995) 3049
15. K. Tatsumi, K. Zaghib, Y. Sawada, H. Abe, and T. Ohsaki, *J. Electrochem. Soc.*, **142** (1995) 1090
16. P. Schoderbock and H. P. Boehm, *Syn. Met.*, **44** (1991) 239
17. D. Aurbach, M. Levi, and E. Levi, *J. Electroanal. Chem.*, **421** (1997) 79
18. D. Aurbach and E. Ein-Eli, *J. Electrochem. Soc.*, **142** (1995) 1746
19. T. Ohzuku, Y. Iwakoshi, and K. Sawai, *J. Electrochem. Soc.*, **140** (1993) 2490
20. M. Inaba, H. Yoshida, Z. Ogumi, T. Abe, Y. Mizutani, and M. Asano, *J. Electrochem. Soc.*, **142** (1995) 20
21. A. Funabiki, M. Inaba, T. Abe, and Z. Ogumi, *Electrochim. Acta*, **45** (1999) 865
22. T. Zheng and J. R. Dahn, *Syn. Met.*, **73** (1995) 1
23. T. Zheng and J. R. Dahn, *Phys. Rev. B*, **53** (1996) 3061
24. E. Peled, *J. Electrochem. Soc.*, **126** (1979) 2047
25. J. O. Besenhard, M. Winter, J. Yang, and W. Biberacher, *J. Power Sources*, **54** (1995) 228
26. M. Inaba, Z. Siroma, Z. Ogumi, T. Abe, Y. Mizutani, and M. Asano, Chem. Lett., (1995) 661
27. M. Inaba, Z. Siroma, Z. Ogumi, T. Abe, Y. Mizutani, and M. Asano, *Langmuir*, **12** (1996) 1535
28. M. Inaba, Z. Siroma, Y. Kawatate, A. Funabiki, and Z. Oguni, *J. Power Sources*, **68** (1997) 221
29. N. Dey and B. P. Sullivan, *J. Electrochem. Soc.*, **117** (1970) 222
30. G. Echinger, *J. Electroanal. Chem.*, **74** (1976) 183
31. M. Arakawa and J. Yamaki, *J. Electroanal. Chem.*, **219** (1987) 273
32. R. Fong, U. von Sacken, and J. R. Dahn, *J. Electrochem. Soc.*, **137** (1990) 2009
33. G. C. Chung, H. J. Kim, S. H. Jun, and M. H. Kim, *Electrochem. Commun.*, **1** (1999) 493
34. G. C. Chung, H. J. Kim, S. I. Yu, S. H. Jun, J. W. Choi, and M. H. Kim, *J. Electrochem. Soc.*, **147** (2000) 4391
35. H. Nakamura, H. Komatsu, and M. Yoshio, *J. Power Sources*, **62** (1996) 219
36. K. Xu, S. Zhang, B. A. Poese, and T. R. Jow, *Electrochem. Solid-State Lett.*, **5** (2002) A259
37. S. K. Jeong, M. Inaba, Y. Iriyama, T. Abe, and Z. Ogumi, *Electrochem. Solid-State Lett.*, **6** (2003) A13
38. S. K. Jeong, M. Inaba, R. Mogi, Y. Iriyama, T. Abe, and Z. Ogumi, *Langmuir* **17** (2001) 8281
39. Z. X. Shu, R. S. McMillan, and J. J. Murray, *J. Electrochem. Soc.*, **140** (1993) 922
40. Z. X. Shu, R. S. McMillan, and J. J. Murray, *J. Electrochem. Soc.*, **140** (1993) L101
41. R. McMillan, H. Slegr, Z. X. Shu, and W. Wang, *J. Power Sources*, **80–81** (1999) 20
42. G. H. Wrodnigg, J. O. Besenhard, and M. Winter, *J. Electrochem. Soc.*, **146** (1999) 470
43. C. Wang, H. Nakamura, H. Komatsu, M. Yoshio, and H. Yoshitake, *J. Power Sources*, **74** (1998) 142

44. C. Wang, H. Nakamura, H. Komatsu, M. Yoshio, and H. Yoshitake, ***Denki Kagaku*** (Electrochemistry), **66** (1998) 286
45. H. Yoshitake, K. Abe, T. Kitakura, J. B. Gong, Y. S. Lee, H. Nakamura, and M. Yoshio, *Chem. Lett.*, **32** (2003) 134
46. Z. Ogumi, T. Abe, M. Inaba, and S. K. Jeong, *Tanso*, **203** (2002) 136
47. D. Aurbach, A. Zaban, A. Schechter, Y. Ein-Eli, E. Zinigrad, and B. Markovsky, *J. Electrochem. Soc.*, **142** (1995) 2873
48. D. Aurbach and Y. Gofer, *J. Electrochem. Soc.*, **138** (1991) 3529
49. D. Aurbach, Y. Ein-Eli, and A. Zaban, *J. Electrochem. Soc.*, **141** (1994) L1
50. D. Aurbach, Y. Ein-Eli, B. Markovsky, A. Zaban, S. Luski, Y. Carmeli, and H. Yamin, *J. Electrochem. Soc.*, **142** (1995) 2882
51. D. Aurbach, Y. Ein-Eli, O. Chusid, Y. Carmeli, M. Baibai, and H. Yamin, *J. Electrochem. Soc.*, **141** (1994) 603
52. Y. Ein-Eli, B. Markovsky, D. Aurbach, Y. Carmeli, H. Yamin, and S. Luski, *Electrochim. Acta*, **39** (1994) 2559
53. D. Aurbach, M. D. Levi, E. Levi, and A. Schechter, *J. Phys. Chem. B*, **101** (1997) 2195
54. D. Aurbach, B. Markovsky, A. Schechter, Y. Ein-Eli, and H. Cohen, *J. Electrochem. Soc.*, **143** (1996) 3809
55. A. Naji, J. Ghanbaja, B. Humbert, P. Willmann, and D. Billaud, *J. Power Sources*, **63** (1996) 33
56. S. Mori, H. Asahina, H. Suzuki, A. Yonei, and K. Yokoto, *J. Power Sources*, **68** (1997) 59
57. A. N. Pasquier, F. Disma, T. Bowmer, A. S. Gozdz, G. Amatucci, and J. M. Tarascon, *J. Electrochem. Soc.*, **145** (1998) 472
58. M. N. Richard and J. R. Dahn, *J. Electrochem. Soc.*, **146** (1999) 2068
59. D. D. MacNeil, D. Larcher, and J. R. Dahn, *J. Electrochem. Soc.*, **146** (1999) 3596
60. T. Zheng, A. S. Gozdz, and G. C. Amatucci, *J. Electrochem. Soc.*, **146** (1999) 4014
61. A. M. Andersson, K. Edstrom, and J. O. Thomas, *J. Power Sources*, **81–82** (1999) 8
62. A. M. Andersson and K. Edstrom, *J. Electrochem. Soc.*, **148** (2001) A1100
63. B. M. Way and J. R. Dahn, *J. Electrochem. Soc.*, **141** (1994) 907
64. W. J. Weydanz, B. M. Way, T. van Buuren, and J. R. Dahn, *J. Electrochem. Soc.*, **141** (1994) 900
65. K. Moriguchi, S. Munetoh, M. Abe, M. Yonemura, K. Kamei, A. Shintani, Y. Maehara, A. Omaru, and M. Nagamine, *J. Appl. Phys.*, **88** (2000) 6369
66. H. Honbo and Y. Muranaka, The 39th Battery Symposium in Japan, 2D **19** (1998)
67. H. Huang, W. Liu, X. Huang, L. Chen, E. M. Kelder, and J. Schoonman, *Solid State Ionics*, **110** (1998) 173
68. H. Shi, J. Barker, M. Y. Saidi, and R. Koksbang, *J. Electrochem. Soc.*, **143** (1996) 3466
69. M. E. Spahr, H. Wilhelm, F. Joho, J. C. Panitz, J. Wambach, P. Novak, and N. Dupont-Pavlovsky, *J. Electrochem. Soc.*, **149** (2002) A960
70. B. E. Warren, *J. Chem. Phys.*, **2** (1934) 551
71. H. Shi, J. N. Reimers, and J. R. Dahn, *J. Appl. Cryst.*, **26** (1993) 827
72. J. R. Dahn, A. K. Sleigh, H. Shi, J. N. Reimers, Q. Zhong, and B. M. Way, *Electrochim. Acta*, **38** (1993) 1179
73. H. Fujimoto, A. Mabuchi, K. Tokumitsu, T. Kasuh, and N. Akuzawa, *Carbon*, 32 (1994) 193
74. A. Satoh, N. Takami, and T. Ohsaki, *Solid State Ionics*, **80** (1995) 291
75. K. Tatsumi, N. Iwashita, H. Sakaebe, H. Shioyama, S. Higuchi, A. Mabuchi, and H. Fujimoto, *J. Electrochem. Soc.*, **142** (1995) 716
76. T. Zheng, J. N. Reimers, and J. R. Dahn, *Phys. Rev.* **B**, **51** (1995) 734
77. T. Kasuh, A. Mabuchi, K. Tokumitsu, and H. Fujimoto, *J. Power Sources*, **68** (1997) 99
78. H. Fujimoto, *Tanso*, **168** (1995) 179
79. H. Fujimoto, A. Mabuchi, K. Tokumitsu, and T. Kasuh, *Carbon*, **34** (1996) 1115
80. H. Fujimoto, A. Mabuchi, K. Tokumitsu, and T. Kasuh, *Carbon*, **38** (2000) 871

81. T. Tran and K. Kinoshita, *J. Electroanal. Chem.*, **386** (1995) 221
82. A. Funabiki, M. Inaba, and Z. Ogumi, *J. Power Sources*, **68** (1997) 227
83. N. Imanishi, H. Kashiwagi, T. Ichikawa, T. Takeda, O. Yamamoto, and M. Inagaki, *J. Electrochem. Soc.*, **140** (1993) 315
84. K. Takei, N. Terada, K. Kumai, T. Iwahori, T. Uwai, and T. Miura, *J. Power Sources*, **55** (1995) 191
85. T. Uwai, T. Yamada, K. Takei, and T. Iwahori, *Tanso*, **165** (1994) 293
86. T. Takami, Y. Yamazaki, T. Kawamura, T. Takamura, M. Saito, and K. Sekine, The 39th Battery Symposium in Japan, 3D16 (1998)
87. K. Sumiya, M. Saito, K. Sekine, M. Takabatake, and T. Takamura, *Electrochemistry*, **66** (1998) 740
88. I. Kuribayashi, M. Yokoyama, and M. Yamashita, *J. Power Sources*, **54** (1995) 1
89. G. Okuno, K. Kobayakawa, Y. Sato, T. Kawai, and A. Yokoyama, *Electrochemistry*, **65** (1997) 226
90. W. Qiu, G. Zhang, S. Lu, and Q. Liu, *Solid State Ionics*, **121** (1999) 73
91. T. Uchida, T. Itoh, Y. Morikawa, H. Ikuta, and M. Wakihara, *Denki Kagaku* (Electrochemistry), **61** (1993) 1390
92. T. Uchida and M. Wakihara, *Denki Kagaku* (Electrochemistry), **65** (1997) 21
93. T. Uchida, M. Morikawa, H. Ikuta, M. Wakihara, and K. Suzuki, *J. Electrochem. Soc.*, **143** (1996) 2606
94. R. Takagi, M. Yashiro, K. Sekine, and T. Takamura, *Denki Kagaku* (Electrochemistry), **65** (1997) 420
95. N. Takami, A. Satoh, M. Hara, and T. Ohsaki, *J. Electrochem. Soc.*, **142** (1995) 371
96. A. K. Sleigh and U. von Sacken, *Solid State Ionics*, **57** (1992) 99
97. A. Funabiki, M. Inaba, Z. Ogumi, S. Yuasa, J. Otsuji, and A. Tasaka, *J. Electrochem. Soc.*, **145** (1998) 172
98. M. Nishizawa, R. Hashitani, T. Itoh, T. Matsue, and I. Uchida, *Electrochem. Solid State Lett.*, **1** (1998) 10
99. M. D. Levi and D. Aurbach, *J. Phys. Chem*, **101** (1997) 4641
100. M. D. Levi, E. A. Levi, and D. Aurbach, *J. Electroanal. Chem*, **421** (1997) 89
101. D. Aurbach, A. Zaban, Y. Ein-Eli, I. Weissman, O. Chusid, B. Markovsky, M. Levi, E. Levi, A. Schechter, and E. Granot, *J.Power Sources*, **68, 91** (1997)
102. K. Sawai, Y. Iwakoshi, and T. Ohzuku, *Solid State Ionics*, **69** (1994) 273
103. R. Yazami and M. Deschamps, *J. Power Sources*, **54** (1995) 411
104. E. Peled, C. Menachem, D. Bar-Tow, and A. Melman, *J. Electrochem Soc.*, **143** (1996) L4
105. K. Sato, M. Noguchi, A. Demachi, N. Oki, and M. Endo, *Science*, **270** (1994) 590
106. A. Mabuchi, *Tanso*, **165** (1994) 298
107. K. Tokumitsu, H. Fujimoto, A. Mabuchi, and T. Kasuh, *Carbon*, **37** (1999) 1599
108. K. Tokumitsu, H. Fujimoto, A. Mabuchi, and T. Kasuh, *J. Power Sources*, **90** (2000) 206
109. S. Yata, K. Sakurai, T. Ohsaki, Y. Inoue, and K. Yamaguchi, *Synth. Met.*, **33** (1995) 177
110. Y. Matsumura, S. Wang, T. Kasuh, and T. Maeda, *Synth. Met.*, **71** (1995) 1755
111. H. Xiang, S. Fang, and Y. Jiang, *J. Electrochem. Soc.*, **144** (1997) L187
112. J. R. Dahn, T. Zheng, Y. Liu, and J. S. Xue, *Science*, **270** (1995) 590
113. T. Zheng, W. R. McKinnon, and J. R. Dahn, *J. Electrochem. Soc.*, **143** (1996) 2137
114. T. Zheng and J. R. Dahn, *J. Power Sources*, **68** (1997) 201
115. T. Zheng, Y. Liu, E. W. Fuller, S. Tseng, U. von Sacken, and J. R. Dahn, *J. Electrochem. Soc.*, **142** (1995) 2581
116. M. Inaba, M. Fujikawa, T. Abe, and Z. Ogumi, *J. Electrochem. Soc.*, **147** (2000) 4008
117. W. Xing, J. S. Xue, and J. R. Dahn, *J. Electrochem. Soc.*, **143** (1996) 3046
118. J. S. Xue and J. R. Dahn, *J. Electrochem. Soc.*, **142** (1995) 3668
119. W. Xing, J. S. Xue, T. Zheng, A. Gibaud, and J. R. Dahn, *J. Electrochem. Soc.*, **143** (1996) 3482

120. U. von Sacken, E. Nodwell, A. Sundher, and J. R. Dahn, *Solid State Ionics*, **69** (1995) 284
121. U. von Sacken, E. Nodwell, A. Sundher, and J. R. Dahn, *J. Power Sources*, **54** (1995) 240
122. H. Maleki, G. Deng, A. Anani, and J. Howard, *J. Electrochem. Soc.*, **146** (1999) 3224
123. S. Zhang, D. Foucher, and J. R. Rea, *J. Power Sources*, **70** (1998) 16
124. M. N. Richard and J. R. Dahn, *J. Electrochem. Soc.*, **146** (1999) 2078
125. C. W. Lee R. Venkatachalapathy, and J. Prakash, *Electrochem. Solid State Lett.*, **3** (2000) 63
126. X. M. Wang, E. Yasukawa, and S. Kasuya, *J. Electrochem. Soc.*, **148** (2001) A1058
127. X. M. Wang, E. Yasukawa, and S. Kasuya, *J. Electrochem. Soc.*, **148** (2001) A1066
128. K. Xu, M. Ding, S. Zhang, J. Allen, and T. R. Jow, *J. Electrochem. Soc.*, **149** (2002) A622
129. K. Xu, M. Ding, S. Zhang, J. Allen, and T. R. Jow, *J. Electrochem. Soc.*, **150** (2003) A161
130. K. Xu, S. Zhang, J. Allen, and T. R. Jow, *J. Electrochem. Soc.*, **150** (2003) A170
131. A. M. Wilson, J. N. Reimers, E. Fuller, and J. R. Dahn, *Solid State Ionics*, **74** (1994) 249
132. J. S. Xue, K. Myrtle, and J. R. Dahn, *J. Electrochem. Soc.*, **142** (1995) 2927
133. W. Xing, A. M. Wilson, G. Zank, and J. R. Dahn, *Solid State Ionics*, **93** (1997) 239
134. A. M. Wilson, W. Xing, G. Zank, B. Yates, and J. R. Dahn, *Solid State Ionics*, **100** (1997) 259
135. D. Larcher, C. Mudalige, A. E. George, V. Porter, M. Gharghouri, and J. R. Dahn, *Solid State Ionics*, **122** (1999) 71
136. T. D. Tran, J. H. Feikert, X. Song, and K. Kinoshita, *J. Electrochem. Soc.*, **142** (1995) 3297
137. S. Ito, T. Murada, M. Hasegawa, Y. Bito, and Y. Toyoguchi, *J. Power Sources*, **68** (1997) 245
138. Y. Wu, S. Fang, and Y. Jiang, *J. Power Sources*, **75** (1998) 205
139. Y. Wu, S. Fang, and Y. Jiang, *J. Mater. Chem.*, **8** (1998) 2223
140. Y. Wu, S. Fang, and Y. Jiang, *Solid State Ionics*, **120** (1999) 117
141. Y. Wu, S. Fang, Y. Jiang, and R. Holtz, *J. Power Sources*, **108** (2002) 245
142. M. Koh and T. Nakajima, *Electrochim. Acta*, **44** (1999) 1713
143. M. Endo, C. Kim, T. Karaki, Y. Nishimura, M. J. Matthews, S. D. M. Brown, and M. S. Dresselhaus, *Carbon*, **37** (1999) 561
144. C. Kim, T. Fujimoto, T. Hayashi, M. Endo, and M. S. Dresselhaus, *J. Electrochem. Soc.*, **147** (2000) 1265
145. I. Mukhopadhyay, N. Hoshino, S. Kawasaki, F. Okino, W. K. Hsu, and H. Touhara, *J. Electrochem. Soc.*, **149** (2002) A39
146. T. Hamada, H. Shoji, T. Kohno, and T. Sugiura, *J. Electrochem. Soc.*, **149** (2002) A834
147. T. Hamada, K. Suzuki, T. Kohno, and T. Sugiura, *Carbon*, **40** (2002) 2317
148. H. Fujimoto, A. Mabuchi, C. Natarajan, and T. Kasuh, *Carbon*, 40 (2002) 567
149. T. Takamura, *Bull. Chem. Soc. Jpn.*, **75** (2002) 21
150. K. Sumiya, J. Suzuki, R. Takasu, K. Sekine, and T. Takamura, *J. Electroanal. Chem.*, **462** (1999) 150
151. T. Takamura, J. Suzuki, C. Yamada, K. Sumiya, and K. Sekine, *Surf. Eng.*, **15** (1999) 225
152. T. Takamura, H. Awano, R. Takasu, K. Sumiya, and K. Sekine, *J. Electroanal. Chem.*, **455** (1998) 223
153. R. Takasu, K. Sekine, and T. Takamura, *J. Power Sources*, **81–82** (1999) 224
154. T. Takamura, M. Saito, A. Shimokawa, C. Nakahara, K. Sekine, S. Maeno, and N. Kobayashi, *J. Power Sources*, **90** (2000) 45
155. T. Ura, M. Kikuchi, Y. Ikezawa, T. Takamura, 1B11, P. 25, The 35th Battery Symposium in Japan
156. H. Wang and M. Yoshio, *J. Power Sources*, **101** (2001) 35
157. C. Menachem, S. Peled, L. Burstein, and Y. Rosenberg, *J. Power Sources*, **68** (1997) 277
158. X. Cao, J. Kim, and S. Oh, *Carbon*, **40** (2002) 2270
159. M. Hara, A. Satoh, N. Takami, and T. Ohsaki, *Tanso*, **165** (1994) 261
160. H. Y. Lee, J. K. Baek, S. W. Jang, S. M. Lee, S. T. Hong, and K. Y. Lee, *J. Power Sources*, **101** (2001) 206

161. C. Natarajan, H. Fujimoto, K. Tokumitsu, A. Mabuchi, and T. Kasuh, *Carbon*, **39** (2001) 1409
162. K. Yanagida, A. Yanai, Y. Kida, A. Funahashi, T. Nohma, and I. Yonezu, *J. Electrochem. Soc.*, **149** (2002) A804
163. Y. Kida, K. Yanagida, A. Funahashi, T. Nohma, and I. Yonezu, *J. Power Sources*, **94** (2001) 74
164. Y. Kida, K. Yanagida, A. Funahashi, T. Nohma, and I. Yonezu, *Electrochemistry*, **70** (2002) 590
165. K. Kinoshita, *Carbo: Electrochemical and Physico-Chemical Properties*, Wiley, New York (1998), p. 70
166. H. Wang, T. Ikeda, K. Fukuda, and M. Yoshio, *J. Power Sources*, **83** (1999) 141
167. Y. Ishii, A. Fujita, T. Nishida, and K. Yamada, *Hitachikasei Technical Report*, **36** (2001) 27
168. M. Yoshio, H. Wang, K. Fukuda, Y. Hara, and Y. Adachi, *J. Electrochem. Soc.*, **147** (2000) 1245
169. H. Wang and M. Yoshio, *J. Power Sources*, **93** (2001) 35
170. H. Wang, M. Yoshio, T. Abe, and Z. Ogumi, *J. Electrochem. Soc.*, **149** (2002) A499
171. M. Yoshio, H. Wang, and K. Fukuda, *Angew. Chem. Int. Ed.*, **42**, 4203 (2003)
172. M. Yoshio, H. Wang, K. Fukuda, T. Umeno, T. Abe, and Z. Ogumi, *J. Mater Chem.*, **14** (2004) 1754
173. Y. C. Chang, H. J. Sohn, C. H. Ku, Y. G. Wang, Y. Korai, and I. Mochida, *Carbon*, **37** (1999) 1285
174. H. Fujimoto, A. Mabuchi, K. Tokumitsu, and T. Kasuh, *J. Power Sources*, **54** (1995) 440
175. A. Mabuchi, K. Tokumitsu, H. Fujimoto, and T. Kasuh, *J. Electrochem. Soc.*, **142** (1995) 1041
176. H. Fujimoto, *Tanso*, **200** (2001) 243
177. H. Hatano, K. Nakayama, and Y. Tajima, *Kawasaki Steel Giho*, **34** (2002) 140
178. H. Hatano, N. Fukuda, and T. Aburaya, *Kawasaki Steel Giho*, **29** (1997) 233
179. K. Tatsumi, T. Akai, T. Imamura, K. Zaghib, N. Iwashita, S. Higuchi, and Y. Sawada, *J. Electrochem. Soc.*, **143** (1996) 1923
180. F. Watanabe, Y. Korai, I. Mochida, and Y. Nishimura, *Carbon*, **38** (2000) 741
181. N. Takami, A. Satoh, H. Hara, and T. Ohsaki, *J. Electrochem. Soc.*, **142** (1995) 2564
182. T. Ohsaki, M. Kanda, Y. Aoki, H. Shiroki, and S. Suzuki, *J. Power Sources*, **68** (1997) 102
183. K. Yamaguchi, J. Suzuki, M. Saito, K. Sekine, and T. Takamura, *J. Power Sources*, **97–98** (2001) 159
184. M. Endo, Y. A. Kim, T. Hayashi, K. Nishimura, T. Matusita, K. Miyashita, and M. S. Dresselhaus, *Carbon* **39** (2001) 1287
185. K. Tatsumi, K. Zaghib, H. Abe, S. Higuchi, T. Ohsaki, and Y. Sawada, *J. Power Sources*, **54** (1995) 425
186. K. Zaghib, K. Tatsumi, H. Abe, T. Ohsaki, Y. Sawada, and S. Higuchi, *J. Power Sources*, **54** (1995) 435
187. K. Zaghib, K. Tatsumi, H. Abe, T. Ohsaki, Y. Sawada, and S. Higuchi, *J. Electrochem. Soc.*, **145** (1998) 210
188. H. Abe, T. Murai, and K. Zaghib, *J. Power Sources*, **77** (1999) 110
189. N. Sonobe, M. Ishikawa, T. Iwasaki, The 35th Battery Symposium in Japan, 2B09 (1994)
190. M. Ishikawa, N. Sonobe, H. Chuma, T. Iwasaki, The 35th Battery Symposium in Japan, 2B10 (1994)

第4章

功能电解质：添加剂

Makoto Ue

4.1 概述

在锂离子电池中，液体电解质起着离子导体的作用，充放电过程中，在正负极间往返地传输锂离子。由于锂离子电池的电极为多孔复合电极，由活性材料［分别为负极的碳和正极的锂过渡金属（Co、Ni、Mn）氧化物］、导电剂（炭黑）和聚合物黏结剂组成，如图 4.1 所示。液态电解质必须能够渗入多孔电极，并能在液固相界面通畅地传输锂离子。市场中的锂离子电池大多使用的是非水性电解质，在非水性电解质中锂盐溶解在非质子有机溶剂中。通常认为聚合物电池中使用的凝胶型电解质是由液体电解质和高分子量聚合物固化而成的。因此，从某种程度上要求液体和凝胶电解质具有相同的功能。

许多文献都介绍了锂电池或锂离子电池中的液体电解质，对非质子溶剂、锂盐以及其他

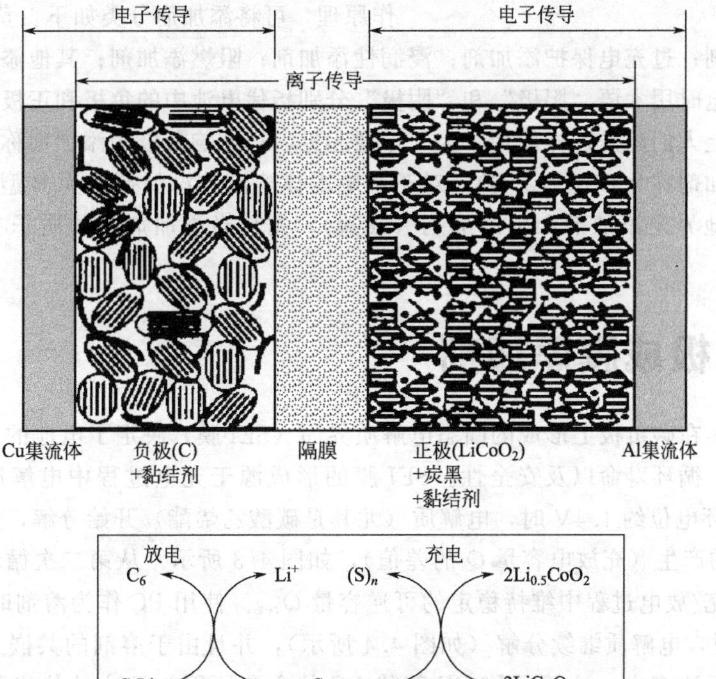

图 4.1　锂离子电池中液体电解质的作用

混合物的不同特性进行了描述[1~11]。研究人员还从溶液化学的角度对上述物质进行了评论[12,13]。然而最近，对液态电解质的研究主要集中在电解质添加剂方面，电解质添加剂在锂离子电池中除了具备离子导体的基本功能外，还可以起到其他作用。尽管在最近的论述中，关于添加剂的信息较少[8,9,16,17]，但还是尝试对电解质添加剂进行了分类概述[14,15]。此外，由1991～2004年间出版的文献可见，其中包含了我们实验室的一些实验结果。

4.2 特定功能的电解质

商业化锂离子电池的电解质大多是非水性的，将$LiPF_6$溶解在环状碳酸酯和链状碳酸酯的混合溶剂中，形成浓度约为1mol/L的溶液。可选择的环状碳酸酯包括碳酸乙烯酯（EC）、碳酸丙烯酯（PC）；链状碳酸酯包括碳酸二甲酯（DMC）、碳酸甲乙酯（EMC）、碳酸二乙酯（DEC）。这几种碳酸酯的化学结构如图4.2所示。最近市场上针对安全性高的薄板电池设计了另一种液体电解质，即1.5mol/L $LiBF_4$/γ-丁内酯（GBL）+碳酸乙烯酯[18,19]。尽管研究人员正在努力地开发新材料，但是很多溶剂和锂盐的应用仍受限。在上述基本电解质中加入少量添加剂的电解质称为“功能性电解质”[20]。

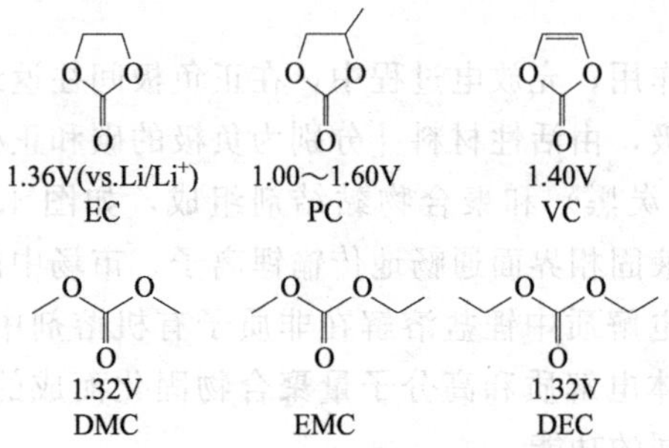

图4.2 碳酸酯溶剂及其还原电位

现在已经开发了多种新型添加剂，每种添加剂都有各自特殊的作用。将添加剂以最优配比加入电解质中，可以使电解质获得一系列特殊功能，这种电解质可称为“特定功能的电解质”。根据工作原理，可将添加剂分类如下：负极成膜添加剂；正极保护添加剂；过充电保护添加剂；浸润性添加剂；阻燃添加剂；其他添加剂。

尽管在充电时用术语“阳极”和“阴极”分别指代电池中的负极和正极在学术上是错误的，但是习惯上人们还是这样使用。为了方便起见，把影响负极的添加剂称为A型（1类），影响正极的添加剂称为C型（2类），对于影响本体溶液的添加剂称为B型（3～5类）。有时也很难清楚地界定添加剂和辅助溶剂（或盐），尤其当添加剂是非质子有机试剂（或锂盐）时。

4.3 负极成膜添加剂

众所周知，在碳负极上形成的固态电解质界面（SEI膜）决定了电池的性能，如可逆容量、存储寿命、循环寿命以及安全性。SEI膜的形成源于充电过程中电解质的分解。在对Li/Li^+首次循环电位约1.4V时，电解质（尤其是碳酸乙烯酯）开始分解，这个过程导致不可逆容量Q_{irr}的产生（充放电容量Q的差值），如图4.3所示。从第二次循环开始，不可逆容量降低并在充/放电过程中维持稳定的可逆容量Q_{rev}。使用PC作为溶剂时，在对Li/Li^+电压约0.9V时，电解质继续分解（如图4.4所示），并且由于溶剂的共嵌入导致石墨（晶体）碳脱落而无法充电，这就是用EC替代PC的主要原因，且这种替代已应用于非石墨（无定形）碳负极的第一代商业锂离子电池中。而一些化合物的添加剂，如VC（碳酸亚乙酯），抑制了石墨的脱落，使石墨能够正常充电。

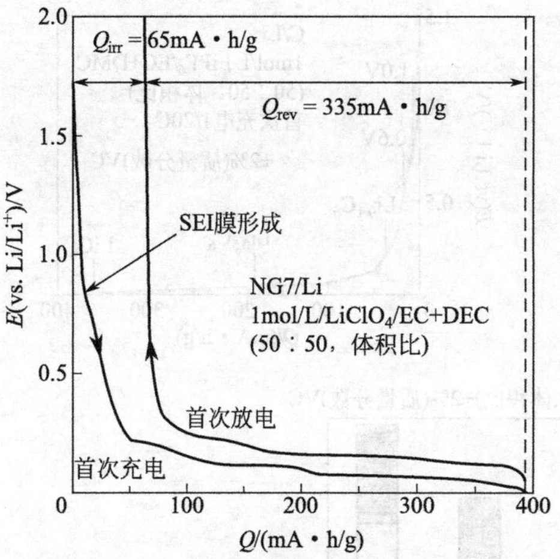

图 4.3　天然石墨的首次充/放电曲线

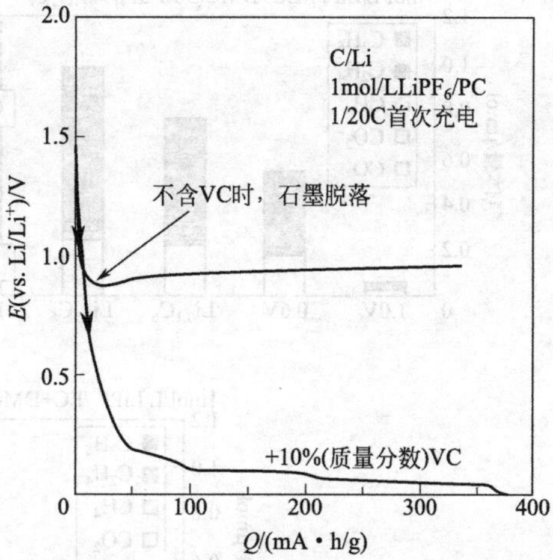

图 4.4　石墨在 PC 基电解质中的首次充电曲线

EC 和链状碳酸酯在室温下的还原分解可有效地促进 SEI 膜的形成，但是在高温时就会出现问题。经验证，多种化合物作为添加剂可以提高石墨负极上钝化膜的特性。

4.3.1　不饱和碳化合物

碳酸亚乙酯（VC）是第一个开发出来的电解质溶剂[21,22]，它具有极高的相对介电常数(ε_r=127)，能够提供良好的电导率。研究发现，添加少量的 VC 可以抑制气体产生，在首次充电时获得高循环效率[24,25]，并且 VC 还能抑制易还原溶剂如磷酸三甲酯（TMP）的分解[26]，因此 VC 是一种典型的负极成膜添加剂[23]。在 1mol/L $LiPF_6$/EC＋DMC＋DEC（33∶33∶33，质量比）中添加 1%（质量分数）的 VC 能提高锂离子聚合物电池的循环寿命[28]，这说明此钝化层[27]具有优异的稳定性。

由于 VC 具有双键结构，所以其最低未占分子轨道（LUMO）能量更低，所以一般认为 VC 比 EC、DMC 等其他碳酸酯更易被还原[29]。VC 的还原电位可通过在四氢呋喃（THF）溶剂中的金电极进行测试，它的还原电位比其他碳酸酯溶剂高，如图 4.2 所示[30]，这说明 VC 的分解先于其他碳酸酯，并可在负极表面形成良好的 SEI 膜，同时抑制了溶剂的进一步分解和由于溶剂共嵌入造成的石墨脱落[29]。

我们已经检测了首次充电过程中不同电位下逸出气体的成分，如图 4.5 所示[31]。当 1mol/L $LiPF_6$ EC＋DMC（50∶50 体积比）中未加入 VC 时，EC 的主要分解产物乙烯和一氧化碳逐渐累积。另一方面，加入 2%（质量分数）的 VC 时，二氧化碳是主要的分解产物。这说明二氧化碳是 VC 的还原分解产物，VC 的还原分解能显著抑制溶剂的分解。通过扫描电镜观测到在对 Li/Li^+ 电压为 1.0V 时，石墨负极表面有颗粒状产物存在，随着 Li^+ 的嵌入，凝胶有机膜进一步覆盖了石墨表面，如图 4.6 所示。

有多种方法可以表征 VC 参与下所形成的膜。通过红外反射吸收光谱（IRRAS）可以检测到 CH_2=$CHOCHO_2Li$[30]，还有推测，具有－OCOLi 官能团的聚合物的形成提高了钝化膜的黏性和韧性[32]。当对 Li/Li^+ 电位为 1.3V 时，VC 开始还原沉积，这可通过原位原子力显微镜（AFM）检测到，当电压下降到 0.8V 时膜的厚度约为 10nm[30,33]。非原位 AFM 显示高热解石墨（HOPG）负极的叠层基面上有一层超薄的膜（厚度小于 1nm）[34]。通过

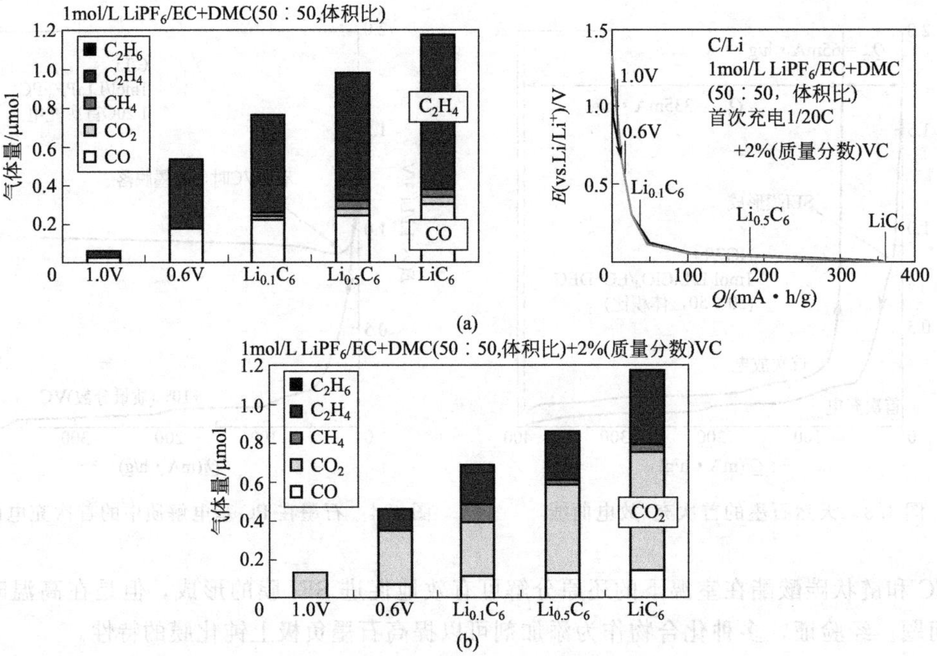

图 4.5　电解质分解逸出气体组分的变化

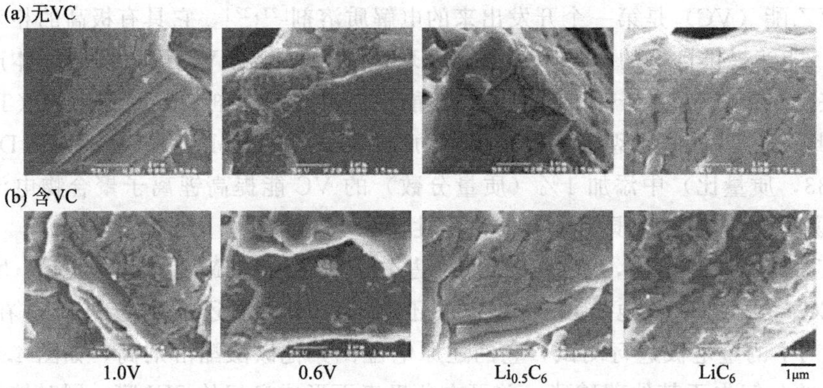

图 4.6　石墨表面 SEM 图

交流阻抗分析发现薄膜阻抗降低，这是由于石墨负极上 LiF 的形成被抑制[35~38]。

已经率先通过傅里叶变化红外光谱（FTIR）、X 射线光电子能谱（XPS）、飞行时间二次离子质谱（TOF-SIMS）、核磁共振谱（^{1}H-NMR）证实了 SEI 膜上存在聚合物，如图 4.7 和图 4.8 所示[31]。FTIR 和 XPS（O_{1s}）的图谱分别表明了C=C 双键和聚合物的存在。TOF-SIMS 显示了 SEI 膜外表面存在聚乙炔。为了识别这种聚合物的结构，用二甲基亚砜（DMSO）溶剂将在 1mol/L $LiPF_6$/VC 中形成的 SEI 膜萃取出来，并且通过二维^{1}H-NMR 成功地确定了聚碳酸亚乙烯酯及其他开环化合物的存在。通过凝胶渗透色谱（GPC）测得[40]，锂金属负极上形成的这些聚合物的相对分子质量在 1000～3000 之间，加入 VC 可以增强锂的循环效率[39]。通过程序升温质谱（TPD-MS）可以测定 SEI 膜的热稳定性[31]。如图 4.9 所示，加入 VC 可使 SEI 膜的分解温度变得更高。热稳定性的提高，可以使 SEI 膜被破坏和修复时负极与电解质之间的反应受到抑制。根据观察结果，尽管 SEI 膜的质量很大

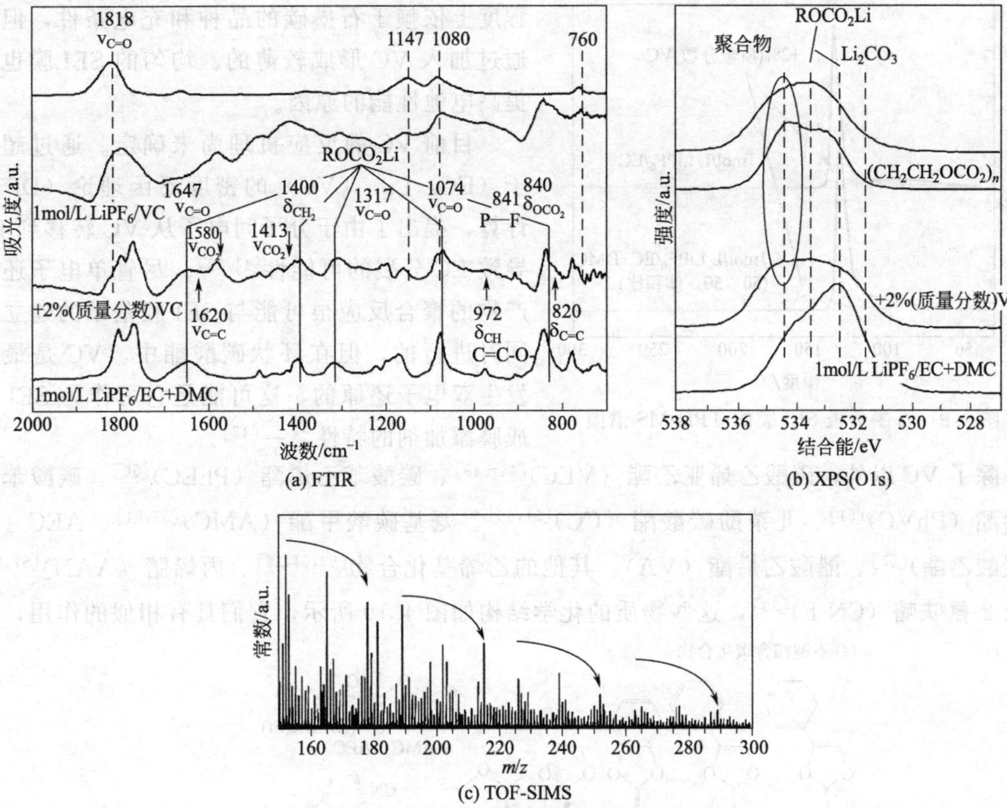

图 4.7　石墨上形成的 SEI 膜特性曲线

1mol/L $LiPF_6$/EC＋DMC（50∶50，体积比）＋2%（质量分数）VC 溶剂体系

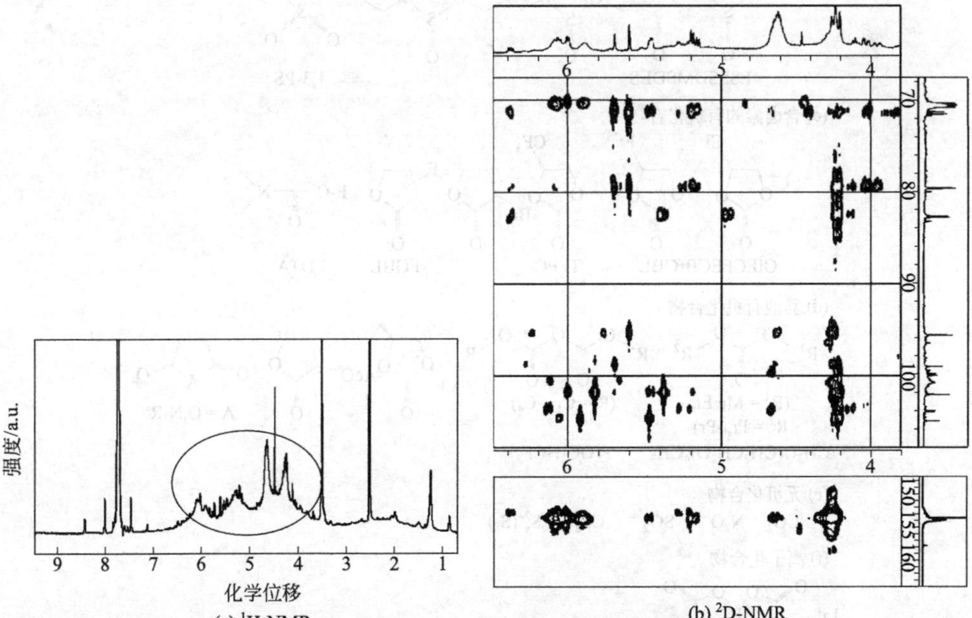

图 4.8　石墨上形成的 SEI 膜特性曲线

1mol/L $LiPF_6$/VC 溶剂体系

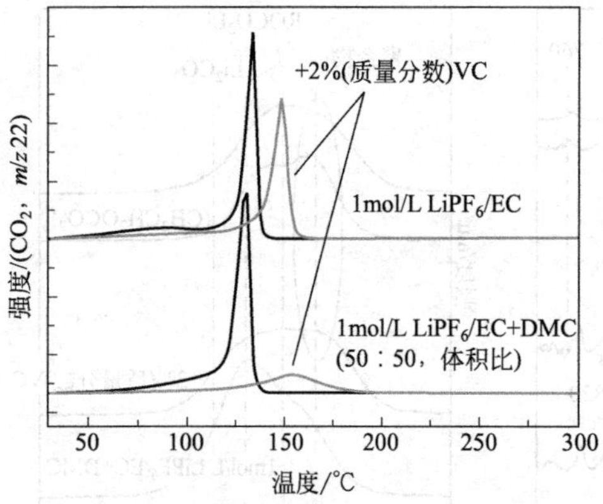

图 4.9 石墨负极 SEI 膜的 TPD-MS 谱图

程度上依赖于石墨碳的品种和充电条件，但是通过加入 VC 形成较薄的、均匀的 SEI 膜也是提高电池性能的原因。

目前 VC 的反应机理尚未确定。通过超分子 $(EC)_nLi^+$（VC）的密度泛函理论（DFT）计算，提出了由于分子间电子从 VC 转移到 EC 导致 EC 分裂的可能性[41,42]。尽管单电子还原产物的聚合反应很可能与 SEI 膜基础的建立是同时进行的，但在环状碳酸酯中，VC 是最易发生双电子还原的，这可能是它可作为 SEI 膜成膜添加剂的特性之一[43]。

除了 VC 以外，碳酸乙烯亚乙酯（VEC）[44~49]、碳酸苯乙烯酯（PhEC）[50]、碳酸苯亚乙烯酯（PhVC）[51]、儿茶酚碳酸酯（CC）[51,52]、氨基碳酸甲酯（AMC）[53,54]、AEC（氨基碳酸乙酯）[55]、醋酸乙烯酯（VA）、其他的乙烯基化合物[53,54,56]、丙烯腈（AAN）[57,58]以及 2-氰呋喃（CN-F）[59]，这些物质的化学结构如图 4.10 所示，它们具有相似的作用，在

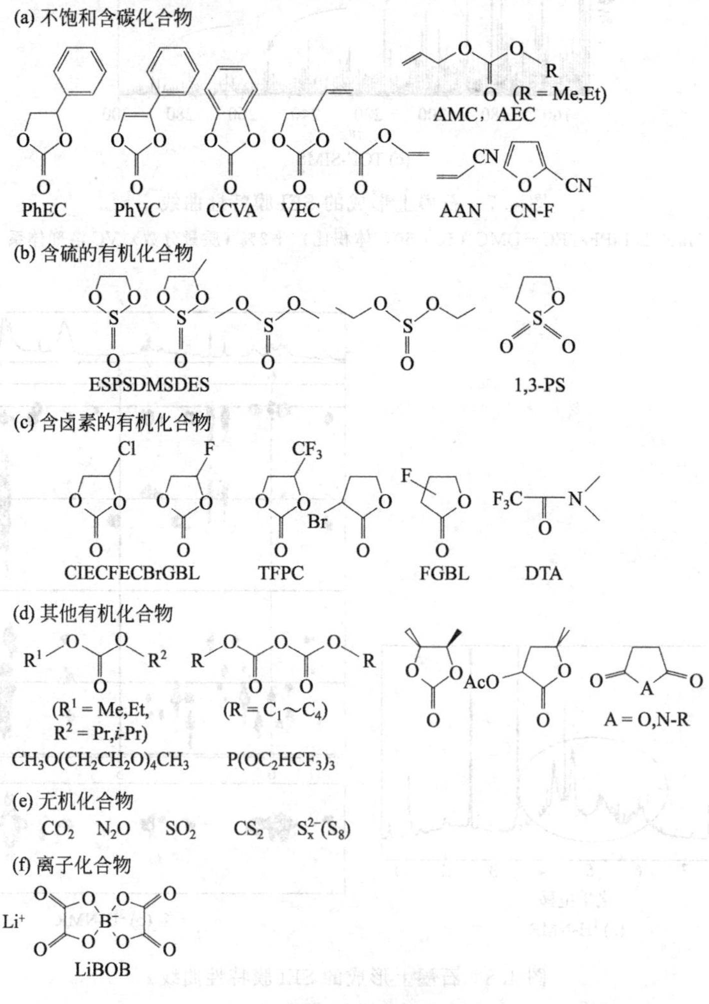

图 4.10 负极钝化膜成膜剂示例

PC 溶剂体系中可抑制石墨脱落。

4.3.2 含硫有机化合物

经验证，亚硫酸酯化合物，包括亚硫酸乙烯酯（ES）、亚硫酸丙烯酯（PS）、亚硫酸二甲酯（DMS）以及亚硫酸二乙酯（DES）可作为成膜剂，在 PC 电解质中加入 5%（体积分数）的添加剂可使石墨电极进行正常的充放电[60~62]。这些化合物在对 Li/Li^+ 电压约为 2V 时被消耗，形成钝化层，其阻碍 PC 电解质在石墨层发生共嵌入的能力依次为：ES＞PS＞DMS＞DES。除了亚硫酸酯化合物，有文献报道环状的亚硫酸酯混合物如 1,3-丙磺内酯（1,3-PS）也可以形成良好的 SEI 膜，这可提高硬碳/$LiMn_2O_4$ 圆柱形电池的循环性能和存储性能[63]。

研究人员推测通过单电子转移还原开环的 ES 比碳酸酯（如 EC 和 VC）更有益处[45]。原位 AFM 观测表明在对 Li/Li^+ 电压为 1V 时，由于 PC 共嵌入发生 HOPG（高定向热解石墨）膨胀，形成的 SEI 膜厚度约为 30nm，厚于 VC 的 SEI 膜[33]。

也通过多种分析手段如 SEM、XPS、TPD-GC/MS、TOF-SIMS 等表征了 1mol/L $LiPF_6$/PC+5%（质量分数）或 10%（质量分数）ES 中形成的 SEI 膜[64,65]。在对 Li/Li^+ 电压为 1.8V 时，ES 比 PC 更易被还原，形成的 SEI 膜组分很大程度上取决于电流密度。在高电流密度下，无机物 Li_2SO_3 是最初形成的沉淀物，在其上形成了由 $CH_3CH(OSO_2Li)CH_2OCO_2Li$ 所组成的有机层。原位电化学阻抗图谱显示，由 ES 形成的 SEI 膜的阻抗高于由 VC 形成的 SEI 膜[38]。

4.3.3 含卤素的有机化合物

通过分子轨道计算很容易得知，开环碳酸酯中引入卤素原子可提高其还原性。碳酸氯乙烯酯（ClEC）在对 Li/Li^+ 电位约为 1.8V 时被还原，形成钝化膜，同时释放 CO_2[66~71]。可以推测，由还原裂解生成的 LiCl 会变成内部的化学梭子，这会导致电流效率低。使用氟代碳酸乙烯酯（FEC）可弥补此缺陷，它产生的 LiF 的溶解性更低[72]。原位 AFM 显示 FEC 生成膜的厚度介于 VC 与 ES 生成的膜之间，但是在循环过程中降解显著[33]。三氟代碳酸丙烯酯（TFPC）也在对 Li/Li^+ 电位约 1.8V 时被还原，形成钝化层[73]，它的界面阻抗大于 ClEC[74,75]。含卤素的 GBL（BrGBL[76]或 FGBL[77]）以及 *N*,*N*-二甲基三氟乙酰胺（DTA）[78]也具有相似的作用。

4.3.4 其他有机化合物

尽管其他一些有机化合物，如不对称的二烃基碳酸酯[79~81]、二烃基焦碳酸酯[82~85]以及反式 2,3-碳酸丁烯酯（*t*-BC）[29,86,87]被认为是共溶剂，但是它们也被证明是有益的添加剂。烷氧基碳通过自然分解释放 CO_2，CO_2 在活性材料表面继续反应生成 Li_2CO_3。对溶剂化 Li^+ 来说，*t*-BC 太大甚至于不能嵌入石墨中，因此可以抑制石墨的脱落。研究人员还检测到在 5-位碳具有不同侧链的一系列 GBL 的衍生物，其中一些因为结合了 Li^+ 使 PC 分子数量减少，从而有效地抑制了 PC 的分解[88]；也有报道称琥珀酸酐[89]及琥珀酰亚胺衍生物[90]具有同样的作用。分子组成近似于有机 SEI 化合物的四（乙烯乙二醇）甲醚（TEGME）形成了稳定的无孔钝化层[91]。有报道称，有机磷化合物——三（2,2,2-三氟乙基）亚磷酸酯（TTFP）也可有效地抑制 PC 分解[92]。

4.3.5 无机化合物

无机化合物包括 CO_2[93~97]、N_2O[97]、SO_2[98~100]、CS_2[101]和 S_x^{2-}（S_8的电化学还原产物）[97,102]，对锂-石墨和锂-金属的 SEI 膜的稳定性具有重要作用，含有以上添加剂时会生成 Li_2CO_3、Li_2O、Li_2S、$Li_2S_2O_4$，形成良好的钝化层。

4.3.6 离子化合物

众所周知，锂盐的种类也会影响 SEI 膜的组成和质量[9,103]，然而锂盐的叠加效应尚没完全了解。经证实，有机硼复合物，如二（水杨酸）硼酸锂[36,104]和二草酸硼酸锂(LiBOB)，可在石墨负极形成稳定的 SEI 膜[105~111]，这是因为它们的有机基团可作为 SEI 膜的组分。LiI、LiBr 和 NH_4I 常用来抑制 Mn(Ⅱ) 在 C/$LiMn_2O_4$电池负极上的还原[112]。有报道称，加入 Na^+可以减少首次充电过程中石墨负极不可逆容量的损失[113]。经检测证实，$AgPF_6$和 $Cu(CF_3SO_3)_2$可形成金属保护层[114,115]。

然而，本章仅从一个角度对上述化合物进行测试，即添加这些化合物是否可使 PC 基电解质中的石墨碳进行充放电。还需要进行更加详细的检测，以掌握这些化合物在 EC 基电解质体系中是否真正起到钝化膜成膜剂的作用。

4.4 正极保护添加剂

到目前为止，关于正极界面的资料要比负极界面的少。然而，最近的一些报道坚称正极界面也有一层膜，这种膜也和负极的一样称为 SEI 膜[116~120]。因为正极上氧化反应的产物不像负极还原反应的产物一样固定，正极上的 SEI 膜数量较负极上少很多，如图 4.11 所示。由于分析上有难度，很少有文献报道关于电解质添加剂对正极影响的数据。有报道称，添加 VC 可减少表面阻抗，倍率性能略有提高[32,35]。当 VC 含有 BHT 等聚合抑制剂时不存在以上效应，由此推测，这种效应是由 VC 在正极上形成了聚合物，抑制了氟化锂的沉积引起的。这个推测是科学的，因为 VC 比其他碳酸酯溶剂的氧化电位低[121]。

如图 4.12 所示，通过原位归一化界面傅里叶变换红外光谱法（SNIFTIR）证实了在 Li_xCoO_2中 VC 在对 Li/Li^+电位为 4.3V 时开始形成聚合物；低于 4.3V 时，在 1830cm^{-1}、1805cm^{-1}和 1750cm^{-1}处形成向上的峰，它们分别对应 VC、EC 以及 EMC 的消耗[122]。在 4.3V 时形成的聚合物膜抑制了 EC 和 EMC 在高于 4.3V 时的进一步分解，此时在 1850～1800cm^{-1}和 1650～1550cm^{-1}处形成向下的峰，这是由于分解形成的产物引起的。通过 XPS 测定聚合物的化学结构为聚碳酸亚乙烯酯。然而，VC 与 $Li_{0.5}CoO_2$在 85℃下的反应不能说明存在聚合物[123]，这些结果显示 $Li_{0.5}CoO_2$上 VC 形成的钝化膜的热稳定性差。已经利用离子色谱法（IC）测出了 C/$LiCoO_2$电池中 SEI 膜的量，但没有观察到纯的 VC 显

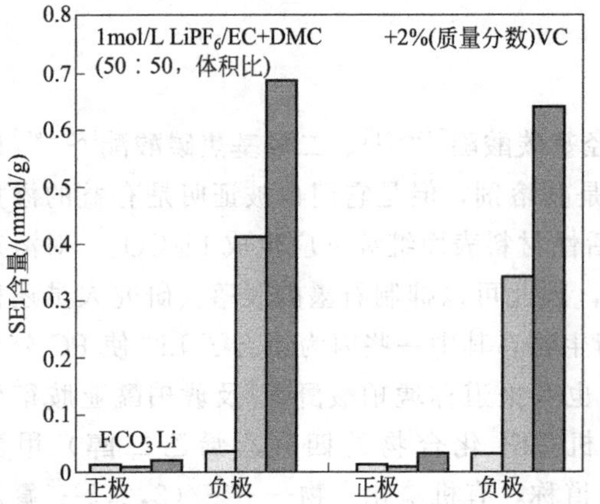

图 4.11 C/$LiCoO_2$电池 3 次循环后 SEI 膜的含量

著抑制正极上氟化锂沉积的现象，如图4.11所示[124]。原位电化学阻抗图谱也表明了添加VC可使放电过程中膜的阻抗增大[125]。

我们也首次成功地通过X射线吸收近带边结构光谱（XANES）表征了在1mol/L $LiPF_6$/PC+DMC（50∶50，体积比）+5%（质量分数）ES的电解质中正极上形成的SEI膜[65]。沉积在正极上的化合物与沉积在负极上的不同，仪器可以检测到Li_2SO_4和其他有机硫化物，如图4.13所示。当负极上形成Li_2SO_3时，正极上ES被氧化成SO_2。原位电化学阻抗图谱表明由ES形成的SEI膜阻抗高于VC形成的SEI膜的阻抗，这与在负极上的情况相同[125]。

由GBL溶剂在正极上形成的SEI膜缓解了电解质和正极间的放热反应，这是电池高安全性的基础[126]。这些现象可以说明，通过钝化活性位点有可能减少正极表面和液体电解质之间的反应[20]。添加极少量（0.1%～0.2%）的芳香族化合物，如联苯（BP）、邻三联苯（*o*-TP）以及间三联苯（*m*-TP），可提高正极的循环性能，这是由于电解质聚合形成了Li^+导电性好的薄膜覆盖在正极表面[127,128]。

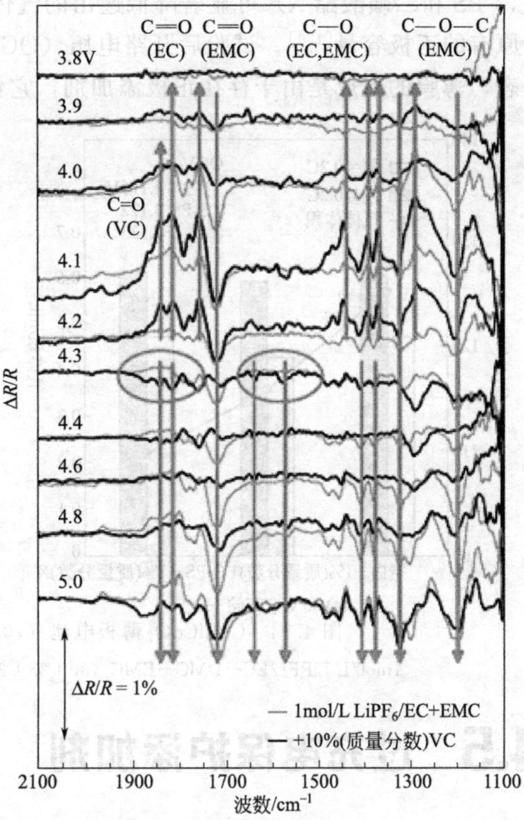

图4.12　$LiCoO_2$上薄膜的原位SNIFTIR谱图

1mol/L $LiPF_6$/EC+EMC（30∶70，体积比）

我们也发现，在不影响电池性能的同时，加入一些含硫化合物可减少正极的反应。图4.14表明了正极保护添加剂的叠加效应。加入具有更高氧化电位的1%（质量分数）硫化物

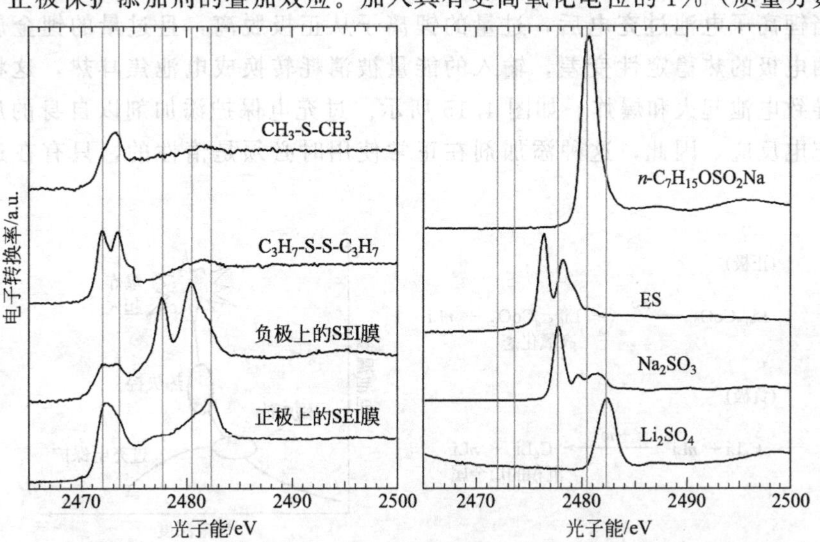

图4.13　电极表面SEI膜及硫化物参比的S K-边XANES谱图

（1，3-PS 和二磺酸酯 X）可显著降低逸出的气体量，并在高温下存储和小电流充电试验后保持原有的正极容量[129]。试验后开路电压（OCV）更高，说明这些添加剂维持了正极的充电状态，薄膜的形成是由于存在正极添加剂，它们抑制了 CO_2 气体的产生，提高了界面阻抗。

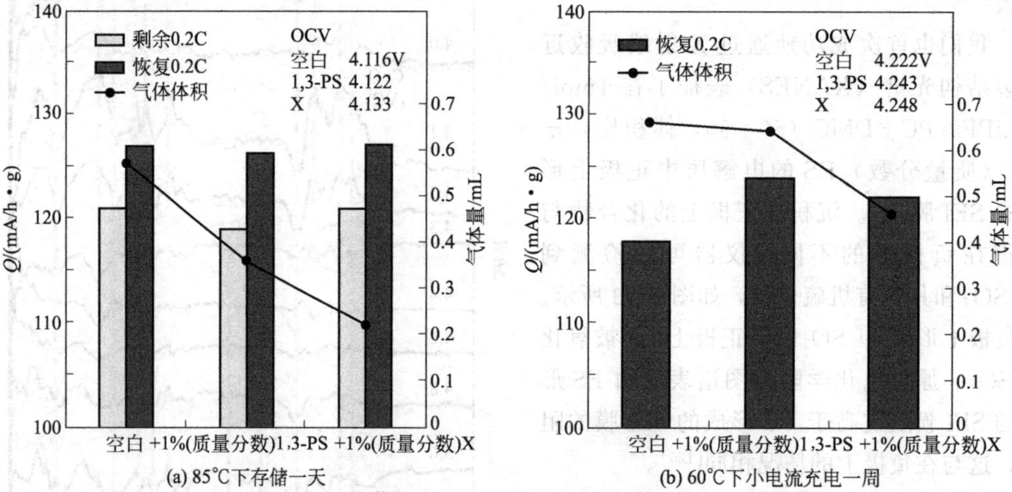

图 4.14　C/$LiCoO_2$ 薄板电池（70mA·h）中，正极保护剂的作用

1mol/L $LiPF_6$/EC+DMC+EMC（30∶35∶35，体积比）+2%（质量分数）VC 电解质

4.5 过充电保护添加剂

非水性电解质锂离子电池的电压高达 4V 左右，但其没有过充电保护机理；而铅酸、镍镉以及镍锰二次电池的水性电解质具有过充电保护的机理，即将 H_2O 电解为 H_2 和 O_2，再化合成水。目前市场上的锂离子电池是以电池组形式出售的，其具有安全保护装置，如集成控制电路和正温度系数电阻（PTC）。而更高的安全性、更高的容量和低成本的需求促进了对电池材料本身安全功能的研究。

过充电会使电极、集流体、电解质以及隔膜的性能退化，形成内短路、产气以致电池失效。当锂离子电池过充电后，过量的锂离子从正极脱离，且过量的锂金属在负极沉积，随之两电极的热稳定性变差，输入的能量被消耗转换成电池焦耳热，这将引起热失控，最终导致电池起火和爆炸，如图 4.15 所示。过充电保护添加剂以自身的反应阻止正负极的过充电反应，因此，这种添加剂在正常使用时必须是惰性的，只有在过充电条件下才反应。

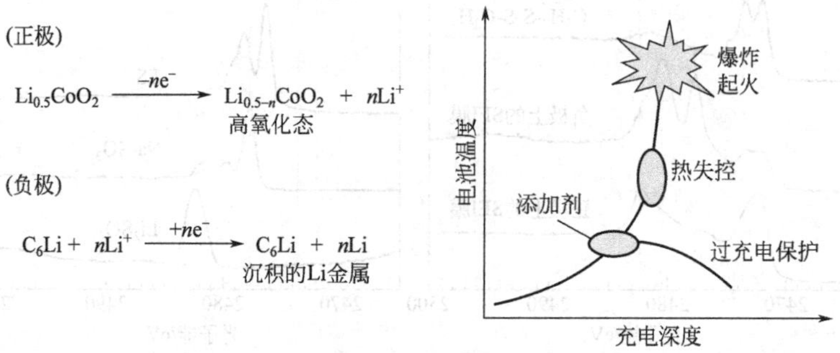

图 4.15　锂离子电池过充电保护的原理

4.5.1 氧化还原飞梭型化合物

“氧化还原飞梭”的概念在锂离子电池出现前就已经提出来了，其原理如图 4.16 所示。具有可逆氧化还原电位的化合物 R 加入电解质中，R 在正极上被氧化为化合物 O，然后 O 迁移到负极并且被还原为初始形式 R，对这种化合物[130]的特性要求如下：

① 在充电结束时，氧化还原电位比正极的表观电位要稍高（0.1～0.2V）；

② 在过充电时，氧化还原反应在正负极之间应该是动力学可逆的（电化学反应速率常数高于 10^{-5}cm/s）；

③ 氧化还原物质应具有化学稳定性，且不与其他组分反应；

④ 氧化还原物质的扩散系数和溶解性应尽可能的高。

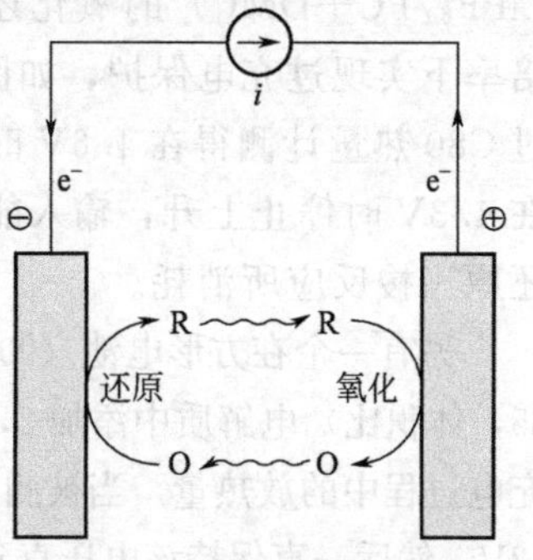

图 4.16 过充电时的氧化还原反应穿梭机理

研究人员曾推荐使用多种金属络合物[131,132]和芳香族化合物[132～139]作为过充电保护剂，然而，它们的氧化还原电位对于 4V 的锂离子电池而言都太低。图 4.17 中明确显示了它们的起始氧化电位（由于测量条件不同，测量值一致性不好）[132,136～139]。从这些例子中可以清楚地看出 π 电子共轭体系是氧化还原反应所必需的。

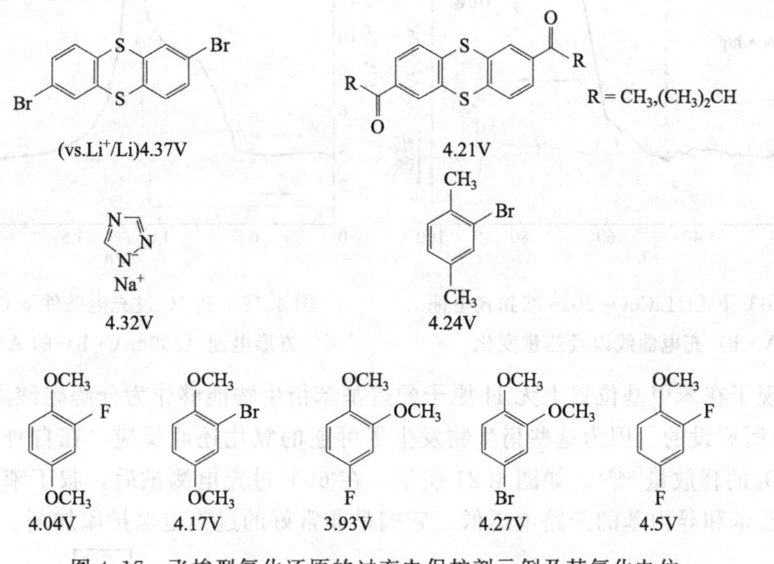

图 4.17 飞梭型氧化还原的过充电保护剂示例及其氧化电位

单电子转移的氧化还原飞梭型化合物的极限电流密度 $i_{\lim}$ 的方程式如下：

$$i_{\lim}=FC_0/(L/2)(1/D_R+1/D_O) \tag{4.1}$$

式中，F 表示法拉利常数；C_0 表示初始浓度；L 表示隔膜厚度；D 表示扩散系数[136]。因为氧化反应产生的阳离子基的扩散系数通常比原始中性化合物小一个数量级，所以极限电流密度取决于阳离子基的扩散系数[135,136]，这是因为带电粒子溶剂化并且阳离子基趋向于和一个中性分子相互作用形成二聚物。中性分子的扩散系数与电解质的黏度成反比，在电解质（1mol/L $LiPF_6$/EC+2DMC）中[136]，它们的扩散系数是 10^{-6}～10^{-5} cm^2/s，与溶剂化锂离子的扩散系数数值相似。例如：假设 $C_0=0.2mol/dL$、$L=25mm$、$D=10^{-6}cm^2/s$ 时，3%（质量分数）的 2,4-二氟苯甲醚（DFA）[138] 能承受 $i_{lim}=8mA/cm^2$ 的较大极限电流密度。

实验证明，在 $Li/LiCoO_2$ 2025 纽扣式电池（25mA·h）中，溶于电解质（1mol/L $LiPF_6$/PC+DMC）的氧化还原飞梭型化合物 4-溴-1,2-二甲氧基苯（0.1mol/L）在 0.02C 倍率下实现过充电保护，如图 4.18 所示[132]。在没有添加剂时，电池的电压持续上升，通过 C80 热量计测得在 4.6V 时电解质分解释放热量 H。另一方面，当有添加剂时，电池电压在 4.3V 时停止上升，输入能量 $W=4.3V\times0.15mA=0.65mW$ 全部转化为热能，并由氧化还原飞梭反应所消耗。

另有一个在方形电池（900mA·h）的 1mol/L $LiPF_6$/EC+PC+DMC+DEC（35∶10∶20∶35，体积比）电解质中添加 2,7-二溴磷（0.05mol/L）的报道[139]。用加速量热仪（ARC）测量过充电过程中的放热量。当被测电池在 1C 倍率下过充电时，1.1h 后电池的电压上升到预先设置的 12V，然后一直保持该电压直到充电结束，如图 4.19 所示。尽管电池的温度 T 达到了 110℃左右，但未发生热失控。然而，在超过 2C 倍率时，任何电池都不能通过类似测试。需要强调的是，在大电流下必须使用其他方法（采用安全装置）避免发生过充电。

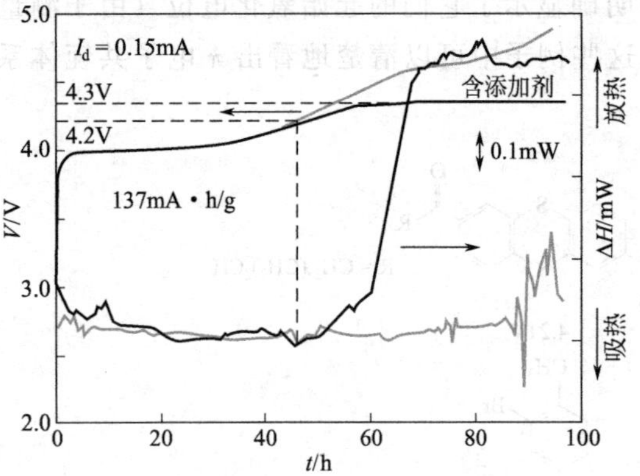

图 4.18　30℃下 $Li/LiCoO_2$ 2025 纽扣式电池（25mA·h）充电曲线以及热量变化

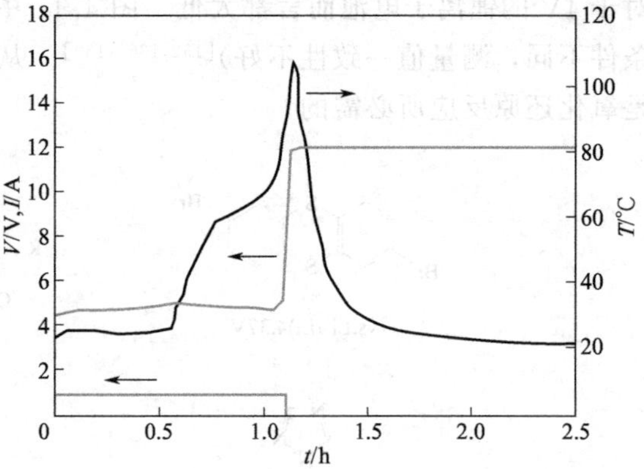

图 4.19　在 1C 过充电条件下 $C/LiCoO_2$ 方形电池（900mA·h）的 ARC 测试

我们发现了在苯甲基位置上无 H 原子的烷基苯衍生物能够作为分解碳酸酯溶剂的介质，如图 4.20 中所假设的。因为这些衍生物发生了可逆的氧化还原反应，在自身不消耗的情况下增加了 CO_2 的释放量[140]。如图 4.21 所示，在 60℃过充电测试后，叔丁苯和 1,3-二叔丁苯比甲苯、乙苯和异丙苯的开路电压低，它们是非常好的过充电保护添加剂。

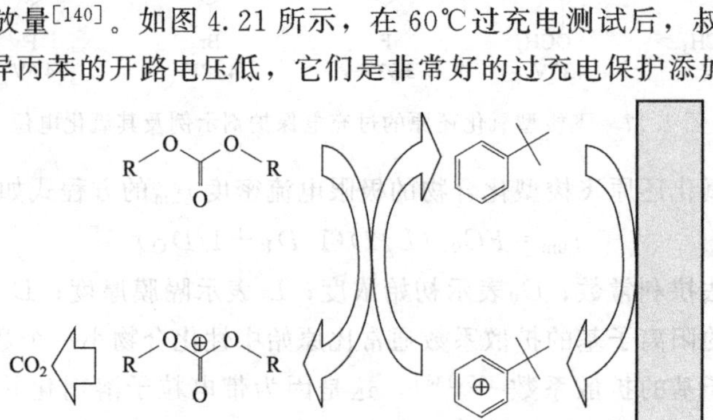

图 4.20　氧化还原介质的原理

4.5.2 非氧化还原飞梭型化合物

有一组芳香族化合物，它们的电化学行为不可逆，但却具有过充电保护作用。在这类化合物中，联苯是第一个被提出的[141]。过充电时，联苯在正极上聚合，释放的质子迁移到负极并产生氢气[138]，利用这种现象可实现过充电保护，如图 4.22 所示。对于具有压力启动电流中断装置（CID）的圆柱形电池来说，H_2的产生使内部压力上升，达到一定压力值时 CID 启动。另外，方形电池应用了电流切断机理，即通过聚合膜和聚乙烯隔膜熔融闭孔增加内部电阻来切断电流[142]。

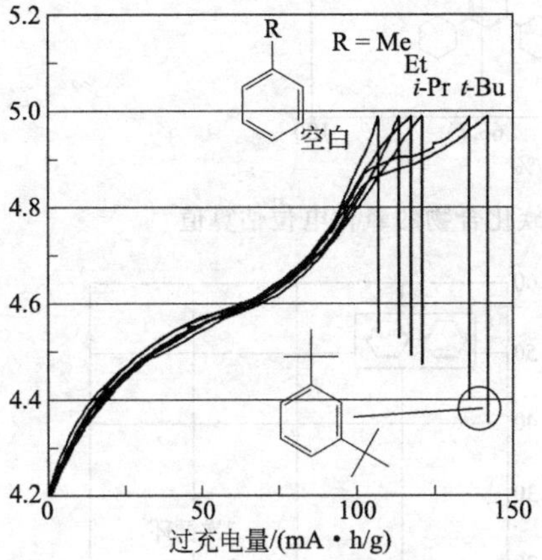

图 4.21 C/LiCoO$_2$ 2032 纽扣式电池（3.7mA·h）的过充电曲线

60℃、1C 下，电解质 1mol/L LiPF$_6$/EC+DMC+EMC（30：35：35，体积比）+2%（质量分数）添加剂

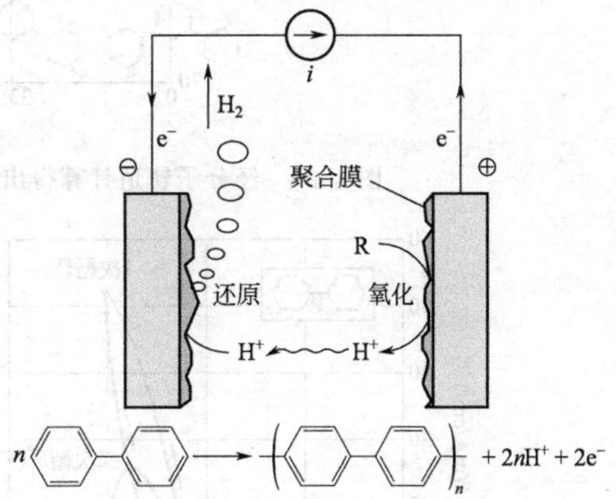

图 4.22 过充电过程中气体逸出和聚合反应的机理

图 4.23 展示了这类典型的化合物及其氧化电位[142,143]。因为 BP 有一个缺点，即在高温存储时会降低满电电池的性能，所以研究人员提出了局部氢化的化合物，如苯基环己烷（CHB）、氢化三联苯（H-TP）、氢化氧芴（H-DBF）和萘满。在芳香族化合物中局部氢化作用使 π 电子共轭体系收缩并且形成了更高的氧化电位，这可以提高电池的高温满电存储性能。

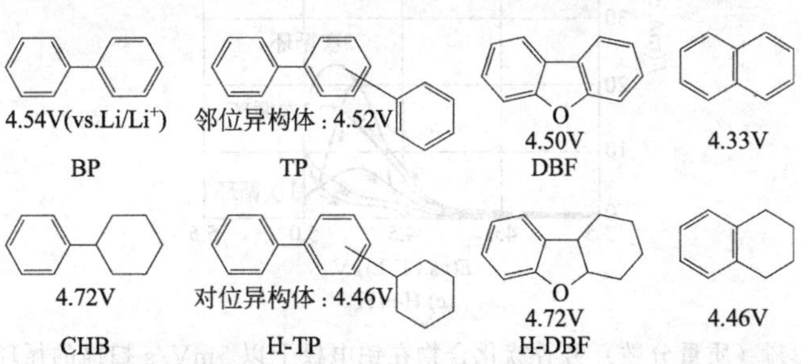

图 4.23 非氧化还原穿梭型过充电保护剂示例及其氧化电位

可以发现了 *m*-TP 的局部氢化作用可能会使化合物具有适当的氧化电位，其氧化电位可通过分子轨道计算得出，如图 4.24 所示[144,145]。它们的最高已占分子轨道（HOMO）能量会随着氢化结构的不同而变化，具体的实验数据证明了 H-*m*TP（9 种化合物的不同混合物）的氧化电位是通过调节 *m*TP 的氢化率来连续控制的。在 1mol/L LiPF$_6$/EC+DMC+EMC（30：35：35，体积比）电解质体系中加入 2%的 BP、CHB、H-*m*TP（氢化率：42.8%），铂电极的循环伏安

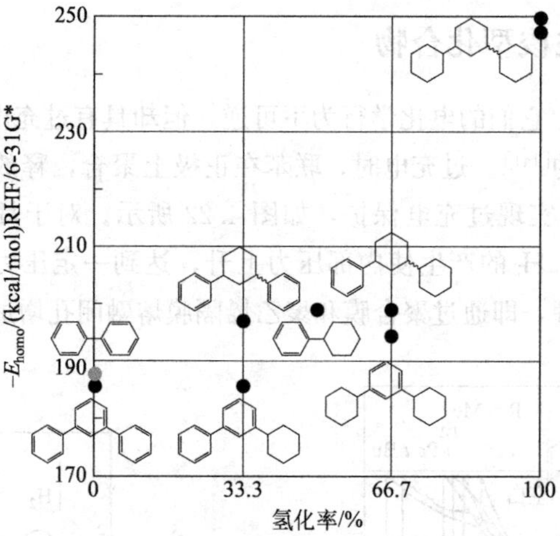

图 4.24　经分子轨道计算得出的芳香族化合物的氧化电位估算值

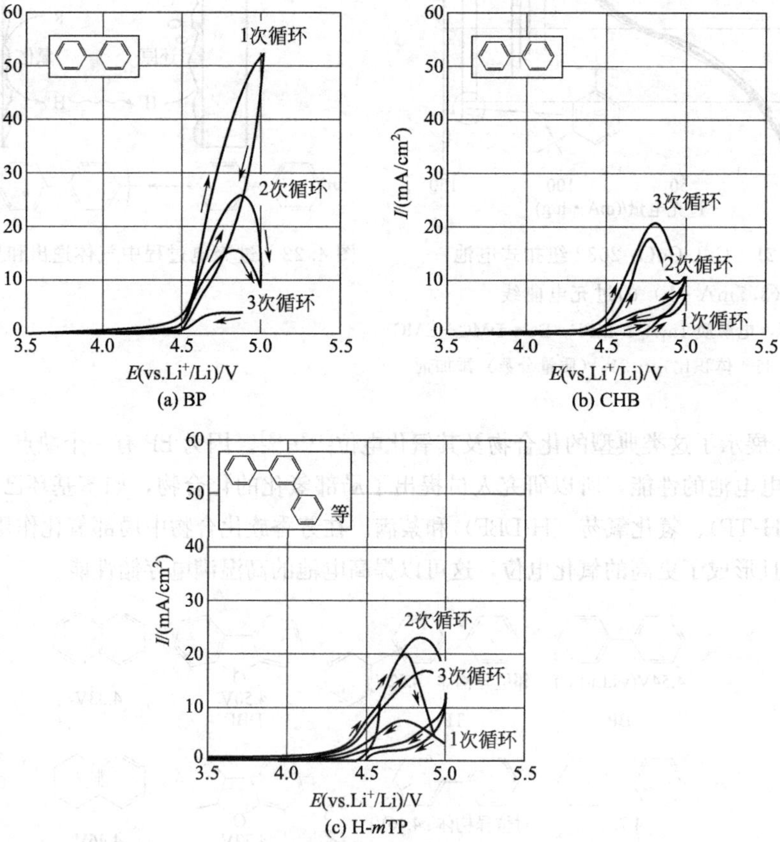

图 4.25　2%（质量分数）芳香族化合物在铂电极上以 5mV/s 扫描的循环电压图谱

1mol/L $LiPF_6$/EC+DMC+EMC（30∶35∶35，体积比）电解质

曲线如图 4.25 所示。从图中可以看到，所有的化合物在第二次和第三次循环的起始氧化电位比第一次循环要低，这意味着氧化产物比初始芳香族化合物的氧化能力强。

在 1mol/L $LiPF_6$/EC+DMC+EMC（30∶35∶35，体积比）电解质体系中加入 2%（质量分数）的芳香族添加剂制成 C/$LiCoO_2$ 2032 纽扣式电池（3.7mA·h），进行 1C 倍率的过充电测试，6 种芳香族化合物的过充电量次序为：DBF＜BP＜H-oTP、H-DBF＜H-

mTP、CHB<空白，如图 4.26 所示。每一种添加剂的反应电位可以通过过充电测试后的 OCV 进行评估，如图 4.27 所示，一般认为 4.4～4.5V 是适当的电压区间，BP、CHB 以及 H-mTP 的 OCV 处于这个区间。图 4.26 显示电压升高是由于 SEI 膜形成时内阻增加所致；电压的振荡波动是由于锂枝晶造成两极间内部短路所致。有文献报道，这种微短路是低倍率电流下的一种过充电保护机理[142]。

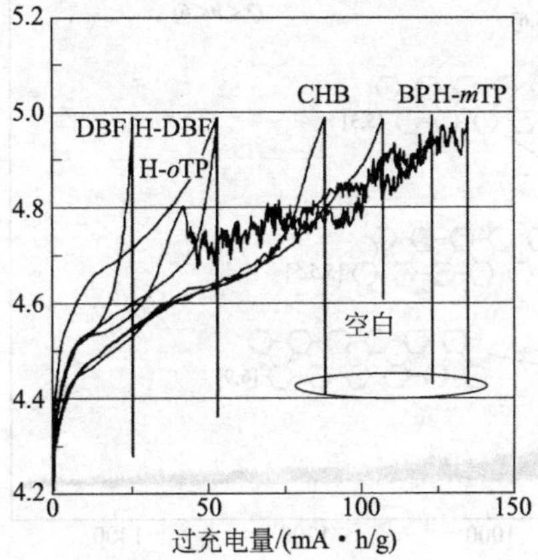

图 4.26　C/$LiCoO_2$ 2032 纽扣式电池（3.7mA・h）的过充电曲线

25℃、1C 倍率下 1mol/L $LiPF_6$/EC＋DMC＋EMC（30∶35∶35，体积比）＋2%（质量分数）添加剂

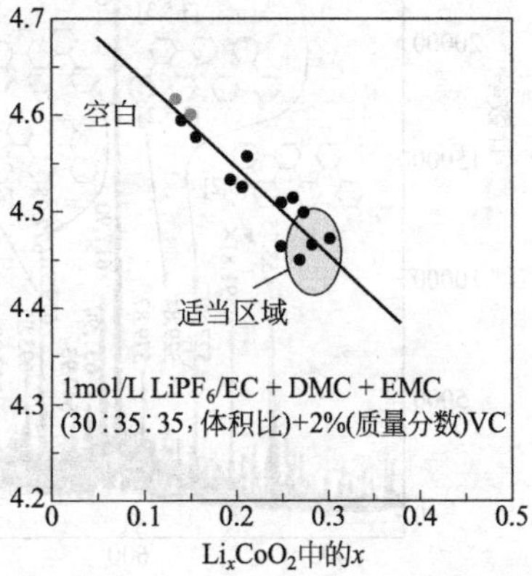

图 4.27　过充电测试后的开路电压

观察发现在过充电测试后正极表面出现了黑色沉淀，这种沉淀物的 SEM 图像如图 4.28 所示。表面膜的形貌取决于单体的种类（BP、CHB、H-mTP）。首次使用基质辅助激光解吸电离飞行时间质谱（MALDI-TOF-MS）对这些氧化产物的化学结构进行分析，证明这些

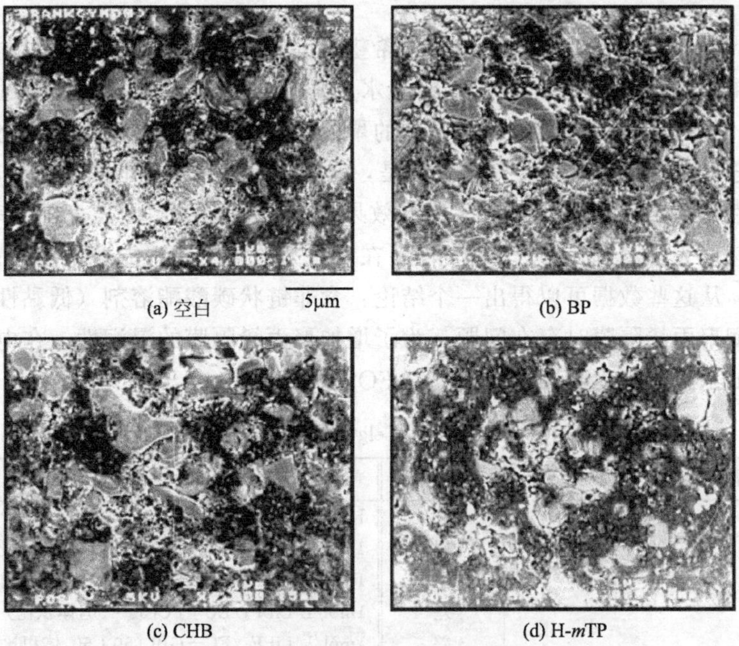

图 4.28　过充电测试后 $LiCoO_2$ 正极表面的 SEM 图

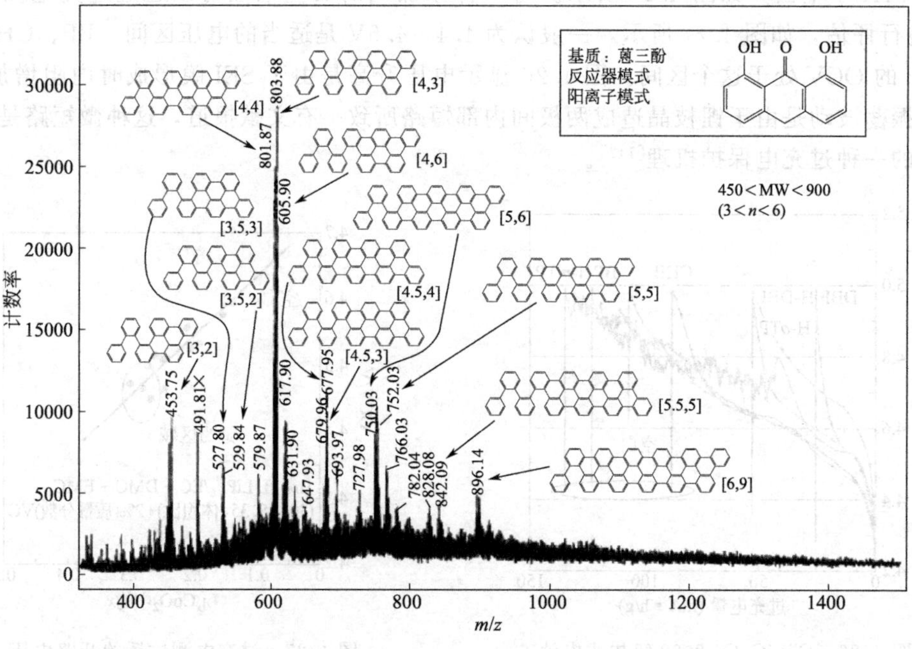

图 4.29 在 $LiCoO_2$ 正极上 BP 氧化产物的基质辅助激光解吸电离飞行时间质谱

氧化产物是含有 6～12 个苯环的缩合低聚物，如图 4.29 所示。实验发现了单体间主要在苯基邻位上发生键合，且分子分布与单体种类无关。60℃下的脱氢反应使得 CHB 和 H-*m*TP 失去环己胺结构，通过 TPD-GC/MS 分析发现的长烷基链消失也支持了这个结论。

4.6 湿润剂

在电池设计中，浸润性非常重要。通常希望溶剂和液态电解质被正极材料的亲水表面所吸附，然而聚烯烃隔膜和碳负极等材料的疏水表面对溶剂和液态电解质是排斥的[146]。例如，有报道称，经过氧气辉光放电表面处理的聚丙烯隔膜[147]和经过轻度氧化表面处理的天然石墨[148]，它们的浸润性都有所提高。但是，文献中有关这种特性的数据非常少，仅有对微孔隔膜浸润性简单定性观察的报道。浸润效果分为三个等级，见表 4.1。其中，“好”代表样品能够迅速地完全浸润；“差”代表样品在无外力的情况下不能自主浸润；“一般”代表介于两者之间。从这些数据可以得出一个结论：含非链状碳酸酯溶剂（低黏性溶剂）的非水性电解质在浸润聚丙烯隔膜时存在问题。为了增加聚丙烯隔膜的浸润性，在电解质中加入了表面活性剂，如全氟辛烷磺酸四乙胺（TEAFOS）[150]。

表 4.1 PP 隔膜（Celgard 2400）的浸润性

溶剂、电解质	浸润性	溶剂、电解质	浸润性
DMC	好	H_2O	差
DEC	好	1mol/L $LiPF_6$/EC+DMC(50：50,体积比)	一般
EC	差	1mol/L $LiPF_6$/EC+DEC(50：50,体积比)	好
PC	差	1mol/L $LiPF_6$/EC+PC(50：50,体积比)	差
GBL	差	1mol/L $LiPF_6$/EC+GBL(50：50,体积比)	差

固体表面的浸润性是根据液滴滴到固体表面时，与其产生的夹角 θ 来定义的。夹角 θ 值的范围为0°～180°。假设固体表面是光滑、化学均一、各向同性、不变形且两相之间没有互溶性或者化学反应等理想状态，那么液滴就会在固体表面形成一个稳定且平衡的夹角，如图 4.30 杨氏方程所示，其中，γ_L、γ_S、γ_{SL}分别为液体表面张力、固体表面张力以及固液分界面的表面张力。右边的固体表面张力不能直接测量出来，左边的 $\gamma_L\cos\theta$ 能够进行测量并且可以作为浸润性的一个指数。当夹角为 0 时（完全浸润），固体表面张力即为临界表面张力 γ_C。如果某一液体的表面张力低于此值，固体可完全被该液体浸润。表 4.2 列出了电解质中所用溶剂[151]的表面张力，以及隔膜和黏结剂中所用聚合物的临界表面张力[149,152]。

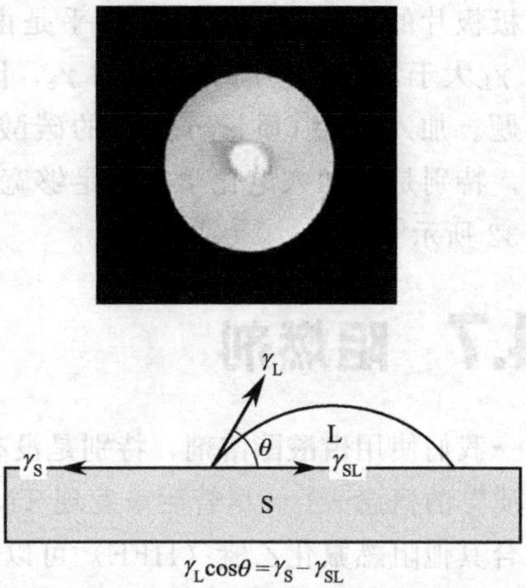

图 4.30 固体表面的液体浸润性测量方程

表 4.2 液体表面张力和固体临界表面张力

液体	γ_L(25℃)/(mN/m)	固体	γ_c(20℃)/(mN/m)
DMC	28.5	PE	35.6
EMC	26.6	PP	29.8
DEC	25.9	PS	40.6
EC+DMC(30：70,体积比)	33.1	PVDF	40.2
MPC	34.1	PTFE	21.5
DOC	37.7	HFP	14.9
PC	42.3	PVC	44.0
GBL	43.3	PMMA	43.2
EC	51.8(40℃)	PET	43.8
H_2O	72.8	PAN	44.0

可以发现一些化合物能提高电解质的浸润性。如图 4.31 所示，PC 与石墨之间的夹角取决于石墨的种类，而添加苯碳酸甲酯（MPC）可以使 PC 与石墨之间的夹角减小，这可能是因为苯基对石墨的化学结构的亲和力所致[153]。还发现，即使电极中的聚合物黏结剂的含量低于 10%，正

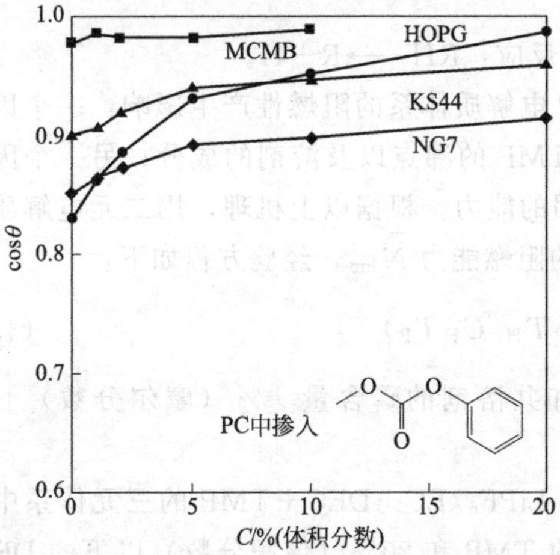

图 4.31 含 MPC 的 PC 与各种石墨间的夹角

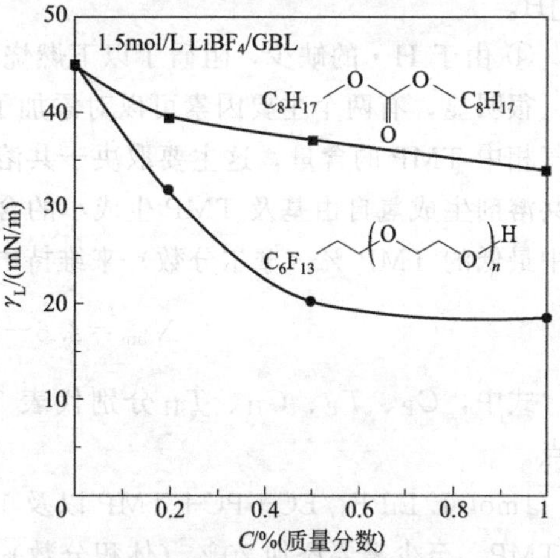

图 4.32 加入浸润剂的 1.5mol/L $LiBF_4$/GBL 电解质表面张力的变化

负极极片的临界表面张力也几乎是由黏结剂决定的[151]。由于 γ_L-羟基丁酸内酯（GBL）的 γ_L 大于常用黏结剂 PVDF 的 γ_c，因此不含低黏度溶剂的 GBL 电解质在浸润性方面存在问题。加入 1%（质量分数）的碳酸二辛酯（DOC），即可使电解质的 γ_L 低于 PVDF 的 γ_c，特别是当加入电化学窗口足够宽的含氟非离子表面活性剂（FSO）时效果更好，如图 4.32 所示[154]。

4.7 阻燃剂

我们使用磷酸酯溶剂，特别是没有闪点的磷酸三甲酯（TMP），第一次提出了“阻燃电解质”的概念[155]。尽管后来发现 TMP 不适合石墨负极，但是通过加入负极成膜添加剂和混合其他阻燃氟化乙醚（HFE）可以实现应用[27]。使用 1mol/L $LiPF_6$/TMP+HFE+VC+DMF（44：40：8：8）的 14500 圆柱形电池已经通过针刺测试和烘箱测试。实验证明，TMP 和其他不易燃的化合物可作为具有阻燃效果的添加剂[156~170]。根据 UL94 可燃性标准，《设备和器具塑料材料可燃性测试标准》，已经开发了几个测试程序。通过水平燃烧，可以测得经待测溶液浸泡过的纸膜[155]或玻璃纤维灯芯[157]的线性燃烧率。记录下垂直燃烧实验（图 4.33）[158~160]中线形玻璃纤维的自熄时间（SET）以及吸收了规定质量标准样品的球形灯芯[161~166]的自熄时间（SET），希望能找到一种材料，该材料在撤掉热源、火花或火焰之后不再继续燃烧。

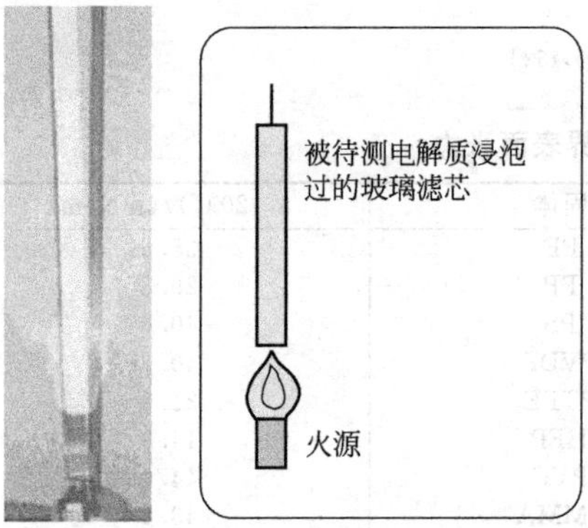

图 4.33　垂直燃烧的可燃性测试

阻燃应遵循以下机理[158]。

① 经外部热源加热的 TMP 溶剂蒸发并以气体状态燃烧：TMP（l）⟶TMP（g）。

② 气态 TMP 在火焰中分解成小的含磷自由基：TMP（g）⟶［P］·。

③ 这些小的含磷基团可以清除燃烧链支化反应的主要活性物质 H·：［P］·⟶［P］H。

④ 由于 H·的缺少，阻碍了以下燃烧链支化反应：RH⟶R+H。

很明显，有两个主要因素可以对添加了 TMP 电解质体系的阻燃性产生影响：一个因素是气相中 TMP 的含量，这主要取决于共溶剂和 TMP 的沸点以及溶剂的成分；另一个因素是共溶剂生成氢自由基及 TMP 生成小的含磷基团的能力。根据以上机理，用二元电解质体系中最低的 TMP %（摩尔分数）来维持电解质的阻燃能力 N_{lim}，经验方程如下：

$$N_{lim}=2.6-9.3(C_P T_H/C_H T_P) \tag{4.2}$$

式中，C_P、T_P、C_H、T_H 分别代表 TMP 和共溶剂的磷含量［%（摩尔分数）］和沸点。

1mol/L $LiPF_6$/EC+PC+TMP 以及 1mol/L $LiPF_6$/EC+DEC+TMP 的三元体系中添加 TMP，至少需要添加 20%（体积分数）以上的 TMP 和 20%（体积分数）以下的 DEC，才能保持电解质的阻燃性[160]。在这类溶液体系中，由于 TMP 还原稳定性的降低，石墨碳负极性能均欠佳[158]；然而，在 1mol/L $LiPF_6$/EC+PC+DEC+TMP（30：30：20：20，体积比)[159]中用无定形碳，或在 1mol/L $LiPF_6$/EC＋DEC＋TMP（60：20：20，体积比)[160]中添加质量分数为 5%的乙烯基磷酸乙酯（EEP）即可解决 TMP 还原分解的问题。

另一类阻燃添加剂是磷腈衍生物。在 1mol/L $LiPF_6$/EC＋DMC（50：50，质量比）中加入 HMPN 可以形成一层钝化膜，这种膜能够降低示差扫描热量计测试（DSC）中的放热峰以及高温 ARC 测试中的自发热率[156]。

采用相同基准的电解质体系和可燃性测试程序来比较上述有机磷化合物，它们的化学结构和性质分别如图 4.34 和表 4.3 所示[161~164]。根据自熄时间（SET），将电解质分成三类，如图 4.35 所示。提高这些添加剂的含量，电解质的可燃性会明显下降。如图中急剧下降的曲线所示，氟化作用会使这些磷酸酯的阻燃性明显不同。电解质阻燃性与电池性能之间总是存在一个平衡。需要 20%（质量分数）以上的添加剂才能阻燃，然而，这些添加剂的高黏性及其固有的电化学不稳定性则会导致电池性能的降低。考虑到正负极材料的高阻燃性、良好的离子导电性及高可逆性，以及电池的长期稳定性，在这些化合物中，三（2,2,2-三氟乙基）磷酸酯（TFP）表现出最好的整体性能；TFP 的亚磷酸形式（TTFP）效果也很不错[165]；含有 TFP 的 $LiPF_6$/EC＋PC＋EMC（30：30：40，质量比）的物理化学性质已经明确[166]；聚磷酸酯化合物表现出了预期的效果[168]；含有阻燃剂六甲基磷酸酰胺（HMPA）的 P-N 通常优于含该阻燃剂的 P-O，但该阻燃剂被检测出可能是一种致癌物[169]。HMPA 的阻燃性堪比 TFP，然而，它降低了电解质的导电性并缩小了电化学窗口，同时也影响了电池的性能。最近，有人对氟化环磷腈衍生物进行了研究，并提出“Phoslyte A”可以改善不含氟类似物的性能[170]。

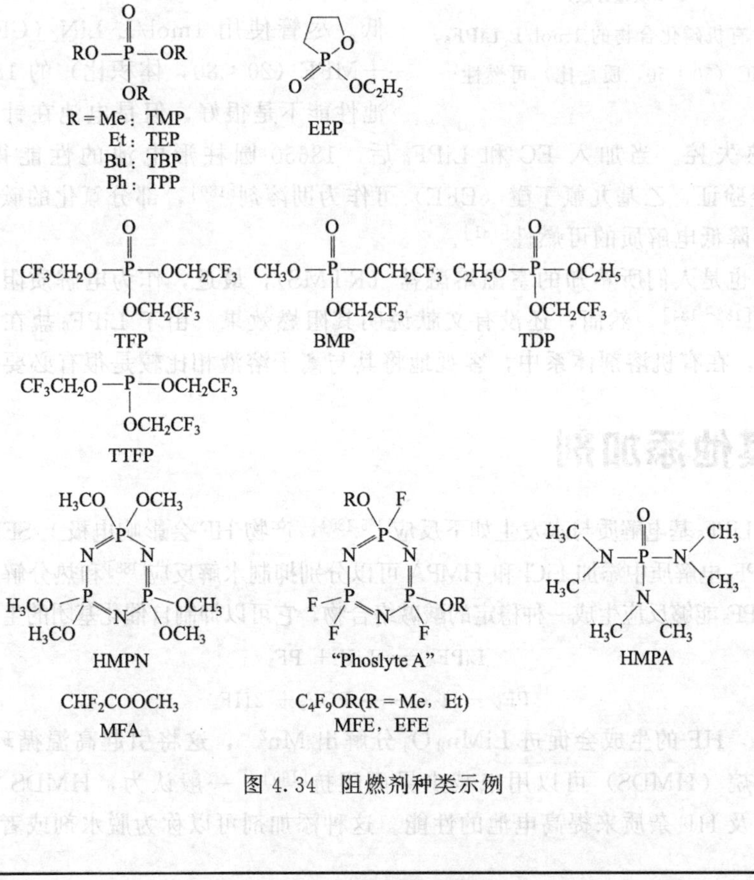

图 4.34 阻燃剂种类示例

表 4.3 阻燃剂的性质

化合物	HMPN	TMP	TEP	TDP	BMP	TFP
沸点/℃	>250	197	215	210	203	178
熔点/℃	50	−46	−56		−23	−20
ε_V(20℃)		21	13	15	12	11
C_{SET}/%(质量分数)	>40	>40	>40	40	20	20
负极 η_1/%①	91.5	12.3	82.5	73.4	88.4	91.1
正极 η_1/%①	80.1	79.9	80.1	76.0	79.0	77.0

① 在石墨负极和镍基正极中，含有20%（质量分数）添加剂的1mol/L $LiPF_6$/EC+EMC（50：50，质量比）电解质的首次循环效率。

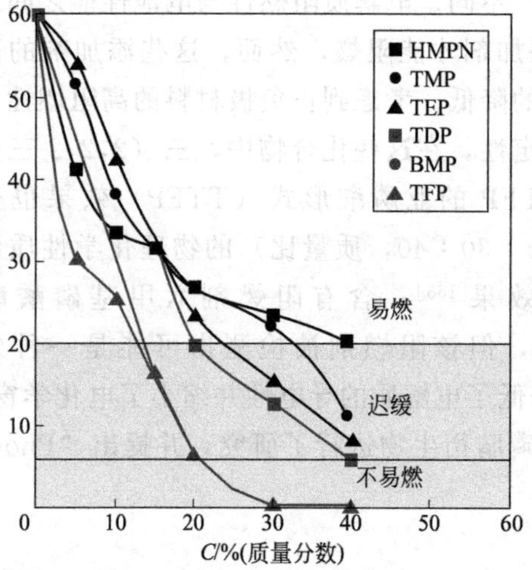

图 4.35 含有机磷化合物的 1mol/L $LiPF_6$/EC+EMC（50：50，质量比）可燃性

人们认为，卤素原子能够在燃烧反应中淬灭自由基并抑制燃烧。为了改善电池的低温性能，有人研究了氟化有机溶剂[171,172]。尽管没有验证 1mol/L $LiPF_6$/EC+DMC+MFA（25：25：50，质量比）和 1mol/L $LiPF_6$/PC+MFA（50：50，质量比）的可燃性，但有报道称，加入部分氟化的羧酸酯，诸如二氟乙酸甲酯（MFA），可以抑制电解质和金属锂的放热反应[173~176]。研究人员还验证了氟化醚类，诸如甲基九氟丁醚（MFE），它们可作为低可燃性、无闪点电解质的主要溶剂[177]。因为 MFE 可溶解无锂盐，所以含有 MFE 的混合溶剂的导电性通常都比较低。尽管使用 1mol/L $LiN(CF_3SO_2)_2$/EMC+MFE（20：80，体积比）的 18650 圆柱形电池性能不是很好，但是电池在针刺甚至过充电时均未发生热失控。当加入 EC 和 $LiPF_6$ 后，18650 圆柱形电池的性能得到进一步提升[178,179]。经验证，乙基九氟丁醚（EFE）可作为助溶剂[180]，部分氟化的碳酸酯及氨基甲酸酯溶剂有望降低电解质的可燃性[181]。

离子溶液也是人们所熟知的室温熔融盐（RTMS），最近，作为电解质阻燃剂，它引起了很大的关注[182~184]，然而，还没有文献说明其阻燃效果。由于 $LiPF_6$ 盐在阻燃方面很重要[157]，因此，在有机溶剂体系中，客观地将其与离子溶液相比较是很有必要的。

4.8 其他添加剂

有人认为 $LiPF_6$ 基电解质与水发生如下反应[185,186]，产物 HF 会影响电极上 SEI 膜的性能[187]。据报道，在 $LiPF_6$ 电解质中添加 LiCl 和 HMPA 可以分别抑制水解反应[188]和热分解反应[189]。路易斯碱和生成的 PF_5 能够反应生成一种稳定的酸碱络合物，它可以抑制自催化基团的生成。

$$LiPF_6 \rightleftharpoons LiF + PF_5 \tag{4.3}$$

$$PF_5 + H_2O \longrightarrow POF_3 + 2HF \tag{4.4}$$

众所周知，HF 的生成会促进 $LiMn_2O_4$ 分解出 Mn^{2+}，这将引起高温循环时容量衰减。六甲基二硅胺烷（HMDS）可以用来减少界面阻抗[190]。一般认为，HMDS 能够通过以下反应除去水分及 HF 杂质来提高电池的性能。这种添加剂可以称为脱水剂或者 HF 清除剂。

$$(CH_3)_3SiN(H)Si(CH_3)_3 + H_2O \longrightarrow (CH_3)_3SiOSi(CH_3)_3 + NH_3 \quad (4.5)$$

$$NH_3 + HF \longrightarrow NH_4F \quad (4.6)$$

添加少量的其他硅化合物，诸如六甲基二硅氧烷及原硅酸四乙酯，在高温下能够表现出更好的循环性能[191]。假设这些化合物在溶液中与痕量 HF 反应，并且反应产物参与正极表面膜的形成过程，在正极表面膜中可以检测到含 Si 和 Si—F 的基团。

还有一些与溶液性质相关的其他改善，诸如离子的溶解性及导电性。一个典型的例子是大环配体，诸如能够与 Li^+ 优先配位的冠状醚，提高了 Li^+ 的迁移数和石墨负极的循环效率[192,193]。然而，可能是由于正极缺乏稳定性，而造成对离子溶解性及导电性的研究没有持续进行。

与阴离子强烈配对的"阴离子受体"就是一种相似的方法，可增加离子溶解性和导电性。一些不含 CF_3SO_2 基团的带电子环氮杂乙醚化合物与带阴离子的氮杂官能团的结合方式和与冠状醚阳离子的结合方式相似[194~196]。这些化合物的主要缺点是分子量高，溶解性低且在高温下不稳定。另一类阴离子配体是具有多种氟化芳基或烷基的缺电子硼酸酯、硼烷以及硼化合物[197~206]。一些硼阴离子受体能够促进正常状态下不溶性盐的分解，诸如几种非水性溶剂中的氟化锂。例如，在25℃下，三（五氟苯基）硼烷（TFPBO）能够提高 LiF 在 EC＋DMC（1：2，体积比）中的溶解性至 1mol/L 以上、导电性 3mS/cm 以上[203]。由于下面的络合作用是新锂盐的原位合成，所以这些添加剂可以认为是锂盐的组分：

$$(C_6F_5O)_3B + LiF \longrightarrow LiBF(OC_6F_5)_3 \quad (4.7)$$

最近研究表明，添加剂三（五氟苯基）硼烷（TPFPB）可以提高石墨负极界面的热稳定性，这是因为络合作用降低了 SEI 膜中氟化锂的含量[207]，使用三乙酰氧基乙基硅烷（ETAS）也是出于相同的目的[208]。

4.9 结论

通过化学结构及分类可以说明电解质添加剂的不同功能。少量的添加剂能显著地改善锂离子电池的性能，越来越多的客户要求在电解质中添加不同的添加剂。

添加剂的效果不仅取决于电极材料，也取决于电池的设计，所以添加剂的研究与开发是非常困难的。我们加大了锂离子电池专用的新型电解质添加剂的研究力度，采用了各种各样的锂离子电池专用的分析技术以及计算机模拟微分子和大分子技术以阐明工作机理[209~216]。在了解电解质添加剂的工作机理之后，按规定配方制备的电解质称为"特定功能电解质"。

参考文献

1. G. E. Blomgren, in *Lithium Batteries*, J. P. Gabano, ed., Academic Press, New York, NY, Ch. 2 (1983)
2. H. V. Venkatasetty, in *Lithium Battery Technology*, H. V. Venkatasetty, ed., Wiley, New York, NY, Chs. 1 and 2 (1984)
3. L. A. Dominey, in *Lithium Batteries: New Materials, Development and Perspectives*, G. Pistoia, ed., Elsevier Science, Amsterdam, Ch. 4 (1994)
4. J. Barthel, H. J. Gores, in *Chemistry of Nonaqueous Solutions: Current Progress*, G. Mamantov, A. I. Popov, eds., VCH Publishers, New York, NY, Ch. 1 (1994)
5. M. Morita, M. Ishikawa, Y. Matsuda, in *Lithium Ion Batteries: Fundamentals and Performance*, M. Wakihara, O. Yamamoto, eds., Kodansha, Tokyo, Ch. 7 (1998)
6. J. Barthel, H. J. Gores, in *Handbook of Battery Materials*, J. O. Besenhard, ed., Wiely-VCH, New York, NY, Ch. 7 (1999)

7. D. Aurbach, I. Weissman; G. E. Blomgren; D. Aurbach, Y. Gofer; in *Nonaqueous Electrochemistry*, D. Aurbach, ed., Marcel Dekker, New York, NY, Chs. 1, 2, and 4 (1999)
8. G. M. Ehrlich, in *Hand book of Batteries, 3rd ed.*, D. Linden, T. B. Reddy, eds., McGraw-Hill, New York, NY, Ch. 35.2.5 (2001)
9. D. Aurbach, J.-I. Yamaki, M. Saolmon, H.-P. Lin, E. J. Plichta, M. Hendrickson, in *Advances in Lithium-Ion Batteries*, W. A. van Schalkwijk, B. Scrosati, eds., Kluwer Academic/Plenum Publishers, New York, NY, Chs. 1, 5, and 11 (2002)
10. S. Mori, in *Materials Chemistry in Lithium Batteries*, N. Kumagai, S. Komaba, eds., Research Signpot, Kerala, India, p. 49 (2002)
11. M. Nazri; D. Aurbach, A. Schechter; in *Lithium Batteries: Science and Technology*, G.-M. Nazri, G. Pistoia, eds., Kluwer Academic Publishers, Norwell, MA, Chs. 17, and 18 (2003)
12. M. Ue, *Prog. Batteries Battery Mater.*, **16**, 332 (1997)
13. M. Ue, in *Development of Li-ion Rechargeable Battery Materials*, CMC, Tokyo, Ch. 6 (1997); *Material Technologies, Their Evaluation and Application in Advanced Rechargeable Batteries*, Technical Information Institute, Tokyo, Ch. 1.5.3 (1998); *Lithium-Ion Secondary Batteries, 2nd ed.*, M. Yoshio, A. Kozawa, eds., Nikkan Kogyo Shinbunshya, Tokyo, Ch. 6 (2000); *Advanced Technologies for Polymer Batteries II*, K. Kanamura, ed., CMC, Tokyo, Ch. 4.4 (2003) [in Japanese]
14. M. Ue, in *Techno Frontier Symposium 2003*, Makuhari, Japan, April 16–18, Ch. F-5-3 (2003); *35th Semiconference*, Morioka, Japan, December 12–13, Ch. 2 (2003) [in Japanese]
15. M. Ue, in *Extended Abstracts of the Battery and Fuel Cell Materials Symposium*, Graz, Austria, April 18–22, p.53 (2004); *Meeting Abstracts of the 12th International Meeting on Lithium Battery*, Nara, Japan, June 27-July 2, No. 31 (2004); *Meeting Abstracts of the 206th Electrochemical Society Meeting*, Honolulu, HI, October 3–8, No. 308 (2004)
16. G. E. Blomgren, *J. Power Sources*, **119–121**, 326 (2003)
17. K. Xu, *Chem. Rev.*, **104**, 4303 (2004)
18. N. Takami, M. Sekino, T. Ohsaki, M. Kanda, M. Yamamoto, *J. Power Sources*, **97–98**, 677 (2001)
19. N. Takami, T. Ohsaki, H. Hasebe, M. Yamamoto, *J. Electrochem. Soc.*, **149**, A9 (2002)
20. M. Yoshio, H. Yoshitake, K. Abe, in *The Electrochemical Society Extended Abstracts*, Vol. 2003-2, Orlando, FL, October 12–16, No. 280 (2003)
21. H. Kita, A. Kawakami, K. Hasegawa, M. Kimura, JP1993–82138A; JP3095268B [in Japanese]
22. M. Fujimoto, Y. Shouji, T. Nohma, K. Nishio, *Denki Kagaku*, **65**, 949 (1997) [in Japanese]
23. B. Simon, J.-P. Boeuve, US5, 626, 981 (1997)
24. C. Jehoulet, P. Biensan, J. M. Bodet, M. Broussely, C. Moteau, C. Tessier-Lescourret, *Proc. Electrochem. Soc.*, **97–18**, 974 (1997)
25. S. Herreyre, O. Huchet, S. Barusseau, F. Perton, J. M. Bodet, P. Biensan, *J. Power Sources*, **97/98**, 576 (2001)
26. N. Shinoda, J. Ozaki, F. Kita, A. Kawakami, *Proc. Electrochem. Soc.*, **99–25**, 440 (2000)
27. M. Broussely, P. Blanchard, P. Biensan, J. P. Planchat, K. Nechev, R. J. Staniewicz, *J. Power Sources*, **119/121**, 859 (2003)
28. M. Contestabile, M. Morselli, R. Paraventi, R. J. Neat, *J. Power Sources*, **119–121**, 943 (2003)
29. G.-C. Chung, H.-J. Kim, S.-I. Yu, S.-H. Jun, J.-W. Choi, M.-H. Kim, *J. Electrochem. Soc.*, **147**, 4391 (2000)
30. X. Zhang, R. Kostecki, T. J. Richardson, J. K. Pugh, P. N. Ross Jr., *J. Electrochem. Soc.*, **148**, A1341 (2001)
31. H. Ota, Y. Sakata, A. Inoue, S. Yamaguchi, *J. Electrochem. Soc.*, **151**, A1659 (2004)
32. D. Aurbach, K. Gamolsky, B. Markovsky, Y. Gofer, M. Schmidt, U. Heider, *Electrochim.*

Acta, **47**, 1423 (2002)
33. S.-K. Jeong, M. Inaba, R. Mogi, Y. Iriyama, T. Abe, Z. Ogumi, *Langmuir*, **17**, 8281 (2001)
34. O. Matsuoka, A. Hiwara, T. Omi, M. Toriida, T. Hayashi, C. Tanaka, Y. Saito, T. Ishida, H. Tan, S. S. Ono, S. Yamamoto, *J. Power Sources*, **108**, 128 (2002)
35. R. Oesten, U. Heider, M. Schmidt, *Solid State Ionics*, **148**, 391 (2002)
36. B. Markovsky, A. Rodkin, Y. S. Cohen, O. Palchik, E. Levi, D. Aurbach, H.-J. Kim, M. Schmidt, *J. Power Sources*, **119–121**, 504 (2003)
37. M. Itagaki, N. Kobari, S. Yotsuda, K. Watanabe, S. Kinoshita, M. Ue, *J. Power Sources*, **135**, 255 (2004)
38. M. Itagaki, S. Yotsuda, N. Kobari, K. Watanabe, S. Kinoshita, M. Ue, *Electrochim. Acta*, **51**, 1629 (2006)
39. H. Ota, K. Shima, M. Ue, J. Yamaki, *Electrochim. Acta*, **49**, 565 (2004)
40. H. Ota, Y. Sakata, Y. Otake, K. Shima, M. Ue, J. Yamaki, *J. Electrochem. Soc.*, **151**, A1778 (2004)
41. Y. Wang, S. Nakamura, K. Tasaki, P. B. Balbuena, *J. Am. Chem. Soc.*, **124**, 4408 (2002)
42. Y. Wang, P. B. Balbuena, *J. Phy. Chem. B*, **106**, 4486 (2002)
43. K. Tasaki, *J. Phys. Chem. B.*, **109**, 2920 (2005)
44. M. Kotato, T. Fujii, N. Shima, H. Suzuki, WO00/79632
45. Y.-K. Han, S. U. Lee, J.-H. Ok, J.-J. Cho, H.-J. Kim, *Chem. Phys. Lett.*, **360**, 359 (2002)
46. J. M. Vollmer, L. A. Curtiss, D. R. Vissers, K. Amine, *J. Electrochem. Soc.*, **151**, A178 (2004)
47. Y. Hu, W. Kong, H. Li, X. Huang, L. Chen, *Electrochem. Commun.*, **6**, 126 (2004)
48. M. Kotato, Y. Sakata, S. Kinoshita, M. Ue, in *Meeting Abstracts of the 206th Electrochemical Society Meeting*, Honolulu, HI, October 3–8, No. 335 (2004)
49. K. Tasaki, K. Kanda, T. Kobayashi, S. Nakamura, M. Ue, *J. Electrochem. Soc.*, **153**, A2192 (2006)
50. H. Suzuki, T. Sato, M. Kotato, H. Ota, H. Sato, US6, 664, 008 (2003)
51. C. Wang, H. Nakamura, H. Komatsu, H. Noguchi, M. Yoshio, H. Yoshitake, *Denki Kagaku*, **66**, 287 (1998) [in Japanese]
52. C. Wang, H. Nakamura, H. Komatsu, M. Yoshio, H. Yoshitake, *J. Power Sources*, **74**, 142 (1998)
53. H. Yoshitake, K. Abe, T. Kitakura, J. B. Gong, Y. S. Lee, H. Nakamura, M. Yoshio, *Chem. Lett.*, **32**, 134 (2003)
54. K. Abe, H. Yoshitake, T. Kitakura, T. Hattori, H. Wang, M. Yoshio, *Electrochim. Acta*, **49**, 4613 (2004)
55. J.-T. Lee, Y.-W. Lin, Y.-S. Jan, *J. Power Sources*, **132**, 244 (2004)
56. P. Ghimire, H. Nakamura, M. Yoshio, H. Yoshitake, K. Abe, *Electrochemistry*, **71**, 1084 (2003)
57. H. J. Santner, K.-C. Möller, J. Ivančo, M. G. Ramsey, F. P. Netzer, S. Yamaguchi, J. O. Besenhard, M. Winter, *J. Power Sources*, **119–121**, 368 (2003)
58. K.-C. Möller, H. J. Santner, W. Kern, S. Yamaguchi, J. O. Besenhard, M. Winter, *J. Power Sources*, **119–121**, 561 (2003)
59. C. Korepp, H. J. Santner, T. Fujii, M. Ue, J. O. Besenhard, K.-C. Möller, M. Winter, *J. Power Sources*, **158**, 578 (2006)
60. G. H. Wrodnigg, J. O. Besenhard, M. Winter, *J. Electrochem. Soc.*, **146**, 470 (1999)
61. G. H. Wrodnigg, T. M. Wrodnigg, J. O. Besenhard, M. Winter, *Electrochem. Commun.*, **1**, 148 (1999)
62. G. H. Wrodnigg, J. O. Besenhard, M. Winter, *J. Power Sources*, **97–98**, 592 (2001)
63. Y. Kusachi and K. Utsugi, in *Extended Abstracts of the 44th Battery Symposium in Japan*, Sakai, Japan, November 4–6, p. 526 (2003) [in Japanese]
64. H. Ota, T. Sato, H. Suzuki, T. Usami, *J. Power Sources*, **97–98**, 107 (2001)

65. H. Ota, T. Akai, H. Namita, S. Yamaguchi, M. Nomura, *J. Power Sources*, **119–121**, 567 (2003)
66. Z. X. Shu, R. S. McMillan, J. J. Murray, I. J. Davidson, *J. Electrochem. Soc.*, **142**, L161(1995)
67. Z. X. Shu, R. S. McMillan, J. J. Murray, I. J. Davidson, *J. Electrochem. Soc.*, **143**, 2230 (1996)
68. M. Winter, P. Novák, *J. Electrochem. Soc.*, **145**, L27 (1998)
69. M. Winter, R. Imhof, F. Joho, P. Novák, *J. Power Sources*, **81–82**, 818 (1999)
70. A. Naji, P. Willmann, D. Billaud, *Carbon*, **36**, 1347 (1998)
71. A. Naji, P. Willmann, D. Billaud, *Mol. Cryst. Liq. Cryst.*, **310**, 371 (1998)
72. R. McMillan, H. Slegr, Z. X. Shu, W. Wang, *J. Power Sources*, **81–82**, 20 (1999)
73. M. Inaba, Y. Kawatate, A. Funabiki, S.-K. Jeong, T. Abe, Z. Ogumi, *Electrochim. Acta*, **45**, 99 (1999)
74. H. Katayama, J. Arai, H. Akahoshi, *J. Power Sources*, **81–82**, 705 (1999)
75. J. Arai, H. Katayama, H. Akahoshi, *J. Electrochem. Soc.*, **149**, A217 (2002)
76. A. Naji, J. Ghanbaja, P. Willmann, D. Billaud, *Electrochim. Acta*, **45**, 1893 (2000)
77. M. Takehara, R. Ebara, N. Nanbu, M. Ue, Y. Sasaki, *Electrochemistry*, **71**, 1172 (2003)
78. K.-C. Möller, T. Hodal, W. K. Appel, M. Winter, J. O. Besenhard, *J. Power Sources*, **97–98**, 595 (2001)
79. Y. Ein-Eli, S. F. McDevitt, D. Aurbach, B. Markovsky, A. Schechter, *J. Electrochem. Soc.*, **144**, L180 (1997)
80. Y. Ein-Eli, S. McDevitt, R. Laura, *J. Electrochem. Soc.*, **145**, L1 (1998)
81. J. Vetter, P. Novák, *J. Power Sources*, **119–121**, 338 (2003)
82. F. Coowar, A. M. Christie, P. G. Bruce, C. A. Vincent, *J. Power Sources*, **75**, 144 (1998)
83. M. C. Smart, B. V. Ratnakumar, S. Surampudi, *Proc. Electrochem. Soc.*, **99–25**, 423 (2000)
84. W. Xing, C. Schlaikjer, in *Proceedings of the 39th Power Sources Conference*, p. 294 (2000)
85. M. D. Levi, E. Markevich, C. Wang, M. Koltypin, D. Aurbach, *J. Electrochem. Soc.*, **151**, A848 (2004)
86. G.-C. Chung, H.-J. Kim, S.-H. Jun, M.-H. Kim, *Electrochem. Commun.*, **1**, 493 (1999)
87. G. C. Chung, *J. Power Sources*, **104**, 7 (2002)
88. Y. Matsuo, K. Fumita, T. Fukutsuka, Y. Sugie, H. Koyama, K. Inoue, *J. Power Sources*, **119–121**, 373 (2003)
89. H. Suzuki, M. Kotato, JP2000–268859A; JP3658517B [in Japanese]
90. K. Abe, H. Yoshitake, T. Tsumura, H. Nakamura, M. Yoshio, *Electrochemistry*, **72**, 487 (2004) [in Japanese]
91. D. L. Foster, B. K. Behl, J. Wolfenstine, *J. Power Sources*, **85**, 299 (2000)
92. S. S. Zhang, K. Xu, T. R. Jow, *Electrochem. Solid-State Lett.*, **5**, A206 (2002)
93. O. Chusid, Y. Ein Ely, D. Aurbach, M. Babai, Y. Carmeli, *J. Power Sources*, **43–44**, 47 (1993)
94. D. Aurbach, Y. Ein-Eli, O. Chusid, Y. Carmeli, M. Babai, H. Yamin, *J. Electrochem. Soc.*, **141**, 603 (1994)
95. Y. Ein-Eli, B. Markovsky, D. Aurbach, Y. Carmeli, H. Yamin, S. Luski, *Electrochim. Acta*, **39**, 2559 (1994)
96. B. Simon, J. P. Boeuve, M. Broussely, *J. Power Sources*, **43–44**, 65 (1993)
97. J. O. Besenhard, M. W. Wagner, M. Winter, A. D. Jannakoudakis, P. D. Jannakoudakis, E. Thodoridou, *J. Power Sources*, **43–44**, 413 (1993)
98. J. O. Besenhard, M. Winter, J. Yang, W. Biberacher, *J. Power Sources*, **54**, 228 (1995)
99. Y. Ein-Eli, S. R. Thomas, V. R. Koch, *J. Electrochem. Soc.*, **143**, L195 (1996)
100. Y. Ein-Eli, S. R. Thomas, V. R. Koch, *J. Electrochem. Soc.*, **144**, 1159 (1997)
101. Y. Ein-Eli, *J. Electroanal. Chem.*, **531**, 95 (2002)
102. M. W. Wanger, C. Liebenow, J. O. Besenhard, *J. Power Sources*, **68**, 328 (1997)
103. S. Mori, H. Asahina, H. Suzuki, A. Yonei, K. Yokoto, *J. Power Sources*, **68**, 59 (1997)

104. D. Aurbach, J. S. Gnanaraj, W. Geissler, M. Schmidt, *J. Electrochem. Soc.*, **151**, A23 (2004)
105. K. Xu, S. Zhang, B. A. Poese, T. R. Jow, *Electrochem. Solid-State Lett.*, **5**, A259 (2002)
106. K. Xu, S. Zhang, T. R. Jow, *Electrochem. Solid-State Lett.*, **6**, A117 (2003)
107. K. Xu, S. Zhang, T. R. Jow, *Electrochem. Solid-State Lett.*, **6**, A144 (2003)
108. J. Jiang, J. R. Dahn, *Electrochem. Solid-State Lett.*, **6**, A180 (2003)
109. S. S. Zhang, K. Xu, T. R. Jow, *J. Power Sources*, **129**, 275 (2004)
110. G. V. Zhuang, K. Xu, T. R. Jow, P. N. Ross Jr., *Electrochem. Solid-State Lett.*, **7**, A224 (2004)
111. K. Xu, U. Lee, S. Zhang, J. L. Allen, T. R. Jow, *Electrochem. Solid-State Lett.*, **7**, A273 (2004)
112. S. Komaba, B. Kaplan, T. Ohtsuka, Y. Kataoka, N. Kumagai, H. Groult, *J. Power Sources*, **119–121**, 378 (2003)
113. S. Komaba, T. Itabashi, B. Kaplan, H. Groult, N. Kumagai, *Electrochem. Commun.*, **5**, 962 (2003)
114. M.-S. Wu, J.-C. Lin, P. J. Chiang, *Electrochem. Solid-State Lett.*, **7**, A206 (2004)
115. M.-S. Wu, P. J. Chiang, J.-C. Lin, J.-T. Lee, *Electrochim. Acta*, **49**, 4379 (2004)
116. D. Aurbach, M. D. Levi, E. Levi, H. Teller, B. Markovsky, G. Salitra, *J. Electrochem. Soc.*, **145**, 3024 (1998)
117. T. Eriksson, T. Gustafsson, J. O. Thomas, *Proc. Electrochem. Soc.*, **98–16**, 315 (1999)
118. D. Ostrovskii, F. Ronci, B. Scrosati, P. Jacobson, *J. Power Sources*, **94**, 183 (2001)
119. Y. Matsuo, R. Kostecki, F. McLarnon, *J. Electrochem. Soc.*, **148**, A687 (2001)
120. Y. Wang, X. Gao, S. Greenbaum, J. Liu, K. Amine, *Electrochem. Solid-State Lett.*, **4**, A68 (2001)
121. X. Zhang, J. K. Pugh, P. N. Ross, *J. Electrochem. Soc.*, **148**, E183 (2001)
122. A. Inoue, S. Kinoshita, N. Maekita, H. Ota, T. Nakamura, T. Akai, K. Kanamura, in *The Electrochemical Society Extended Abstracts*, Vol. 2003-2, Orland, FL, October 12–16, No. 307 (2003)
123. M. Onuki, S. Kinoshita, M. Ue, in *Meeting Abstracts of the 205th Electrochemical Society Meeting*, San Antonio, TX, May 9–13, No. 60 (2004)
124. H. Ota, M. Ue, unpublished results
125. M. Itagaki, N. Kobari, S. Yotsuda, K. Watanabe, S. Kinoshita, M. Ue, *J. Power Sources*, **148**, 78 (2005)
126. M. Deguchi, T. Matsui, in *Extended Abstracts of the 44th Battery Symposium in Japan*, Sakai, Japan, November 4–6, p. 518 (2003) [in Japanese]
127. K. Abe, T. Takaya, H. Yoshitake, Y. Ushigoe, M. Yoshio, H. Wang, *Electrochem. Solid-State Lett.*, **7**, A462 (2004)
128. K. Abe, H. Yoshitake, T. Takaya, H. Nakamura, M. Yoshio, T. Hirai, *Electrochemistry*, **73**, 199 (2005) [in Japanese]
129. M. Onuki, JP2003-331920A [in Japanese]
130. S. R. Narayanan, S. Surampudi, A. I. Attia, C. P. Bankston, *J. Electrochem. Soc.*, **138**, 2224 (1991)
131. C. C. Cha, X. P. Ai, H. X. Yang, *J. Power Sources*, **54**, 255 (1995)
132. M. Adachi, K. Tanaka, K. Sekai, *J. Electrochem. Soc.*, **146**, 1256 (1999)
133. T. J. Richardson, P. N. Ross Jr., *J. Electrochem. Soc.*, **143**, 3992 (1996)
134. F. Tran-Van, M. Provencher, Y. Choquette, D. Delabouglise, *Electrochim. Acta*, **44**, 2789 (1999)
135. T. J. Richardson, P. N. Ross Jr., *J. Power Sources*, **84**, 1 (1999)
136. T. J. Richardson, P. N. Ross Jr., *Proc. Electrochem. Soc.*, **99–25**, 687 (2000)
137. Y. Yan, Z. Zhou, in *Solid State Ionics: Materials and Devices*, B. V. R. Chowdari, W. Wang, eds., World Scientific, Singapore, p. 467 (2000)

138. H.-J. Kim, S.-I. Yoo, J.-J. Cho, in *Extended Abstracts of the 43rd Battery Symposium in Japan*, Fukuoka, Japan, October 12–14, p.78 (2002)
139. D.-Y. Lee, H.-S. Lee, H.-S. Kim, H.-Y. Sun, D.-Y. Seung, *Korean J. Chem. Eng.*, **19**, 645 (2002)
140. K. Shima, M. Ue, J. Yamaki, *Electrochemistry*, **71**, 1231 (2003)
141. L. Xiao, X. Ai, Y. Cao, H. Yang, *Electrochim. Acta*, **49**, 4189 (2004)
142. S. Tobishima, Y. Ogino, Y. Watanabe, *Electrochemistry*, **70**, 875 (2002) [in Japanese]
143. S. Tobishima, Y. Ogino, Y. Watanabe, *J. Appl. Electrochem.*, **33**, 143 (2003)
144. K. Shima, K. Shizuka, M. Ue, WO03/012912
145. K. Shima, K. Shizuka, M. Ue, H. Ota, T. Hatozaki, J. Yamaki, *J. Power Sources*, **161**, 1264 (2006)
146. G. E. Blomgren, *J. Power Sources*, **81–82**, 112 (1999)
147. J. J. Auborn, H. Schonhorn, *Proc. Electrochem. Soc.*, **81–4**, 372 (1981)
148. C. Menachem, E. Peled, L. Burstein, Y. Rosenberg, *J. Power Sources*, **68**, 277 (1997)
149. J. Y. Song, Y. Y. Wang, C. C. Wan, *J. Electrochem. Soc*, **147**, 3219 (2000)
150. A. Chagnes, B. Carré, P. Willmann, R. Dedryvère, D. Gonbeau, D. Lemordant, *J. Electrochem. Soc*, **150**, A1255 (2003)
151. M. Iwade, D. Noda, H. Suzuki, M. Ue, unpublished results
152. A. Kitazaki, T. Hata, *J. Adhesion Soc. Jpn.*, **8**, 131 (1972) [in Japanese]
153. H. Suzuki, N. Shima, K. Hasegawa, Y. Yoshida, JP1996–306387A; JP3893627B [in Japanese]
154. D. Noda, M. Kotato, T. Fuji, H. Suzuki, JP2002–319433A [in Japanese]
155. M. Ue, JP1992–184870A; JP3274102B [in Japanese]
156. C. W. Lee, R. Venkatachalapathy, J. Prakash, *Electrochem. Solid-State Lett.*, **3**, 63 (2000)
157. D. Peramunage, J. M. Ziegelbauer, G. L. Holleck, *Proc. Electrochem. Soc.*, **2000-21**, 306 (2001)
158. X. Wang, E. Yasukawa, S. Kauya, *J. Electrochem. Soc.*, **148**, A1058 (2001)
159. X. Wang, E. Yasukawa, S. Kauya, *J. Electrochem. Soc.*, **148**, A1066 (2001)
160. H. Ota, A. Kominato, W.-J. Chun, E. Yasukawa, S. Kasuya, *J. Power Sources*, **119-121**, 393 (2003)
161. K. Xu, M. S. Ding, S. Zhang, J. L. Allen, T. R. Jow, *J. Electrochem. Soc.*, **149**, A622 (2002)
162. K. Xu, S. Zhang, J. L. Allen, T. R. Jow, *J. Electrochem. Soc.*, **149**, A1079 (2002)
163. K. Xu, M. S. Ding, S. Zhang, J. L. Allen, T. R. Jow, *J. Electrochem. Soc.*, **150**, A161 (2003)
164. K. Xu, M. S. Ding, S. Zhang, J. L. Allen, T. R. Jow, *J. Electrochem. Soc.*, **150**, A170 (2003)
165. S. Zhang, K. Xu, T. R. Jow, *J. Power Sources*, **113**, 166 (2003)
166. M. S. Ding, K. Xu, T. R. Jow, *J. Electrochem. Soc.*, **149**, A1489 (2002)
167. Y. E. Hyung, D. R. Vissers, K. Amine, *J. Power Sources*, **119–121**, 388 (2003)
168. B. G. Dixon, R. S. Morris, S. Dallek, *J. Power Sources*, **138**, 274 (2004)
169. S. I. Gozales, W. Li, B. L. Lucht, *J. Power Sources*, **135**, 291 (2004)
170. T. Ogino, M. Otsuki, S. Endo, in *46th New Battery Committee Seminar*, Tokyo, April 23, p. 17 (2003) [in Japanese]
171. T. Nakajima, K. Dan, M. Koh, *J. Fluorine Chem.*, **87**, 221 (1998)
172. T. Nakajima, K. Dan, M. Koh, T. Ino, T. Shimizu, *J. Fluorine Chem.*, **111**, 167 (2001)
173. J. Yamaki, I. Yamazaki, M. Egashira, S. Okada, *J. Power Sources*, **102**, 288 (2001)
174. K. Sato, I. Yamazaki, S. Okada, J. Yamaki, *Solid State Ionics*, **148**, 463 (2002)
175. M. Ihara, B. T. Hang, K. Sato, M. Egashira, S. Okada, J. Yamaki, *J. Electrochem. Soc.*, **150**, A1476 (2003)
176. J. Yamaki, T. Tanaka, M. Ihara, K. Sato, I. Watanabe, M. Egashira, S. Okada, *Electrochemistry*, **71**, 1154 (2003)
177. J. Arai, *J. Appl. Electrochem.*, **32**, 1071 (2002)
178. J. Arai, *J. Electrochem. Soc.*, **150**, A219 (2003)
179. J. Arai, *J. Power Sources*, **119–121**, 388 (2003)
180. M. Morita, T. Kawasaki, N. Yoshimoto, M. Ishikawa, *Electrochemistry*, **71**, 1067 (2003)

181. M. C. Smart, B. V. Ratnakumar, V. S. Ryan-Mowrey, S. Surampudi, G. K. S. Prakash, J. Hu, I. Cheung, *J. Power Sources*, **119–121**, 359 (2003)
182. A. Weber, G. E. Blomgren, in *Advances in Lithium-Ion Batteries*, W. A. van Schalkwijk, B. Scrosati, eds., Kluwer Academic/Plenum Publishers, New York, NY, Ch. 6 (2002)
183. M. Ue, in *Ionic Liquids*, H. Ohno, ed., CMC, Tokyo. Ch. 7.3 (2003) [in Japanese]
184. M. Ue, in *Electrochemical Aspects of Ionic Liquids*, H. Ohno, ed., Wiley, New York, NY, Ch. 17 (2005)
185. U. Heider, R. Oesten, M. Jungnitz, *J. Power Sources*, **81–82**, 119 (1999)
186. K. Tasaki, K. Kanda, S. Nakamura, M. Ue, *J. Electrchem. Soc.*, **150**, A1628 (2003)
187. T. Sato, M. Deschamps, H. Suzuki, H. Ota, H. Asahina, S. Mori, *Mat. Res. Soc. Sym. Proc*, **496**, 457 (1998)
188. T. Kawamura, T. Sonoda, S. Okada, J. Yamaki, *Electrochemistry*, **71**, 1139 (2003)
189. C. L. Campion, W. Li, W. B. Euler, B. L. Lucht, B. Ravdel, J. F. DiCarlo, R. Gitzendanner, K. M. Abraham, *Electrochem. Solid-State Lett.*, **7**, A194 (2004)
190. H. Yamane, T. Inoue, M. Fujita, M. Sano, *J. Power Sources*, **99**, 60 (2001)
191. B. Markovsky, A. Nimberger, Y. Talyosef, A. Rodkin, A. M. Belostotskii, G. Salitra, D. Aurbach, H.-J. Kim, *J. Power Sources*, **136**, 296 (2004)
192. Z. X. Shu, R. S. McMillan, J. J. Murray, *J. Electrochem. Soc.*, **140**, L101 (1993)
193. M. Inaba, Y. Kawatate, A. Funabiki, S.-K. Jeong, T. Abe, Z. Ogumi, *Electrochemistry*, **67**, 1153 (1999)
194. H. S. Lee, X. Q. Yang, J. McBreen, L. S. Choi, Y. Okamoto, *J. Electrochem. Soc.*, **143**, 3825 (1996)
195. H. S. Lee, X. Sun, X. Q. Yang, J. McBreen, J. H. Callahan, L. S. Choi, *J. Electrochem. Soc.*, **147**, 9 (2000)
196. K. Tasaki, S. Nakamura, *J. Electrochem. Soc.*, **1487**, A984 (2001)
197. X. Sun, H. S. Lee, S. Lee, X. Q. Yang, J. McBreen, *Electrochem. Solid-State Lett.*, **1**, 239 (1998)
198. H. S. Lee, X. Q. Yang, C. L. Xiang, J. McBreen, L. S. Choi, *J. Electrochem. Soc.*, **145**, 2813 (1998)
199. X. Sun, H. S. Lee, X. Q. Yang, J. McBreen, *J. Electrochem. Soc.*, **146**, 3655 (1999)
200. H. S. Lee, X. Q. Yang, J. McBreen, *J. Power Sources*, **97–98**, 566 (2001)
201. X. Sun, H. S. Lee, X. Q. Yang, J. McBreen, *Electrochem. Solid-State Lett.*, **4**, A184 (2001)
202. X. Sun, H. S. Lee, X. Q. Yang, J. McBreen, *J. Electrochem. Soc.*, **149**, A355 (2002)
203. H. S. Lee, X. Sun, X. Q. Yang, J. McBreen, *J. Electrochem. Soc.*, **149**, A1460 (2002)
204. X. Sun, H. S. Lee, X. Q. Yang, J. McBreen, *Electrochem. Solid-State Lett.*, **5**, A248 (2002)
205. X. Sun, H. S. Lee, X. Q. Yang, J. McBreen, *Electrochem. Solid-State Lett.*, **6**, A43 (2003)
206. H. S. Lee, Z. F. Ma, X. Q. Yang, X. Sun, J. McBreen, *J. Electrochem. Soc.*, **151**, A1429 (2004)
207. M. Herstedt, M. Stjerndahl, T. Gustafsson, K. Edström, *Electrochem. Commun.*, **5**, 467 (2003)
208. M. Herstedt, H. Rensmo, H. Siegbahn, K. Edström, *Electrochim. Acta*, **49**, 2351 (2004)
209. S. Zhang, A. Tsuboi, H. Nakata, T. Ishikawa, *J. Power Sources*, **97–98**, 584 (2001)
210. P. Kolar, H. Nakata, J.-W. Shen, A. Tsuboi, H. Suzuki, M. Ue, *Fluid Phase Equilibria*, **228–229**, 59 (2005)
211. T. Kawai, *Chemical Engineering*, **69**, 26 (2005) [in Japanese]
212. Y. Wang, S. Nakamura, M. Ue, P. B. Balbuena, *J. Am. Chem. Soc.*, **123**, 11708 (2001)
213. T. Tasaki, *J. Electrochem. Soc.*, **149**, A418 (2002)
214. M. Ue, A. Murakami, S. Nakamura, *J. Electrochem. Soc.*, **149**, A1385 (2002)
215. M. Ue, A. Murakami, S. Nakamura, *J. Electrochem. Soc.*, **149**, A1572 (2002)
216. M. Ue, in *High Energy and Power Technologies for Electric Double-layer Capacitors and Lithium-ion Rechargeable Batteries*, Technical Information Institute, Tokyo, Ch. 12.2 (2005) [in Japanese]

第5章 锂离子电池的碳导电添加剂

Michael E. Spahr

5.1 概述

5.1.1 基本关系

碳材料如炭黑、石墨粉末广泛应用于正负电极中，以减小多种电化学电池的内阻[1]。碳材料引人关注的特性是它在电化学体系中的高电导率，而石墨粉末还具有高的热导率。除此之外，碳材料无毒环保，且易提纯和批量生产。相对于导电金属粉末来说，碳的优点在于具有很高的抗酸碱腐蚀能力、质量轻且生产成本低。

添加碳材料可以降低电极的电阻，但通常碳并不参与电化学电池中的氧化还原反应。为了优化电极的荷质比以及电池的能量密度，电极中的碳含量应尽可能少。通常，碳的添加量应低于电极总质量的 10%。因此，这种具有电化学活性的导电碳材料被认为是电极添加剂。

粉末状电池材料及其混合物的电导率测定方法已得到广泛研究[2~4]。对于混合了不同含量导电碳的活性电极材料，可以运用对数方程[5]、渗流理论（PT）[6,7]和有效介质理论（EMT）[7~9]来定量地描述其导电能力。对数方程特别适用于混合物中个体组分间电导率差异很小的情况；后两个理论更适用于二元混合物中两个组分电导率差异明显的情况，这两个理论都将不同电导率粒子组成的二元混合物定义为空间电阻晶格。EMT 运用一种微扰计算来确定表示粒子排列网络的电导率。混合物的电导率可以数学地描述为良导体的 0～100%之间的比例。相反地，PT 理论能够简化组分间电导率差异比较大的二元混合物电导率的测定。PT 检测需要的组分量很少，而电导率响应值较高。当达到良导体的一定体积分数时，渗流阈值用比导电率的急剧上升来表示。在这个临界值下，一定量的良导体可以保证整个电极中形成足够的电子通道和良好的电接触。从渗流阈值上升到 100%（体积分数）时，PT 近似公式描述了电导率依赖于导电性良好粒子的比例。图 5.1 描述了二元粉末混合物的电子阻抗取决于高导电性材料的体积分数。

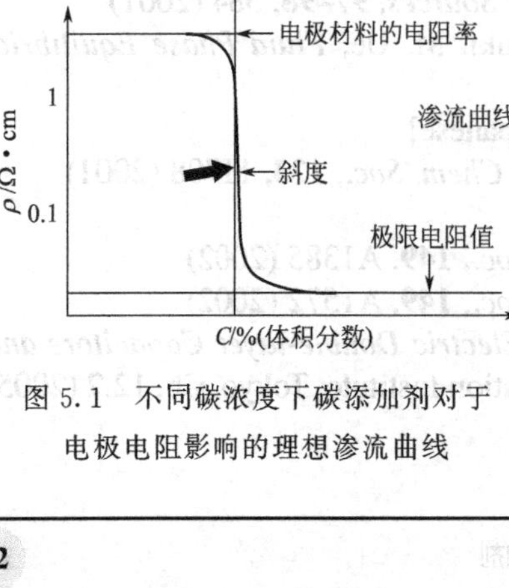

图 5.1 不同碳浓度下碳添加剂对于电极电阻影响的理想渗流曲线

在实际电极中，导电碳的添加量取决于碳和活性电极材料的物性及它们的粒径分布。为了获得最佳的电阻，导电碳的使用量应该稍稍大于渗流阈值。

通常，由于其他电化学参数和电极工艺因素的影响，碳添加剂的实际添加量要高于渗流阈值。

为了保证电池的大电流放电能力，电极的电子电导率和离子电导率都必须是最佳的[7,10,11]。除了电极活性物质本身的高离子电导率外，高的离子电导率还需要通过保证活性物质与电解质之间的良好接触及电极孔隙间离子的传输速率来实现。为了避免浓差极化的影响，要求电极具有最佳的孔隙结构。导电碳影响了电极活性颗粒间孔隙尺寸和形状。另外，导电碳粉末吸收电解质的能力也影响了电解质向电极内的渗透；增加电极密度，提高电极颗粒间的电接触，可以改善电极的电阻。然而，随着电极密度的增加，由于电极的孔隙通道不畅导致电极孔隙之间的离子传导性能劣化。为了达到最佳的电化学性能，必须找到电极密度与电解质渗入电极的最佳平衡点。

除此之外，碳添加剂还可能会影响电极的力学性能，此力学性能对于电池的性能以及电极的制造工艺都十分重要。碳的物性如可压实性和吸收聚合物黏结剂的能力，会影响电极的力学稳定性，因而影响电极的制造工艺和生产收率。

5.1.2 锂离子电池工艺中对碳添加剂的特殊要求

碳导电剂在商业化锂离子电池的正负电极中均有应用。电极的设计和制造工艺决定了对碳导电剂电性能和力学性能的特殊要求。锂离子电池的电极厚为50～100μm，涂覆在铜箔（负极）或铝箔（正极）集流体的两面。通常采用刮刀涂覆或印刷工艺将电极浆料涂到金属箔上制造电极。电极的力学稳定性是通过添加一定百分含量的黏结剂，如PVDF或其他不含氟的聚合物并碾压来获得。极片相互堆叠，使用一种很薄的、浸满液体电解质的多孔的聚合物薄膜进行隔离。对于聚合物电池，隔膜是浸在凝胶电解质中的。电池通过堆叠、折叠或卷绕等方式进行组装，类似于三明治的结构。

由于锂离子电池电极特殊的薄片设计，仅凭渗流阈值，可能会误导对导电碳的种类和数量的优化选择。需要注意的是，PT只适用于大容量电池电阻关系的测定，因此为了获得最佳的电极性能，电极参数如电极厚度必须要考虑。虽然如此，通过测量导电碳和电极活性材料混合物的电阻还是可以提供不同碳电性能的有用信息。总的来说，导电碳提供了导电网络，活性材料被认为是理想地分散在该网络中的。它们优化了活性物质颗粒间的电接触，改善了电极与集流体之间的接触。由于特殊的电池设计，垂直于集流体的电极电阻对电池电性能特别重要。

除了电子电导率以外，还要求电池的正负电极有很高的离子电导率，特别是在高倍率情况下。电极粒子间良好的离子接触和电极孔隙内足够高的锂离子扩散速率取决于电极间电解质保有量、电极孔隙（孔隙通道）大小和形状[12～15]。由于电池的体积有限，除了隔膜之外，电极也会储存电解质。从这个观点来看，孔隙率应该尽可能高，这与电极电荷密度和足够的机械强度的要求相矛盾。碳导电剂会影响电极的结构和电解质保有能力，因此它是影响电池大电流性能的关键因素。

自1990年Sony公司开发了第一款锂离子电池到现在，便携式锂离子电池不断更新换代，能量密度也一直在不断增加。这主要通过改善电极材料，尤其是负极材料实现的。同时，通过优化电池设计使电池可以使用更多的电极活性材料、越来越高的电极密度和越来越薄的集流体和隔膜，使电池中可以使用更多的活性材料。在实际电池中，电极孔隙率已经可以达到低于30％的水平。然而，这些电极的低孔隙率和隔膜极薄的厚度限制了电池中电解质的含量。为了得到良好的循环稳定性和功率密度，需要权衡电极中的电荷密度和电解质的保有能力。在此背景下，导电碳的选择也越来越重要。高压实密度的碳材料有利于提高电极的压实密度，同时要选择吸液能力好的碳添加剂，以保证用最少的电解质使电极充分浸润。为了避免过多电解质渗透引起的电极鼓胀，黏结剂的量和种类也是一个十分重要的影响因素。

电极材料的痕量元素杂质易引起副反应而降低电池的能量密度、循环稳定性和寿命。另外，金属颗粒和大于电极厚度的电极材料颗粒（“过大尺寸粒子”）也会引起电极的局部短路，导致电池自放电。因此，最少的痕量杂质元素、不含大颗粒和金属颗粒的导电碳材料是电池具有良好的储存特性和循环寿命的首要条件。

除了电化学参数外，碳添加剂还会影响电极制造工艺；即使使用很小的量，碳添加剂也会影响涂覆在集流体上的浆料分散的流变性。同时，碳添加剂还会影响薄膜电极的机械稳定性和柔性。为了保证膜在集流体上的高黏结力，聚合物黏结剂不但要保证有很好的黏结力，还要保证电极颗粒之间以及颗粒与集流体之间的柔性连接。在正负极中，聚合物黏结剂的使用量应尽可能少，因为作为绝缘和电化学惰性的材料，会增加电极的极化，降低电池的能量密度。被碳吸附的聚合物黏结剂比例不会影响电极的机械强度，因此，为了以最小的黏结剂使用量获得最好的电极黏结性和附着性，碳材料内部吸收聚合物黏结剂的量应较低，但碳表面吸收聚合物黏结剂的量应该较高。通常，吸收聚合物能力差的碳材料也表现出低的电解质吸收能力，因此，平衡聚合物吸收能力和电解质吸收能力，使电极具有良好的机械稳定性和尽可能高的电解质浸润能力，才能获得良好的电化学性能。

在现代商业化电池中，多种石墨、炭黑和特殊碳纤维材料都被应用于正负电极中。到目前为止，二次锂离子电池体系中使用的电极活性材料的种类还没有标准化。为了获得最佳的电池性能，每一种电极活性材料都对导电添加剂有特殊要求。另外，现有的锂离子电池制造工艺均有所差异，需要针对电极构造和材料属性进行特殊的调整。目前市面上生产和销售的众多具有特殊性能的锂离子电池均要求有特殊的电极构造。例如，一种典型的聚合物（胶状）电解质体系的锂离子电池使用了与液态电解质体系的锂离子电池不同的导电碳基体[16]。随后，将具体阐述材料特性以及石墨、炭黑和其他特殊碳导电添加剂与电池相关的性能。

5.2 石墨粉末

5.2.1 引言

最初用于锂离子电池正负极导电添加剂的石墨粉末属于高结晶石墨材料。这些石墨材料的真实密度为 2.24～2.27g/cm^3（根据 DIN 12797 和 DIN 51901-X 为基于二甲苯的密度值），平均内部层间距为 $c/2$＝0.3354～0.3360nm。这些材料来源于天然石墨或初级合成石墨。初级合成石墨材料是按照需要的用途特别合成的。相反，二次合成石墨（所谓的“废弃”石墨）是由生产铝或钢产品过程中产生的缺陷石墨电极或石墨电极碎片制成的[18,19]。由于二次合成石墨的结晶性能差且杂质含量高，因此通常不适用于电化学应用。

初级合成石墨粉末来源于选定的碳混合物，如石油焦炭和煤焦油基体的焦炭（见图 5.2）。这些焦炭材料在温度大于 2500℃的无氧条件下通过加热进行石墨化。在这种加热条件下，无定形的焦炭转化为结晶碳。这种加热方法使各种连续和批次处理的石墨化过程成为可能。传统的批次处理是 Acheson 熔炉技术[18]，在这个过程中，碳的原材料放置于两个电极之间，并由耐火材料覆盖以隔绝空气，流过碳堆的电流显示出电极之间电阻的大小。运用这种焦耳效应，可以使温度达到3000℃以上。可选择单炉或连续石墨化处理的方式，碳前驱体在电阻炉、感应炉或等离子炉的惰性氦气氛围中进行热处理。在一些石墨化过程中，使用石墨化催化剂以促使碳从无定形态向结晶态转化并提高结晶度。碳的石墨化需要很高的电能，因此对于人造石墨产品来说，电能是主要的制造成本。如果用高纯度的焦炭材料进行石墨化，可以获得纯度等级超过 99.9%的材料。石墨原材料需要通过机械处理，如特殊的研磨、过滤或分级工艺，来获得需要的最终颗粒粒径分布。

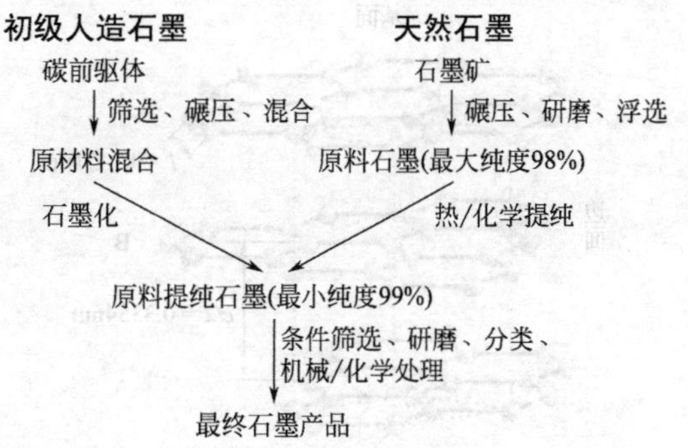

图 5.2　人造和天然石墨制造工艺的主要步骤

对于人造石墨而言，其最终产物的纯度由开始时投入的材料决定，而加工天然石墨主要是对石墨矿石进行提纯。大自然中储存的石墨是在高变质压力和高温的联合作用下有机物转化的结果。在通过开采石墨矿山获得的石墨矿石中，可用的石墨含量可能在 3%和超过 90%之间变化，这主要取决于矿石的位置和质量。通过后续各种碾压、研磨和浮选步骤从矿石中重新提取石墨[17]。现代浮选工艺可以获得纯度超过 98%的石墨。可以用残留的杂质来判断石墨来源于哪一座矿山。为了获得锂离子电池所要求的超过 99.9%的纯度，石墨材料应该通过加热或化学提纯的方法进一步提纯。热提纯工艺是在高温下进行的，温度多超过 1500℃，可能还需要加入反应气体如氯气，这取决于杂质的性质；化学方法是采用无机酸或水合氢氧化钠对石墨材料在酸或碱的条件下进行萃取。随着纯度等级要求的提升，在提纯天然石墨方面的努力也不断加强。目前，纯度超过 99.9%的天然石墨粉末的成本与相同纯度的人造石墨成本相近。

5.2.2　石墨材料特性

对于石墨导电添加剂的选择来说，它是人工的还是天然的并不重要，石墨材料的性质更加重要。目前已有一系列不同性质的天然石墨材料。人造石墨的加工过程模拟天然石墨的形成过程，生产出的产品与天然石墨材料性能相似。石墨材料主要通过结晶度、结构和孔隙率、粒径和形状、表面属性以及纯度等特性来区分。

5.2.2.1　结晶度

石墨的化学晶体结构是由六碳环化合物所形成的平面层组成。如图 5.3 所示，这些层以一定的方式堆叠，每个第三层与第一层的位置完全相同，堆叠顺序为 ABAB…[20,21]。这种结构类型代表热力学稳定的六边形晶体结构。除此之外，还存在每个第四个石墨层与第一层的位置完全相同的菱形结构[22]。这种菱形结构在统计上存在堆叠缺陷，可通过对六边形晶体进行机械研磨获得。通过高温处理可以将菱形结构完全转变成六边形结构。碳原子由共价键相连，共价键长度为 0.1421nm。除了与距它们最近的原子形成三个局部 σ 键之外，每一个碳原子沿着石墨层共享一个价电子形成离域大 π 键，在平行石墨层方向表现出金属特性。石墨层通过相对较弱的范德华力堆叠在一起，这也是理论内部层间距（0.3353nm）相对较大的原因。在平行于石墨层的方向上，在室温下的电导率为 $2.6\times10^4\Omega^{-1}\cdot cm^{-1}$，并随温度的升高而降低[21,23]。在垂直于石墨层的方向上，电导率较小，降低的系数为 10^{-4}，并随

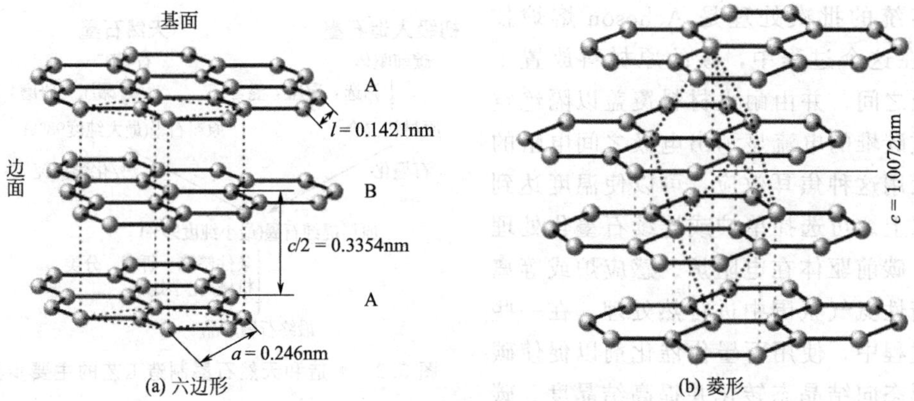

图 5.3　六边形和菱形石墨晶体结构

着温度的升高而增加，这是半导体的典型特征。

石墨粉末的晶体结构可以通过 X 射线衍射来表征。层间距 $c/2$ 可以给出单晶的结晶度或是石墨化程度的信息。高结晶度是石墨粉末用作导电添加剂的首要条件。正是由于这个原因，导电石墨粉末的 $c/2$ 值通常在 0.3354～0.3356nm 之间。平行和垂直于石墨层的晶格大小是区分不同石墨材料的重要因素。L_a 描述石墨晶体沿 a 轴方向的平均大小，L_c 描述了石墨晶体沿 c 轴方向上的平均大小和堆积厚度。值得注意的是，L_a 和 L_c 描述的都是晶体的平均大小，但通常无法给出石墨化度和石墨结晶度的信息。在无定形和叶脉状石墨中经常出现 L_c 和 L_a 值很小但结晶度很高的例子。

5.2.2.2　石墨粉末的结构、孔隙率和粒子形状

石墨粉末由片状的多晶粒子组成[24]。这些粒子由内部生长的单晶团聚而成。石墨的结构描述了粒子中单晶的生长方向（镶嵌性）。石墨结构的两种极端情况如图 5.4 所示。第一种含有极少的、相对较大的单晶，沿着片层排列，有相对强的各向异性，这类结构通常存在于具有薄片或颗粒形状不对称的石墨中。第二种含有很多相对较小的单晶，在颗粒中随机排列，表现出各向同性，这类结构通常存在于颗粒形状对称的石墨材料中。图 5.5 为人造石墨 TIMREX® KC44 颗粒的高分辨率透射电镜图片，这是一个石墨结构的实例。微粒中大部分的石墨单晶都平行 xy 面排列，然而也发现有垂直于片层的晶体。单晶之间的空间形成了孔径随机分布的狭缝。

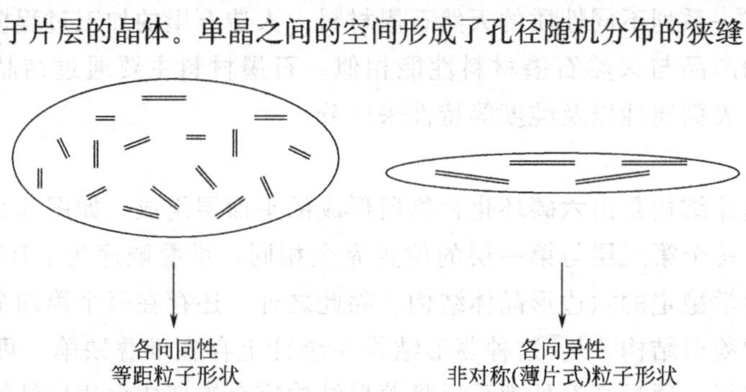

图 5.4　具有极端各向同性和各向异性石墨结构的两种石墨微粒模型

图 5.6 是具有典型高结晶度的石墨 TIMREX® SFG44 的氮吸附等温曲线。根据 Brunauer、Emmet 和 Teller 理论以及 TIMREX® KC44 石墨粒子的 HRTEM 图获得的石墨吸附等温线的形状，可将石墨结构描述为由内部生长的单晶畴团聚而成。根据 Brunauer、Joyner 和 Halenda 理论，在高压下氮吸附和脱附曲线的滞后现象是介孔材料的特性[25]。

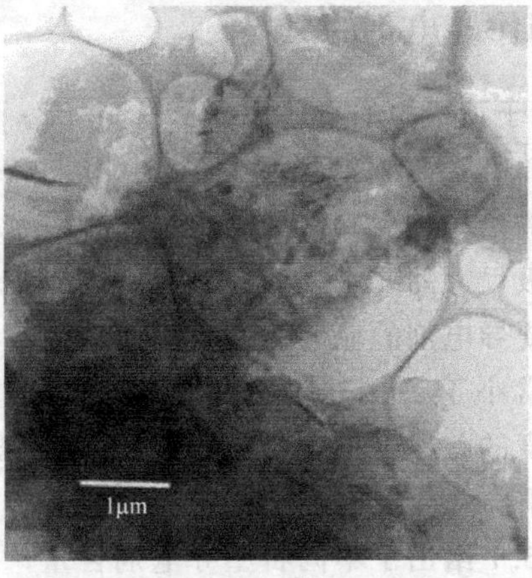

图 5.5 合成 TIMREX® KC44 石墨微粒的 HRTEM 图片，石墨由内部生长的单晶体团聚而成

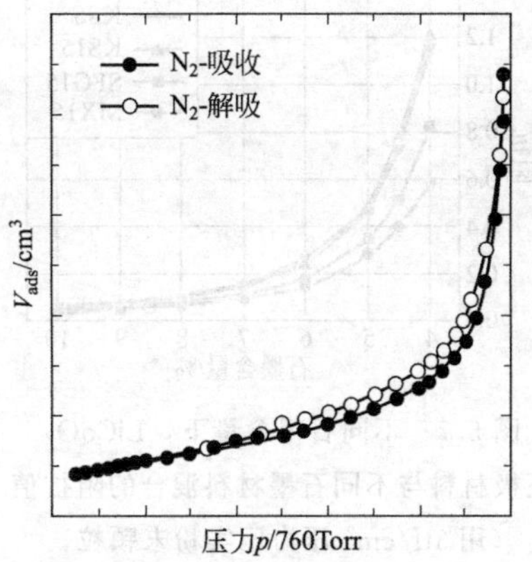

图 5.6 具有多孔特性的高结晶度石墨材料 TIMREX® SFG44 的氮吸附等温线

比表面积（BET）可采用氮吸附进行测量，它由几何表面积、表面粗糙度、表面缺陷和介孔组成。几何表面积与微粒尺寸相关，随着微粒尺寸减小，几何表面积增加。对于细小石墨粉末来说，几何表面积的增加是比表面（BET）增加的主要原因。

5.2.2.3 石墨表面性质

石墨表面可以根据石墨晶体结构分为三个基本类型。石墨单晶的外部石墨层形成了基面，暴露在外的石墨层边缘形成了具有更高能量的端面（两极边缘）。在边缘处石墨层的 sp^2 碳原子有自由价，在表面基团处达到饱和。除了氢原子之外，在端基边缘可找到典型的表面含氧基团如羧基、酸酐、内酯、醇羟基、酚羟基、羰基、邻醌或者其他类型的官能团[26~28]。第三种表面具有低能量的缺陷，例如由石墨结构不完美造成的错位线。端面、基面和低能缺陷，可通过氪气吸附测量法来进行测量，它们是解释在不同用途下石墨材料性能不同的关键材料参数。另外，表面上混排的 sp^3 碳原子也被认为是另一种可以影响石墨性能的缺陷类型。RAMAN 光谱中 D 和 G 带对应的表面或近表面区域的结晶度是区分石墨粉末表面属性的另一个参数[29,30]。

活性表面区域（ASA）是用以描述石墨表面属性的有用参数。在 300℃和氧分压为 50～100Pa 时，氧气会通过化学吸附在石墨表面的特定部位生成含氧化合物，这些特定部位称为“活性表面区域”[31,32]。ASA 由存在于碳表面的活性位置组成，这些位置的碳原子化合价是不饱和的。在“干净”的石墨表面上，这些活性位位于裸露的石墨层面（端面）的边缘以及石墨结构的缺陷点，这些缺陷点包括外部基面的空缺处、错位和台阶处[33]，这可归因于结构特征、杂原子（O、S、N）和矿物质。ASA 和 d_{ASA} 分别表示活性位的数量和密度。d_{ASA} 为 ASA 占石墨总表面积的比例，因此可通过 ASA 除以石墨总表面积归一化后得到的，由 BET 方法测量。ASA 和 d_{ASA} 是用来表征石墨在气体和液体介质中反应能力的指数。

5.2.2.4 纯度

痕量杂质元素的数量和属性是决定石墨材料能否用于锂离子电池的决定性参数。尤其是金属杂质，它会影响电化学过程，产生电荷损失的副反应，导致循环性能恶化、电池寿命缩短。

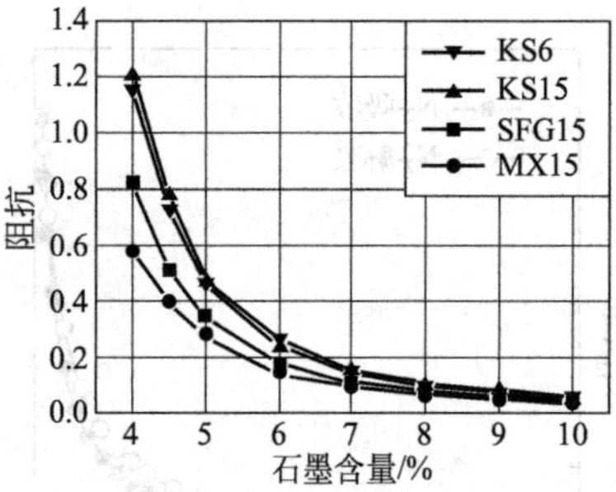

图 5.7　不同石墨含量下，$LiCoO_2$ 正极材料与不同石墨材料混合的阻抗值（用 3tf/cm^2 压力压实粉末颗粒，用 4 探针法测量电阻，1tf/cm^2 = 98.0665MPa）

5.2.3　用作导电剂的石墨

5.2.3.1　用于正极中的石墨

根据 PT 和 EMT 的理论，正极中用来降低电极电阻的导电碳的量应较少，碳的表观（体积）密度也应较低。除了电极尺寸的要求，低的表观密度也是细小石墨粉末用作主要导电剂的原因。正极中使用的石墨导电剂平均粒径通常小于 10μm。这种粒径的石墨材料只有很小的表面密度的差异（见表 5.1 中的 Scott 密度值）。因此，为了理解石墨导电添加剂的不同性能，必须考虑材料性能。图 5.7 给出了不同石墨导电剂含量，不同类型的细小 TIMREX® 石墨粉末的钴酸锂正极的阻抗。石墨含量高时，所有的石墨材料都表现出相似的电阻率。KS15、SFG15 和 MX15 是微粒大小（平均粒子大小大约为 8μm）相同的不同类型石墨，低含量时它们表现出不同的电阻率。MX15 表现出最好的性能，相较于 SFG15 和 KS15，它可以在更低的石墨含量下达到电极要求的电阻等级。在最大微粒低于 20μm 的情况下，同一类型不同粒径石墨的电阻率没有表现出明显的差异。尽管 KS6（$d_{90\%}$ = 6.5μm）比 KS15（$d_{90\%}$ = 17μm）明显小很多，且表观密度较小，但是在不同石墨含量的情况下，两种石墨材料在电阻率方面性能是相似。

表 5.1　细小 TIMREX® 石墨粉末导电添加剂的典型材料参数①

材料参数	粒径 $d_{90\%}$ /μm	粒子形状	BET SSA /(m^2/g)	DBPA(ASTM 281) /(g DBP/100g 石墨)	OAN(ASTM D2414) /(mL DBP/100g 石墨)	Scott 密度 (ASTM B329) /(g/cm^3)
KS4	4.8	等大不规则球体	26	200	116	0.05
KS6	6.5	等大不规则球体	20	170	114	0.07
KS15	17.0	等大不规则球体	12	140	104	0.10
SFG6	6.5	非等轴薄片	16	180	117	0.06
SFG15	18.0	非等轴薄片	7	150	110	0.09
SFG44	48.0	非等轴薄片	5	120	90	0.19
MX15	18.0	坚固非等轴薄片	9	190	120	0.06

① Scott 密度是测量粉末表面密度的标准方法。

另外，还需要考虑颗粒的纵横比和石墨结构这两个额外参数，以解释不同石墨的电性能。MX15 是不对称（薄片式）的颗粒形貌，而 KS15 的颗粒形状是对称的。从图 5.8 的 TEM 图中可以看出，MX15 的粒子中包含一些很大的、平行于石墨 xy 平面的单晶。这些小片状物体的形状是极度不等轴的。MX15 石墨单晶表现出独立的衍射峰，这表明粒子中少数晶体是共同生长的。可以观察到，SFG15 材料与 MX15 石墨的行为相似。相反，KS 薄片中含有大量的随机取向的小晶体，其颗粒形状更接近于等轴。电子衍射表现出的不是独立的衍射峰而是德拜环，这显示出 KS 微粒清晰的多晶形态。

对于最大颗粒尺寸小于 10μm 的超细石墨粉末，石墨结构和颗粒形貌对于电极电阻的影响就消失了。例如，不同种类的超细石墨材料在电性能方面几乎没有差异。在电极中，KS6 和 KS15 表现出相似的电性能，这是由于 KS6 具有较高的表观密度，弥补了较粗糙的

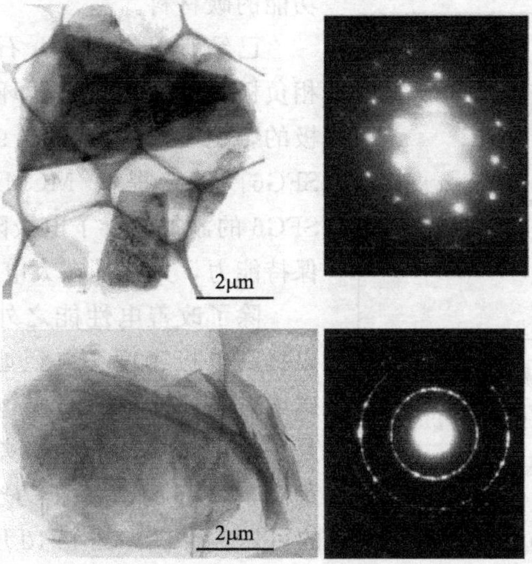

图 5.8 MX15 和 KS15 石墨粒子的 TEM 图和电子衍射图

KS15 的纵横比对颗粒电阻率的较大影响。

颗粒的纵横比不仅影响电极性能，还会影响 DBP 的吸附（DBPA），这会影响电极的加工工艺。DBPA 给出了 100g 碳吸附邻苯二甲酸二丁酯（DBP）油的量（ASTM 281），用 g 作单位。相反，在改进方法的基础上，油的吸附值（OAN）用 100g 碳吸附 DBP 的体积来表示（ASTM D2414）。OAN 通常用于比较不同的炭黑，并不一定适用于石墨材料。尽管 OAN 对于石墨材料不完全适用，但为了将石墨材料与导电炭黑直接进行比较，表 5.1 还是给出了 OAN 的数值，这些导电炭黑将在下文中进行介绍。DBPA 值与石墨能够吸附的聚合物的量是相关的。DBPA 值高的石墨粉末也需要更多的溶剂，使其易在液态介质中分散。DBPA 值随着粒径的减小和纵横比的增大而增加：石墨微粒越不对称，它的 DBPA 值就越高。BET 比表面积不会直接影响 DBPA 值，这是由于，类似于其他液体或溶解的聚合物黏结剂分子，DBP 油不能进入石墨孔隙，而用于 BET 测量的氮气可进入。DBPA 值越高，就需要使用更多的聚合物黏结剂，以保证电极与金属集流体的充分粘接。另外，DBPA 值越高，石墨材料溶解在 *N*-甲基氢吡咯酮、二甲基酰胺或丙酮中时的黏度也会更高，这是电极涂覆工艺中浆料制备的一个重要因素。尽管 DBPA 值低的石墨材料，它的电性能也稍低，但在电极制造过程中的优势，使其可能优先用作导电添加剂。

5.2.3.2 负极中用作导电添加剂的石墨

下面将从电性能和力学性能方面介绍石墨导电碳。乍看之下，由于活性电极中已经包含了碳材料，似乎不需要在负极中再添加碳导电剂。然而，典型的已商业化的碳电极材料，如石墨化中间相碳（如中间相碳微球、MCMB 或其他类似中间相碳）和硬碳包覆的石墨材料（如 MPG、MAG）与优化后用作导电添加剂的石墨粉末相比，它们所显示出的性能还需要进一步完善[34~39]。石墨化中间相碳和硬碳包覆的石墨材料一样，具有核壳结构、特殊的表面形态、1～2m^2/g之间的低 BET，可以满足便携式锂离子电池对负极材料的重要要求。这些电极材料表现出较低的本征电导率，这主要是由于中间相碳的结晶度低或者采用硬碳对表面处理过的石墨进行包覆引起的。除此之外，这些活性材料的特殊表面形态可能会使得粒子之间的接触阻力变高，从而产生电极的阻抗问题。因此，负极中也需要像正极一样添加相同功能的碳材料。

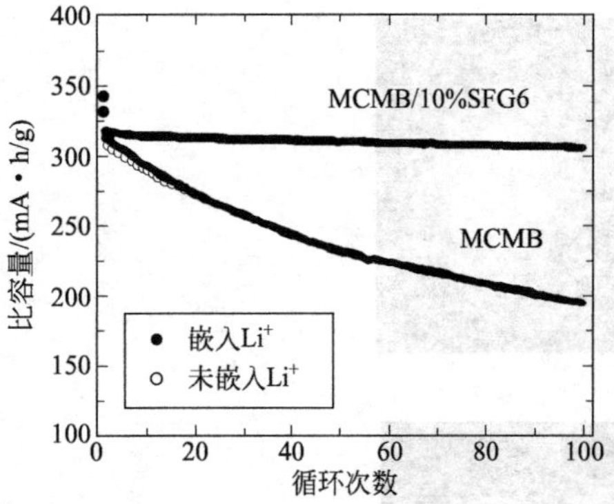

图 5.9　添加和未添加 10%SFG6，以 MCMB 为负极的锂离子电池的容量衰减曲线[42]

已经有报告指出，石墨导电添加剂对于中间相负极的电极阻抗、循环稳定性和倍率性能有积极的影响[40,41]。如图 5.9 所示，通过添加 10% 的 SFG6，明显提高 MCMB 半电池的循环性能。SFG6 的添加改善了电极阻抗，提高了电池的容量保持能力，尤其是在大电流情况下。

除了改善电性能之外，石墨导电添加剂还可以提高电极密度。典型地，碾压后石墨化中间相碳或表面处理过的石墨电极的反弹相对较大，这是因为可压实性相对较差。另外，在电极制造过程中，过高的碾压压力会导致颗粒破裂[43]。相反，高结晶度的导电石墨粉末显示出较高的可压实性。如图 5.10 所示，在中间相碳电极材料中添加导电石墨可以提高电极密度。

电化学性能方面的介绍如下：在负极中采用高结晶度的石墨作为导电剂，具有双重作用：石墨材料既可用作导电剂，也可作为电极活性材料。由于结晶度高，石墨材料中能够用电化学方法嵌入锂，形成 LiC_6 化合物。在结构上，LiC_6 对应于一阶石墨嵌锂化合物，其中石墨层间充满了锂离子[44~49]。因此，在合适的电流密度和恰当的电极设计下，在负极中使用高结晶度的石墨可以获得 372mA·h/g 的比容量。图 5.11 展示了高结晶度的石墨首次电化学锂嵌入和脱出的恒流充放电曲线。在测试中得到高达 365mA·h/g（在 $C/5$ 条件下）的可逆容量。在电化学嵌锂过程中，对 Li^+/Li 电压低于 0.25V 时，从电压曲线的阶梯状部分可以看出形成了不同的石墨嵌锂化合物。因此，阶梯形电位曲线只能由高结晶度的石墨材料获得。低结晶度的碳较少表现出这种电位曲线。

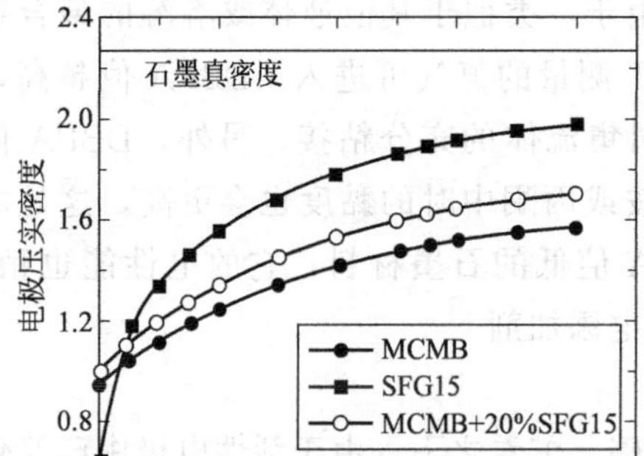

图 5.10　纯 MCMB 电极、纯 TIMREX® SFG15 电极以及混合 20%SFG15 的 MCMB 电极的电极密度与压力的函数关系

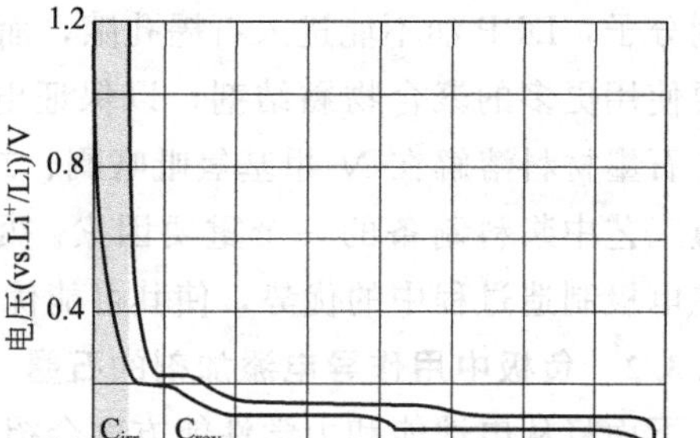

图 5.11　高度石墨化的石墨首次电化学锂嵌入和脱出的恒流充放电曲线（TIMREX® SFG44）

图 5.11 中电压曲线不可逆的部分是容量损失，主要是石墨表面生成 SEI 膜引起的。这个固态电解质膜（SEI）由电解质分解产物形成。SEI 膜对于可逆的电化学过程来说是必不可少的，因为它钝化了石墨表面，以防止电解质进一步分解[50~52]。然而，由于 SEI 膜会降

低电池的能量密度，因此需要减少形成SEI膜所引起的电荷损失。

已有大量的刊物报道了SEI膜的结构和形成机理，以及对电池性能的影响[52~57]。普遍认为，随着负极材料中石墨比表面积的增大，锂离子电池的容量损失增加。图5.12显示了高结晶度的人造石墨及天然石墨的比表面积与容量损失呈线性关系。对石墨系材料来说，双电层电容与不可逆容量也呈线性关系。通过阻抗光谱仪在低频带可以检测到双电层电容，它对应于活性电极表面被电解质浸润。不可逆容量与BET比表面积之间的线性关系是高结晶度石墨的一个典型特征。它表明液态电解质进入石墨孔隙中，并参加了负极的电化学反应[58]。

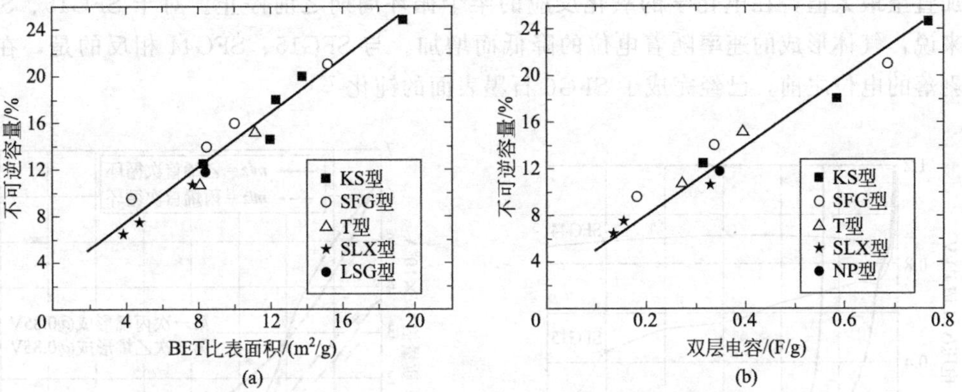

图5.12　不同结晶度的石墨材料的不可逆容量分别与BET比表面积和双层电容的函数关系

好的SEI膜不仅要使电池的不可逆容量最低，保证能量密度，还要有利于电池的循环稳定性、倍率性能和安全性能[59]。此外，有效的SEI膜还应能够抑制由于溶剂化锂的共嵌导致的石墨电化学剥落[46,47,49,60~62]。不稳定的溶剂化嵌锂化合物作为短时中间产物在电化学反应中被分解，分解反应会在石墨层和粒子的微裂纹中产生气体，使石墨结构片层剥落，破坏粒子。石墨电化学剥落会引起石墨结构的分解，最终导致电池失效[53,54]。剥落现象容易发生于高结晶度的石墨材料中，特别是在电解质中含有碳酸丙烯酯作为溶剂的情况下[63]。

控制适当的电解质体系，形成有效的SEI膜可以抑制石墨层的剥落[64,65]。通常，在碳酸乙烯基酯的电解质体系中可以避免高结晶度石墨的电化学剥落。同时，电解质添加剂可以促进好的SEI膜的形成。碳酸亚乙烯酯就是一个典型的例子，它在石墨表面形成了一层保护性的聚合物钝化膜[66~68]。如果生成SEI膜的电位高于石墨开始发生剥落时的电位，在适当的电解质体系中，就可以避免石墨层在首次电化学过程中剥落。

除了电解质体系之外，石墨的结构和表面形态也会影响其钝化和剥落的趋势[69~73]。石墨表面的活性表面积（ASA）和活性表面位点的密度（d_{ASA}）能够反映出与电解液体系接触的石墨表面的反应活性。因此，ASA可以用来评价和比较不同石墨材料的钝化特性：ASA或d_{ASA}值大的石墨材料与ASA或d_{ASA}值较小的石墨材料相比，与电解质接触的表面有较高的反应活性。对于d_{ASA}值较高的石墨材料而言，钝化反应可能在更高电位的情况下发生。d_{ASA}值较低的石墨材料，即使在碳酸乙烯酯溶液中仍然会出现电化学剥落，主要是由于与电解质接触的表面活性低而阻碍了钝化膜的形成[74~76]。ASA和d_{ASA}值可以解释在碳酸乙烯酯/碳酸丙烯酯的混合体系中不同石墨负极材料抗剥落的稳定性。在碳酸丙烯酯含量高的电解质体系中，石墨导电添加剂SFG6也表现出很高的稳定性，即使电解质中碳酸丙烯酯含量高达50%，SFG6也没有表现出剥落现象，如图5.13所示。相反，在同样的碳酸丙烯酯含量下，SFG44 和 SFG15 都出现了剥落现象，这可由电压曲线对 Li^+/Li0.8V 处的不可逆平台看出。

运用微分电化学频谱测试法对 SFG6 与 SFG15、SFG44 进行比较发现，对应于不同的表面反应，其钝化机理也存在很大不同（见图 5.14）。在石墨负极首次还原过程中，碳酸乙烯酯和碳酸丙烯酯分解产生乙烯和丙烯，它们在 DEMS 测量中可用作监测气体来监控钝化膜的生成过程。从表 5.2 中的 ASA 和 d_{ASA} 值可以看出，SFG6 比 SFG15、SFG44 的表面反应活性高。这种较高的表面反应活性，可以对开始形成乙烯和丙烯气体时 SFG6 较高的电位做出解释。在进一步的电化学还原过程中，在 SFG6 电极上，以一定速率形成的气体数量持续增加直至最大值，在电化学的氧化反应的半个循环周期之前停止。对于 SFG15、SFG44 电极来说，气体形成的速率随着电位的降低而增加。与 SFG15、SFG44 相反的是，在发生石墨剥落的电位之前，已经完成了 SFG6 石墨表面的钝化[77]。

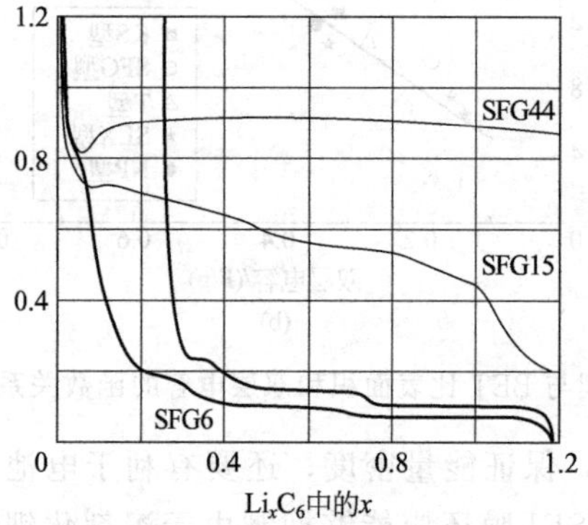

图 5.13 在 1mol/L $LiPF_6$，碳酸乙烯/碳酸丙烯（1∶1）的电解质体系中，不同 SFG 型的导电添加剂的首次电化学嵌入锂离子的充电曲线

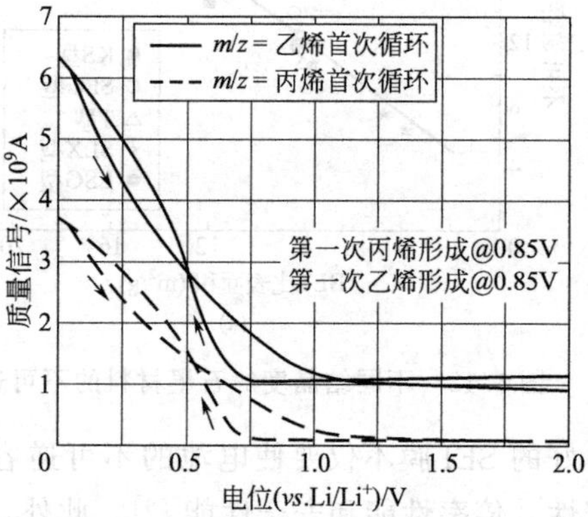

图 5.14 含有 TIMREX® SFG6 和 SFG44 电极 碳酸乙烯/碳酸丙烯 1∶1 的 1mol/L $LiPF_6$ 作为电解液的半电池的不同电化学质谱图谱测试方法。分别对应于乙烯和丙烯的质荷比为 $m/z=27$ 和 $m/z=44$，作为石墨电极的势能函数被监控，扫描速率为 0.4mV/s[42]

表 5.2 TIMREX® SFG44、SFG15 和 SFG6 的活性表面区域和活性位置密度 d_{ASA}

石墨材料	活性表面区域(ASA)	活性位置密度(d_{ASA})
TIMREX® SFG44	0.5	0.08
TIMREX® SFG15	0.9	0.10
TIMREX® SFG6	1.8	0.12

尽管典型的石墨导电添加剂表现出理想的电化学性能，如高的可逆容量、优异的循环稳定性和高的电导率，但是在锂离子电池电极中使用的比例有限。一个原因是这些石墨材料具有相对高的 BET 比表面积，会增加荷质比的损失。在以钴酸锂为正极的锂离子电池中，电池总荷质比的损失由负极荷质比的损失决定，因此，需要减少 BET 比表面积来获得电池最佳的能量密度。负电极中石墨添加剂用量少的另一个原因是，它对聚合物有较高的吸附能力，这会降低电极与集流体的粘接性。在新生代的电池中用 SBR 取代 PVDF 作为粘接剂，这种情况下，允许使用石墨导电添加剂的量可以较大[78~80]。SBR 与高结晶度石墨材料的良好兼容性提高了电极的机械稳定性，降低了荷质比的损失，并且改善了电池的循环稳定性。

5.3 炭黑导电添加剂

5.3.1 炭黑的制备

炭黑是小颗粒碳和烃热分解的生成物在气相状态下形成的熔融聚合物的总称。众多现存工艺之间的主要差别在于操作条件的不同，它们可分为三类：不完全燃烧工艺、热裂解工艺和最新的等离子工艺[81,82]。

5.3.1.1 热裂解法和乙炔法

热裂解法制备炭黑是由天然气或石油在温度大于1000℃的无氧条件下分解而获得。

裂解：
$$C_xH_{2x+z}+\text{能量}\longrightarrow C_xH_y+\left(x+\frac{z}{2}-\frac{y}{4}\right)H_2\ (z>y) \tag{5.1}$$

合成：
$$C_xH_y\longrightarrow xC+\frac{y}{2}H_2 \tag{5.2}$$

总的来说，热裂解工艺包括两个生产步骤。高温分解和炭黑合成的能量来自油或气的燃烧，当合成炭黑之后，单个循环中残留的炭黑从炉腔内去除。这个过程实际上是一个不完全燃烧的过程，燃烧反应和裂解反应是独立的。

乙炔反应是热反应的一个特殊形式，因为在放热反应中，当温度大约为800℃时乙炔即发生热分解。一旦反应开始，乙炔分解为炭黑的过程中可自发提供所需能量，炭黑合成的反应如下：

$$nC_2H_2\longrightarrow 2nC+nH_2+\text{能量} \tag{5.3}$$

这个反应可在炭黑表面产生超过2500℃的高温。在温度低于2000℃时，即发生炭黑的合成反应，超过2000℃时，开始发生部分石墨化[84]。Shawinigan工艺是乙炔法的典型例子[82,83]。

5.3.1.2 不完全燃烧法

通过在反应器中注入空气，使烃不完全燃烧，以提供烃热分解所需要的能量。产生的能量使得烃在温度大于1000℃时分解，炭黑的合成反应如下：

燃烧：
$$C_xH_{2x+z}+\left(\frac{3x}{2}+\frac{z}{4}\right)O_2\longrightarrow xCO_2+\left(x+\frac{z}{2}\right)H_2O+\text{能量} \tag{5.4}$$

裂解：
$$C_xH_{2x+z}+\text{能量}\longrightarrow C_xH_y+\left(x+\frac{z}{2}-\frac{y}{4}\right)H_2\ (z>y) \tag{5.5}$$

合成：
$$C_xH_y\longrightarrow xC+\frac{y}{2}H_2 \tag{5.6}$$

通常，炭黑合成之后，还需进行冷却来阻止粒子的生长。在不同的工业化制造工艺中使用不同种类的石油作为原材料，某些工艺还使用天然气作为燃料来提供裂解反应所需的能量。基于粒子燃烧工艺生产的炭黑种类包括发光用炭黑、炉法炭黑、Super™/ENSACO™产品和谢尔气化工艺的副产品炭黑[81~84]。

5.3.1.3 等离子法

在等离子工艺中，烃热分解所需的能量通过等离子发生器中的电能产生的等离子体进行传递[85]：

裂解：
$$C_xH_{2x+z}+\text{电能}\longrightarrow C_xH_y+\left(x+\frac{z}{2}-\frac{y}{4}\right)H_2\ (z>y) \tag{5.7}$$

合成：

$$C_xH_y \longrightarrow xC+\frac{y}{2}H_2 \tag{5.8}$$

气态或液态烃是生产多种炭黑的原材料。等离子工艺的优点在于原材料选择的灵活性、100%的炭黑产率和非常低的气体排放。

5.3.1.4 炭黑的组成和结构

尽管没有充分阐述，但炭黑的形成似乎遵循一个基本的形成机理，它包括不同阶段炭黑的生长过程，本质上来说它可以适用于各种炭黑的制造工艺[86~91]：

① 原料（石油）的汽化和热解为 C_1 或 C_2 单元；

② 一次碳颗粒的核或生长中心的形成；

③ 从核到同心的一次颗粒的生长融合；

④ 一次颗粒团聚为初级团聚物；

⑤ 一些情况下，二次生长步骤与团聚物表面的热解沉积的形成有关；

⑥ 范德华力作用下的团聚；

⑦ 在等离子工艺中，有时可观察到最终团聚物存在碳包覆的现象[85]。

这个机理解释了炭黑的结构，还推断出可用来区分不同炭黑类型的基本属性。炭黑在形态和表面化学属性上的明显差异是由制造工艺和原材料不同造成的。目前，不同用途的炭黑已经大量生产，世界范围内碳的产量每年超过 900 万吨。在这些炭黑中，只有少部分可以作为导电碳，这些导电碳中只有一小部分可用于锂离子电池中，这是因为锂离子电池工艺对于其纯度、导电性和惰性的要求很严格，下面章节将主要介绍导电炭黑。

5.3.2 炭黑的形貌特性

5.3.2.1 一次颗粒的尺寸和微观结构

区别于其他大多数碳，炭黑的颗粒尺寸十分小，而且可制得的粒子尺寸范围很宽。一次粒子定义为无定形炭中的旋转结晶域近似球形的部分[92]。用一次粒子的直径（细度）来描述一次粒子的尺寸。在进行石墨化处理之前，一次粒子的微观结构是涡流层状的。然而，在一次粒子中，与尺寸及石墨层（“芳香族”结构单元的范围）的性质相关的不同炭黑类型存在相当大的差异。Bourrat 等人将不同层的大小和堆叠方式分为四种不同的类型[93]：

① 小的等轴相干域，$L_a \approx L_c$（等轴的涡流堆）；

② 柱状涡流式堆叠，$L_a < L_c$（柱状涡流堆）；

③ 波浪涡流式堆叠（大的扭曲层）；

④ 平面石墨层（大的直层）。

在图 5.15 高分辨率透射电子显微镜（HRTEM）图中，乙炔炭黑（A）的一次粒子的微观结构是平面石墨层，Super P™（B）的微观结构是大量扭曲的石墨层。

5.3.2.2 结构

从炭黑的结构可以看出一次粒子是如何融合形成团聚物的。在形状上，炭黑可以由单个球状粒子团聚成多簇状和纤维状的团聚物。图 5.16 为 ENSACO 250 的高结构团聚物。

团聚物的堆积会产生空隙，产生的空隙取决于团聚物的大小、形状、聚集状态以及一次粒子的孔隙率。因此，炭黑的团聚结构可以认为是单位质量下如下空隙的总和：

① 团聚物间的空隙；

② 团聚物内部的空隙；

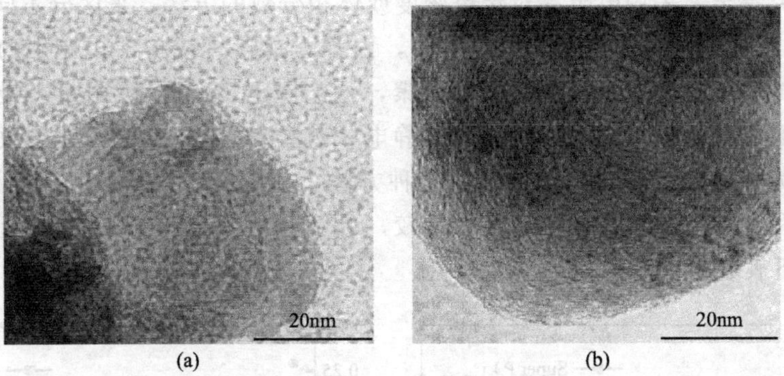

图 5.15 典型的一次粒子乙炔黑（a）和超级 P™Li（b）的 HRTEM[94]

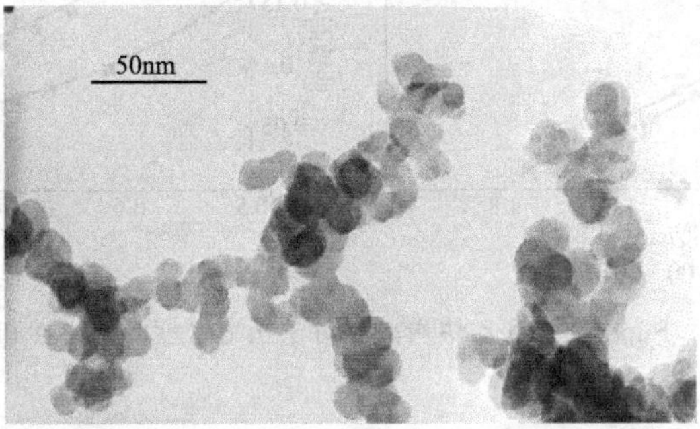

图 5.16 ENSACO™ 250 的 TEM 图，展示了一次粒子融合后的高结构团聚[94]

③ 一次粒子的孔隙。

团聚物的结构等级越高，空隙的体积就越大。当前，DBP 的吸附量（DBPA）由油吸附值（OAN）代替（ASTM D2414），用于测量空隙的体积，以此确定平均结构等级。团聚物的结构越复杂，OAN 值越高。表 5.3 概述了不同制造工艺获得的导电碳的 OAN 值。高结构等级炭黑的 OAN 值大于 170mL/100g 碳。

表 5.3 不同制造工艺获得的不同导电炭黑的典型 DBP 吸收量、BET 比表面积、相对电导率、可分散性和纯度

炭黑种类	BET	SSA /(m^2/g)	OAN/(mL DBP/100g)		电导率	可分散性	纯度
导电炉黑(P 型)	120	中	102	低	+	+	+
ENSACO™ 150G	50	低	165	中	++	+++	++
SUPER™S	45	低	280	高	++++	++++	++
ENSACO™210G	55	低	155	中	++	+++	++
乙炔黑	80	低	250	高	++	+++	++++
超导炉黑 N-472	250	高	180	高	+++	++	+
ENSACO™ 250G	65	低	190	高	+++	+++	++++
SUPER P™Li	60	低	290	高	++++	+++++	++++
ENSACO™ 260G	70	低	190	高	++++	+++	++++
ENSACO™ 350G/Kejen black EC300	800	非常高	320	非常高	+++++	+	+++
Keten black EC-600 JD	1270	超级高	495	非常高	+++++	+	+++

近期的研究提出，采用电阻率对炭黑密度或体积分数的方法，来区分不同结构的导电炭黑[95]。炭黑在液体或弹性体中分散的过程中，由强力搅拌机或挤出机产生的大剪切力不会破坏一次粒子，但能打散炭黑一次粒子的团聚，这会降低 DBP 的吸附量。最近的研究试验性地证明了，炭黑的机械特性主要由它们的静电状态控制[95]。由剪切力导致的炭黑结构的破坏可被解释为带电团聚体的凝聚。根据这种方法，如图 5.17 所示，Super™ P 和乙炔炭黑的稠化行为和电阻率相对于碾压密度的比较，可解释为什么在电极制造过程中，Super™ P 在大剪切力下表现出更高的稳定性。

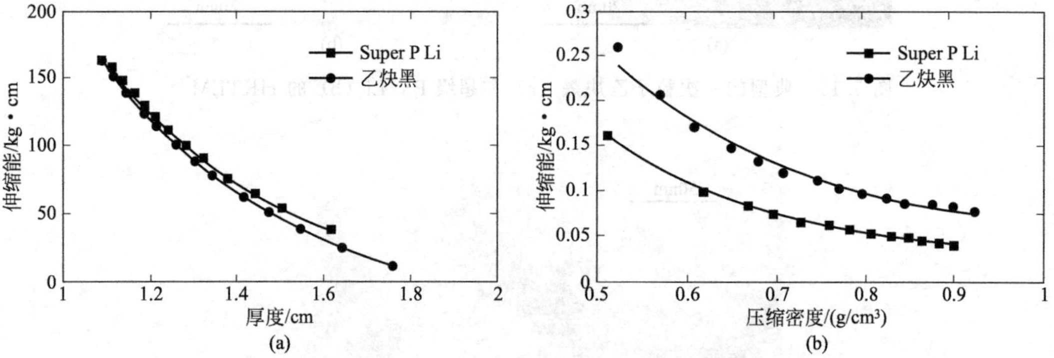

图 5.17 Super P™和乙炔炭黑相对于压力密度的致密性和电阻率

5.3.2.3 多孔性

炭黑的多孔性来源于一次粒子的孔隙，包含表面温和的点蚀及颗粒的实际凹坑。空气轻度氧化或蒸汽移动反应是生成多孔炭黑的典型工艺，第一步是在表面生成含氧基团，第二步通过释放 CO_2 去除碳原子。这些反应优先发生在最活泼的位置，如粒子的不定形区域，或者，对于由同轴中心的石墨层组成的粒子来说，其内部应力较高的石墨层部分。这种典型的炭黑的孔是纳米孔，无法通过氮气吸附方法进行检测。图 5.18 是 ENSACO™ 350G 炭黑一次微粒孔隙的 TEM 图。

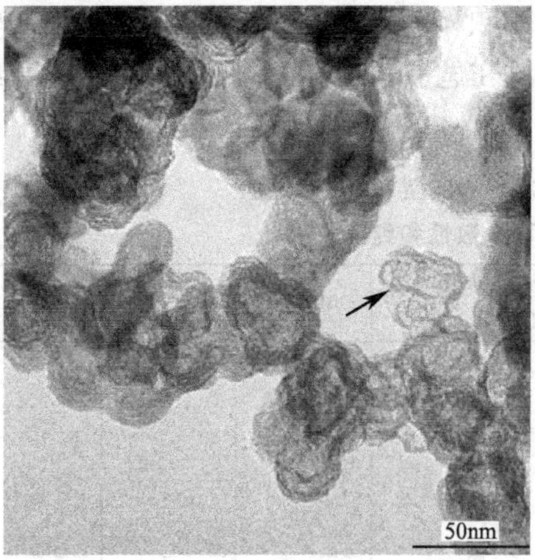

图 5.18 ENSACO™ 350G 的透射电子显微镜图[94]

5.3.2.4 表面特性

表面活性是指炭黑与其周围反应的趋势，与其表面微观结构有关。石墨面、无定形碳、微晶边缘和裂缝赋予了炭黑表面的多样性，体现了不同能量的吸附位，也描述了表面微观结构。同时，表面官能团的性质和数量影响其与周围介质的相互作用。表面的含氧官能团在溶剂或液体介质中易发生酸性反应。这种表面氧化物可作为 Lewis（路易斯）碱，即 Lewis 酸的接受体。一些分子量大的有机物分子也可能会被吸附在表面上。

5.3.2.5 纯度

金属杂质和阴离子杂质，如卤化物、硫酸盐、硝酸盐和磷酸盐是炭黑中最主要的杂质，可能会对电化学体系有影响。除此之外，在炭黑合成过程中形成的硫、难溶的无机残留物、焦炭粒子和有机分子都可能成为炭黑的污染物。

5.3.3 作为导电剂的炭黑

最常用的正负极导电剂炭黑是高导电炭黑，如 Super™ 和 ENSACO™ 产品[96~98]、乙炔炭黑（如 Denka™ 和 Shawinigan 炭黑）[99] 以及谢尔气化工艺制得的炭黑（如 Ketjen black™）[100]。Super™、ENSACO™ 和乙炔炭黑相对于其他种类的炭黑来说，具有低的比表面积、高结构等级以及较高的结晶度。ENSACO™ 350 和 Ketjen black™ 具有很高的比表面积和结构等级，由于具有高的石墨表面积，这些炭黑表现出很强的化学惰性和电化学惰性，并且氧气挥发率低。乙炔炭黑通常可以达到锂离子电池工艺所要求的较低的杂质水平，这是由于作为原材料的乙炔气体可以很容易被纯化。对于其他适合的导电炭黑，它们的高纯度主要是由于没有使用冷却气体，而且使用的原材料纯度高以及对工艺和设备的设计充分。

正负极中炭黑的特性和用量，对于制备最佳性能的电化学电池起到了很重要的作用。然而，最优的炭黑等级和用量的选择，需要在电池的几种参数中进行平衡，这取决于电池的规格。图 5.19 给出添加了不同含量各种炭黑的 $LiCoO_2$ 和 $LiMn_2O_2$ 薄膜的电阻系数。可以看出，炭黑的结构等级越高，要达到最佳电阻系数所需的炭黑临界浓度就越低。因此，如果使用 OAN 值高的炭黑，就能以最少量的炭黑来达到最优的电池阻抗，以使正负极满足最大电荷密度的要求[101,102]。同样，如果采用 PVDF 作为粘接剂，OAN 值高的炭黑也可以表现出最佳的电性能[102,103]。

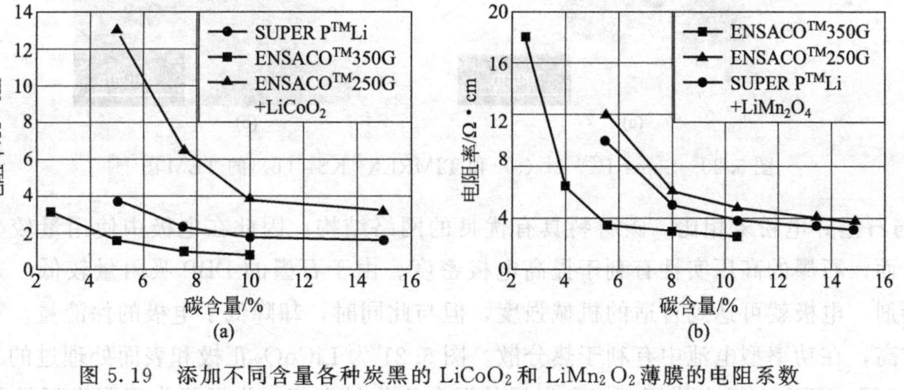

图 5.19 添加不同含量各种炭黑的 $LiCoO_2$ 和 $LiMn_2O_2$ 薄膜的电阻系数

然而，OAN 值高的炭黑的缺点是它们对聚合物粘接剂、液态和聚合物电解质的吸附能力较高。为了使电极获得充分的机械稳定性，OAN 值高的炭黑比 OAN 值低的需要更多的粘接剂。然而，高粘接剂量会降低电池的能量密度。另外，电解质的吸附水平高可以提高电解质渗入电极的能力，但是同时会增大电极的鼓胀程度，导致电池的能量密度进一步降低。除此之外，结构等级高的炭黑一般 BET 比表面积也高，如 ENSACO™ 350 和 Ketjen black™，这会导致正负极中发生化学和电化学副反应的概率增加，引起电荷损失、循环容量和寿命的衰减。在负极中，由于 SEI 膜的形成，容量损失会随着负极比表面积增加而增加[58]。在正极中，炭黑高的比表面积会增加电解质氧化的概率，尤其在电极充电态下[104,105]。研究发现，充电状态下，高比表面积的炭黑会加速尖晶石 $LiMn_2O_4$ 中的锰在电解质中的溶解。这种锰的溶解伴随着碳材料的腐蚀，导致电池循环过程中容量的严重衰减。但由于用量少，OAN 值高的炭黑对电池性能的负面影响可忽略，使用 OAN 值高的炭黑对电极阻抗优化是必需的[106]。

选择炭黑时，除了电化学性能外，还应考虑与分散和电极涂覆工艺相关的参数。炭黑具有稳定的团聚性，需要高剪切力来使其在浆料中完全分散。然而，高剪切力可能会引起炭黑结构的坍塌，导致其电性能变差。因此，选用结构稳定且分散性好的炭黑是最佳选择。另外，炭黑添加剂的吸附性也会影响浆料的流变能力。在给定固含量的情况下，OAN 值高的炭黑具有较强的分散性。如上所述，炭黑添加剂的聚合物吸附性也会影响电极的机械稳定性。

5.4 石墨还是炭黑?

对于导电添加剂，应该选用石墨还是炭黑，这个话题的讨论日趋激烈。石墨和炭黑都可以提升电池的性能，应该选择哪一种碳材料，基本上取决于电池的要求和电极中使用的活性材料。图 5.20 比较了一种典型的炭黑和石墨导电添加剂的形貌，表明一次粒子尺寸不同，后者几乎是前者的 10 倍。炭黑的小粒子尺寸和复杂的团聚结构导致了其体积密度较低。

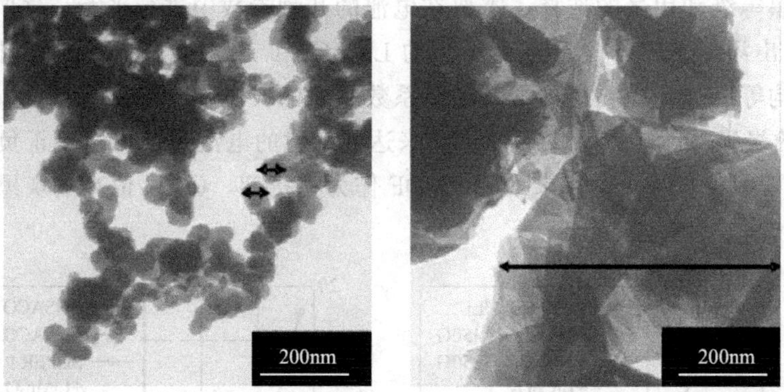

(a) (b)

图 5.20 Super P™ Li（a）和 TIMREX® KS4（b）的 TEM 图[94]

与石墨导电粉末相比，碳材料具有优良的网络结构，因此在电极中使用量较少。但是另一方面，石墨的高压实性有利于提高电极密度。由于石墨的 DBP 吸附量较低，采用少量的粘接剂，电极就可达到合适的机械强度，但与此同时，却降低了电极的保液量。石墨的热导率较高，在功率型电池中有利于热分散。图 5.21 为 $LiCoO_2$ 正极和表面处理过的石墨负极的 SEM 图。两个电极中均用石墨和炭黑的混合物作导电剂。炭黑优先吸附在活性材料表面上，精细的石墨微粒则填充在活性电极材料的空隙中。可以推断，炭黑和石墨完全可以满足电极的电性能要求：正如报道所说的，炭黑改善了活性材料颗粒间的接触，而石墨则建立了

(a) $LiCoO_2$正极 (b) 石墨负极

图 5.21 均含有 TIMREX® KS6 石墨和 Super P™ Li 导电添加剂的 $LiCoO_2$ 正极和表面处理过的石墨负极的 SEM 图[42]

电极的导电路径[107]。图 5.22 显示，正极和负极中两种碳的协同作用有利于获得最优的导电性，改善电池阻抗，从而提高其大电流放电时的循环稳定性。另外，最近 Cheon 等人报道，在 $LiCoO_2$正极中可采用二元混合物 TIMREX® KS6 石墨和 Super™ P（1∶1）作为导电剂来优化电池性能，如能量和功率密度[108]。在尖晶石 $LiMn_2O_4$电极中，可采用 TIMREX® SFG6 石墨和 ENSACO™ 250P 来获得良好的高倍率性能[109]。一些专利也宣称了混合使用石墨/炭黑导电添加剂的积极作用[110,111]。

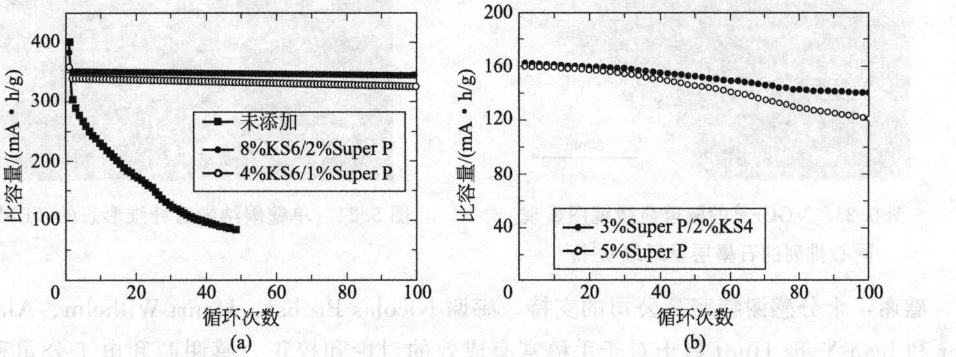

图 5.22 采用表面处理过的石墨负极（a）和 $LiCoO_2$正极的半电池，不同百分比的 TIMREX® KS 石墨和 Super P™ Li 导电添加剂（b）的容量保持能力（电极孔隙率约 35%；电解质为碳酸乙烯/碳酸甲乙烯 1∶3，体积比的 1mol/L $LiPF_6$）[42]

5.5 其他纤维状碳导电添加剂

气相生长碳纤维如 VGCF®（昭和电工株式会社）或其他体积密度低于 0.05g/cm³ 的细丝状碳材料，具有高的本征电导率（通常在 0.8g/cm³ 压实密度下，约为 $50\Omega^{-1}\cdot cm^{-1}$）和高的热导率。这些性质解释了气相生长碳纤维作为锂离子电池正极导电添加剂所体现出来的优异性能[112]。除了导电性能有了很大的提高外，在高倍率下，含 VGCF® 的电极的局部散热能力也得到了改善。通常实际应用中，碳纤维的含量应该低于总电极质量的 1%。图 5.23 的隧道电子显微镜图片显现了同心缠绕的石墨层构成 VGCF® 碳纤维的结构。这种结构解释了沿着碳纤维轴方向电导率高和热导率高的原因。

除了电和热的特性外，纤维形态会导致高的弯曲模量和低的热胀系数，这解释了含 VGCF® 电极极片的柔韧性和机械稳定性的提高[114]。气相生长碳纤维是通过在温度超过 1000℃时，在烃气体和氢气的混合物中采用金属催化剂催化制得，制备过程中，烃气体的分解为细丝状碳的生长提供了碳[114~116]。这种复杂的制造工艺是气相生长碳纤维材料成本高的原因，这也是其作为锂离子电池导电添加剂很不利的因素，因此这种碳材料通常只能痕量使用或应用在特定的领域。

近年来，微纳米结构的碳材料作为导电添加剂已经越来越得到关注。在正负极中使用单壁和多壁碳纳米管来提高导电性的积极作用，这已有相关文献进行了报道[117~119]。在惰性氦气氛中使用等离子或电弧处理碳前驱体，随后将其从煤烟中分离出来，就可以获得单壁和多壁碳纳米管。图 5.24 为单壁碳纳米管的典型形貌。然而，要在商品化锂离子电池中采用这种材料作为导电添加剂，还需要大幅降低材料成本，这依赖于工艺优化或有更多可选的生产工艺来实现。

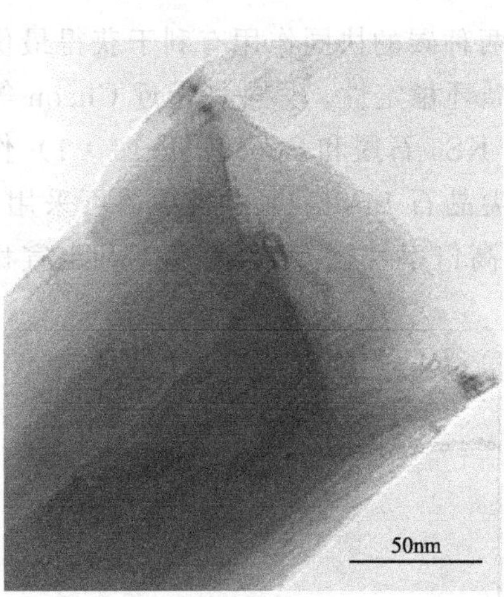

图 5.23　VGCF® 的隧道显微镜图显现同心排列的石墨层呈纤维状[113]

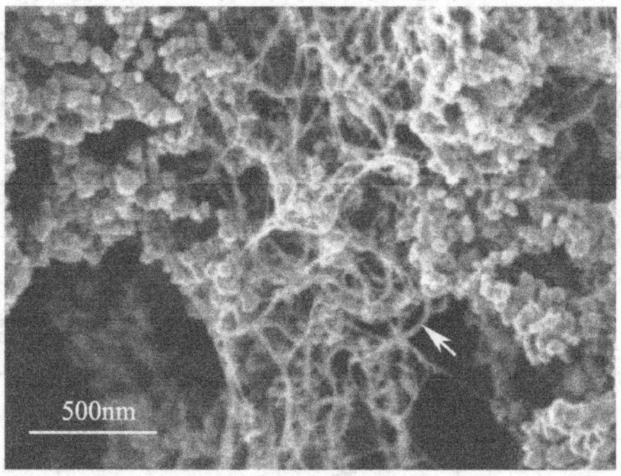

图 5.24　单壁碳纳米管纤维形态的 TEM 图[94]

感谢：十分感谢特密高公司的支持。感谢 Nicolas Probst、Henri Wilhelm、Alain Monnier 和 Jean-Yves Huot 博士对于手稿富有成效的讨论和校正。感谢昭和电工公司和大阪煤气化学公司分别提供了 VGCF® 和 MCMB 的样本。

参考文献

1. K. Kinoshita, Carbon-Electrochemical & Physiochemical Properties, Ch. 7.3, Wiley, New York (1988) pp. 403–430
2. K.J. Euler, *J. Power Sources*, **3** (1978) 117
3. A. Espinola, P. Mourente Miguel, M. Roedel Salles, A. Ribeiro Pinto, *Carbon*, **24** (1986) 337
4. L.R. Brodd, A. Kosawa, in: *Techniques of Electrochemistry*, E. Yeager, A.J. Salkind (Eds.), Vol. 3, Wiley, New York (1978) p. 222
5. K.-J. Euler, *Elektrotech. Z. Ausg. B*, **28** (1076) 45
6. S.R. Broadbent, J.M. Hammersley, *Proc. Cambridge Philos. Soc., Mat. Phys. Sci*, **53** (1957) 629
7. K.-J. Euler, R. Kirchhof, H. Metzendorf, *J. Power Sources*, **5** (1980) 255
8. D.A.G. Bruggemann, *Ann. Phys. (Leipz.)*, **24** (1935) 636
9. D. Adler, L.P. Flora, S.D. Senturla, *Solid State Commun.*, **12** (1973) 9
10. L.G. Austin, H. Lerner, *Electrochim. Acta*, **9** (1964) 1469
11. I. Roušar, K. Micka, A. Kimla, *Electrochemical Engineering*, Vol. 2, Academia, Prague (1986) p. 107–222
12. T. Katan, H.F. Baumann, *J. Electrochem. Soc.*, **122** (1975) 77
13. F. Joho, B. Rykart, A. Blome, P. Novák, H. Wilhelm, M.E. Spahr, *J. Power Sources*, 97–98 (2001) 78
14. S.-I. Lee, Y.-S. Kim, H.-S. Chun, *Electrochim. Acta*, **47** (2002) 1055
15. K. Sawai, T. Ohzuku, *J. Electrochem. Soc.*, **150** (2003) A674
16. B. Scrosati, in: *Lithium Ion Batteries—Fundamentals and Performance*, Ch. 10 M. Wakihara, O. Yamamoto (Eds.), Kodansha, Tokyo, Wiley, New York (1998), pp. 218–247
17. *Ullmanns Enzyklopàdie der technisches Chemie*, W. Foerst (Ed.), 3rd Edition, Vol. 9, Urban & Schwarzenberg, München, Berlin (1957) pp. 778–800
18. M.B. Redmount, E.A. Heintz, in: *Introduction to Carbon Technologies*, H. Marsh, E.A. Heintz, F. Rodriguez-Reinoso(Eds.), ch. 11Alicante: Universidad (1997)
19. H. Marsh, K. Fiorino, in: *Introduction to Carbon Technologies*, H. Marsch, E.A. Heintz, F. Rodriguez-Reinoso (Eds.), ch. 12Alicante: Universidad (1997)

20. A.W. Hull, *Phys. Rev*, **10** (1917) 661
21. A.F. Hollemann, E. Wiberg, *Lehrbuch der Anorganischen Chemie*, Walter de Gruyter, New York (1985) p. 701
22. W. Primak, L.H. Fuchs, *Phys. Rev.*, **95** (1954) 1
23. H. Lipson, A.R. Stokes, *Proc. Roy. Soc.*, **181** (1942) 101
24. M. Bastick, P. Chiche, J. Rappeneau, in: *Les Carbons*, Tome II, Masson et Cie (Eds.), Ch. 15, Collections des Chimie Physique (1965) pp. 163–178
25. M. Bastick, P. Chiche, J. Rappeneau, in: *Les Carbons*, Tome II, Masson et Cie (Eds.), Ch. 14, Collections des Chimie Physique (1965), pp. 24–160
26. P.E. Fanning, M.A. Vannice, *Carbon*, **31** (1993) 721
27. H.P. Boehm, *Carbon*, **32** (1994) 759
28. H.P. Boehm, in: *Graphite and Precursors*, P. Delhës (Ed.), Gordon and Breach, Amsterdam (2001), pp. 141–178
29. F. Tuinstra, J.L. Koenig, *J. Chem. Phys.*, **53** (1970) 1126
30. H. Wilhelm, M. Lelaurain, E. McRae, *J. Appl. Phys.*, **84** (1998) 6552
31. N.R. Laine, F.J. Vastola, P.L. WalkerJr., *J. Phys. Chem.*, **67** (1963) 2030
32. P.J. Harat, F.J. Vastola, P.L. WalkerJr., *Carbon*, **5** (1967) 363
33. W.P. Hoffman, F.J. Vastola, P.L. Walker, *Carbon*, **22** (1984) 585
34. S. Flandrois, B. Simon, *Carbon*, **37** (1999) 165
35. I. Kuribayashi, M. Yokoyama, M. Yamashita, *J. Power Sources*, **54** (1995) 1
36. M. Yoshio, H. Wang, K. Fukuda, Y. Hara, Y. Adachi, *J. Electrochem. Soc.*, **147** (2000) 1245
37. M. Yoshio, H. Wang, K. Fukuda, T. Umeno, T. Abe, Z. Ogumi, *J. Mater. Chem.*, **14** (2004) 1754
38. M. Yoshio, H. Wang, K. Fukuda, *Angew. Chem. Int. Ed.*, **42** (2003) 4203
39. H. Wang, M. Yoshio, *J. Power Sources*, **93** (2003) 123
40. T. Takamura, M. Saito, A. Shimokawa, C. Nakahara, K. Sekine, S. Maeno, N. Kibayashi, *J. Power Sources*, **90** (2000) 45
41. M. Nishizawa, H. Koshika, T. Itoh, M. Mohamedi, T. Abe, Í. Uchida, *Electrochem. Comm*, 1 (1999) 375
42. Unpublished results of a cooperation between TIMCAL Ltd. and The Paul Scherrer Institut, Switzerland, 2003
43. C.-W. Wang, Y.-B. Yi, A.M. Sastry, J. Shim, K.A. Striebel, *J. Electrochem. Soc*, **151** (2004) A1489
44. J.R. Dahn, *Phys. Rev. B*, **44** (1991) 9170
45. T. Ohzuku, Y. Iwakoshi, K. Sawai, *J. Electrochem. Soc*, **140** (1993) 240
46. M. Winter, J.O. Besenhard, in: *Handbook of Battery Materials*, J.O. Besenhard (Ed.),Ch.5 Wiley, New York (1999), pp. 383–418
47. M. Winter, J.O. Besenhard, in: *Lithium Ion Batteries – Fundamentals and Performance*, M. Wakihara, O. Yamamoto (Eds.), Ch. 6, Kodansha, Tokyo, Wiley, New York (1998), pp. 127–155
48. N. Imanishi, Y. Takeda, O. Yamamoto, in: *Lithium Ion Batteries – Fundamentals and Performance*, M. Wakihara, O. Yamamoto (Eds.), Ch. 6, Kodansha, Tokyo, Wiley, New York (1998), pp. 98–126
49. M. Winter, J.O. Besenhard, M.E. Spahr, P. Novák, *Adv. Mater*, **10** (1998) 1
50. E. Peled, *J. Electrochem. Soc*, **126** (1979) 2047
51. E. Peled, in: *Lithium Batteries*, G.P. Gabano (Ed.), Academic, New York, 1983, pp. 43–72
52. E. Peled, D. Golodnitsky, J. Penciner, in: *Handbook of Battery Materials*, J.O. Besenhard (Ed.), Wiley, New York, 1999, pp. 419–456
53. D. Aurbach, M.D. Levi, E. Levi, A. Schechter, *J. Phys. Chem. B*, **101** (1997) 2195
54. D. Aurbach, B. Markovsky, I. Weissman, E. Levi, Y. Ein-Eli, *Electrochim. Acta*, **45** (1999) 47
55. D. Aurbach, A. Zaban, Y. Ein-Eli, I. Weissman, O. Chusid, B. Markovsky, M. Levi, E. Levi,

A. Schechter, E. Granot, *J. Power Sources*, **68** (1997) 91
56. Y. Ein-Eli, *Electrochem. Solid-State Lett.*, **2** (1999) 212
57. D. Aurbach, E. Zinigrad, L. Zhongua, A. Schechter, M. Moshkovich, in: *Lithium Batteries*, S. Sarampudi, R. Marsh (Eds.), The Electrochemical Society Proceeding Series PV98-16, Pennington, NJ (1999), p. 95
58. F. Joho, B. Rykart, A. Blome, P. Novák, H. Wilhelm, M.E. Spahr, *J. Power Sources*, 97–98 (2001) 78–82
59. F. Joho, P. Novák, M.E. Spahr, *J. Electrochem. Soc.*, **149** (2002) A1020–A1024
60. J.O. Besenhard, H.P. Fritz, *J. Electroanal. Chem.*, **53** (1974) 329
61. G.-C. Chung, H.-J. Kim, S.-I. Yu, S.-H. Jun, J.-W. Choi, M.-H. Kim, *J. Electrochem. Soc.*, **147** (2000) 4391
62. J.O. Besenhard, M. Winter, J. Yang, W. Biberacher, *J. Power Sources*, **54** (1995) 228
63. A.N. Dey, B.P. Sullivan, *J. Electrochem. Soc.*, 137 (1990) 222–224
64. R. Fong, U.V. Sacken, J.R. Dahn, *J. Electrochem. Soc.*, **137** (1990) 2009
65. J.R. Dahn, A.K. Sleigh, H. Shi, B.M. Way, W.J. Weydanz, J.N. Reimers, Q. Zhong, U. von Sacken, in: *Lithium Batteries, New Materials, Developments and Perspectives*, G. Pistoia (Ed.), Ch. 1, Elsevier, Amsterdam (1994)
66. M. Jinno, Y. Shoji, N. Nishida, K. Nishio, T. Saito, Jpn. Kokai Tokkyo Koho JP 09147910 A2 19970606 (1997)
67. M. Broussely, S. Herreyre, F. Bonhomme, P. Biensan, P. Blanchard, K. Nechev, G. Chagnon, *Proc. Electrochem. Soc.*, 2001–21 (Batteries and Supercapacitors), (2003) 75
68. R. Mogi, M. Inaba, S.-K. Jeong, Y. Iriyama, T. Abe, Z. Ogumi, *J. Electrochem. Soc.*, **149** (2002) A1578
69. K. Guerin, A. Fevrier-Bouvier, S. Flandrois, M. Couzi, B. Simon, P. Biensan, *J. Electrochem. Soc.*, **146** (1999) 3660
70. B. Simon, S. Flandrois, A. Fevrier-Bouvier, P. Biensan, *Mol. Cryst. Liq. Cryst.*, **310** (1998) 333
71. B. Simon, S. Flandrois, K. Guerin, A. Fevrier-Bouvier, I. Teulat, P. Biensan, *J. Power Sources*, **81–82** (1999) 312
72. H. Huang, W. Liu, X. Huang, L. Chen, E.M. Kelder, J. Schoonman, *Solid State Ionics*, **110** (1998) 173
73. H. Buqa, A. Würsig, D. Goers, L.J. Hardwick, M. Holzapfel, P. Novák, F. Krumeich, M.E. Spahr, *J. Power Sources*, **146** (2005) 134–141
74. M.E. Spahr, H. Buqa, A. Würsig, D. Goers, L. Hardwick, P. Novák, F. Krumeich, J. Dentzer, C. Vix-Guterl, *J. Power Sources*, **153**, (2006) 300–311
75. M.E. Spahr, T. Palladino, H. Wilhelm, A. Würsig, D. Goers, H. Buqa, M. Holzapfel, P. Novák, *J. Electrochem. Soc.*, **151** (2004) A1383
76. M.E. Spahr, H. Wilhelm, F. Joho, J.-C. Panitz, J. Wambach, P. Novák, N. Dupont-Pavlovsky, *J. Electrochem. Soc.*, **149** (2002) A960–A966
77. H. Buqa, A. Würsig, J. Vetter, M.E. Spahr, F. Krumeich, P. Novák, *J. Power Sources*, **153** (2006) 385–390
78. Y. Ishihara, Y. Mochizuki, H. Nose, Jpn. Kokai Tokkyo Koho JP 04370661 A2 19921224 Heisei (1992)
79. K. Inoe, H. Koshina, Y. Ozaki, Jpn. Kokai Tokkyo Koho JP 08306391 A2 19961122 Heisei(1996)
80. Y. Shoji, M. Uehara, M. Yamazaki, T. Noma, K. Nishio, Jpn. Kokai Tokkyo Koho JP 09283119 A2 19971031 Heisei (1997)
81. *Ullmann's Encyclopedia of Industrial Chemistry*, Vol. 5, Wiley, Weinheim (1986), p.140
82. J.B. Donnet, R.P. Bansal, M.J. Wang, in: *Carbon Black Science and Technology*, 2nd Ed., Marcel Dekker, New York (1993)
83. R. Taylor, in: *Introduction to Carbon Technologies*, H. Marsch, E.A. Heintz, F. Rodriguez-Reinoso (Eds.),Ch. 4 Alicante, Universidad (1997)
84. V. Schwob, in: *Chemistry and Physics of Carbon*, Vol. 15, P.L. Walker, P.A. Thrower (Eds.),

Marcel Dekker, New York (1982), p. 109
85. L. Fulcheri, N. Probst, G. Flamant, F. Fabry, E. Grivei, X. Bourrat, *Carbon*, **40** (2002) 169
86. H.C. Ries, *SRI Report 90*, Stanford Research Institute, Menlo Park, California (1974)
87. J. Lahaye, *Carbon*, 30 (1992) 309
88. J. Lahaye, G. Prado, *Chemistry and Physics of Carbon*, Vol. 14, P.L. Walker, P.A. Thrower (Eds.), Marcel Dekker, New York (1978), p. 168
89. E.H. Homann, *Combustion Flame*, **11** (1967) 265
90. H.F. Calcote, *Combustion Flame*, **42** (1981) 215
91. X. Bourrat, in: *Science of Carbon Materials*, H. Marsh, F. Rodriguez-Reinoso (Eds.), Ch. 1 Alicante, Universidad (2000)
92. K.A. Burgess, C.E. Scott, W.M. Hess, *Rubber Chem. Technol.*, **36** (1063) 1175
93. X. Bourrat, *Carbon*, **31** (1993) 287
94. Measurements obtained at the Département de Physico-Chimie et Physique des Matériaux, University of Louvain, Belgium, by request of Timcal Ltd, 2004
95. E. Grivei, N. Probst, Belg. KGK, *Kautschuk Gummi Kunststoffe*, **56** (2003) 460
96. J.N. Reimers, J.R. Dahn, *J. Electrochem. Soc.*, **139** (1992) 2091
97. J.N. Reimers, E.W. Fuller, E. Rossen, J.R. Dahn, *J. Electrochem. Soc.*, **140** (1993) 3396
98. I. Koetschau, M.N. Richard, J.R. Dahn, J.B. Soupart, J.C. Rousche, *J. Electrochem.l Soc.*, **142** (1995) 2906
99. J. Shigetomi, Jpn. Kokai Tokkyo Koho JP 06333558 A2 19941202 Heisei (1994)
100. S. Kuroda, N. Tobori, M. Sakuraba, Y. Sato, *J. Power Sources*, 119–121 (2003) 924
101. E. Grivei, J.B. Soupart, H. Lahdily, *ITE Battery Lett.*, **2** (2001), 1, B17
102. N. Probst, E. Grivei, H. Smet, J.B. Soupart, *ITE Battery Lett.*, **1** (1999), 1, 64
103. F. Carmona, *Ann. Chim. Fr.*, 13 (1988) 395
104. P. Novák, J.-C. Panitz, F. Joho, M. Lanz, R. Imhof, M. Coluccia, *J. Power Sources*, **90** (2000) 52
105. R. Imhof, P. Novák. *J. Electrochem. Soc.*, **146** (1999) 1702
106. D.H. Jang, S.M. Oh, *Electrochim. Acta*, **43** (1998) 1023
107. M. Nishizawa, H. Koshika, T. Itoh, M. Mohamedi, T. Abe, I. Uchida, *Electrochem. Commun.s*, **1** (1999) 375
108. S.E. Cheon, C.W. Kwon, D.B. Kim, S.J. Hong, H.T. Kim, S.W. Kim, *Electrochimica Acta*, **46** (2000) 599
109. M. Lanz, C. Kormann, H. Steininger, G. Heil, O. Haas, P. Novák, *Journal of the Electrochemical Society*, **147** (2000) 3997
110. E.S. Takeuchi, W.C. Thiebolt, Eur. Pat. Appl. EP 978889 A1 20000209 (2000)
111. K. Uchitomi, A. Ueda, S. Aoyama, Jpn. Kokai Tokkyo Koho JP 2002279998 A2 20020927 (2002)
112. C.A. Frysz, X. Shui, D.D.L. Chung, *J. Power Sources*, **58** (1996) 41
113. Unpublished results of a cooperation between TIMCAL Ltd. and The ICSI-CNRS, Mulhouse, France, 2004
114. N. Murphie, in: *Introduction to Carbon Technologies*, H. Marsch, E.A. Heintz, F. Rodriguez-Reinoso (Eds.), ch. 14 Alicante: Universidad (1997) p. 603
115. D.D. Eddie, R.J. Diefendorf, in: *Carbon–Carbon Materials and Composites*, NASA vol. 1254, ch. 2 (1992) p. 19
116. J. Baptiste Donnet, R.C. Bansal, *Carbon Fibers*, Marcel Dekker, New York (1984)
117. L.J. Rendek, R.E. Doe, M.J. Wagner, Abstract No. 85, 205th Meeting of the Electrochemical Society Inc., 2004
118. S.-C. Han, M.-S. Song, H. Lee, H.-S. Kim, H.-J. Ahn, J.-Y. Lee, *J. Electrochem. Soc.*, **150** (2003) A889
119. R. Ochoa, I. Kerzhner-Haller, H. Maleki, US 2003099883 A1 20030529 Pat. Appl. Publ. (2003)

第6章

锂离子电池中聚偏氟乙烯（PVDF）相关材料的应用

Aisaku Nagai

6.1 概述

与镍镉（Ni-Cd）和镍氢（Ni-MH）电池相比，锂离子电池（LIB）使用的非水溶剂型电解质的离子传导率要低得多。因此，为获得较高的输出电流，LIB的电极需要比Ni-Cd电池和Ni-MH电池更薄更宽，这也是为什么黏结剂对LIB比其他类型电池更重要的原因之一。

LIB中有效的黏结剂需要具备的特性如表6.1所示。第一部分是与电池性能相关的。便携式设备用的二次电池的设计规则非常简单：一定体积内活性材料的量越大，能量就越高。

表 6.1 LIB黏结剂要求的特性

针对电池性能
活性材料的良好保持性
对金属电极的良好黏附性
在较宽电压范围内的电化学稳定性
高熔点
在非水溶剂电解质中具有较低的溶胀率
良好的锂离子导电性
良好的电子导电性
针对制造性能
长时间浆料黏度保持不变
可溶解形成高浓度溶液，所需的汽化热较低
碾压时容易成形且不会反弹
在电极破裂时不会形成碎片

因此，除了活性材料之外的其他材料，如黏结剂、集流体、隔膜和导电剂等都应该尽可能少。但是，即使黏结剂的量减少了，它也应当很好地将活性材料黏附在金属集流体上。此外，在较宽的电压范围下它必须是惰性的，在正极不能被氧化，在负极不能被还原。我们希望的是黏结剂具有高熔点，即使在高温下，电解质中的活性材料和黏结剂的组合结构仍能保持稳定。如果黏结剂在电解质中的溶胀超过了一定程度，活性材料和集流体之间就无法导电；这时，会有明显的容量衰减。黏结剂的一个潜在缺点是它可能覆盖在活性材料表面，所以锂离子能够穿过黏结剂是很重要的。PVDF 的无定形区域对于极性分子来说是一个良好的基体，锂离子可以穿透溶胀的 PVDF 的薄层[1]。最后，如果黏结剂可以良好导电，电池的性能会进一步提高。

第二部分列出的项目是针对制造过程各方面的。目前，电池制造商为了提高生产能力将涂覆速度设置得越来越高，且不额外增加烘干炉。所以，为了减少烘干所需的热量，黏结剂应该在高浓度时也容易溶解在溶剂中。烘干后，在一定温度下进行碾压电极可提高其密度，但如果黏结剂是有弹性的，碾压后的电极会再次膨胀，这个现象叫做“反弹”。当然，理想的状态是黏结剂在碾压后其形状不会发生变化。最后，碾压后的电极会被剪切成一定的宽度。在剪切过程中，活性材料的颗粒会脱落，这种现象称为“掉粉”，这些颗粒可能会附着到电极表面，刺破隔膜，引起短路。因此，掉粉会严重降低卷绕的直通率。

遗憾的是，没有一种黏结剂可以满足表 6.1 列出的所有标准。目前，PVDF 和丁苯橡胶（SBR）用于负极黏结剂，而 PVDF 和聚四氟乙烯（PTFE）用于正极黏结剂。每种黏结剂的缺点可以通过不同的方法来克服。

6.2 聚合物的电化学稳定性

20 世纪 70 年代，已经发现碳酸丙烯（PC）是一种合适的锂离子电池溶剂，但这并不意味着 PC 对于锂金属来说是稳定的。PC 被还原分解之后，在锂金属表面形成一层钝化层[所谓的固态电解质界面（SEI 膜）]。事实上，大多数有机溶剂在金属锂的电势下都不稳定。此外，20 世纪 80 年代，没有人相信有机溶剂在电压超过 4V 时是稳定的。因此，LIB 的电化学环境对用作黏结剂的有机材料的性能要求更苛刻。黏结剂应该是一直附着在活性材料上的，在正负极上都应该稳定。然而，测量聚合物的氧化还原窗口并不容易。因此，建立了一种预测方法，并在 1998 年的电池学术报告会上提出[2]。用这种方法，可以计算出多种有机溶剂的最高已占轨道（HOMO）和最低未占轨道（LUMO），发现了 HOMO 与氧化电位、LUMO 与还原电位之间的关系。接下来，计算了具有不同构造和不同分子量的多种聚合物的 HOMOs 和 LUMOs。

基于不同聚合物和碳酸乙烯（EC）得到的一组结果如图 6.1 所示，EC 作为一种典型的溶剂分子。图中的柱子代表了计算得出的氧化还原窗口，每个柱子的下半部分代表了某一分子的 HOMO 能级，上半部分代表了这些分子的 LUMO 能级。PTFE、PVDF 和聚丙烯腈（PAN）的 HOMO 值比其他聚合物的要小，这个结果表明从 PTFE、PVDF 和 PAN 中移除电子很困难，也就是说，这些聚合物在正极环境中是稳定的。

另一方面，氧化聚乙烯（PEO）的 LUMO 是最高的。PEO 和氧化聚丙烯（PPO）作为聚合物电解质是十分相似的。根据计算结果，PEO 和 PPO 在负极环境中是稳定的，但是在正极环境中可能是不稳定的，这是由于两种聚合物的 HUMO 都很高。另外，PEO 和 PPO 都可以

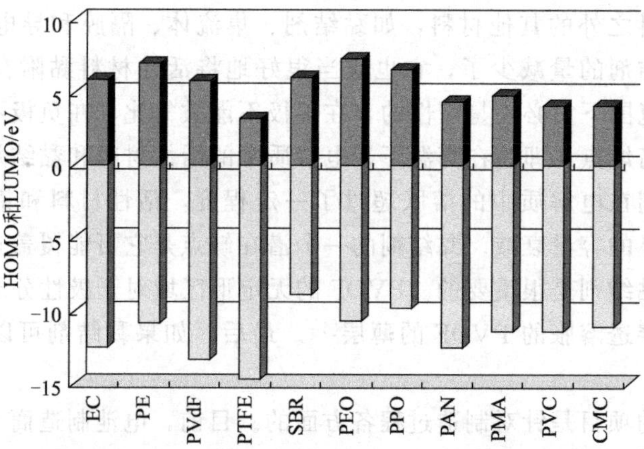

图 6.1 经计算得出的不同聚合物的氧化还原窗口

溶解在有机溶剂中，不能用作黏结剂。聚乙烯（PE）的 LUMO 很高，我们期望它在负极环境中是稳定的，但是 PE 在有机溶剂中很难溶解。PVDF 和 SBR 的 LUMO 与 PE 的几乎相同，因此它们可能用作黏结剂。因此，基于理论计算的预测与正负电极中黏结剂的实际选择是一致的。

6.3 PVDF 的物理性质

PVDF 单体有两个氢原子和两个氟原子（$—CH_2—CF_2—$），氢原子的电子偏向其他原子，因此称为供体。相反，共价键电子云偏向氟原子，因此氟原子称为受体。所以，每一个 PVDF 单体都有偶极矩，随着聚合反应的进行，单体通过偶极-偶极相互作用排列成$—CH_2—CF_2—CH_2—CF_2—$结构，这种键合顺序称为有序键合，然而热扰动会使键合顺序变为$—CH_2—CF_2—CF_2—CH_2—$结构，后者的排列顺序称为头对头键合或简称无序键合。由于较强的分子内与分子间的偶极-偶极相互作用，这种键合顺序对材料的结晶度和其他物理性质有较大影响。

PVDF 的一个重要特性是结晶度。PVDF 有几种晶型，其中最稳定的是 α-型。X 射线衍射数据显示，大约 50% 的 PVDF 是 α-型结构，其余部分是无定形的。在不同温度下聚合的 PVDF 样品的熔点如图 6.2 所示，聚合温度低时，PVDF 的熔点升高。图 6.2 也显示了有序键的摩尔比与聚合温度间的关系，聚合温度低时，无序键的比例也较低。因此，为了获得良

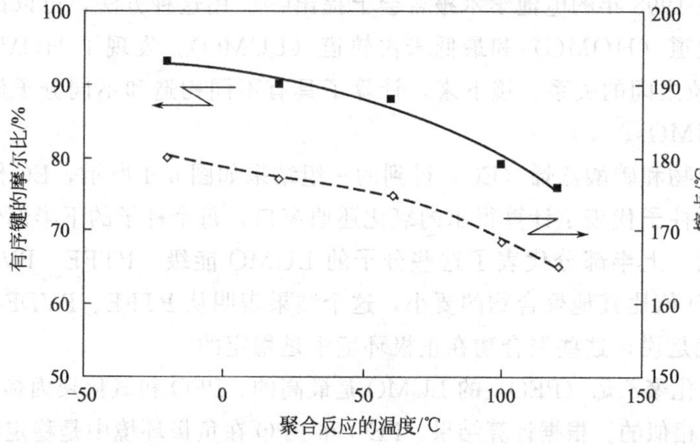

图 6.2 不同聚合温度下，PVDF 样品有序键的摩尔比和熔点

好的结晶度，PVDF 的聚合温度应较低。

Kureha KF 聚合物是日本东京吴羽公司开发的一种 PVDF 产品。KF 聚合物具有很高的化学阻抗和理想的力学性能，它最显著的一个特征是分子链的无序键比其他所有 PVDF 都少，这使其成为一种完美的结晶聚合物。这些特性使它在有机电解质中膨胀程度最低，保证锂离子二次电池的长期稳定。

PVDF 另一个与众不同的特性是介电性。在无定形区域内，这些偶极矩会很容易地沿着外加电场方向移动，所以 PVDF 的介电常数是所有聚合物中最高的。

6.4 KF 聚合物的产品范围

自锂离子二次电池问世以来，KF 聚合物就是世界范围内应用最广泛的黏结剂。目前的 KF 聚合物有粉末状的 W 系列和 L 系列，L 系列是将 W 系列粉末溶解在 NMP（*N*-甲基-2-吡咯烷酮）中。目前两个系列的不同等级产品见表 6.2。

表 6.2　W 系列和 L 系列 KF 聚合物的产品等级

W 系列(粉末型)	
W＃1100	标准等级
W＃1300	标准等级
W＃1700	高分子量等级
W＃7200	超高分子量等级
W＃7300	超高分子量等级
W＃9100	负极高支持力等级
W＃9200	负极高支持力以及高分子量等级
W＃9300	负极高支持力以及超高分子量等级
L 系列(溶液型)	
L＃1120	标准等级(W＃1100)
L＃1320	标准等级(W＃1300)
L＃1710	高分子量等级(W＃1700)
L＃7208	超高分子量(W＃7200)
L＃7305	超高分子量(W＃7300)
L＃9130	负极高支持力等级(W＃9100)
L＃9210	负极高支持力以及高分子量等级(W＃9200)
L＃9305	负极高支持力以及超高分子量等级(W＃9300)

注：括号里代表粉末型号。

总之，KF 聚合物的分子量越大，需要的量就越少。换句话说，如果使用高分子量 KF 聚合物，可以增加活性材料的量。这可以降低生产成本，提高电池容量，两者都是当今 IT（信息技术）市场的重要要求和需求。

在正极中推荐使用标准型号为 W＃1100(L＃1120)、W＃1300(L＃1320) 以及分子量更高的 W＃1700(L＃1710)、W＃7200(L＃7208)、W＃7300(L＃7305)）KF 聚合物（见表 6.3）。

表 6.3　用于正、负极的 KF 聚合物选择标准

	相对分子质量				
	大约 28 万	大约 35 万	大约 50 万	大约 63 万	大约 100 万
正极	W＃1100 L＃1120(12%)	W＃1300 L＃1320(12%)	W＃1700 L＃1710(10%)	W＃7200 L＃7208(8%)	W＃7300 L＃7305(5%)
负极	W＃9100 L＃9130(13%)		W＃9200 L＃9210(10%)		W＃9300 L＃9305(5%)

注:L 系列括号中代表粉末含量。

另一方面，负极中负极材料很难与 PVDF 黏合。吴羽公司开发出了黏结力更强的几款产品 W＃9100（L＃9130)、W＃9200（L＃9210）和 W＃9300（L＃9305)，其特征为在 PVDF 分子中引入了官能团。由于这种官能团的作用，这些产品比相同分子量的其他产品黏结力更强。这些改善了黏结力的产品也可以用于正极。然而，根据正极材料的类型，使用这些材料应警惕可能发生的凝胶问题。

上述黏结力改善的产品有助于降低成本、提高容量和改善高倍率放电性能。另一方面，由于分子量高，浆料黏度可能会增加，这可能会影响其在混浆和涂覆生产过程中发挥作用。吴羽公司拥有使用上述 KF 聚合物生产性能优良电池的技术诀窍，如果需要的话，可以提供广泛的技术支持，包括根据应用选择最佳的 KF 聚合物和解决实际中遇到的问题。表 6.4 中列出了每一等级产品的典型特性。

表 6.4　W 系列和 L 系列 KF 聚合物的性质

性质	W 系列(粉末型)							
	W＃1100	W＃1300	W＃1700	W＃7200	W＃7300	W＃9100	W＃9200	W＃9300
相对分子质量/×1000	280	350	500	630	1000	280	500	1000
固有黏度/(dL/g)	1.10	1.30	1.69	2.17	3.10	1.12	1.74	3.10
熔融温度/℃	175	175	174	173	172	173	170	163
结晶温度/℃	138	138	136	136	136	136	137	134
水分/%	<0.1	<0.1	<0.1	<0.1	<0.1	<0.1	<0.1	<0.1

性质	L 系列(溶液型)							
	L＃1120	L＃1320	L＃1710	L＃7208	L＃7305	L＃9130	L＃9210	L＃9305
原树脂等级	W＃1100	W＃1300	W＃1700	W＃7200	W＃7300	W＃9100	W＃9200	W＃9300
树脂含量/%	12.0	12.0	10.0	8.0	5.0	13.0	10.0	5.0
溶解黏度/MPa·s	550	1150	1750	2350	1800	950	2500	2100
水分/%	<0.1	<0.1	<0.1	<0.1	<0.1	<0.1	<0.1	<0.1

参考文献

1. K. Tsunemi, H. Ohno, E. Tsuchida, *Electrochimica Acta*, **28**(6), 591(1983).
2. A. Kurihara, A. Nagai, *The 39th Battery Symposium in Japan*, 3C09, 309 (1998).

第7章

SBR黏结剂（用于负极）和ACM黏结剂（用于正极）

Haruhisa Yamamoto and Hidekazu Mori

7.1 概述

锂离子二次电池的电极黏结剂既起到活性材料层间的黏结作用，也用于活性材料层与集流体之间的黏结。黏结剂通常具有较好的电化学惰性。虽然黏结剂对于电池来说不是必要组分，但它在电池的制造和性能方面起着重要作用。因此，黏结剂是电池的重要组分之一。

表 7.1 展示了许多目前已研究成熟的黏结剂。除了黏结性外，黏结剂的其他特性包括电极黏结时的柔韧性、电解质中的不溶解性、致密性、化学和电化学稳定性以及易于电极涂覆。黏结剂应该能同时满足上述所有特性，但这是很困难的，目前仅发现了两种黏结剂符合这些特性要求，它们是聚偏氟二乙烯（PVDF）和苯乙烯-丁二烯共聚物（SBR）。

表 7.1 黏结剂实例[7]

黏结剂	一般方程式和特性	文件
PVDF	$-\!\!(CH_2-CF_2)\!\!-_n$ ・改善对集流体或活性材料的黏结力	AH06-093025
PTFE	$-\!\!(CF_2-CF_2)\!\!-_n$ ・获得良好集流和黏结力的电极浆料 ・改善放电性能和储存寿命	AH08-106897
FKM	$-\!\!(CF_2-CH_2-CF(CF_3)-CF_2)\!\!-_n$ ・改善循环性能	AH10-027601
SBR	$-\!\!(CH_2-CH{=}CH-CH_2)\!\!-_l\,-\!\!(CH_2-CH(C_6H_5))\!\!-_m\,-\!\!(X)\!\!-_n$ ・改善黏结力 ・改善充电/放电性能	AH07-037619

续表

黏结剂	一般方程式和特性	文件
NBR	$-(CH_2-CH=CH-CH_2)_m-(CH_2-\underset{\underset{CN}{\vert}}{CH})_n$ ·少量的黏结剂具有良好的黏结力	AH04-255670
BR	$-(CH_2-CH=CH-CH_2)_n$ ·首次放电容量大 ·循环性能良好	AH04-255670
PAN	$-(CH_2-\underset{\underset{CN}{\vert}}{CH})_n$ ·改善电极导电性	AS63-121264
EVOH	$-(CH_2-CH_2)_m-(CH_2-\underset{\underset{OH}{\vert}}{CH})_n$ ·改善浆料性能 ·循环性能良好	AH11-250915
EPDM	$-(CH_2-CH_2)_l-(CH_2-\underset{\underset{CH_3}{\vert}}{CH})_m-(M_1)_n$ ·循环性能好	AH05-062668
聚氨基甲酸乙酯	$-(R_1-O-\underset{\underset{O}{\Vert}}{C}-\underset{\underset{H}{\vert}}{N}-R_2-\underset{\underset{H}{\vert}}{N}-\underset{\underset{O}{\Vert}}{C}-O)_n$ ·改善电极导电性 ·改善电池容量和耐久性	AH11-001676
聚丙烯酸	$-(CH_2-\underset{\underset{COOH}{\vert}}{CH})_n$ ·与 PVDF 并用 ·循环性能好 ·增加电池容量	AH11-045720
聚酰胺	$-(CH_2-\underset{\underset{COOR_5}{\vert}}{CH})_m-(X)_n$ ·改善电池容量 ·循环性能好	AH10-134816
聚丙烯酸酯	$-(CH_2-\underset{\underset{OR_6}{\vert}}{CH})_n$ ·黏结力好 ·循环性能好 ·改善电池容量	AH08-287915
聚乙烯基乙醚	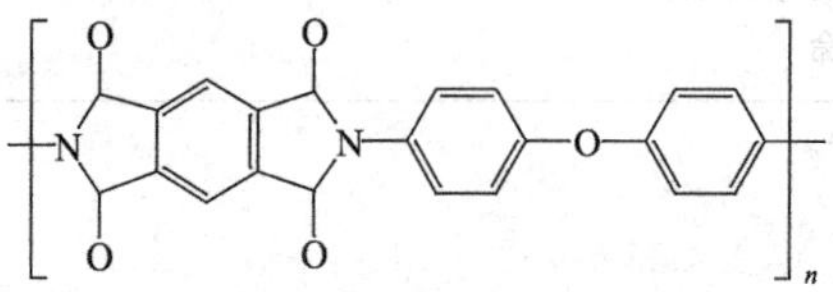 ·防止电解质和锂之间的反应	AH10-069911
聚酰亚胺	·制备具有强度和韧度的电极 E	AH10-302771

注意：上述结构是每种聚合物的基本化学式，实际上，大部分聚合物都是变形的。

经 CMC 出版有限公司授权引用。

最初，PVDF 是主要的负极黏结剂[1]，但是现在 SBR 的使用更为普遍[2]。如今，SBR 几乎应用于 70%电池的制造中。与 PVDF 相比，SBR 提供了更好的电池性能。例如，电极更柔韧、用量少但却具有更高的黏结性、更高的电池容量和更好的循环性能。SBR 也适用于比表面积大的石墨，并且由于 SBR 使用水性溶剂，所以非常环保。由于具有上述优势，韩国和中国近期已开始用 SBR 代替 PVDF。

正极黏结剂的品质要求比负极黏结剂更严格。例如，电池充电时，在不稳定的氧化气氛下，黏结剂必须抗氧化。SBR 在还原气氛下适合作为负极黏结剂，但由于容易被氧化不适用于具有双键结构的正极。这些要求制约了黏结剂的发展。尽管最近高韧性的丙烯酸酯聚合物（ACM）已开始在方形电池中使用[3]，但目前为止，正极制造仍使用 PVDF。

本篇介绍了 Zeon 公司研制的 SBR 负极黏结剂 BM-400B 和 ACM 正极黏结剂 BM-500B，SBR 和 ACM 黏结剂在使用方法上与 PVDF 差异很大，一旦习惯了使用 PVDF，那么在电极涂覆时用 SBR 或 ACM 替代 PVDF 将很困难。因此，本篇也将详细描述如何使用 SBR 和 ACM 黏结剂。

7.2 SBR 和 ACM 黏结剂的特性

SBR 是通用术语，是一种主要由苯乙烯和丁二烯组成的共聚物（见表 7.1）。随着成分比例的改变，SBR 特性会发生极大变化。许多 SBR 是弹性体。

BM-400B 是 SBR 细颗粒在水中的分散体系。这些颗粒是无规则的共聚物分子，例如苯乙烯和丁二烯，也包括一些微量组分，例如丙烯酯和有机酸。这种共聚物是玻璃化转变温度为−5℃的弹性体。

表 7.2 所示为 BM-400B 的特性、电极浆料的状态、电极的特性。BM-400B 与其他 SBR 不同，在设计上它优化了组分的类型和比例并且优化了制造条件，从而使其作为负极黏结剂的优异性能得以发挥。

另一方面，ACM 也是通用术语，是一种主要由丙烯酸酯组成的、含有一些其他微量组分的共聚物。ACM 的特性会随着丙烯酸酯和微量组分的种类以及组成比例的不同而发生显著变化，但不管怎样，大多数 ACM 是弹性体。

BM-500B 是 ACM 的细颗粒在 NMP（*N*-甲基-2-吡咯烷酮）中均匀分散形成的体系。这些颗粒主要是 2-乙基-己基丙烯酸酯和丙烯腈的无规则共聚物，并含有一些其他微量组分。这些共聚体是玻璃化转变温度为−40℃的弹性体。

表 7.2 展示了 BM-500B 的特性、浆料的状态和电极的特性。BM-500B 是第一个实际应用于电池正极黏结剂的纳米氟聚合物。BM-500B 在设计上优化了组分的类型和比例并且优化了制造条件，从而使其作为正极黏结剂的优异性能得以发挥。

与 PVDF 黏结剂相比，BM-500B 的主要优势在于少量使用即可发挥作用、使电极柔韧且在高温条件下稳定。这些优势使电池性能得到了很大的改善。

黏结剂不仅在电极活性材料之间、活性材料与集流体之间具有黏结力，也需要具备电化学稳定性，并在电池工作条件下具有黏结耐久性（见表 7.2）。此外，黏结剂必须满足电极和电池制造过程的不同条件。

表 7.2 由 Zeon 公司研发的黏结剂[7]（由 CMC 出版有限公司授权引用）

项目	BM-400B(用于负极)	BM-500B(用于正极)
聚合物特性		
聚合物品种	SBR	ACM
玻璃相变温度(T_g)①/℃	−5	−40
颗粒尺寸(干燥时)/nm	130	170
热分解起始温度②/℃	342(在氮气中)	363(在氮气中)
黏合剂特性		
分散介质	水	NMP
固含量/%(质量分数)	40	8
黏度/mPa·s	12	150
pH 值	6	—
黏结剂特性		
抗电解质③		
膨胀[质量(倍数)]	1.6	1.6
化学活性	无颜色变化	无颜色变化
电化学稳定性	优异的还原抗性	优异的氧化抗性
电极浆料混合比例的实例	BM-400B(物体物质),1.5 CMC 1.0 石墨(MCMB)(比表面积 0.9m^2/g)100 水 51.25	BM-500B(固体物质),0.53 增稠剂-A(固体物质)④ 0.27 乙炔黑 2 $LiCoO_2$ 100 NMP25.7
电极浆料特性实例		
固含量/%(质量分数)	66.7	80
黏度(60r/min)/mPa·s	3000	2000
储存稳定性	无沉降(7d)	无沉降(1d)
电极浆料特性实例		
对集流体的黏结能力(g/cm,未碾压)	3	2
弹性⑤		
刚性(H=10mm)/g	2	4
破裂点/mm	1	2
电极表面粗糙度(未碾压)R_a/μm	3	0.8

① 用 DSC 法测量。
② 用 TGA 测量(10℃/min)。
③ 使用的电解质(EC/DEC=1∶2,1mol/L $LiPF_6$)；黏结剂薄膜在 60℃下浸泡 72h。
④ 增稠剂-A：NMP 溶剂中的腈类聚合物。
⑤ 参考图 7.11。

一般来讲，电极浆料的制备方法是将水或 NMP 与活性材料、黏结剂及其他添加剂（如增稠剂或导电碳）混合，然后用刮板法或其他方法将浆料涂覆到集流体上，再进行烘干、碾压、剪切制成电极。电极和电极浆料的特性会随着活性材料和添加剂的种类变化而变化。因此，用于涂覆的浆料，其制备条件需要经过优化。

7.3 负极黏结剂：BM-400B

负极黏结剂 BM-400B 是水分散体系，含有细小的 SBR 胶体颗粒（直径约为 130nm）和少量胶体颗粒聚合物（直径大于 130nm）(见图 7.1)。这两种聚合物都含有丁二烯的弹性体。

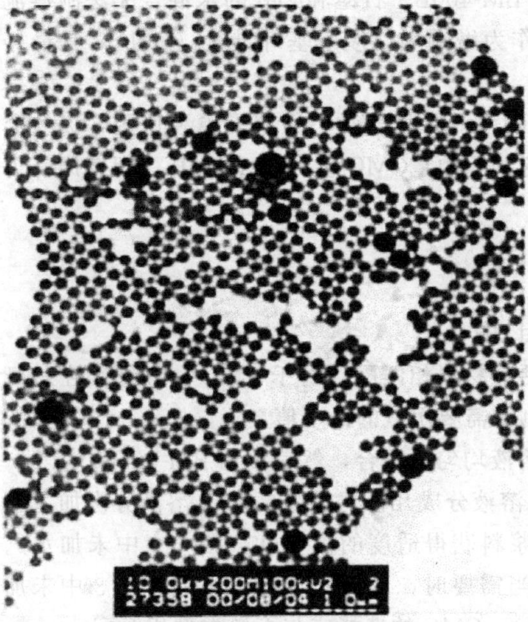

图 7.1　BM-400B 的 TEM 图[7]

经 CMC 出版有限公司授权引用

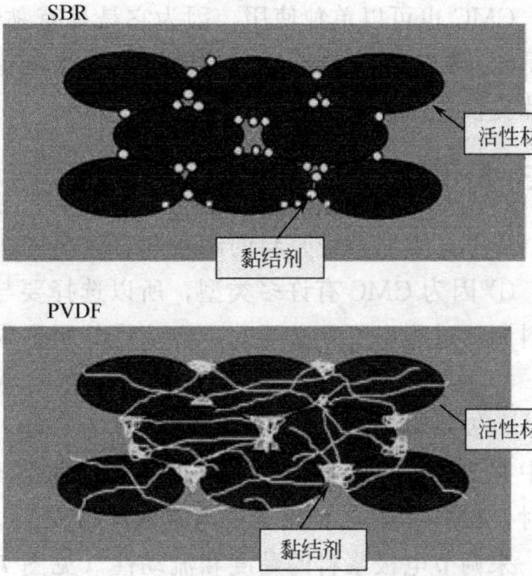

图 7.2　黏结剂与活性材料的黏结示意图[7]

经 CMC 出版有限公司授权引用

黏结剂有两种作用：用于活性材料颗粒之间的黏结；将活性材料颗粒黏结到集流体金属箔上。研究者认为，当负极使用 NMP-溶解型的 PVDF 黏结剂时，活性材料粒子（石墨）的黏结结构不同于使用 BM-400B 时的结构。由于 PVDF 在石墨表面上的吸附性差，研究者推测石墨是被包围在 PVDF 网状结构中的，如图 7.2 所示。另一方面，BM-400B 中的 SBR 是含有丁二烯的弹性体，可以很好地吸附在石墨上。因此，研究者推测 SBR 的细小颗粒与石墨表面为点接触。也可以认为，如果 BM-400B 的用量过大，作为电绝缘材料的 SBR 细颗粒可能会包覆住活性材料，从而抑制电池性能的充分发挥。如果电极活性材料中 SBR 的含量是石墨的 3%（质量分数）或者更少，电池可以正常工作。如果 SBR 细颗粒均匀地分布在石墨表面，即使 SBR 的含量仅为 1%（质量分数）左右，电极也能保持良好的黏结性。

黏结剂不是必需的，黏结剂用得越少，活性材料的密度就越高，从而可以为电池提供更高容量，但如果黏结剂的用量过少，负极浆料的性能会变差，导致浆料不能均匀地涂覆在集流体上。即使在用量很少的情况下，对制备良好的负极浆料来说，充分利用 BM-400B 也是至关重要的。

无论如何，制造好的电极在很大程度上依赖于浆料。好的电极浆料需要满足以下三个条件：

① 活性材料不能沉降，浆料有适当的黏度，能均匀地涂覆；

② 黏结剂分散均匀，以免引起活性材料的二次团聚；

③ 黏结剂均匀地分散于整个活性材料表面。

我们不知道电池制造商在实际中如何制备电极浆料，下面描述了由 Zeon 公司研制的 BM-400B 黏结剂的使用方法。

7.3.1 BM-400B 的使用方法

由于 BM-400B 是颗粒分散型黏结剂，只将 BM-400B、石墨和必要的水混合无法制得流动性良好的负极浆料，必须添加水溶性聚合物作为增稠剂。羧甲基纤维素（CMC）是最好的水溶性聚合物。

CMC 也可以单独使用，因为它是具有黏性的水晶状聚合物，但如果单独使用，极片会变得硬而脆，经过碾压后容易破裂。为了避免这种问题，CMC 应与 BM-400B 一起使用，为极片提供充足的弹性。

7.3.2 负极浆料的制造

以下几点对负极浆料的制备起着重要的作用。

① 因为 CMC 有许多类型，所以选择要与活性材料相匹配。由于 CMC 和黏结剂在负极浆料制造过程中不是必要的，应该将其用量限制在需要用量的最小值。

② 在适宜条件下，将活性材料与 CMC 水溶液均匀地混合，然后添加 BM-400B。

负极浆料制备的第一步是将定量的 CMC 水溶液分成几份（见图 7.3）。溶液分次加入石墨中并匀成浓浆。必要时，可加入蒸馏水直至浆料获得适度的流动性（图 7.3 中未加水）。此时，BM-400B 已经完全混入浆料中。最后，当需要时，可加入更多的水（图 7.3 中未加水）来调节电极浆料的黏度和流动性（见图 7.4）。CMC 的选择应与石墨类型相匹配。

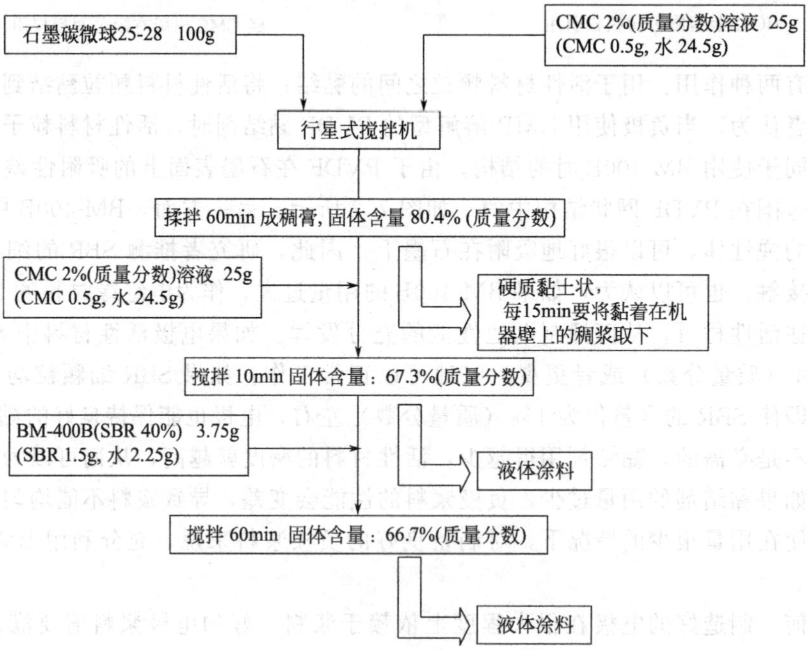

图 7.3 负极浆料的制造流程[7]

经 CMC 出版有限公司授权引用

建议事先评估分散活性材料和获得良好流动性所需的条件。以下是由 Zeon 公司开发的简单方法。

首先，称 10g 的石墨（活性材料）并逐步混入 1%（质量分数）的低黏度 CMC 水溶液（Dai-ichi Kogyo Seiyaku 公司的 Cellogen 7A）。流动性等级（见表 7.3）可由目测得出，图 7.5 为流动性等级-固含量关系图。流动性等级 2 和 8 是重要的，因为等级 2 对应的固含量是获得均匀分散石墨浓浆的基准点，等级 8 对应的固含量是获得所需流动性的负极浆料的基准点。

图 7.4 负极浆料[7]

经 CMC 出版有限公司授权引用

图 7.6 展示了使用不同类型石墨负极活性材料的浆料流动性等级 8 对等级 2 的液体吸收行为。图 7.6 中未命名点的数据来源于电池制造商提供的石墨，而命名点的数据来源于石墨制造商提供的主要类型石墨。

表 7.3 流动性等级（目视观察）[7] 经 CMC 出版有限公司授权引用

流动性等级	浆料状态(目视观察)
等级 1	颗粒，不凝结
等级 2	硬结块(最佳浓度的浆料)
等级 3	软结块
等级 4	表面可观察到一些液体
等级 5	表面趋于流动成平面
等级 6	从刮刀上滑落成块
等级 7	从刮刀上滑落后展开
等级 8	充分的流动状态(最优的流动状态)

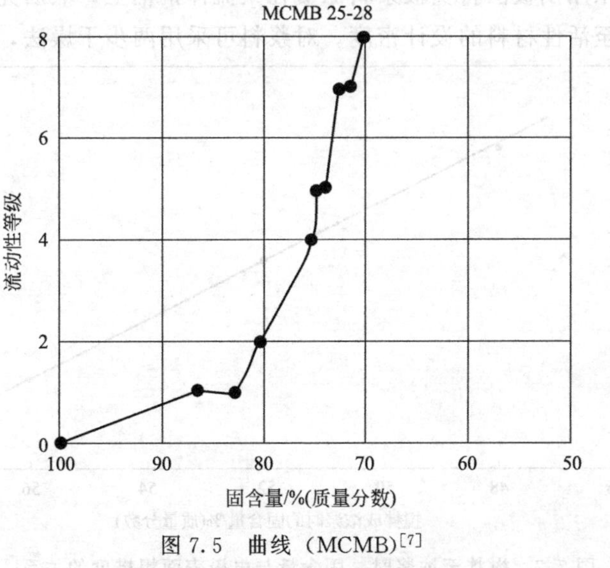

图 7.5 曲线（MCMB）[7]

经 CMC 出版有限公司授权引用

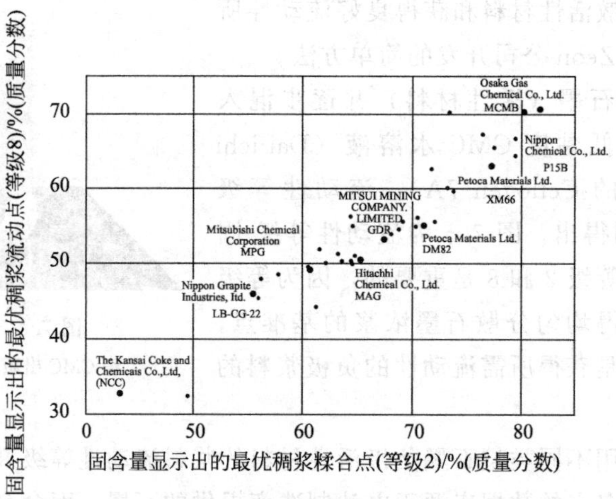

图 7.6　各种石墨的液体吸收行为图[7]

经 CMC 出版有限公司授权引用

等级 8 的负极浆料的固含量由石墨类型决定，通常在 30%～70%（质量分数）区间变化。当等级 8 要求的石墨固含量大于 55%（质量分数）时，可以使用 PVDF；但所需固含量小于 55%（质量分数）时，PVDF 就不适用，应该使用 BM-400B。

为了制得等级 8 的浆料，当选用 CMC 时，为了满足石墨固含量大于 60%（质量分数）的要求，推荐使用低分子量的 CMC［含量为 1%（质量分数）时，黏度为 100～500mPa・s］。另一方面，可采用高分子量的 CMC［含量为 1%时，黏度为 1000～2000mPa・s］来满足固含量小于 60%（质量分数）的要求。

在等级 2 对应的固含量下，活性材料在浓浆中的分散最好。电极表面的粗糙度可作为显示电极浆料中石墨分散状态的指标。图 7.7 展示了浓浆的固含量与电极表面粗糙度的关系曲线。可以认为，表面粗糙度越小且浆料浓度越高，混合物的分散越好。

制备负极时，采用刮板法将负极浆料涂覆在集流体铜箔上；然后完全烘干浆料并去除残留水分，最后碾压至活性材料的设计密度。对浆料可采用两步干燥法，以获得黏结性能良好

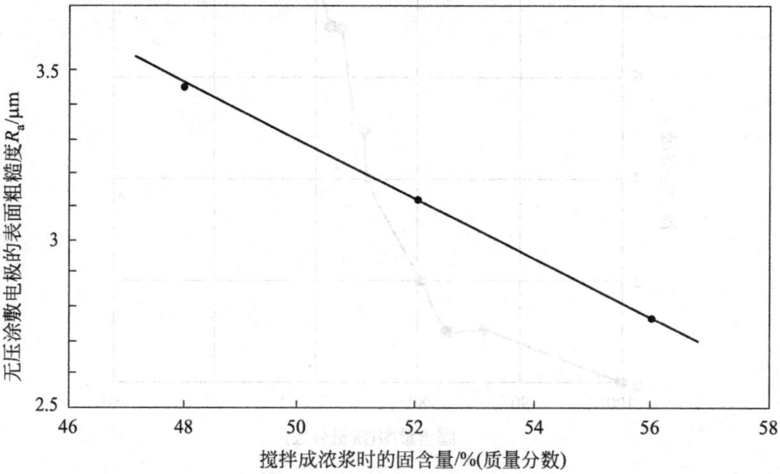

图 7.7　搅拌至浓浆时，固含量与电极表面粗糙度的关系[7]

经 CMC 出版有限公司授权引用

的极片。也就是，第一步应该在低于100℃下完成（50～60℃），以除去自由水，第二步应该提高温度至100℃以上以完全除去水分。应该注意的是，若第一步的烘干温度达到或超过100℃，会引起SBR碰撞并向电极表面迁移，从而降低黏结性，增大电极表面阻抗。

BM-400B中SBR的玻璃化转变温度（T_g）为−5℃，这保证了电极的柔韧性；而且，由于SBR的热分解温度高，所以第二步中允许使用高温烘干。

此外，黏结剂的使用很重要，因为它决定了电极的质量，如碾压前的表面均一性（有无破裂、碎屑、断裂、凹坑、线形印记、环形印记）、柔韧度、表面粗糙度、集流体与活性材料间的黏结力。电池性能是验证黏结剂使用的最终指标。

7.4 正极黏结剂：BM-500B

正极黏结剂必须拥有比负极黏结剂更好的性能。例如，电池在60℃充满电时，要求电池黏结剂在长时间的氧化环境中具有电化学稳定性。此外，黏结剂也要保证电池通过多种安全测试，例如电池针刺实验。这里存在一个问题：因为很少有这种聚合物存在，它既能作为黏结剂，又能使电池通过这些安全测试。所以，与负极黏结剂一样，即使黏结剂的用量少，也必须保证高黏结性。另外，为了适应薄的方形电池的使用趋势，电极必须非常柔韧以防止极片弯曲成锐角时发生破裂。

锂离子电池投入市场已经十年，期间发表了许多正极黏结剂的专利（见表7.1）。然而除PVDF外，至今尚未发现能满足这些苛刻条件的实用型黏结剂，因此现在主要还是使用PVDF。

近来，Zeon公司研制出了BM-500B正极黏结剂——ACM分散于NMP中，这种黏结剂满足了上述苛刻条件。

BM-500B是由干燥状态下直径为170nm的ACM凝胶体组成的弹性体。这种黏结剂是颗粒分散型的弹性体——膨胀的ACM分散于NMP中，具有聚合物结构，对电解质具有抗蚀性并能分散于NMP中。

由于BM-500B属于颗粒分散型，所以它不能提高溶液的黏度，在单独使用时会造成浆料的性能不足。因此，如同CMC与BM-400B结合使用在负极上一样，使用增稠剂非常重要。Zeon公司根据活性材料的类型研制了不同的正极增稠剂。由于版面不足，详细内容这里不赘述了。

正极黏结剂的电化学稳定性按如下方法确定。用于黏结剂的聚合物与碳混合配制成混合电极，工作电压为3～5V，氧化电流采用循环伏安法测量。在高达4.6V工作电压下，具有小氧化电流的聚合物是适用的。据报道，聚合物的抗氧化性可由分子轨道能量的计算推测[4]。这个（HOMO）能量（最大占据轨道能量）由半经验分子轨道计算法计算得来，其中AM1法作为哈密顿函数使用。Zeon公司认为HOMO能量小于−10eV的聚合物适于用于正极黏结剂。BM-500B是C—C饱和键的HOMO能量为−11.4eV的聚合物。因此，可认为这种聚合物具有抗氧化结构。

对于负极来说，颗粒分散型黏结剂可以均匀地分散在活性材料和导电碳上，BM-500B就是属于这种类型的黏结剂。

制备正极的要点是对组分（活性材料、导电碳、黏结剂、增稠剂）适当地分散，因为这会直接影响电极的性能。制备电极的另一个重要条件是防止活性材料的沉降，这对电极至关重要，因为活性材料的密度很大。相对于活性材料和导电碳，BM-500B 的亲和性和团聚性都很强，但它们的强度各不相同。

如用 PVDF 溶液作为黏结剂时一样，同时添加和搅拌组分（例如活性材料、黏结剂、增稠剂、导电碳）会加剧活性材料和导电碳的分散失效。为了避免这些现象，Zeon 公司提出了浆料的制造方法，如图 7.8 所示。按这种方法，分散导电碳和活性材料要单独进行。在最终混合成浆料前，导电碳浆液和活性材料与正极黏结剂的浆液要分别调整。这种方法有利于制备均匀且稳定的混合浆料。同时，也能使导电碳的分布均匀，这样在用量少的情况下也能提供充足的导电性。

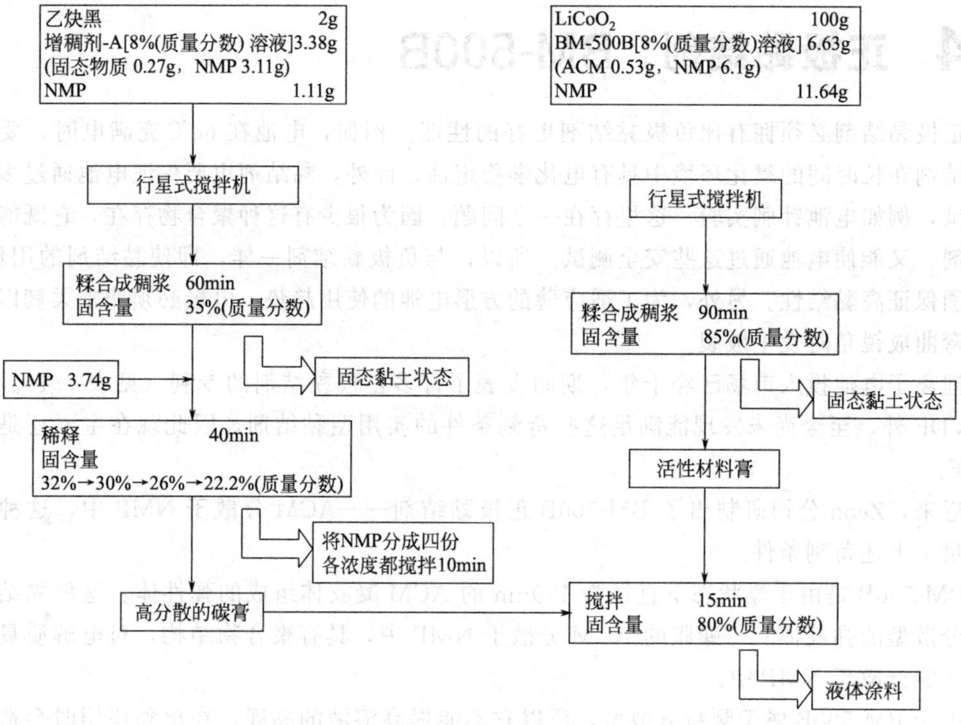

图 7.8 正极浆料制造流程[7]

经 CMC 出版有限公司授权引用

目前，导电碳的高分散技术已研究成熟[5]。按照我们的方法，通过搅拌导电碳和增稠剂可获得适度分散的浓浆。例如，首先使用行星搅拌器将碳和增稠剂搅拌成黏土状，固体物质占 35%（质量分数）；持续该过程直到获得固含量为 60%～70%（质量分数）、碳粒径小于 1μm（参考图 7.9）的碳浆。采用双辊式混合机可以制得固含量为 80%～90%（质量分数）、碳粒径小于 1μm 高分散度的碳浆。碳的粒径分布可通过调节固含量和搅拌时间来控制。

使用行星搅拌器可以将 BM-500B 和活性材料完全搅拌成固含量高（约 85%（质量分数），坚硬的黏土状）的混合物。将该混合物与之前提到的分散程度高的碳浆料混合，能生产出均匀且稳定的正极浆料（见图 7.8）。这种浆料可涂覆在铝箔上并烘干制成表面粗糙度（R_a）约为 0.7μm 的光滑电极。使用 PVDF 黏合剂生产的电极 R_a 最好水平能达到 1.0μm 左右。

电极表面黏结剂的分散状态可以用 SEM 观察到（见图 7.10）。活性材料表面的导电碳分散度取决于黏结剂的类型，如 PVDF 或 BM-500B。实验发现 BM-500B 黏结剂可以提高分散的均匀性，这可能会极大地影响电池的性能。但直到现在，电池的最佳分散状态尚不清晰。

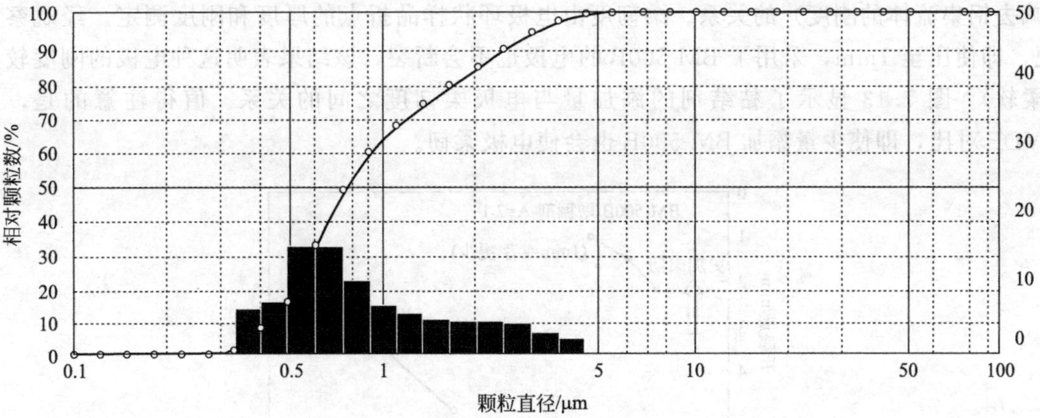

图 7.9 碳浆的粒径分布[7]

经 CMC 出版有限公司授权引用

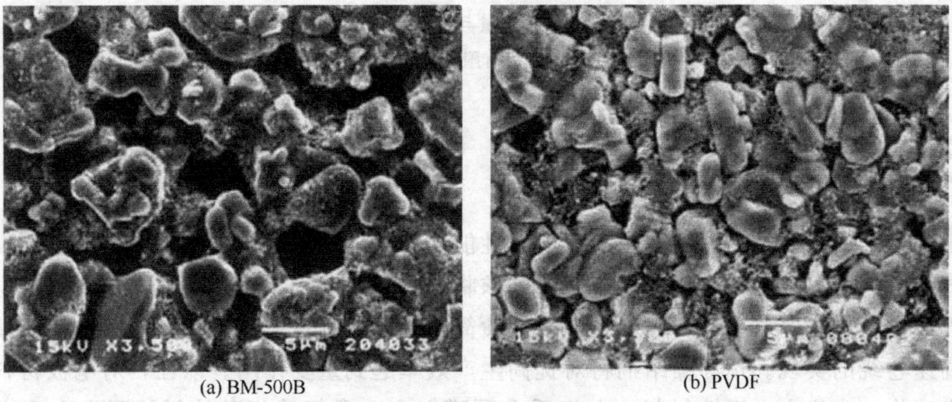

(a) BM-500B

(b) PVDF

图 7.10 正极的 SEM 图像[7]

经 CMC 出版有限公司授权引用

由于柔韧度决定了电极卷绕时断裂的容易程度，因此柔韧度也是电极的另一重要特性。该特性也是使方形电池变薄的重要依据。BM-500B 是玻璃化转变温度为－40℃的弹性体，即使在添加量很少的情况下也可以使电极变得柔韧。图 7.11 展示了用环式刚度测试仪测定电极柔韧度的结果。图 7.12 表明了用环式刚度测试仪制得的电极环状样品的厚度与刚度

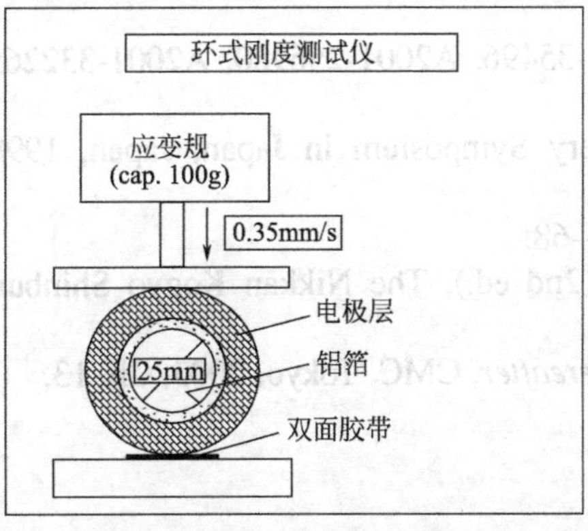

图 7.11 使用环式刚度测试仪测定柔韧度[7]

经 CMC 出版有限公司授权引用

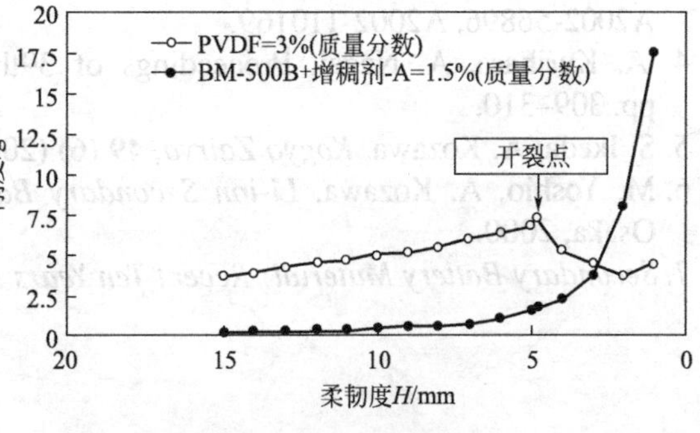

图 7.12 电极的柔韧度[7]

经 CMC 出版有限公司授权引用

(减去铝集流体的刚度）的关系。柔韧度由电极环状样品折点的厚度和刚度测定。经观察发现，即使压至1mm，采用了BM-500B的电极也不会断裂，该结果表明这种电极的刚度较小（柔软）。图7.13显示了黏结剂的添加量与电极柔韧度之间的关系。值得注意的是，与PVDF对比，即使少量添加BM-500B也会使电极柔韧。

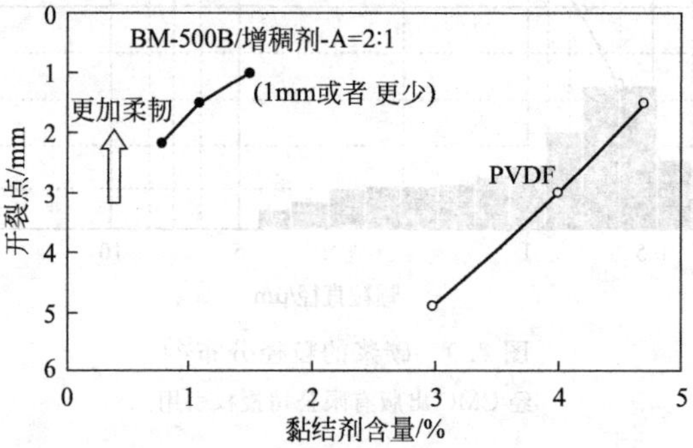

图7.13　黏结剂的添加量与电极柔韧度的关系图[7]

经CMC出版有限公司授权引用

7.5 总结

由于至今尚未开发出比锂离子二次电池性能更为优异的电池，锂离子二次电池的广泛应用是大势所趋。另外，对电池性能提升的需求将促使电池向小型化、更薄、更高容量、更安全等方面进行创新。这些创新将促进电极涂覆简化、电极制造速度加快、电解质快速浸润电极和高速卷绕的实现。预计黏结剂将对提高生产效率起到重要作用。以往，对电极材料的传统开发工作一直集中在活性材料、电解质和隔膜上[6]，我们希望黏结剂的开发和改进与这些传统材料受到同等的重视。

参考文献

1. *Development of Material for Li-ion Battery and Market*, CMC, Minneapolis, MN, 1997, p.114.
2. For example, AH4-51459, AH5-74461, AH10-814519, A2001-15116, A2001-76731, A2002-75373, A2002-75377, A2002-75458.
3. For example, A2000-195521, A2001-28381, A2001-35496, A2001-256980, A2001-332265, A2002-56896, A2002-110169.
4. A. Kurihara, A. Nagai, Proceedings of 39th Battery Symposium in Japan, Japan, 1998, pp. 309–310.
5. S. Ikeda, A. Kozawa, *Kogyo Zairyo*, **49** (6) (2001) 65–68.
6. M. Yoshio, A. Kozawa, *Li-ion Secondary Battery* (2nd ed.), The Nikkan Kogyo Shinbun, Osaka, 2000.
7. *Secondary Battery Material: Recent Ten Years and Hereafter*, CMC, Tokyo, 2003, Ch. 13.

第8章

锂离子电池的制造过程

Kazuo Tagawa and Ralph J. Brodd

8.1 概述

本章旨在对锂离子电池的制造进行概述。电池设计和制造的基本原理是众所周知的，每个制造商都在对各自的专利、电池设计和装配的具体工艺、生产电池所用的设备保密。然而，还是可以了解到一些基本的原理和过程，详述如下。图 8.1 为电池构成的示意图。

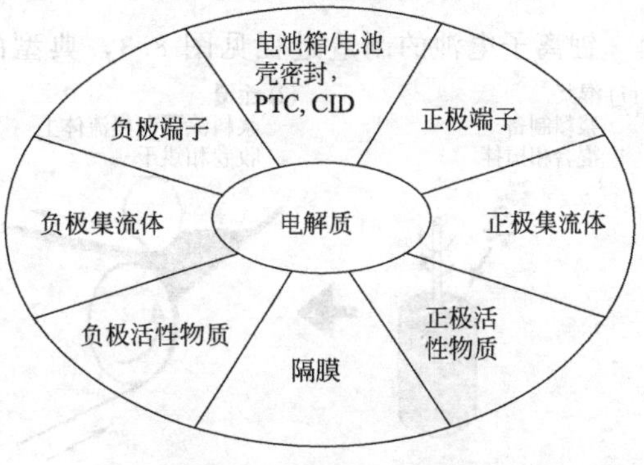

图 8.1 电池构成描述

每条线代表电池各部件和工作区域之间的界面。电解质接触电池的所有部件，在每个界面发生的现象不同

国际电工协会（IEC）已经建立了电池不同型号和化学体系的习惯命名法[1]。例如，ICR18650 翻译为：I 代表锂离子电池，C 代表钴正极，R 代表圆柱形电池，18 是电池直径（单位 mm），650 是电池高度（单位是 1/10mm）。又如，方形电池 IMP366509，I 代表锂离子电池，M 代表锰，P 代表方形，36mm 宽，65.0mm 长，9mm 厚。

8.2 电池设计

图 8.1 描绘了商品化电池的各种部件，此图只表示电池良好工作状态下的各部件和界面。例如，集流体和活性物质的界面，涉及活性物质的电导率和活性物质多孔电极结构内的电流分布。在开发高安全性能商品化电池时，要着重考虑与电解质直接接触的这些部件；仅仅对电池进行安全设计不足以作为安全商品化电池的标准，生产操作时也一定不能引入影响安全和性能的缺陷。考虑到这点，必须对设备的每个新部件进行确认，以保证不会引入影响电池安全的缺陷。一旦完成电池设计及样品制作，应进行性能和安全的综合测试，以确认电池的性能。自从 Sony 公司将锂离子电池商业化以来，电池容量（A·h）的提升情况如图 8.2 所示[2,3]。

基于成熟的化工原理，通过开发计算机程序来预测电池性能是很好的实践方法[4,5]，这种程序能近似地估测电池的实际性能。电极的电流分布、活性物质的反应（交换电流）、电极厚度和孔隙率、活性粉末与导电剂的比例、正负极配比、电解质的离子电导率是电池的重要特性，合理的设计可以使电极的电流分布更均匀。成熟的计算机模拟程序可用于电池实际性能的预测。

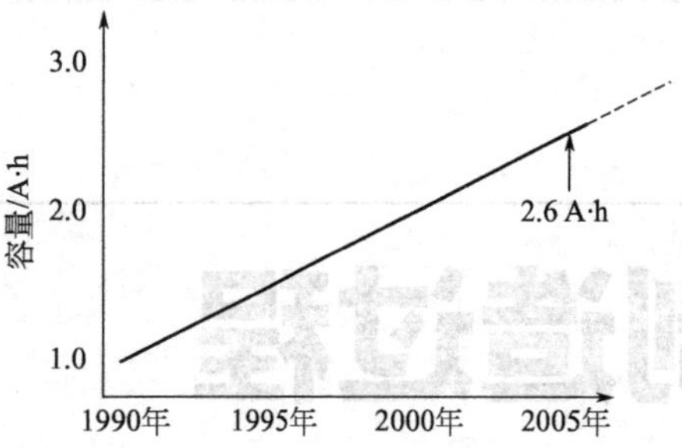

图 8.2　ICR18650 电池容量的增长随时间变化的关系（平滑的斜线）

除了对电池内可产生电流的材料和反应进行设计外，大多数锂离子电池还设计了安全装置，举例如下。

① 具有关闭功能的隔膜，当温度达到特定值时，隔膜发生闭孔，电池内阻增加使电流减小，电池停止工作。

② 正温度系数（PTC）电阻。PTC 通过内置的导电聚合物发生相变而工作，这种聚合物在电流或电池内部的温度超过设定值时，能增加电阻，使电池的电流降至最低。

③ 电流断开装置（CID）。在电池内部压力达到设定压力（通常由电池内温度过高引起）时，能够断开电池的导电回路，阻断电流。

8.3 圆柱形和方形电池的制造

锂离子电池的制造过程见图 8.3，典型的锂离子电池制造工序如下：在金属箔上涂覆

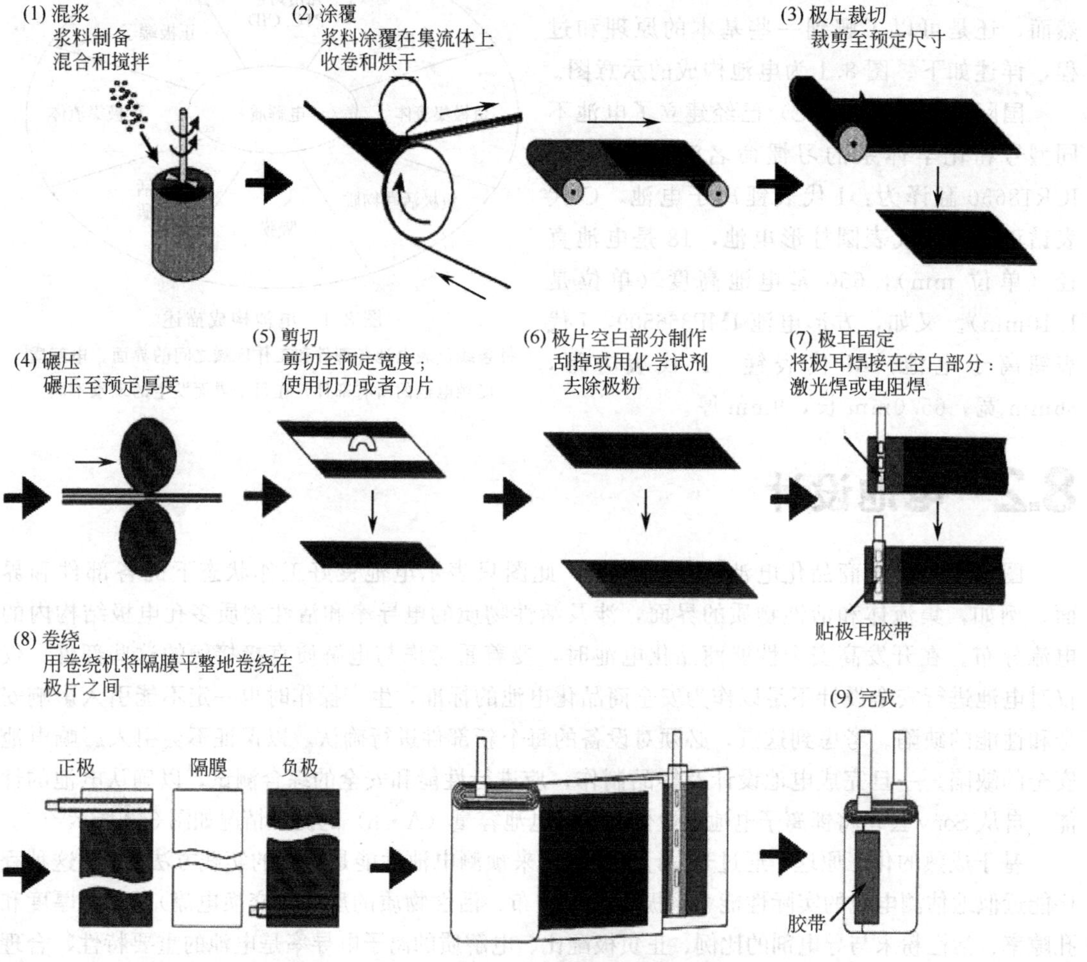

图 8.3　锂离子电池制造工序概述

正、负极活性材料，然后将隔膜置于正、负极片间卷绕，将卷绕后的极组插入电池壳内，注入电解质，然后密封电池壳。锂离子的制造过程大致分为五个主要工序：

① 正负极材料的混浆、搅拌、涂覆、碾压、剪切；

② 正负极片和隔膜的卷绕；

③ 卷绕后的极组入壳和电解质注入；

④ 电池封口或密封；

⑤ 化成、老化和电池分选。

8.4 混浆和涂覆

电极制造一般是将活性材料涂覆于金属箔上并进行碾压。正极是由活性材料（如 $LiCoO_2$、$LiNiO_2$、Li_2MnO_4）、碳导电剂（如乙炔黑、超导电炭黑、石墨）、黏结剂（如聚氯乙烯 PVDF、乙烯-丙烯-二乙烯烃甲基共聚物 EPDM）组成，使用多功能搅拌机（常用叶轮式搅拌机）将石墨和氧化物进行干法混合。首先，不同种类的固体（除黏结剂外）在干燥固态条件下充分混合；然后将预先准备的 PVDF 与 *N*-甲基吡咯烷酮（NMP）的溶液和混合好的、干燥的固体材料放入球磨机内进行彻底的搅拌。球磨机内有直径 2～3mm 的陶瓷球（如玻璃、氧化锆等）用于搅拌，球磨机的搅拌状态对电池的性能影响较大。

负极的生产工序与正极基本相同，只是所使用的材料不同。碳或石墨作为负极的活性材料，PVDF、羧甲基纤维素（CMC）或丁苯橡胶（SBR 乳胶）等作为黏结剂，有些情况下会加入聚酰亚胺。应根据黏结剂的类型选择溶剂，如 PVDF 选用 NMP，EPDM 选用水作为溶剂，PVDF 对碳材料和金属集流体（铜箔）有黏结作用。负极浆料采用行星式搅拌机进行湿法混合效果最佳，行星式搅拌机在不同的轴上有 2～3 个叶轮，可以均匀地混合制浆罐边角和中心的浆料。在实验室中，按照预定的固含量混合所有的材料，首先将材料搅拌成浓浆，再加溶剂调节黏度以便于涂覆。电极浆料（黏度为 10000～20000mPs·s）均匀涂覆于厚度为 15～20μm 的集流体（正极铝箔、负极铜箔）两面。适宜的混浆工艺可保证活性物质组分在涂覆过程中分布均匀。

电极涂覆可采用喷涂式、逆转辊涂式或刮板式涂覆设备[6]，每种设备都能生产出符合要求的电极。精确控制涂覆厚度对确保装配过程中极组易于入壳是至关重要的。通常生产双面电极时，需要在另一面进行二次涂覆。涂覆记录应存档作为质量记录。基于不同的电池设计，涂覆厚度可在 50～300μm 之间变化。为了后续的极组卷绕，可根据电极的设计进行固定长度的间歇涂覆；随后，用碾压机碾压干燥的电极至规定的电极厚度，以达到设计的电极密度。不同的制造商对碾压机的压力和速度的要求不同，如果碾压工序操作不当，卷绕工序的直通率将会下降。碾压后，将电极裁切成电池规格要求的宽度后转入卷绕工序。

此流程从涂覆工序开始至极组制成结束。更详细的生产流程参见圆柱形、方形、平板/叠片电池的装配工艺。

8.5 圆柱形电池的制造

图 8.4 是圆柱形电池装配工序的示意图。电极工序之后，接下来的工序是卷绕——生产电池的核心。将剪切后的正极、负极、隔膜放置到卷绕机上，极片的长度、宽度和厚度应符合电池的设计要求。卷绕机自动完成极组卷绕，当卷绕机上极片用尽之后，重复上料的操

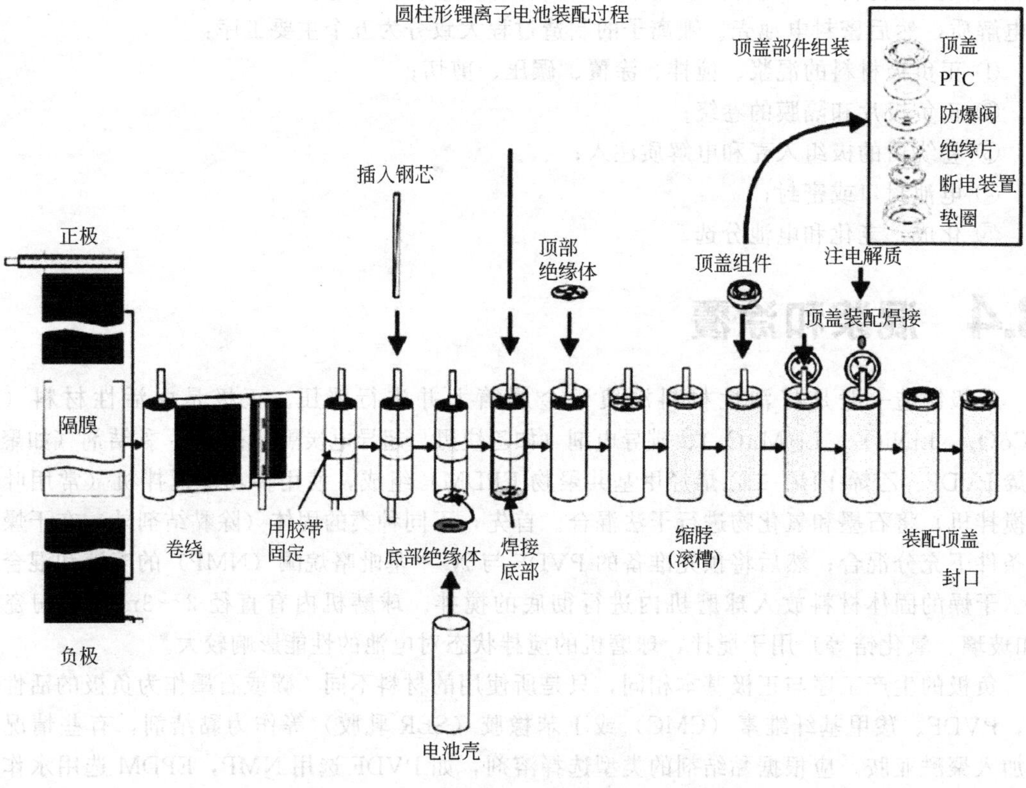

图 8.4 圆柱形电池装配示意图

有几步操作（例如，为密封电池盖在凸台处涂胶、盖的自组装、注电解质时抽真空）在此图中没有表示。聚合物黏结剂可能是 PVDF，也可能是 SBR，这取决于设计要求

作。在极片卷绕前，铝极耳（厚度为 0.08～0.15mm）通过超声焊焊接在裸露的铝正极箔上。同样，镍极耳（厚度为 0.04～0.1mm）也用超声焊焊接在裸露的铜负极集流体上。如果极片不是按间歇的模式涂覆，那么在焊接工序前应清理干净集流体上涂覆的活性物质。

将正负极片和隔膜在卷绕机上卷绕成紧密的极组。圆柱形电池用圆形卷针，方型电池用扁平的卷针。卷绕时要对极组施加恒定的张力，以保证最终的极组尺寸，最后用终止胶带黏结极组以保持紧密的卷绕。任何违规的操作都会使隔膜与极片之间有间隙，导致电流分布不均以致电池失效或循环寿命缩短。通过目测和 X-射线持续监控关键工序以确保极组的对齐度。卷绕后的极组在入壳前要用“Hi-pot”或阻抗测试仪进行内短路测试。早期发现产品的潜在缺陷可以避免对不良电池的更多返工，从而控制成本。卷绕工序的重点是活性材料不能剥落，也不能发生隔膜变形。

极组入壳后，带锯齿结构的弹性钢芯插入卷绕后的极组中。该弹性钢芯的作用是提高极组结构的稳定性及电池的安全性。当电池内压升高，气体自由地通过弹性钢芯的中空部分由防爆阀释放出去。当电池受挤压时，弹性钢芯会使两极形成短路，瞬时放电；焊针插入弹性钢芯的孔中，并将负极极耳焊接到电池壳上。

电池制造过程中任何的水分污染都会对电池性能造成不良影响，因此，电池装配通常都是在干燥间或干燥箱内进行的，或在装配后注液前将电池放入真空烘箱中干燥 16～24h 以去除极组内的水分，接着用真空注液装置将电解质注入电池。采用高精度的泵将电解质用真空的方式注入电池中，以确保电解质渗入并完全填满隔膜和电极的微孔。高精度的泵可精确提供电解质量，以保证电池良好的性能。电解质盐通常是溶于有机碳酸酯混合物中的 $LiPF_6$。不同制造商对电解质具体组分的要求也不相同。

电池注液后，扣盖用聚合物密封圈封装电池。电池盖有防爆阀、PTC 和 CID 安全装置。CID 和 PTC 是防止电池内部产生危险的高温和压力的安全装置。PTC 的作用是当电流或电池温度超过设定值时切断电流，使用前要检查每批 PTC 的动作电流和温度。CID 的设计是当电池内部的压力未达防爆阀破裂压力，但超过了设定值时，切断电流；之后圆柱形电池和方形电池要用含有少量水的异丙醇或丙酮清洗以去除附着的电解质。用气味感应器检查漏液情况，以确保电池良好的密封性。

用 X 射线检测电池顶盖的封装位置、卷绕对齐度不良和极耳弯折不良，上述不良可能会引起内短路或电池缺陷。为了便于识别，普遍采用在电池表面印刷电池编码和其他信息（如生产线号、日期等）的方法，这些编码可以用于追溯生产场所与时间、装配线与所有电池零部件、原材料、电解质、隔膜等。电池也可以用绝缘套包裹（贴标签）。电池的原材料、加工及生产条件的详细质量记录也是存档数据的一部分。

最后，通过老化工序筛选出微短路的电池，并将电池按容量分档以用于随后的电池组装配。老化工序的储存温度、时间和电池筛选方法是多样的。此工序的目的是识别在生产过程中未发现的电池内部故障和微短路。

8.6 方形电池的制造

方形电池的装配如图 8.5 所示，从涂覆、卷绕直至扣盖与圆柱形电池的制作过程基本一

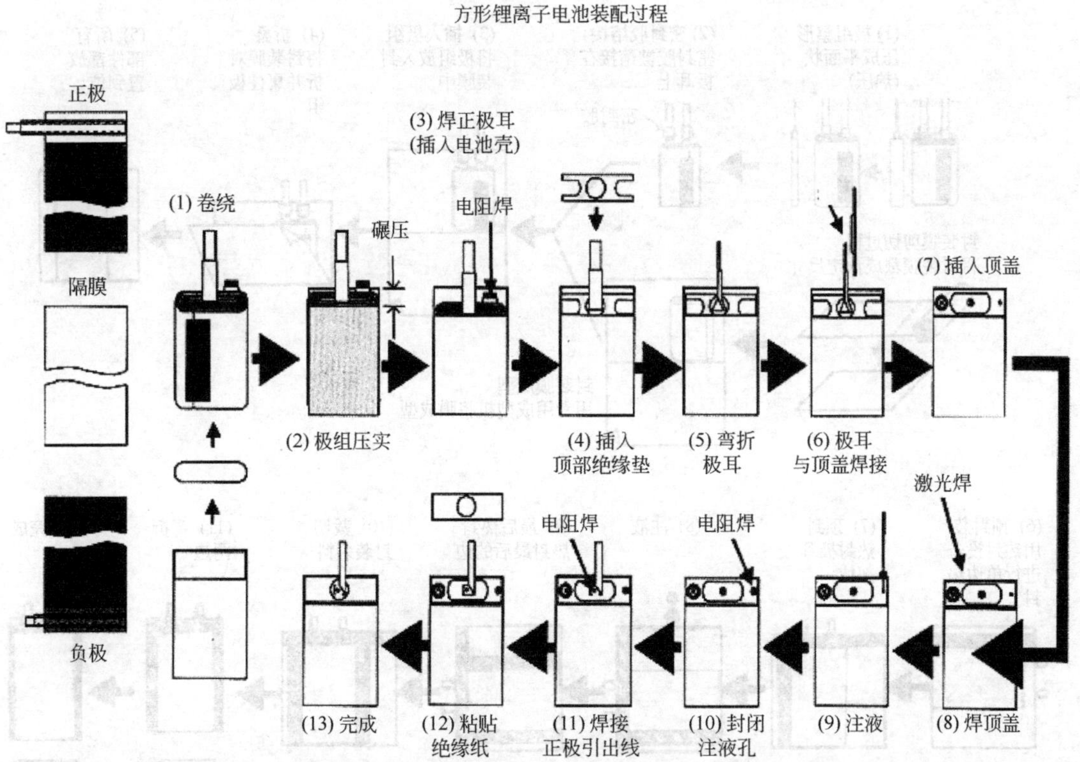

图 8.5　方形电池的装配示意图

有几步操作（例如，为密封电池盖在凸台处涂胶、盖的自组装、注电解质时抽真空）在此图中没有表示。聚合物黏结剂可能是 PVDF，也可能是 SBR，这取决于设计要求

致，之后的工序有所不同，这是由于方形与圆柱形电池的几何形状不同。为了减轻质量，方形电池使用铝壳，铝材的使用可以减小电池厚度（4mm或更小）。在壳的底部放置绝缘材料，并且将极组入壳。对于圆柱形电池，是将负极耳与壳底进行焊接；而对于使用铝壳的方形电池，则是将正极耳与铝壳焊接在一起。通常采用激光焊将顶盖和极耳与电池壳焊接在一起。如果之前的工序没有在干燥间进行，电池还需要在真空箱中烘干一夜或24h，以便除去电池内的水分。用设备将盖子扣到电池上，先用激光焊机将盖子焊到壳上，再将盖子的周边与壳完全焊牢。接下来，采用激光焊机密封注液孔。

8.7 锂离子平板电池和聚合物电池的制造

小型锂离子聚合物电池和平板电池应用于手机上（容量大约0.5A·h或更高），大型电池应用于能量储存和动力电源（容量高至200A·h）。两种电池的共性是聚合物（黏合剂）可保持电解质并在正负极间形成物理隔离，以防止内短路。大多数聚合物电池是平板（方形）结构。不像液态圆柱形和方形电池那样，聚合物电池没有通用的电池制造工序，且每个制造商的工艺流程略有不同。电池的设计基本上是层状结构，并按照不同的生产工艺生产，具体实例如图8.6和图8.7所示。总体来说，平板电池的生产流程与方型电池过程类似。依据电池的设计，将活性物质涂覆在箔或拉伸的金属带上。按照圆柱形和方形电池大概流程进行电池的装配。正负极组和聚合物电解质按规定的尺寸裁成特定形状，并与聚合物膜堆叠，

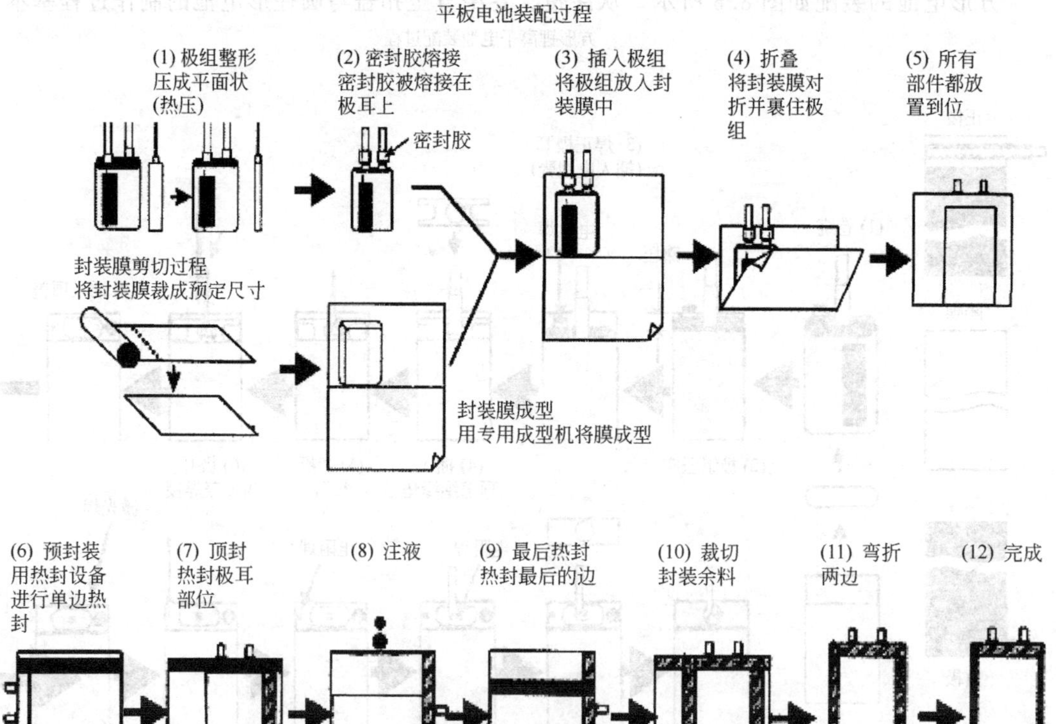

图8.6 平板电池/叠片电池的装配示意图

有几步操作（例如，为密封电池盖在凸台处涂胶、盖的自组装、注电解质时抽真空）在此图中没有表示

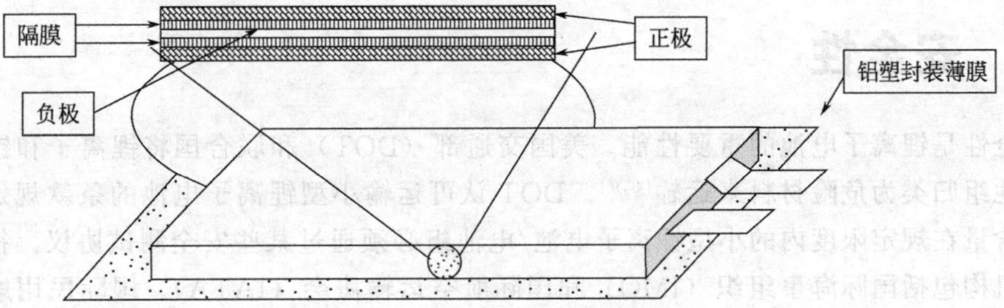

图 8.7　平板电池结构的图示

显示了“bicell”结构

如图 8.8 所示，或者使用 Z 形结构将电极与隔膜黏结起来[7]。之后，叠层通过超声或加热黏结在一起，以保证黏结均匀和尺寸控制。

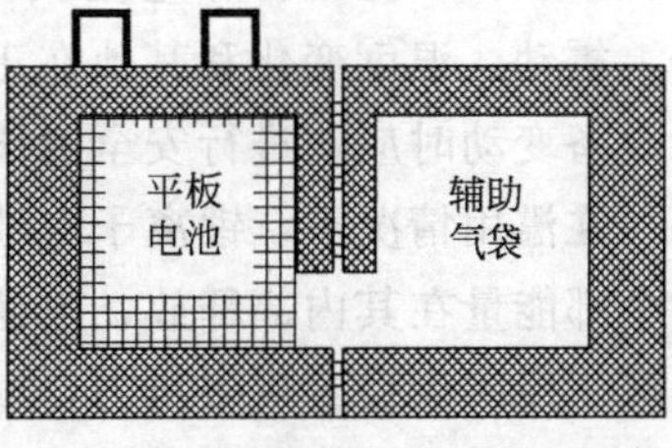

图 8.8　采用铝隔层的聚合物气袋结构的平板/聚合物电池

辅助的气袋可用于容纳化成时产生的气体。化成之后，辅助气袋用针刺穿，排出化成时产生的气体。两个气袋之间的孔随后被密封

下面简略将介绍使用铝塑膜作外壳的锂聚合物电池和锂离子电池的生产工艺。正极和负极的涂覆方法与之前描述的方法一致，采用下述方法来制备极组或极片：

① 正极、负极和隔膜卷成极组，然后加热并压成平板；

② 正极、负极和隔膜用 Z 形或 W 形（Thuzuri-Ori）组合在一起；

③ 堆叠正极、负极和隔膜（重复放置正极、隔膜和负极）。

电池壳由铝-聚合物层压薄膜组成，铝塑膜剪切成片并对折。插入极组，采用加热或超声密封装置热熔黏结绝缘膜来封装外壳。随后要检查内短路，用真空干燥箱烘干电池，以除去水分，注入电解质（聚合物）并用双室结构真空密封电池。化成后用抽真空的方法除去产生的气体，再密封电池，剪掉气袋。最后，对电池进行顶封、双折边、用气味感应器检查漏液情况、清洗、烘干、用 X 射线装置检查卷绕对齐情况、打印批号、储存、充电、放电，终检。

8.8 化成及老化

当装配工序完成后，就进入最后一步的生产工序——电池化成和老化，上述工序适用于圆柱形、方形、平板和聚合物电池。锂离子电池装配完成时是没有电的，必须充电激活。首次充电叫“化成”，作用是激活电池内的活性材料。首次充电一般在小电流下进行，以在石墨/碳负极表面产生适当的 SEI 膜；之后当电池荷电态达到约 30%时增加电流至正常充电电流。首次充电后测量电池电压并静置一定时间（老化）。静置时间和温度会因为制造商的不同而变化。在电池分选/配组时进行电压和容量的测量，这些测量数据将在随后用于挑选出内部微短路或其他有缺陷的电池。根据存储起始和结束时的电压差来识别低电压和低容量的问题电池。低电压电池多由轻微的内短路造成，需要淘汰。制造商不同，具体的首次充电方法和电池分选也不同。有些制造商在化成后经过一次或两次循环以检查 PACK 组装时电池配组的容量，还有一些制造商在首次充电后测电压。

8.9 安全性

安全性是锂离子电池的重要性能。美国交通部（DOT）和联合国将锂离子和锂离子聚合物电池组归类为危险材料来运输[8,9]。DOT认可运输小型锂离子电池的条款规定，这些锂当量含量在规定限度内的小型锂离子电池/电池组必须通过某些安全测试协议。符合这些法规的机构包括国际海事组织（IMO）和国际航空运输协会（IATA）。国际民用航空组织协会（ICOA）同样也遵守联合国的法规。

IEC[10]、美国保险商实验室（UL）[11,12]和日本电池协会[13]已经制定了一系列标准的测试条款，以验证特殊电池设计的安全性。典型的测试包括内短路、过充电、过放电、冲击、震动、温度变化和其他在正常和滥用时经常遇到的情况。在常规电池生产、新电池设计及设备变动时应该进行安全测试。

在滥用情况下，锂离子电池组具有自毁的能力。当发生内短路时，如果2.4A·h电池的全部能量在其内部释放，电池内部温度会在短短几分钟内升至700℃以上。在电池设计和生产工序中应设置极限压力，以生产出满足设计标准的无缺陷电池。锂离子电池的安全问题重点在于电池内部的热失控。由于电池温度升高，负极表面的保护膜（SEI膜）在125～130℃时不稳定。如果电池温度继续升高，那么正极与电解质会发生活跃的自催化反应。镍、钴正极材料是该反应的良好催化剂，在180～250℃时开始反应。锰正极材料的反应在略高于300℃时开始。磷酸盐正极与电解质的反应较不活泼，在高于500℃时才开始反应。

为防止电池电压超出设定的高电压限或低电压限时，电池受到破坏并有可能导致安全问题，锂离子电池组应有电子控制装置，该装置也可以控制充电状态和中断电池工作。

参考文献

1. *Secondary Cells and Batteries Containing Alkaline or Other Non-acid Electrolytes – Secondary Lithium Cells and Batteries for Portable Applications*, IEC 61960 Edition 1.0.
2. Y. Nishi, Prologue, this volume.
3. T. Nagaura, T. Tozawa, *Progr. Batt. Solar Cells*, **10** (1991) 218.
4. E. Cohen, E. Gutoff, *Modern Coating and Drying Technology*, Wiley-VCH, New York, 1992.
5. V. Srinivasan, J. Newman, *J. Electrochem. Soc.*, **151** (2004) A1530.
6. M. Doyle, J. Newman, A. S. Gozdz, C. N. Schmutz, J.-M. Tarascon, *J. Electrochem. Soc.*, **143** (1996) 1890.
7. J. Kim, J. J. Hong, S. Koh, Proceedings of the 42nd Power Sources Conference, Philadelphia, PA, June 2006.
8. DOT 49CFR 173.185.
9. *Recommendations on the Transport of Dangerous Goods*, Manual of Tests and Criteria, 3rd rev. ed., United Nations, New York and Geneva, 2002.
10. *Secondary Cells and Batteries Containing Alkaline or Other Non-acid Electrolytes – Safety Requirements for Portable Sealed Secondary Cells, and for Batteries Made from Them, for Use in Portable Applications*, IEC 62133 Edition 1.0.
11. Underwriters Laboratories Inc., UL1642.3, 1995.
12. Underwriters Laboratory Inc. UL 2054, Household and Commercial Batteries, 2003.
13. *Guidance for Safe Usage of Portable Lithium-Ion Rechargeable Battery Pack*, 1st ed., Battery Association of Japan, Tokyo, 2003.

第9章

聚阴离子正极活性材料

Shigeto Okada and Jun-ichi Yamaki

9.1 第一代 4V 正极材料

20 世纪 80 年代，Goodenough 团队相继发现层状盐岩 $LiCoO_2$[1]、$LiNiO_2$[2] 和尖晶石结构的 $LiMn_2O_4$[3] 可作为 4V 正极活性材料。十年之后，日本电池制造商将 $LiCoO_2$ 正极和碳负极制造的摇椅式电池投放市场，这类电池属于“锂离子电池”的一种。尽管使用嵌入式碳负极替代锂金属负极使能量密度受到限制，但它在安全和循环寿命方面表现出了卓越的性能。由于市场对电池小型化的强烈需求，锂离子电池已经在便携式电子产品，如移动电话、笔记本电脑和便携式摄像机中广泛使用。锂离子电池在技术、电子市场和未来发展三个方面产生了重大的影响：

① 它是第一个基于嵌入反应的商品；

② 在市场上，它是能量密度最大、循环寿命最长的电池；

③ 它是电动汽车最强劲的备选电源之一。

在锂离子电池成功应用之后，正极活性材料的研究集中在下述具有 4V 高电位的过渡金属含锂氧化物上，因为它可以作为碳负极的锂源。遗憾的是，所有 4V 的可充电正极 $LiCoO_2$、$LiNiO_2$ 和 $LiMn_2O_4$ 都存在成本和环境方面的问题，因为这些正极材料一般是由稀有金属作为氧化还原核心。如表 9.1 所示，预计在不久的将来，随着电动汽车市场快速增长，对于这些正极材料来说，特别是 $LiCoO_2$，这些问题将会变得越来越突出。

表 9.1　过渡金属的成本、储量[4] 及环境管制标准[5]

项目	Fe	Mn	Ni	Co
金属的市场价格/(美元/kg)	0.23	0.5	13	25
地壳中的含量/(μg/g)	50000	950	75	25
空气中的许可量/(mg/m³)	10	5	1	0.1
水中的许可量/(mg/L)	300	200	13.4	0.7

此外，满电态 $LiCoO_2$ 或 $LiNiO_2$ 中不稳定价态的 Co^{4+} 或 Ni^{4+} 和放电态 $LiMn_2O_4$ 中杨-泰勒效应不稳定的高自旋态 Mn^{3+}（$3d^4$：$t_{2g\uparrow}^3e_{g\uparrow}^1$）是这些正极材料热稳定性和化学稳定性的影响因素。而对于锂离子电池在电动汽车或其他负载上的应用，锂离子电池经济性和安全性的解决方案是必不可少的。

为了解决如下问题，本章将会介绍现阶段对下一代正极材料的研究趋势：

① 大型电池原材料的成本、环境影响以及批量生产；

② 长时间、高温条件下进行固态合成的生产成本；

③ 正极在满电态下氧气释放和产热；

④ 充电截止电压对安全性影响的敏感度；

⑤ 化学计量对正极性能影响的敏感度；

⑥ 正极的实际容量低，为碳负极容量的一半。

9.2 第二代正极材料

作为下一代正极材料的氧化还原核心，下面的过渡金属备受青睐：

① 含量最丰富的是铁，具有稳定的三价态；

② 含量第二位的是钛，具有稳定的四价态；

③ 钒，具有宽的化合价范围（$V^{2+}\sim V^{5+}$）；

④ 钼，具有宽的化合价范围（$Mo^{4+}\sim Mo^{6+}$）。

实际上，近年来这些氧化还原电对已用于聚阴离子正极的核心金属，如表 9.2 所示。由于结构中不含有弱的范德华键，可以预期氧封闭的三维框架结构是足够稳定的，可反复承受锂的嵌入/脱嵌反应。

表 9.2 典型的聚阴离子正极活性材料

结构		聚阴离子正极
NASICON	$M_2^{3+}(X^{6+}O_4)_3$	单斜晶系的 $Fe_2(SO_4)_3$[6]，菱形六面体 $Fe_2(SO_4)_3$[7]，$Fe_2(SO_4)_3$[8,9]，
	$LiM_2^{3+}(X^{6+}O_4)_2(X^{5+}O_4)$	$LiFe_2(SO_4)_2(PO_4)$[10]
	$Li_3M_2^{3+}(X^{5+}O_4)_3$	单斜晶系的 $Li_3Fe_2(PO_4)_3$[11,12]、菱形六面体 $Li_3Fe_2(PO_4)_3$[13]、单斜晶系的 $Li_3V_2(PO_4)_3$[11,12]、菱形六面体 $Li_3V_2(PO_4)_3$[14]、$Li_3Fe_2(AsO_4)_3$[13]
	$LiM_2^{4+}(X^{5+}O_4)_3$	$LiTi_2(PO_4)_3$[15]
	$Li_2M^{4+}M^{3+}(X^{5+}O_4)_3$	$Li_2TiFe(PO_4)_3$[16]、$Li_2TiCr(PO_4)_3$[17]
	$LiM^{5+}M^{3+}(X^{5+}O_4)_3$	$LiNbFe(PO_4)_3$[16]
	$M^{5+}M^{4+}(X^{5+}O_4)_3$	$NbTi(PO_4)_3$[16]
焦磷酸盐		$Fe_4(P_2O_7)_3$、[18] $LiFeP_2O_7$[18]、TiP_2O_7[19]、$LiVP_2O_7$[19,20]、MoP_2O_7[21]、$Mo_2P_2O_{11}$[22]
橄榄石		$LiFePO_4$[18,23]、Li_2FeSiO_4[24]
非晶态 $FePO_4$		$FePO_4\cdot nH_2O$[25,26]、$FePO_4$[27]
$MOXO_4$	$M^{5+}OX^{5+}O_4$	α-$MoOPO_4$[28]、β-$VOPO_4$[28,29]、γ-$VOPO_4$[30]、δ-$VOPO_4$[30]、ε-$VOPO_4$[31]、β-$VOAsO_4$[30]
	$LiM^{4+}OX^{5+}O_4$	α-$LiVOPO_4$[31]
	$M^{4+}OX^{6+}O_4$	β-$VOSO_4$[30,32]
	$Li_2M^{4+}OX^{4+}O_4$	Li_2VOSiO_4[33]
钛铀矿		$LiVMoO_6$[34]
硼酸盐		Fe_3BO_6[35]、$FeBO_3$[35,36]、VBO_3[36]、$TiBO_3$[36]

另一方面，在这种结构中很难保证锂离子有充分的扩散通道。解决方法之一可能是用体积更大的聚阴离子替代氧，以扩大锂扩散的通道。但是，引入比 O^{2-} 大的 $(XO_n)^{m-}$ 氧离子会降低理论容量。也正是因为如此，这个观点对正极材料研究者们的吸引力不大。

然而，相邻的 XO_n 含氧阴离子单元趋向于角-角连接，以释放它们之间的静电排斥力，这是由于 XO_n 中的杂原子 X 有一个高氧化态。具有角-角连接的晶体结构可以提供大的且通常未被占据的位点以接受嵌入，并且这些空位间是通过大的通道实现三维连接的。因此能够预计这样的化合物不仅能够作为 Li^+ 的嵌入主体，甚至可以成为更大、更廉价的 Na^+ 或多价 Mg^{2+} 和 Ca^{2+} 的嵌入主体。

9.2.1 NASICON

一个典型的例子就是 NASICON 化合物（见图 9.1），NASICON 是 Na super ion conductor（钠超离子导体）的首字母缩写[37]。在作为正极活性材料引起研究人员兴趣之前，作为固体电解质的 NASICON 有超过 20 年的研究历史。Delmas 报道[38,39]了 $NaTi_2(PO_4)_3$ 可以作为嵌钠主体，$LiTi_2(PO_4)_3$ 可作为嵌锂主体，在此之后许多 NASICON 族的材料被推荐作为正极活性材料。

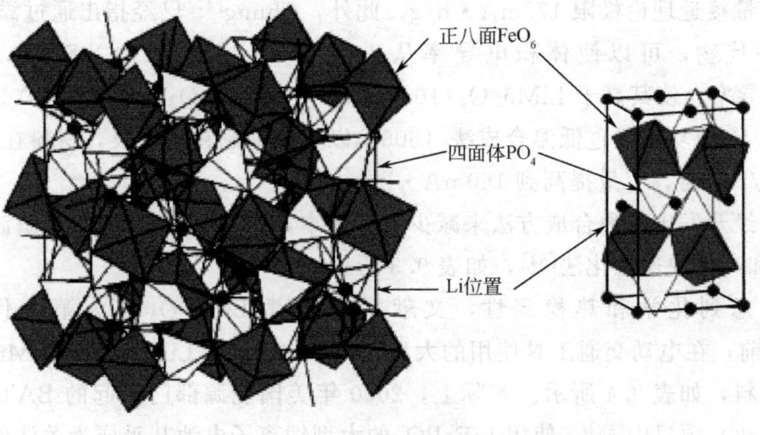

图 9.1 NASICON 及橄榄石正极材料的晶体结构

NASICON 正极材料的特征如下。

① 具有三维的共角结构（—O—X—O—M—O—X—O—） 通道大，扩散率高，如 $[Na_{1+x}Zr_2(PO_4)_{3-x}(SiO_4)_x]$[37]。

② 具有大的多样客体接收位 可能作为后锂离子电池正极材料的备选物质：$Na_xTi_2(PO_4)_3$[39]、$Mg_xTi_2(PO_4)_3$[40]、$Na_xFe_2(SO_4)_3$[41]、$Ca_xFe_2(SO_4)_3$[42]、$Na_xFe_2(MoO_4)_3$[8,43] 和 $Na_xFe_2(WO_4)_3$[43]。

③ 快速简单的合成工艺 采用高温分解方法，可不必对原材料进行混合；采用沉淀方法，可不必对原材料进行球磨 $[Fe_2(SO_4)_3]$[11]。

④ 两种终端产物的化学稳定性 满电和完全放电状态下的热稳定性 $[Fe_2(SO_4)_3]$[11]。

⑤ 来源于诱导效应的高电压 正常多价态下的充放电反应 $[Fe_2(SO_4)_3]$[6,7]。

⑥ 两相反应下平稳的电压平台 不必使用 DC/DC 转换器 $[Fe_2(SO_4)_3]$[11]。

⑦ 通过氧化还原对的元素取代和抗衡阳离子实现材料设计的多样性 与 3.6V 商用锂离子电池的电压兼容 $[Fe_2(SO_4)_3]$[11]。

9.2.2 橄榄石

表 9.2 列举了 NASICON 及其他聚阴离子正极材料的相关信息。其中，磷酸盐是正极活性材料最大的族，因为冷凝盐如焦磷酸盐（P_2O_7）$^{4-}$、三聚磷酸盐（P_3O_{10}）$^{5-}$或聚偏磷酸盐（P_nO_{3n}）$^{n-}$很容易制备。作为不含稀有金属的正极磷酸铁，例如橄榄石 $LiFePO_4$、焦磷酸盐 $LiFeP_2O_7$和 Fe_4（P_2O_7）$_3$表现出相似的 3V 放电平台。特别是橄榄石 $LiFePO_4$在铁基聚阴离子正极材料中拥有最高的理论容量（170mA·h/g）。

磷酸铁锂矿结构的放电态 $LiFePO_4$和异磷铁锰矿结构的满电态 $FePO_4$具有相同的空间群 *P*nma，材料在 3.3V 处有平缓的放电曲线，符合两相反应的特征。在最早的关于橄榄石正极的论文中，采用 0.05mA/cm^{2}的低倍率放电，比容量也不会超过 120mA·h/g，这是由于两相界面间锂扩散率低和橄榄石结构中金属原子之间距离长引起电子导电率低。

然而，倍率性能差是 $LiFePO_4$最大的缺点，通过采用碳纳米包覆技术（使用有机前驱体[44~46]进行掺杂[47]，以降低粒径[48]）可逐步解决。根据 Hydro-Québec 专利，当 $LiFePO_4$在 700℃的氩气氛中煅烧时，加入碳前驱体如聚丙烯（PP）和更廉价糖类材料，$LiFePO_4$粒子上包覆碳可以明显改善电接触，阻止 Fe^{2+} 氧化为 Fe^{3+}。在工作温度为 80℃时，材料的容量接近理论极限 170mA·h/g。此外，Chung[47]已经指出通过添加 1%（摩尔分数）的铁替代物，可以使体积电导率从 10^{-9} S/cm 提高到 10^{-1} S/cm，这能够改善 $LiFePO_4$的电导率，使其高于 $LiMn_2O_4$（10^{-5}S/cm）和 $LiCoO_2$（10^{-3}S/cm）的电导率。另一方面，山田[48]成功地通过低温合成法（600℃以下）抑制粒子增长，材料在室温下电流密度为 0.12mA/cm^{2}时，容量提高到 160mA·h/g。

此外，已经开发出多种合成方法来减少制备成本，例如水热合成[50]、微波合成[51]、碳热还原法[52]和高温快速融化法[53]，如表 9.3 所示。

而且，考虑到化学和热稳定性，文献报道力荐 $LiFePO_4$ 作为第一代 4V 正极材料[55~57]。当前，在电动交通工具使用的大型锂离子电池中，$LiFePO_4$比 $LiMn_2O_4$更适合作为备选正极材料，如表 9.4 所示。实际上，2000 年美国能源部门发起的 BATT（用于先进运输技术的电池）项目中[58]，使用 $LiFePO_4$的大型锂离子电池几乎成为关注的焦点。

表 9.3 $LiFePO_4$的典型合成条件

原材料			加热条件	参考文献
Fe 源	Li 源	P 源		
$FeC_2O_4\cdot 2H_2O$	$LiOH\cdot H_2O$	$(NH_4)_2HPO_4$	800℃,6h,N_2气氛	54
$Fe_3(PO_4)_2\cdot 8H_2O$	Li_3PO_4和 PP(3 水/油)		Ar 气氛,350℃,3h→700℃,7h	49
$(CH_3COO)_2Fe$	CH_3COOLi	$NH_4H_2PO_4$	N_2 气氛,350℃,5h→700℃,10h,用 15 水/油溶胶-凝胶碳	45
$FeC_2O_4\cdot 2H_2O$	Li_2CO_3	$(NH_4)_2HPO_4$	Ar 气氛,320℃,12h→800℃,24h,用 12 水/油糖	46
$FeC_2O_4\cdot 2H_2O$	Li_2CO_3	$NH_4H_2PO_4$	掺杂 1%(摩尔分数)杂质的 Ar 气氛,600～850℃	47
$(CH_3COO)_2Fe$	Li_2CO_3	$NH_4H_2PO_4$	N_2气氛,320℃,10h→550℃,24h	48
$FeSO_4$	LiOH	H_3PO_4	120℃,5h 水热合成	50
$(NH_4)_2Fe(SO_4)_2\cdot 2H_2O$	LiOH	H_3PO_4	空气,5 水/油 CB 微波加热几分钟	51
Fe_2O_3	LiH_2PO_4		Ar 气氛,750℃,8h,碳环境	52
FeO	$LiOH\cdot H_2O$	P_2O_5	Ar 气氛,1500℃碳热还原	53

表 9.4 大型锂离子二次电池主要备选正极材料的比较

正极	氧化还原对	质量比容量/(A·h/kg)	体积比容量/(A·h/L)	放电电压/V	材料成本
$Li_{1-x}CoO_2$	Co^{3+}/Co^{4+}	140	722	4	1
$Li_{1-x}NiO_2$	Ni^{3+}/Ni^{4+}	200	956	3.7	1/2
$Li_{1-x}Mn_2O_4$	Mn^{3+}/Mn^{4+}	125	535	4	1/4
$Li_{1+x}FePO_4$	Fe^{2+}/Fe^{3+}	160	547	3.3	1/10

改善后的 $LiFePO_4$ 作为下一代正极备选材料，其特性引起了广泛关注：

① 不含稀有金属；

② 比 $LiMn_2O_4$ 的质量比容量（A·h/g）和体积比容量（A·h/mL）高；

③ 顶点组分具有卓越的热稳定性和化学稳定性；

④ 循环过程中没有杨-泰勒效应，如高自旋 Mn^{3+}（$3d^4$：$t_{2g\uparrow}^3 e_{g\uparrow}^1$）或低自旋 Ni^{3+}（$3d^7$：$t_{2g\uparrow}^6 e_{g\uparrow}^1$）；

⑤ 循环中没有类似于 $Mn^{3+} \longrightarrow Mn^{2+} + Mn^{4+}$ 的歧化反应；

⑥ 可以简单地通过监测电池电压保护电池不发生过充电；

⑦ 平缓放电，不需要 DC/DC 转换器；

⑧ 不考虑电解质氧化分解情况下，可以满充到 4V。

9.2.3 焦磷酸盐和其他磷酸盐

焦磷酸盐和其他磷酸盐含有 $(PO_4)^{3-}$ 或 $(P_2O_7)^{4-}$，能够提供多样且足够大的空位来接受图 9.2 中提到物质的嵌入。因此，如果选用多价的过渡金属，如钒或钼作为氧化还原对，那么电池可能超出预期容量。如图 9.3 和图 9.4 所示，$Mo_2P_2O_{11}$ 对于锂和钠来说拥有很高的可逆容量（大约 200mA·h/g）。这意味着该结构更适合于比 Li^+ 更大的客体阳离子。

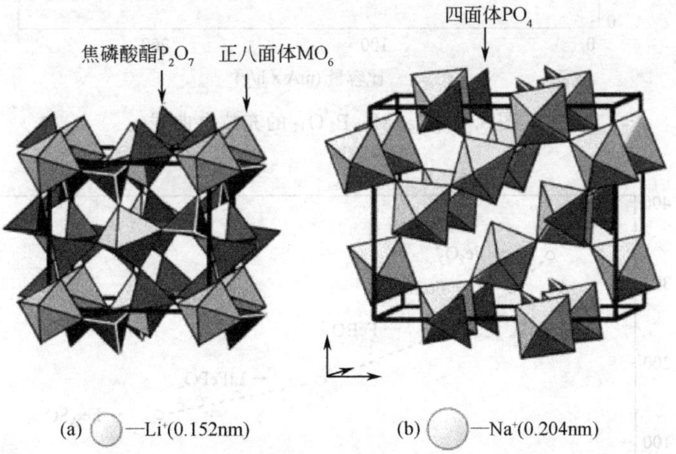

图 9.2 MoP_2O_7（a）和 $Mo_2P_2O_{11}$（b）的晶体结构

9.2.4 硼酸盐

硼酸铁在聚阴离子硼酸盐中质量最轻，在铁聚阴离子正负极材料的应用上具有很强的竞争力（见图 9.5）。方解石 $FeBO_3$ 由 Fe^{3+}/Fe^{2+} 氧化还原反应估算出来的理论容量为 234mA·h/g

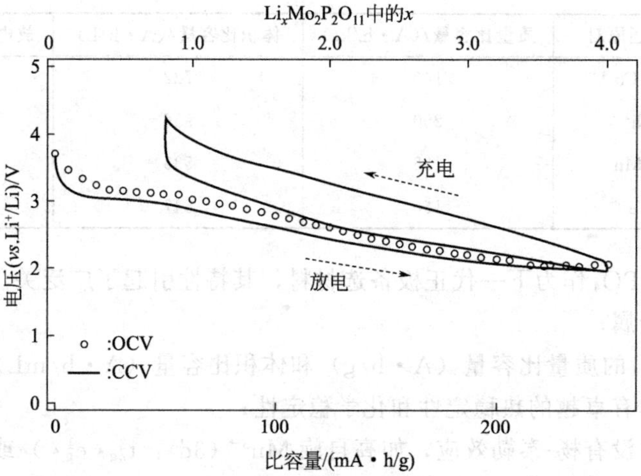

图 9.3 $Li/Mo_2P_2O_{11}$的充放电曲线

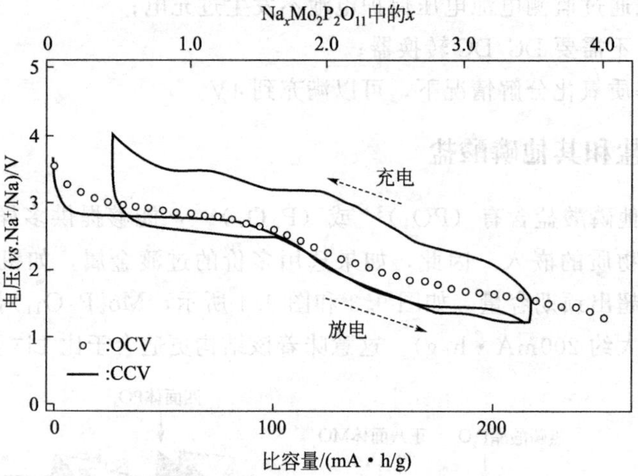

图 9.4 $Na/Mo_2P_2O_{11}$的充放电曲线

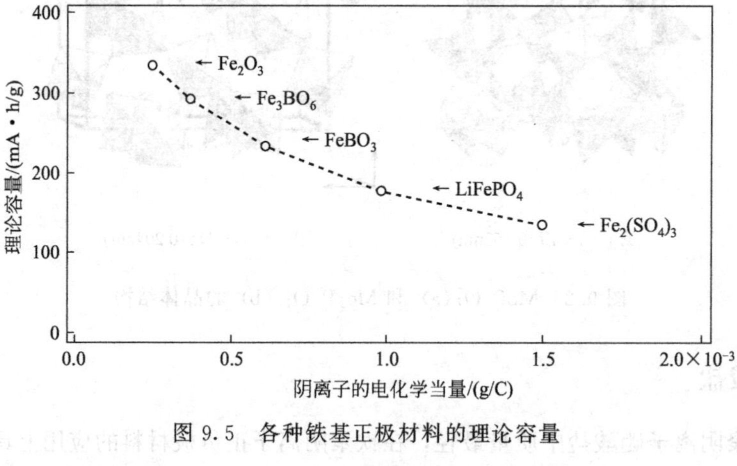

图 9.5 各种铁基正极材料的理论容量

(856mA·h/mL)。$FeBO_3$和石墨负极的理论容量相同（855mA·h/mL)，遗憾的是，对于锂离子电池负极材料来说，锂嵌入硼酸铁的1.5V平均电压太高了。然而，根据3.6V的NASICON正极$Fe_2(SO_4)_3$及2.6V的NASICONV_2正极$V_2(SO_4)_3$类推，MBO_3的充放电电压可以通过V^{3+}或Ti^{3+}取代$FeBO_3$中的Fe^{3+}进行调节（见图9.6)。

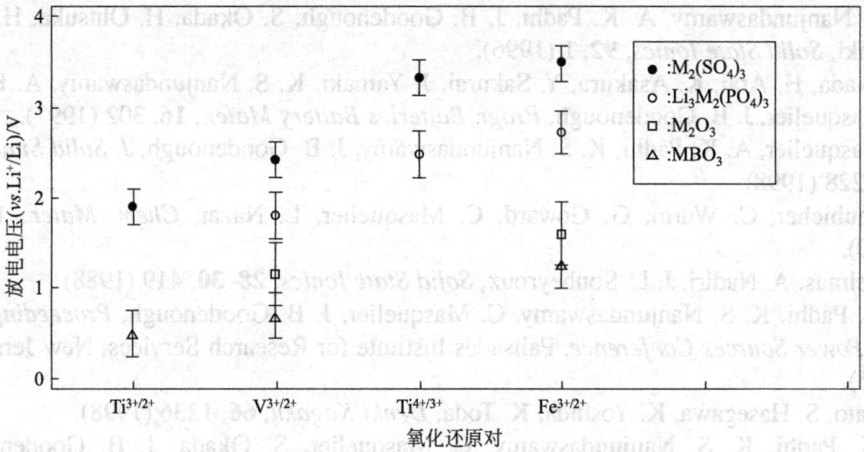

图9.6 各种聚阴离子正极材料的氧化还原电势图

表9.5 后锂电备选电池

负极	Li^+	Na^+	Mg^{2+}	Ca^{2+}
电势(*vs*.SHE)/V	−3.04	−2.71	−2.66	−2.87
离子半径/nm	0.096	0.116	0.086	0.114
理论容量/(A·h/g)	3.86	1.17	2.21	1.34
理论容量/(A·h/mL)	2.05	1.13	3.84	2.07
Clarke值/%	0.006	2.63	1.93	3.39

聚阴离子负极的发现使聚阴离子正极、电解质、负极构成的"全聚阴离子固态电池"有望最终实现。通过共价聚阴离子结构的紧密连接可改善电极和固态电解质之间的界面接触。另一方面，对不含稀有金属的聚阴离子正极和储量丰富的多价阳离子如Mg^{2+}和Ca^{2+}（见表9.5）组成的"多价电池"的研究，开启了后锂离子电池发展的新阶段。

参考文献

1. K. Mizushima, P. C. Jones, P. J. Wisemann, J. B. Goodenough, *Mater. Res. Bull.*, **15**, 783 (1980).
2. M. G. S. R. Thomas, W. I. F. David, J. B. Goodenough, P. Groves, *Mater. Res. Bull.*, **20**, 1137 (1985).
3. M. M. Thackeray, P. C. Johnson, L. A. de Picciotto, J. B. Goodenough, *Mater. Res. Bull.*, **19**, 179 (1984).
4. Ullmann's Encyclopedia of Industrial Chemistry, Wiley-VCH, New York, 1989.
5. R. P. Pohanish, *Handbook of Toxic and Hazards Chemicals and Carcinogens*, Noyes, Berkshire, UK, 1985.
6. A. Manthiram, J. B. Goodenough, *J. Solid State Chem.*, **71**, 349 (1987).

7. S. Okada, H. Ohtsuka, H. Arai, M. Ichimura, *Proc. Symp. New Sealed Rechargeable Batteries Super Capacitors*, **93-23**, 431 (1993).
8. A. Nadiri, C. Delmas, R. Salmon, P. Hagenmuller, *Rev. Chim. Mine.*, **21**(4), 537 (1984).
9. S. Okada, T. Takada, M. Egashira, M. Tabuchi, H. Kageyama, T. Kodama, R. Kanno, *Proc. HBC*, **99**, 325 (1999).
10. A. K. Padhi, V. Manivannan, J. B. Goodenough, *J. Electrochem. Soc.*, **145**, 1518 (1998).
11. K. S. Nanjundaswamy, A. K. Padhi, J. B. Goodenough, S. Okada, H. Ohtsuka, H. Arai, J. Yamaki, *Solid State Ionics*, **92**, 1 (1996).
12. S. Okada, H. Arai, K. Asakura, Y. Sakurai, J. Yamaki, K. S. Nanjundaswamy, A. K. Padhi, C. Masquelier, J. B. Goodenough, *Progr. Batteries Battery Mater.*, **16**, 302 (1997).
13. C. Masquelier, A. K. Padhi, K. S. Nanjundaswamy, J. B. Goodenough, *J. Solid State Chem.*, **135**, 228 (1998).
14. J. Gaubicher, C. Wurm, G. Goward, C. Masquelier, L. Nazar, *Chem. Mater.*, **12**, 3240 (2000).
15. C. Delmas, A. Nadiri, J. L. Soubeyroux, *Solid State Ionics*, **28–30**, 419 (1988).
16. A. K. Padhi, K. S. Nanjundaswamy, C. Masquelier, J. B. Goodenough, *Proceedings of the 37th Power Sources Conference*, Palisades Institute for Research Services, New Jersey, June (1996).
17. M. Sato, S. Hasegawa, K. Yoshida, K. Toda, *Denki Kagaku*, **66**, 1236 (1998).
18. A. K. Padhi, K. S. Nanjundaswamy, C. Masquelier, S. Okada, J. B. Goodenough, *J. Electrochem. Soc.*, **144**, 1609 (1997).
19. Y. Uebou, S. Okada, M. Egashira, J. Yamaki, *Solid State Ionics*, **148**, 323 (2002).
20. G. Rousse, C. Wurm, M. Morcrette, J. R. Carvajal, J. Gaubicher, C. Masquelier, *Int. J. Inorg. Mater.*, **3**, 881 (2001).
21. Y. Uebou, S. Okada, J. Yamaki, *Electrochemistry*, **71**(5), 308–312 (2003).
22. Y. Uebou, S. Okada, J. Yamaki, *J. Power Sources*, **115**, 119–124 (2003).
23. A. K. Padhi, K. S. Nanjundaswamy, J. B. Goodenough, *J. Electrochem. Soc.*, **144**, 1188 (1997).
24. A. Nytén, A. Abouimrane, M. Armand, T. Gustafsson, J. Thomas, *Electrochem. Commun.*, **7**, 156–160 (2005).
25. Y. Song, S. Yang, P. Y. Zavalij, M. S. Whittingham, *Mater. Res. Bull.*, **37**, 1249–1257 (2002).
26. C. Masquelier, P. Reale, C. Wurm, M. Morcrette, L. Dupont, D. Larcher, *J. Electrochem. Soc.*, **149**, A1037–A1044 (2002).
27. S. Okada, T. Yamamoto, Y. Okazaki, J. Yamaki, M. Tokunaga, T. Nishida, *J. Power Sources*, **146**, 570–574 (2005).
28. N. Imanishi, K. Matsuoka, Y. Takeda, O. Yamamoto, *Denki Kagaku*, **61**, 1023 (1993).
29. J. Gaubicher, T. Mercier, Y. Chabre, J. Angenault, M. Quarton, *Abstract of IMLB-9*, Poster II, Thur 30 (1998).
30. N. Dupré, J. Gaubicher, J. Angenault, G. Wallez, M. Quarton, *J.Power Sources*, **97–98**, 532 (2001).
31. T. A. Kerr, J. Gaubicher, L. F. Nazar, *Electrochem. Solid-State Lett.*, **3**, 460 (2000).
32. J. Gaubicher, T. Mercier, Y. Chabre, J. Angenault, M. Quarton, *J. Electrochem. Soc.*, **146**, 4375 (1999).
33. M. Orichi, Y. Katayama, T. Miura, T. Koshi, *Abstr. Electrochem. Soc., Japan*, 2H06, **130** (2000).
34. J. B. Goodenough, V. Manivannan, *Denki Kagaku*, **66**, 1173 (1998).
35. J. L. C. Rowsell, J. Gaubicher, L. F. Nazar, *J. Power Sources*, **97–98**, 254 (2001).
36. S. Okada, T. Tonuma, Y. Uebou, J. Yamaki, *J. Power Sources*, **119–121**, 621–625 (2003).
37. J. B. Goodenough, H. Y.-P. Hong, J. A. Kafalas, *Mater. Res. Bull.*, **11**, 203 (1976).
38. C. Delmas, A. Nadiri, J. L. Soubeyroux, *Solid State Ionics*, **28–30**, 419 (1988).
39. C. Delmas, F. Cherkaoui, A. Nadiri, P. Hagenmuller, *Mater. Res. Bull.*, **22**, 631 (1987).
40. K. Makino, Y. Katayama, T. Miura, T. Kishi, *J. Power Sources*, **97–98**, 512 (2001).
41. S. Okada, H. Arai, J. Yamaki, *Denki Kagaku*, **65**, 802 (1997).

42. K. Akuto, H. Ohtsuka, M. Hayashi, Y. Nemoto, *NTT R&D*, **50**, 592 (2001).
43. P. G. Bruce, G. Miln, *J. Solid State Chem.*, **89**, 162 (1990).
44. N. Ravet, J. B. Goodenough, S. Besner, M. Simoneau, M. Hovington, M. Armand, *The 196th Electrochemical Soc. Meeting Abstracts*, No.127, The Electrochemical Society, New Jersey, USA, 1999.
45. H. Huang, S.-C. Yin, L. F. Nazar, *Electrochem. Solid-State Lett.*, **4**, A170 (2001).
46. Z. Chen, J. R. Dahn, *J. Electrochem. Soc*, **149**, A1184 (2002).
47. S.-Y. Chung, J. T. Bloking, Y.-M. Chiang, *Nature Mater.*, **1**, 123 (2002).
48. A. Yamada, S. C. Chung, K. Hinokuma, *J. Electrochem. Soc.*, **148**, A224 (2001).
49. N. Ravet, S. Besner, M. Simoneau, A. Vallee, M. Armand, J.-F. Magnan, Patent No.CA2307119.
50. S. Yang, P. Y. Zavalij, M. S. Whittingham, *Electrochem. Commun.*, **3**, 505 (2001).
51. K. S. Park, J. T. Son, H. T. Chung, S. J. Kim, C. H. Lee, H. G. Kim, *Electrochem. Commun.*, **5**, 839 (2003).
52. J. Barker, M. Y. Saidi, J. L. Swoyer, *Electrochem. Solid-State Lett.*, 6, A53 (2003).
53. S. Okada, Y. Okazaki, T. Yamamoto, J. Yamaki, T. Nishida, *Meeting Abstract of 2004 ECS Joint International Meeting at Hawaii*, No. 584, The Electrochemical Society, New Jersey, USA, 2004.
54. M. Th. Paques-Ledent, *Ind. Chim. Belg.*, **39**, 845 (1974).
55. D. D. MacNeil, Z. Lu, Z. Chen, J. R. Dahn, *J. Power Sources*, **108**, 8 (2002).
56. J. Jiang, J. R. Dahn, *Electrochem. Commun.*, **6**, 39 (2004).
57. N. Iltchev, Y. Chen, S. Okada, J. Yamaki, *J. Power Sources*, **119–121**, 749 (2003).
58. http://berc.lbl.gov/BATT/BATT.html

第10章

金属氧化物包覆的正极材料的过充电行为

Jaephil Cho, Byungwoo Park, and Yang-kook Sun

10.1 简介

商品锂离子电池通常在低于60℃的温度下工作，并采用保护装置来控制电池的工作电压。保护装置包括正温度系数（PTC）材料和保护电路，保护电路的功能是防止出现高于4.35V的过充电、低于3V的过放电和大于1C的过电流。尽管如此，由电池自身或保护装置故障导致的起火、爆炸事故仍屡见报道[1]。这类事故由电池热失控引发，热失控的原因在于产热速率大于散热速率，这是因为随着电池温度的升高，产热速率呈指数增长，而与此同时，向低温环境的散热速率却只是线性增加[2]。

热失控主要是由正极材料 Li_xCoO_2 与易燃的电解质剧烈反应放热导致的，该反应还伴随着氧气从正极材料中的释放，因此，防止热失控的关键在于抑制上述放热反应的速率[3~7]。早期的相关研究集中在向电解质中添加磷系添加剂、助溶剂或氧化还原飞梭添加剂等方法来降低其易燃性[8~11]。Cho 等人介绍了一种改善 Li_xCoO_2 正极热稳定性的基本方法。他们在水溶液中将纳米 $AlPO_4$ 包覆在正极材料上[12]，包覆 $AlPO_4$ 的正极材料比用溶胶-凝胶法包覆 Al_2O_3 和 ZrO_2 的正极材料的热稳定性要好[13~15]。尽管如此，仍有报道提出，采用某些金属氧化物来阻止电极表面的副反应，以保护基体[16~26]。

10.2 正极材料过充电反应机理

图 10.1 和图 10.2 将 12V 过充电反应分四个区域进行了比较，并列出了每个区域影响电池升温的因素。尤其值得注意的是，在区域Ⅲ和区域Ⅳ，电池表面升温比其他区域快。在区域Ⅲ，电解质、负极以及 SEI 膜分解，电池表面升温相对较缓慢；在区域Ⅳ，正极材料迅速分解释放出氧气，反应放热使电池表面温度骤升，这是决定电池安全性的主要因素，只要脱锂正极材料保持稳定，即使电池短路也不会发生爆炸。如果电池的散热速率大于产热速率，电池就不会发生爆炸，散热速率还与电池几何形状相关。

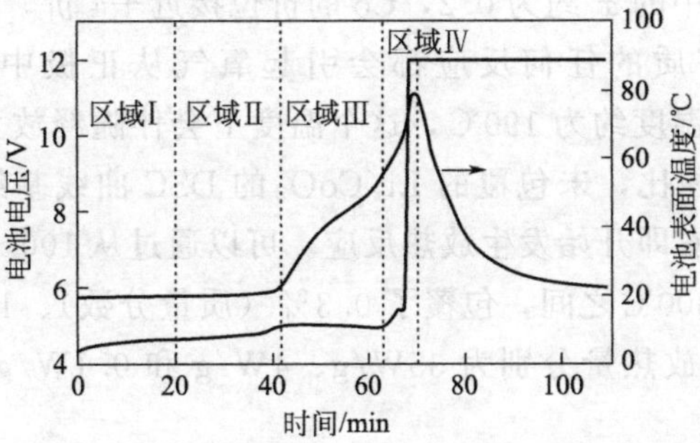

图 10.1　在过充电至 12V 的过程中，电池电压和表面温度随时间变化的曲线

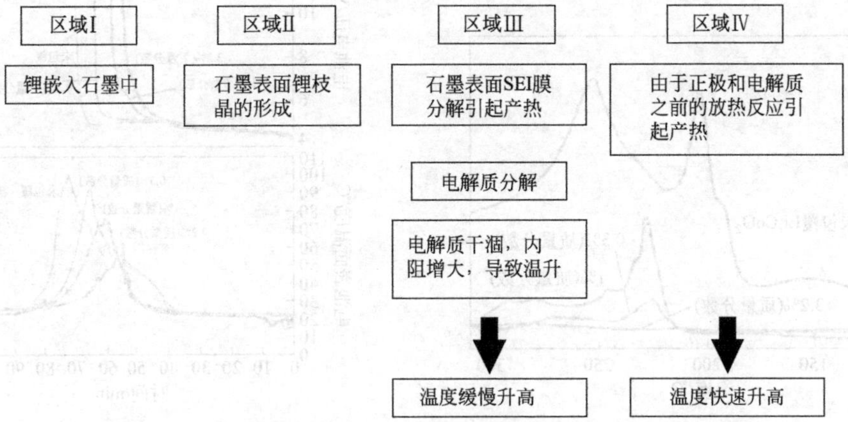

图 10.2　引起图 10.1 四个区域中电池温度升高的反应图解

10.3　$AlPO_4$包覆层的厚度对 $LiCoO_2$正极的影响

图 10.3 是包覆前后纽扣式半电池在 3～4.6V 区间内首次充放电的电压-容量曲线和循环性能曲线。尽管包覆前后样品首次放电容量接近，但是包覆后的循环性能得到了明显改善；包覆了 1%（质量分数）$AlPO_4$和 3.2%（质量分数）$AlPO_4$的正极的充电曲线在 4.1V 左右出现了一个小峰。据报道，这是由于 $LiCoO_2$由六方晶型向单斜晶型转变造成的。相对于未包覆的正极材料来说，包覆了 P30 和 P100 的正极材料增强相变的起因尚不清楚。

图 10.4 是 Li_xCoO_2电极在 4.7V、升温速率 3℃/min 下的差示扫描量热（DSC）曲线。

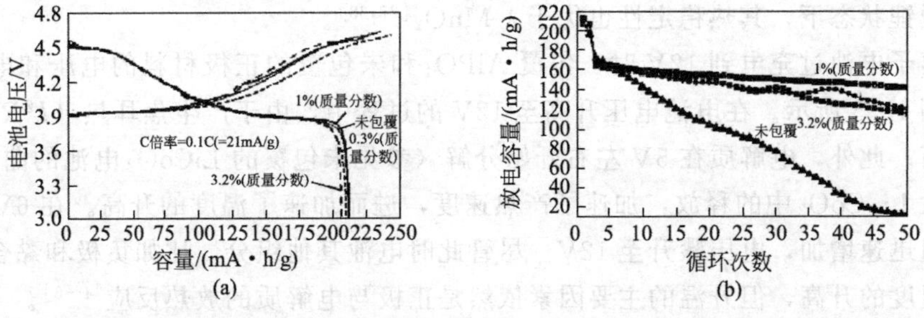

图 10.3　(a) 未包覆和包覆了不同厚度 $AlPO_4$ 的 $LiCoO_2$以 0.1C 倍率（21mA/g）在 3～4.6V之间的首次充放电曲线；(b) 是 (a) 图中电池的循环寿命。循环测试步骤为：首次以 0.1C 倍率循环，再升至 0.5C 倍率循环 1 次，随后升至 1C 倍率循环 48 次，总共循环 50 次

在这个电压下，Li_xCoO_2中的 x 约为 0.2，Co 的价位接近+4 价，Li_xCoO_2表现出很强的氧化性。因此，正极和电解质的任何反应都会引起氧气从正极中的大量释放。未包覆的 Li_xCoO_2释放氧气的起始温度约为 190℃，这个温度下会伴随释放大量的氧气（产生大量的热）。与包覆的 Li_xCoO_2相比，未包覆的 Li_xCoO_2的 DSC 曲线基线较高。曲线显示，未包覆的 Li_xCoO_2在 100℃左右即开始发生放热反应。可以通过从 100～300℃之间的积分峰面积来计算放热量。在 100～300℃之间，包覆了 0.3%（质量分数）、1%（质量分数）和 3.2%（质量分数）的 $LiCoO_2$的放热量分别为 35W/g、4W/g 和 0.1W/g，而未包覆的 $LiCoO_2$的放热量为 320W/g。

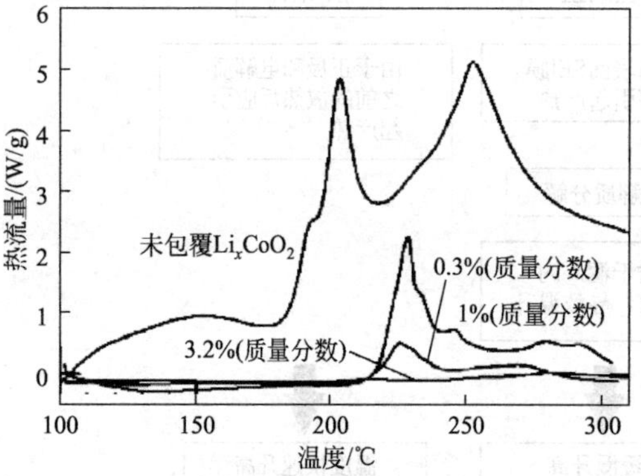

图 10.4 未包覆和包覆了不同厚度 $AlPO_4$的 $LiCoO_2$充电态正极在 4.7V 下的 DSC 扫描图

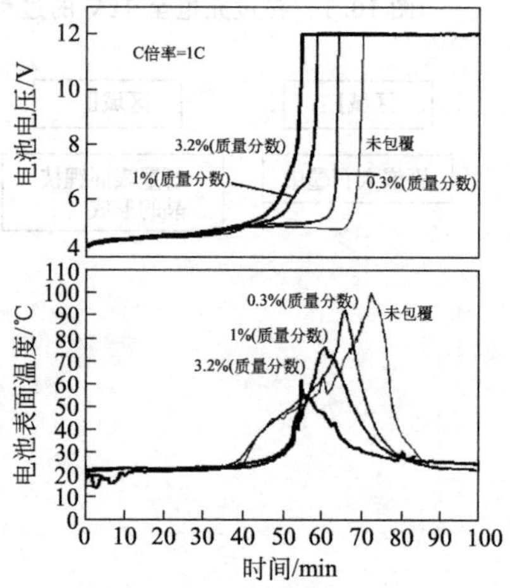

图 10.5 (a) 锂离子电池中未包覆和包覆了不同厚度 $AlPO_4$的 $LiCoO_2$的 12V 过充电曲线。过充电前，所有的新电池以 1C 倍率（900mA·h）首次充电至 4.2V；(b) 是 (a) 图中电池在过充电过程中的表面温度曲线

而包覆 $AlPO_4$的样品的起始温度可提高到 217℃，同时氧的释放量也大幅下降。尽管包覆样品的释放氧的起始温度基本相同，但包覆层厚度对放热量影响很大。随着包覆层厚度的增加，放热量急剧减少，在包覆量达到 3.2%（质量分数）时，样品几乎不放热。这表明，$AlPO_4$保护层有效地阻止了 $LiCoO_2$与电解质之间的反应，使放热量减少。包覆样品优异的热稳定性源自 $(PO_4)^{3-}$与 Al 超强的共价键[27]。据报道，正极材料与 $(PO_4)^{3-}$键合后，即使在完全脱锂状态下，其热稳定性也优于 λ-MnO_2[27,28]。

当锂离子电池过充电到 12V 时，包覆 $AlPO_4$和未包覆的正极材料的电压和电池表面温度曲线如图 10.5 所示。在电池电压升高至 12V 的过程中，由于产生焦耳热（I^2R），电池温度也在升高。此外，电解质在 5V 左右开始分解（参见未包覆的 $LiCoO_2$电池的曲线），并伴随着氧气从 Li_xCoO_2中的释放，加速了产热速度，进而加速了温度的升高。在 6V 左右，因为电池内阻迅速增加，电压骤升至 12V。尽管此时电池其他组分，比如负极和黏合剂，也会助推电池温度的升高，但升温的主要因素依然是正极与电解质的放热反应[4~6]。

当内部温度超过隔膜的熔点（<140℃）时，隔膜的孔关闭，此时只要电池不发生内部短路，电池的温度就会开始下降。需要注意的是，电池内部和表面的温差约 100℃[4]。上述现象均可从图 10.4 中观察到。然而，需要注意的是，电解质在 5V 时的分解放热峰随着包

覆厚度的增加而减小。相应地，在P100包覆的样品中没有出现这样的放热峰。此外，电池表面的温度随正极材料包覆厚度的增加而降低，包覆P100的 $LiCoO_2$ 电池的表面温度最低，为60℃（未包覆的电池的表面温度在12V时达到100℃）。结果表明，5V平台在控制电池热量方面起着关键作用，这一结果与DSC的结果有很好的关联性。

10.4 包覆 Al_2O_3 和 $AlPO_4$ 的 $LiCoO_2$ 的比较

图10.6是包覆了 Al_2O_3 和 $AlPO_4$ 的 $LiCoO_2$ 颗粒的透射电子显微镜（TEM）图像。这两种情况下，铝或磷元素分布在 $LiCoO_2$ 的表面上。在热处理过程中，不能排除包覆材料与锂（甚至钴）形成固溶体的可能性。

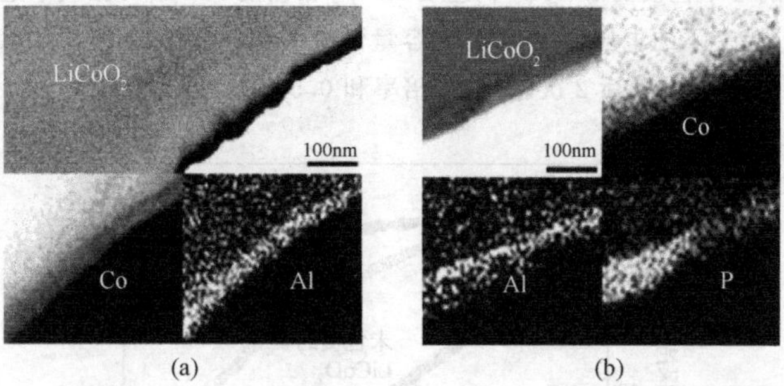

图10.6 包覆了 Al_2O_3(a) 和 $AlPO_4$(b) 的 $LiCoO_2$ 的TEM图
能量色散谱证实了粉末表面有铝或磷的存在，粉末内部有钴的存在

采用X射线光电子能谱（XPS）分析了包覆 Al_2O_3 和 $AlPO_4$ 的正极的键能，如图10.7所示。据报道，在 Al_2O_3 和 $AlPO_4$ 中，Al的2p轨道电子的键能分别约为74.7eV和74.5eV[29,30]，包覆 Al_2O_3 的 $LiCoO_2$ 的键能峰值约为71eV，与铝的金属特性相符。铝在包覆的正极材料中，键能的变化可能同锂（甚至钴）与包覆层的反应有关，目前正在进行纳米包覆层微观结构的详细研究。

在4.6V时，包覆 Al_2O_3 的正极的初始容量和循环性能与包覆 $AlPO_4$ 的正极类似。然而，将充电电压从4.6V提高到4.8V后，两种正极之间的差异明显增大，如图10.8所示。尽管两个正极的充电容量彼此相当（包覆 Al_2O_3 和 $AlPO_4$ 的 $LiCoO_2$ 分别为244mA·h/g和247mA·h/g），但放电容量却有明显差异：包覆 Al_2O_3 和 $AlPO_4$ 的 $LiCoO_2$ 分别为220mA·h/g和233mA·h/g。钴在电解质中溶解，伴随着锂和氧的析出，导致正极材料结构坍塌[31]。在4.8～3V之间，以0.1C首次循环后，包覆 Al_2O_3 的正极中钴的溶解度是包覆 $AlPO_4$ 的4倍，分别约为160 μg/mL和40 μg/mL，这影响了正极的循环稳定性[32]。包覆 $AlPO_4$ 的 $LiCoO_2$ 以1C循环46次之后，容量保持率为82%，而包覆 Al_2O_3 的正极的容量保持率为68%。这是由于 $LiCoO_2$ 中钴溶解导致结构坍塌所致，包覆 Al_2O_3 和 $AlPO_4$ 的正极的钴溶解度分别为450μg/mL和160μg/mL。这些结果证明，在

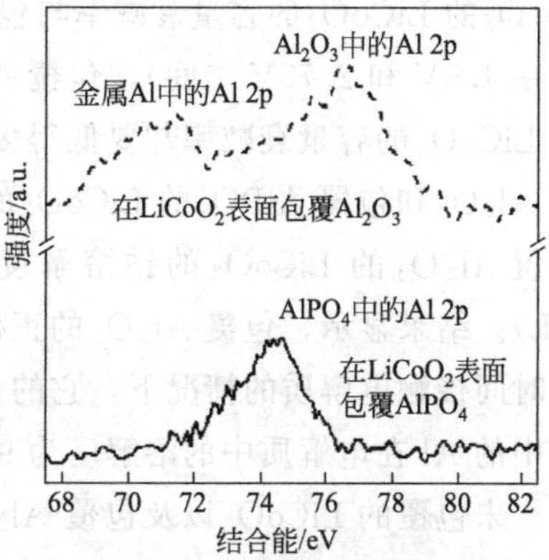

图10.7 $LiCoO_2$ 中纳米包覆层 Al_2O_3（虚线）和 $AlPO_4$（实线）中Al 2p键能的XPS光谱

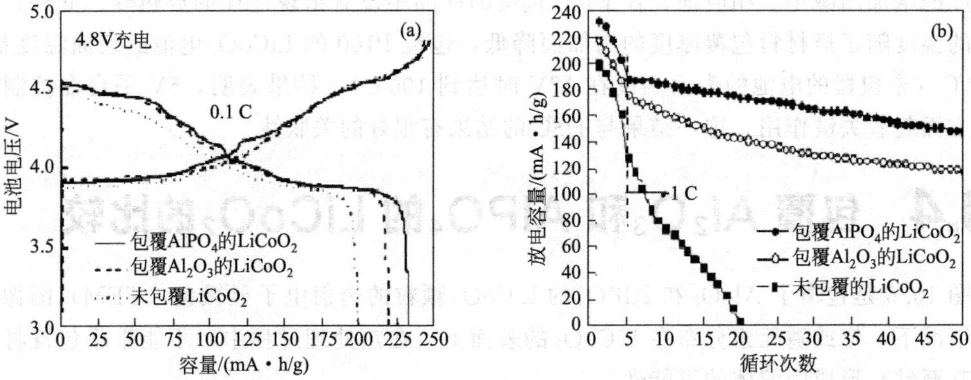

图 10.8 正极分别为未包覆的 $LiCoO_2$、包覆 Al_2O_3 和包覆 $AlPO_4$ 的扣式半电池（Li 作负极），在充电电压为 4.8V 下的电压曲线 (a) 和容量保持率 (b)(最初 2 次以 0.1C 倍率预循环，随后 2 次以 0.2C 倍率和 0.5C 倍率循环)

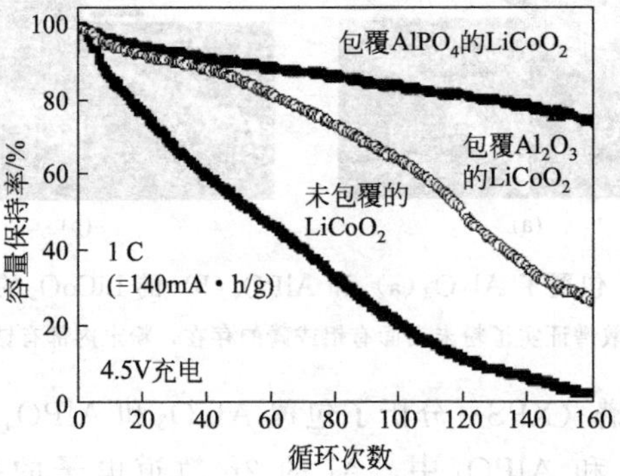

图 10.9 正极分别为未包覆的 $LiCoO_2$、包覆 Al_2O_3 和包覆 $AlPO_4$ 的 $LiCoO_2$ 的锂离子电池（碳作为负极），在终止电压为 4.5V 时的容量保持率

4.8V 电化学窗口，包覆 $AlPO_4$ 的 $LiCoO_2$ 的化学稳定性高于包覆 Al_2O_3 的 $LiCoO_2$。

正极包覆了 Al_2O_3 和 $AlPO_4$ 的锂离子电池（以碳为负极）的循环性能也证明了上述结论。如图 10.9 所示，充电终止电压为 4.5V，以 1C 充放电循环，在前 40 次循环中，包覆 Al_2O_3 的 $LiCoO_2$ 的容量衰减率与包覆 $AlPO_4$ 的 $LiCoO_2$ 很接近。然而，160 次循环之后（电压在 4.5V 和 2.75V 之间），包覆 Al_2O_3 的 $LiCoO_2$ 的容量迅速衰减至 27%，而包覆 $AlPO_4$ 的 $LiCoO_2$ 的容量衰减率却要低得多，160 次循环之后，容量仍剩余 75%。40 次循环后，包覆 Al_2O_3 和包覆 $AlPO_4$ 的 $LiCoO_2$ 的钴溶解度相同，均为 70μg/mL，但是在 160 次循环后，包覆 Al_2O_3 的 $LiCoO_2$ 的钴溶解度增加至 3200μg/mL（包覆 $AlPO_4$ 的 $LiCoO_2$ 为 300μg/mL）。结果显示，包覆 Al_2O_3 的正极在最初的充放电循环过程中相对稳定，但是在高电压或长时间接触电解质的情况下，它的化学性质会变得不稳定。160 次循环后，包覆 Al_2O_3 的正极中的 Al 在电解质中的溶解度为 980μg/mL，而包覆 $AlPO_4$ 的正极为 100μg/mL。

未包覆的 $LiCoO_2$ 以及包覆 Al_2O_3 和包覆 $AlPO_4$ 的 $LiCoO_2$ 的锂离子电池，在 4.2V 至 3V 区间，0.2C 倍率、0.5C 倍率、1C 倍率和 2C 倍率的充放电容量的对比，如图 10.10(a) 所示。在高倍率下，包覆 $AlPO_4$ 的 $LiCoO_2$ 的容量保持率高于包覆 Al_2O_3 的 $LiCoO_2$ 正极，其 2C 倍率的容量保持率比后者高 8%。未包覆的 $LiCoO_2$ 以及包覆 Al_2O_3 和包覆 $AlPO_4$ 的

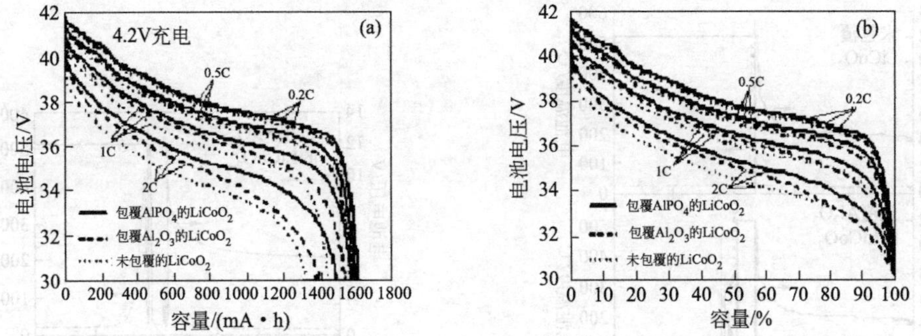

图 10.10　正极分别为未包覆的 $LiCoO_2$、包覆 Al_2O_3 和包覆 $AlPO_4$ 的 $LiCoO_2$ 的锂离子电池（碳作负极），在终止电压为 4.2V 时的倍率性能（a）和标称容量（b）

$LiCoO_2$ 正极，在 4.2～3V 区间，0.2C 倍率、0.5C 倍率、1C 倍率和 2C 倍率的循环性能曲线，如图 10.10(b) 所示。由于电池中的其他因素，如碳负极、电解质等是固定的，因此，电池电压的差异只取决于正极包覆层。包覆 $AlPO_4$ 的 $LiCoO_2$ 正极在各种倍率下的电压曲线都好于包覆 Al_2O_3 的 $LiCoO_2$ 正极，其原因可归结于锂在包覆 $AlPO_4$ 的正极中扩散率较高。

图 10.11 是未包覆的 $LiCoO_2$ 以及包覆 Al_2O_3 和包覆 $AlPO_4$ 的 $LiCoO_2$ 材料的 DSC 曲线。放热峰的峰面积表示与电解质反应后，正极分解放出的热量（与释放的氧气量有关）。未包覆的 $LiCoO_2$ 材料的起始释放氧的温度为 170℃，包覆了 Al_2O_3 之后，温度提高至约 190℃，包覆了 $AlPO_4$ 的 $LiCoO_2$ 材料同其他材料相比，具有最高的起始释放氧的温度（约 230℃），这表明 $AlPO_4$ 包覆层有效地抑制了正极的析氧反应，同时放热量也相应地大幅减少。

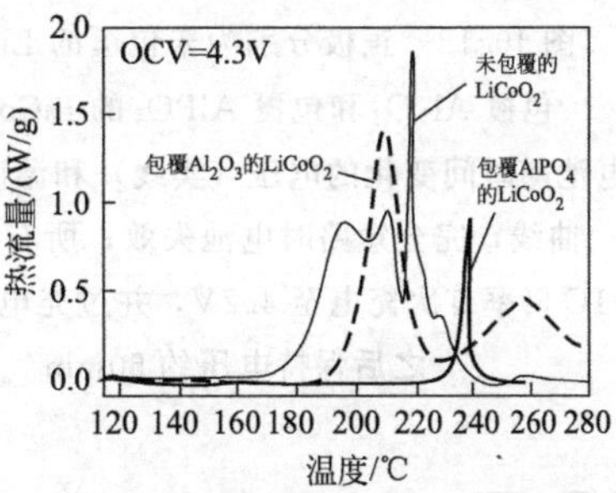

图 10.11　正极分别为未包覆的 $LiCoO_2$、包覆 Al_2O_3 和包覆 $AlPO_4$ 的 $LiCoO_2$ 电池经过 4.3V 充电后的 DSC 扫描图（扫描速率为 3℃/min）

为了研究包覆 Al_2O_3 和包覆 $AlPO_4$ 的 $LiCoO_2$ 的 12V 过充电性能，将含有上述正极的锂离子电池以 12V 恒压过充电，直到实际电流减小至 30mA。早期研究认为，电池在 12V 时发生短路的原因是隔膜收缩，从而导致正负极直接接触。短路使电池温度急剧升高，进而导致正极材料分解，引发热失控[4]。当过充电电压为 12V 时，正极分别为未包覆的 $LiCoO_2$、包覆 Al_2O_3 和包覆 $AlPO_4$ 的 $LiCoO_2$ 的锂离子电池的过充电反应行为如图 10.12 所示。在 120℃时隔膜熔融，电池内部短路，从而产生大量的热。

电压升高至 12V 后，正极为包覆了 Al_2O_3 的电池发生热失控，表面温度超过了 500℃。在这种情况下，电池被完全烧毁，其现象与正极未包覆的情况很类似。而正极为包覆了纳米颗粒 $AlPO_4$ 的 $LiCoO_2$ 的电池只是发生了短路，表面温度只有 60℃，电池没有烧毁。所有这些现象都与前面提到的钴溶解度、循环性能、DSC 结果一致。12V 过充电试验中另一个有趣的现象是，电池经过两次短路后，电压又恢复到 12V，如图 10.13 所示。此时，正极为包覆 Al_2O_3 的 $LiCoO_2$ 电池表面的最高温度为 500℃，而正极为包覆 $AlPO_4$ 的 $LiCoO_2$ 电池表面的最高温度只有 60℃。这表明，即使连续短路后，$AlPO_4$ 包覆层仍然很稳定，而 Al_2O_3 包覆层则不能保持稳定。

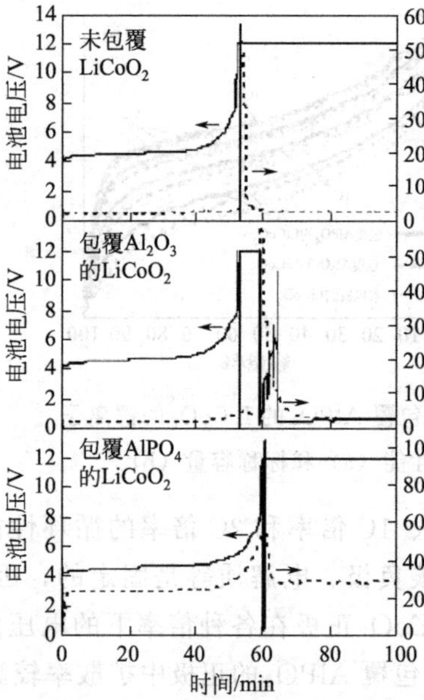

图 10.12　正极分别为未包覆的 $LiCoO_2$、包覆 Al_2O_3 和包覆 $AlPO_4$ 的 $LiCoO_2$ 的电池随时间变化的电压（实线）和温度（虚线）曲线，完全短路时电池失效；所有电池以 1C 倍率首次充电至 4.2V，并过充电至 12V，之后保持电压约 50min

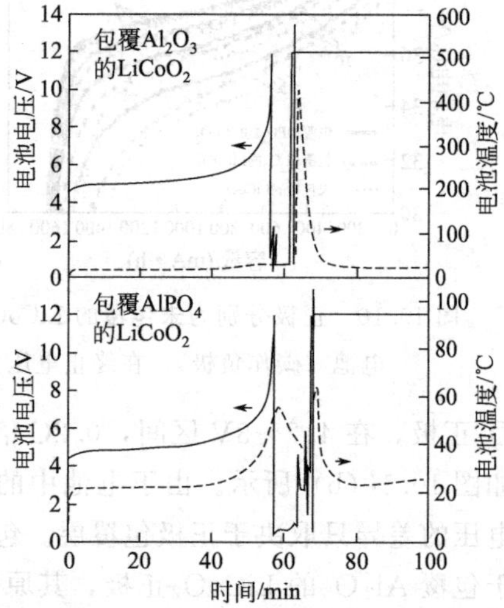

图 10.13　正极分别为未包覆的 $LiCoO_2$、包覆 Al_2O_3 和包覆 $AlPO_4$ 的 $LiCoO_2$ 的电池随时间变化的电压（实线）和温度（虚线）曲线，在首次内短路后，另一个内短路会导致电池失效。在未包覆的正极材料中未发现连续的内部短路现象。充电条件与图 10.12 相同

10.5 包覆 $AlPO_4$ 和包覆 $LiNi_{0.8}Co_{0.1}Mn_{0.1}O_2$ 的 $LiCoO_2$ 正极的对比

镍基正极材料（$LiNi_{1-x}M_xO_2$，其中 M 表示金属）的电化学性能有了很大改善，但在锂离子电池实际应用中，相对正极材料 Li_xCoO_2 而言，它的热不稳定性方面是更加值得关注的[33~44]。根据锂离子电池安全标准要求，电池在 4.35V 的过充电状态下进行穿刺试验，不应发生爆炸、燃烧、冒烟现象，而镍基正极材料达不到上述安全标准[45]。就热稳定性而言，应避免正极与电解质发生剧烈的放热反应，从而产生大量的热。否则，就会发生热失控，导致电池燃烧、起火和爆炸。

据报道，为了将氧气释放量（产热量）降到最小，除了在 $LiNiO_2$ 中添加镁外，还添加了钛、铝，该方法有效地抑制了放热反应，但也在很大程度上损失了放电容量[46,47]。例如，$LiNi_{0.7}Ti_{0.15}Mg_{0.15}O_2$ 正极在 5V 下的比容量只有 190mA·h/g，而在 4.3V 下，它的比容量比 $LiCoO_2$ 的低[46]。为了克服镍基正极材料的热不稳定性，用一些添加剂（例如，γ-丁内酯）来抑制充电状态下正极与电解质的直接反应。这种添加剂分解生成的有机物包裹在正极上，阻止了与电解质的直接反应[45]。因此，含有这种添加剂的锂离子电池，在针刺实验（4.35V）和 12V 过充电实验过程中不会发生爆炸。然而，这种添加剂与负极和正极的相容性引人关注，该方法有可能降低正负极的电化学性能。

将平均粒径约 10μm 的 $LiCoO_2$(100g) 添加到包覆溶液中，充分混合 5min。浆料在 120℃烘箱中烘干 6h，然后在 700℃的烘箱中热处理 5h。TEM 证实，表面的铝、磷元素被控制在约 10μm 的范围内[48]。通过向化学当量的镍、钴、锰的硝酸盐溶液中添加 NaOH 和 NH_4OH，共沉淀得到 $Ni_{0.8}Co_{0.1}Mn_{0.1}(OH)_2$ 的球形颗粒（直径为 13μm)[34]，再将 $Ni_{0.8}Co_{0.1}Mn_{0.1}(OH)_2$ 与化学当量的 LiOH 混合，在 800℃干燥空气中热处理 20h 制备而成 $LiNi_{0.8}Co_{0.1}Mn_{0.1}(OH)_2$，化学反应如下：

$$0.8Ni^{2+}(aq)+0.1Co^{2+}(aq)+0.1Mn^{2+}(aq)+xNH_4OH(aq)\longrightarrow [Ni_{0.8}Co_{0.1}Mn_{0.1}(NH_4)_{0.1}]^{2+}(aq)+0.1H_2O+(x-0.1)NH_4OH(aq) \quad (10.1)$$

和

$$[Ni_{0.8}Co_{0.1}Mn_{0.1}(NH_4)_{0.1}]^{2+}(aq)+yOH^-+zH_2O\longrightarrow Ni_{0.8}Co_{0.1}Mn_{0.1}(OH)_2(s)\downarrow + zNH_4OH+(0.1-z)NH_3+(y-0.1)OH^- \quad (10.2)$$

过量的锂（1.02mol）用于补偿烧结过程中损失的锂。制得的粉末的 BET 比表面积为 $1m^2/g$。包覆 $AlPO_4$ 的方法与上述包覆 $AlPO_4$ 的方法相同。

为了提高颗粒的 BET 比表面积，通过控制反应时间来控制 $Ni_{0.8}Co_{0.1}Mn_{0.1}(OH)_2$ 的颗粒大小。在溶液中反应时间越长，颗粒越大。共沉淀粒子在 50℃的反应器中持续以 1000r/min 的转速旋转。通过控制 NaOH 的量使 pH 值保持在 11.5。共沉淀法在工业上被广泛熟知。Ohzuku 等人[49]率先使用商品化的氢氧化物。另一方面，Dahn 的团队[50]采用了控制 LiOH 用量的方法，但以他们的工艺配方生产的产品密度不高。而通过控制 NH_4OH 和 NaOH 的量来控制共沉淀速度，获得了高密度的球形粉末。图 10.14 是未包覆和包覆 $AlPO_4$ 的 $LiCoO_2$、未包覆和包覆 $AlPO_4$ 的 $LiNi_{0.8}Co_{0.1}Mn_{0.1}O_2$ 的 SEM 图像，两种包覆材料的颗粒表面形貌与包覆前的截然不同，包覆后 $LiNi_{0.8}Co_{0.1}Mn_{0.1}O_2$ 的颗粒表面由粗糙变为光滑。这表明，$AlPO_4$ 纳米粒子至少在粉体表面上发生了反应。

用于测试的电池正极由正极材料、超磷炭黑（SP）、聚偏氟乙烯（PVDF）粘接剂（Kureha 吴羽公司）以质量比为 96：2：2 构成。极片的制备方法为将正极浆料涂覆到铝箔上，然后在 130℃的条件下干燥 20min。浆料由 PVDF 的 NMP 溶液、炭黑、正极粉料充分混合而成。纽扣式电池（CR2016）在充满氦气的手套箱中由正极片、负极锂片和多微孔聚乙烯隔膜制备而成。电解质是 1mol/L $LiPF_6$ 的碳酸乙烯酯/碳酸二乙酯/碳酸甲乙酯（其中 EC：DEC：EMC 体积比为 30：30：40）溶液。笔者使用了标准的纽扣式电池部件（CR2016），每只电池电解质的质量一般为 0.1g。每个电池样品的正极含有大约 25mg 的 $LiCoO_2$ 或 $LiNi_{0.8}Co_{0.1}Mn_{0.1}O_2$。在进行电化学测试之前，电池样品在室温下放置 24h 进行老化。用于 12V 过充电试验的电池尺寸为（$3.4\times40\times62mm^3$，高×长×宽），负极为人造石墨。锂离子电池负极与正极配比（N/P 比）为 1.08：1。按有关安全试验大纲进行过充电试验[51]，电池表面的温度由安装在电池最大表面中心的 K 型热电偶

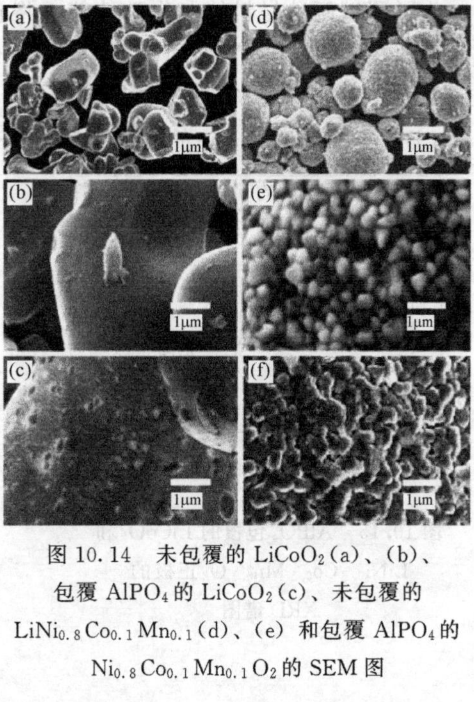

图 10.14 未包覆的 $LiCoO_2$(a)、(b)、包覆 $AlPO_4$ 的 $LiCoO_2$(c)、未包覆的 $LiNi_{0.8}Co_{0.1}Mn_{0.1}$(d)、(e) 和包覆 $AlPO_4$ 的 $Ni_{0.8}Co_{0.1}Mn_{0.1}O_2$ 的 SEM 图

来监测，用绝缘胶带将热电偶与电池壳紧密黏合。

为了比较包覆 $AlPO_4$ 的 $LiCoO_2$ 和 $LiNi_{0.8}Co_{0.1}Mn_{0.1}O_2$ 的正极容量，采用纽扣式半电池进行充放电试验，充电截止电压为 4.3V，充放电电流为 0.1C（分别为 14mA/g 和 18mA/g）。在 21℃下，以 1C 循环 200 次对比两种正极的锂离子电池的循环性能，并以 0.5C、1C、2C 放电对上述电池进行倍率-容量试验（充电电流设定为 1C）。

首先，将用于 DSC 分析的电池充到预定电压，正极未包覆的电池的充电截止电压分别为 4.2V 和 4.6V，正极包覆的电池充电截止电压分别为 4.2V、4.4V、4.6V 和 4.8V，以 1C（Li_xCoO_2 和 $Li_xNi_{0.1}Co_{0.1}Mn_{0.1}O_2$ 的充电电流分别为 710mA 和 820mA）恒流充电，然后恒压充电直到电流减小到 30mA。充电后在干燥间中将正极从电池中解剖出来。正极一般包含 20%（质量分数）的电解质、25%（质量分数）的铝箔、5%（质量分数）粘接剂和炭黑、50%（质量分数）的正极材料。切下大约 10mg 的正极并密封在铝制的 DSC 样本器皿中。仅对正极材料计算放热速率。DSC 测试的升温速率为 3℃/min。因为电解质与水蒸气剧烈反应，干燥间的水分含量应保持在 50μg/mL 以下。由于 DSC 分析的样品是在干燥间中准备的，压缩的 DSC 试样盘中可能含有氧气。但是 DSC 分析结果表明，在 300℃ 以内氧气的影响可以忽略不计，在干燥间准备试样盘和在手套箱中准备试样盘对分析结果几乎没有影响。

图 10.15 是包覆 $AlPO_4$ 的 $LiCoO_2$ 和 $LiNi_{0.8}Co_{0.1}Mn_{0.1}O_2$ 粉末的 X 射线衍射（XRD）图。这两种材料都是六方晶型 $R\bar{3}m$ 组群。包覆 $AlPO_4$ 的 $LiCoO_2$ 的晶格常数分别为 $a=0.2815nm \pm 0.0004nm$，$c=1.4051nm \pm 0.0043nm$（未包覆 $LiCoO_2$ 的分别为：$0.2816nm \pm 0.0004nm$ 及 $1.4034nm \pm 0.0043nm$），包覆 $AlPO_4$ 的 $LiNi_{0.8}Co_{0.1}Mn_{0.1}O_2$ 的晶格常数分别为 $a=0.2874nm \pm 0.0001nm$ 和 $c=1.4217nm \pm 0.0008nm$（未包覆 $LiNi_{0.8}Co_{0.1}Mn_{0.1}O_2$ 样品为 $0.2877nm \pm 0.0001nm$ 及 $1.4219nm \pm 0.0003nm$）。尽管不能排除生成纳米相和相互扩散的可能性，两种包覆材料的 XRD 图和未包覆的仍是相同的。

为了测试两种材料的电化学性能，将包覆的 $LiCoO_2$ 和 $LiNi_{0.8}Co_{0.1}Mn_{0.1}O_2$ 正极纽扣式半电池在 4.3V 和 3V 之间以 0.1C（14mA/g）充电。首次放电曲线表明，包覆的 $LiNi_{0.8}Co_{0.1}Mn_{0.1}O_2$ 正极的初始电压在 4V 以上，高于包覆的 $LiCoO_2$ 正极，如图 10.16 所示。包覆的 $LiNi_{0.8}Co_{0.1}Mn_{0.1}O_2$ 的放电容量为 188mA·h/g，而包覆的 $LiCoO_2$ 为 150mA·h/g。

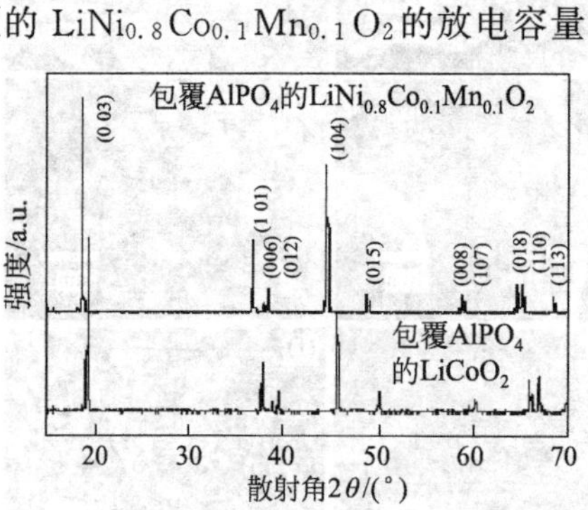

图 10.15 $AlPO_4$ 包覆的 $LiCoO_2$ 和 $LiNi_{0.8}Co_{0.1}Mn_{0.1}O_2$ 正极的 XRD 谱图

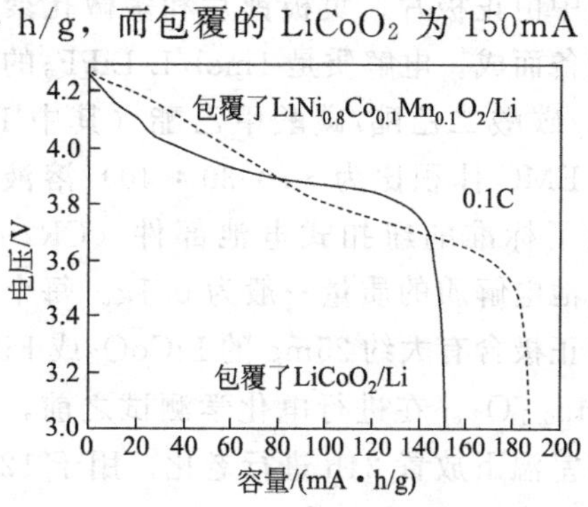

图 10.16 纽扣式半电池（锂作负极）中的 $AlPO_4$ 包覆的 $LiCoO_2$ 和 $LiNi_{0.8}Co_{0.1}Mn_{0.1}O_2$ 正极以 0.1C 倍率在 4.3V 到 3V 电压之间的首次放电曲线，1C 倍率的电流密度分别为 140mA/g 和 180mA/g

该容量与未包覆的正极材料是相同的。包覆的 $LiNi_{0.8}Co_{0.1}Mn_{0.1}O_2$ 的容量比包覆的 $LiCoO_2$ 的高，这有望用于提高锂离子电池的额定容量。

两种材料的锂离子电池在 4.2V 到 3V 电压区间以 0.5C 倍率、1C 倍率、2C 倍率放电（充电电流为 1C）的倍率-容量曲线见图 10.17(a)。与包覆的 $LiCoO_2$ 相比，包覆的 $LiNi_{0.8}Co_{0.1}Mn_{0.1}O_2$ 正极的容量保持率相对较好，并且随着倍率从 0.5C 增加到 2C，电压平台也有所升高。在循环性能方面，200 次循环结束之后，包覆的 $LiNi_{0.8}Co_{0.1}Mn_{0.1}O_2$ 的容量保持率要比包覆的 $LiCoO_2$ 的好，如图 10.17(b) 所示。

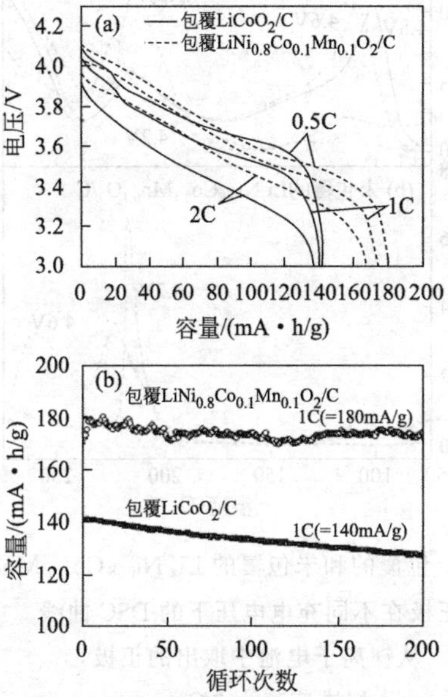

图 10.17 (a) 分别以 0.5C 倍率、1C 倍率、2C 倍率，在 4.2V 和 3V 之间，锂离子电池中 $AlPO_4$ 包覆的 $LiCoO_2$ 和 $LiNi_{0.8}Co_{0.1}Mn_{0.1}O_2$ 正极的曲线；(b) 1C 倍率下，随着循环次数变化的放电容量曲线

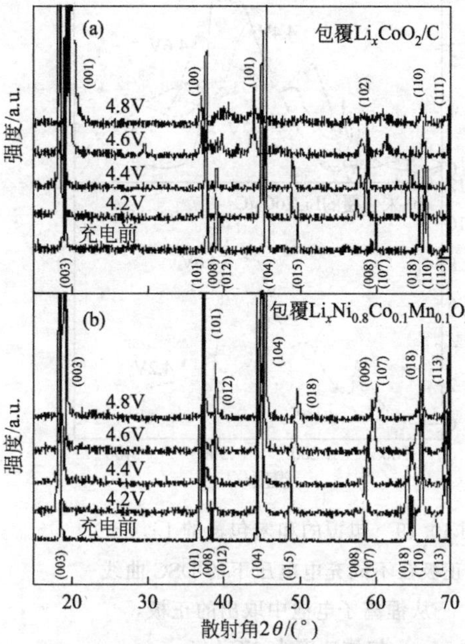

图 10.18 (a) 包覆的 Li_xCoO_2 正极和 (b) 包覆的 $Li_xNi_{0.8}Co_{0.8}Mn_{0.1}O_2$ 正极在首次充电过程中随充电电压变化的 XRD 谱图

图 10.18 比较了包覆 $AlPO_4$ 的 Li_xCoO_2 和 $LiNi_{0.8}Co_{0.1}Mn_{0.1}O_2$ 正极在锂离子电池（负极为碳）在 4.2V、4.4V、4.6V 和 4.8V 充电态时的 XRD 谱图。在充电到 4.2V 时，两种材料的（003）谱线移向较低的衍射角，随着锂的进一步减少，该谱线又移回到较高的衍射角。在 4.8V 充电态，包覆态 Li_xCoO_2 的晶型表现为六方单位晶格 $P3m1$ 晶格群（CdI_2 或 O1 型）。因为当电池充电电压达到 4.8V 时，正极对金属锂的电位约为 4.9V，此时 Li_xCoO_2 中锂的含量为 0。这一结果与 Ohzuku 等人[52]、Amatucci 等人[53]的分析结果完全相同。XRD 谱图显示，包覆的 $Li_xNi_{0.8}Co_{0.1}Mn_{0.1}O_2$ 在低锂含量时为 $R\bar{3}m$ 晶格群（$CdCl_2$ 或 O3 型）。通常情况下，$LiNiO_2$ 的（101）和（104）两个六角形晶格峰被分为两个单斜晶峰（$C2/m$）[20]。但 $Li_xNi_{0.8}Co_{0.1}Mn_{0.1}O_2$ 与六角相变的 $Li_xNi_{0.5}Co_{0.5}O_2$ 相似，在 XRD 谱图中均未发现这些现象[54]。

根据 Ohzuku 和 Amatucci 等人的报道，与 $LiCoO_2$ 不同，Li_xNiO_2 在 $x\approx0$ 的脱锂状态仍保持 $R\bar{3}m$ 结构，没有发生单斜晶型的扭曲[52,53]。相似地，XRD 图谱显示，$Li_xNi_{0.8}$

$Co_{0.1}Mn_{0.1}O_2$ 在 $x \approx 0$ 的脱锂状态（在 4.8V 充电态）也保持着 $R\bar{3}m$ 结构。

用 DSC 比较 $AlPO_4$ 在正极材料上的包覆效果。图 10.19 是未包覆和包覆 $AlPO_4$ 的 Li_xCoO_2 正极在不同充电电压下的 DSC 曲线。曲线显示材料在 150℃左右开始持续产热。随着充电电压的升高，两个样品在 150℃以上的放热峰都增强了，该峰表示由正极材料分解释放出氧气。包覆后 Li_xCoO_2 的峰面积比未包覆的减少了 2～3 倍。

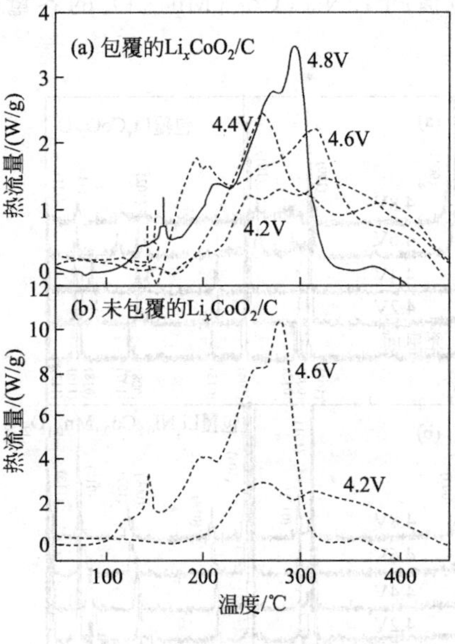

图 10.19 包覆的和未包覆的 Li_xCoO_2 正极在不同充电电压下的 DSC 曲线

从锂离子电池中取出的正极，扫描速率为 3℃/min

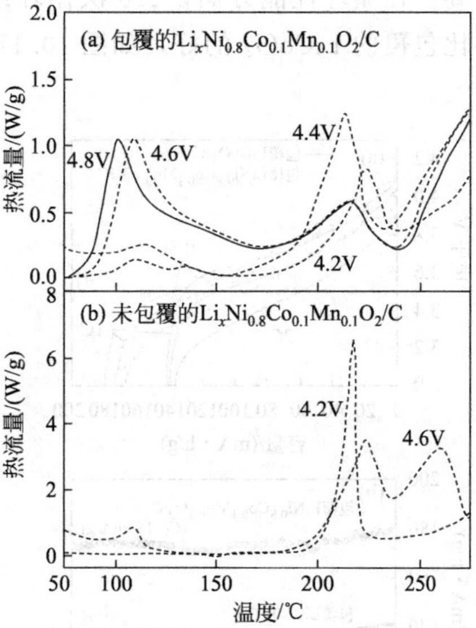

图 10.20 包覆的和未包覆的 $Li_xNi_{0.8}Co_{0.1}Mn_{0.1}O_2$ 正极在不同充电电压下的 DSC 曲线

从锂离子电池中取出的正极，扫描速率为 3℃/min

图 10.20 比较了在不同充电电压下，锂离子电池中包覆和未包覆 $AlPO_4$ 的 $Li_xNi_{0.8}Co_{0.1}Mn_{0.1}O_2$ 正极的 DSC 曲线。与未包覆的样品相似，包覆的 $Li_xNi_{0.8}Co_{0.1}Mn_{0.1}O_2$ 在 75℃和 200℃处出现两个放热峰。75℃的放热峰值可能与颗粒表面残留的有机物分解有关[55,56]。Andersson 等人报道，由于脱锂的 $LiNi_{0.8}Co_{0.2}O_2$ 正极材料有很高的表面活性，在其表面上吸附了有机聚碳酸酯混合物、LiF 或 $Li_xPF_yO_z$ 型化合物、电解质等物质。在低于 100℃时，脱锂电极上包含各种有机和无机电解质分解产物的 SEI 膜有微弱的放热反应[55,56]。

DSC 结果显示包覆 $AlPO_4$ 纳米颗粒降低了电化学反应中的产热量。值得注意的是，包覆后放热峰的面积大幅减小（见图 10.19 和图 10.20）。测量 $LiCoO_2$ 和 $LiNi_{0.8}Co_{0.1}Mn_{0.1}O_2$ 样品的 BET 比表面积，分别为 $0.6m^2/g$ 和 $1m^2/g$。然而，DSC 结果显示在包覆后放热量明显减少，表明影响放热反应的关键因素是电解质和正极材料界面上的反应。通过包覆使界面反应降到最慢，可以抑制正极材料内部氧的析出。而且，铝阳离子与 $(PO_4)^{3-}$ 之间的共价键极大地抑制正极和电解质之间的反应[57,58]。

随着电池电压的升高，包覆的 $Li_xNi_{0.8}Co_{0.1}Mn_{0.1}O_2$ 正极呈现出的漫射峰比包覆的 Li_xCoO_2 的要多，这意味着可能更慢的反应动力学。通过锂离子电池的产热和散热速率对比表明，Li_xCoO_2 比 $Li_xNi_{0.8}Co_{0.1}Mn_{0.1}O_2$ 更容易热失控。为了评价过充电至 12V 过程中锂离子电池中未包覆和包覆了 $AlPO_4$ 的 $LiNi_{0.8}Co_{0.1}Mn_{0.1}O_2$ 和 $LiCoO_2$ 的产热效应，以 1C、2C、3C 三种电流将电池充电至 12V（见图 10.21 和图 10.22）。在更高电流倍率下，电池表面温度增长迅速，这是由于焦耳热的急速增加、电解质发生氧化、正极分解以及电池其他部件的反应。据报导，在上述因素中，正极与电解质之间的剧烈放热反应是导致电池热失控的主要因素[3,59]。随着充电电流的增加，包覆 $AlPO_4$ 的 $LiCoO_2$ 锂离子电池表面温度也随之升高：在过充电下，电池表面温度达到近 170℃。由于在超过 6V 时，电池内外部温差近 100℃，电池内部的温度估计约 270℃。

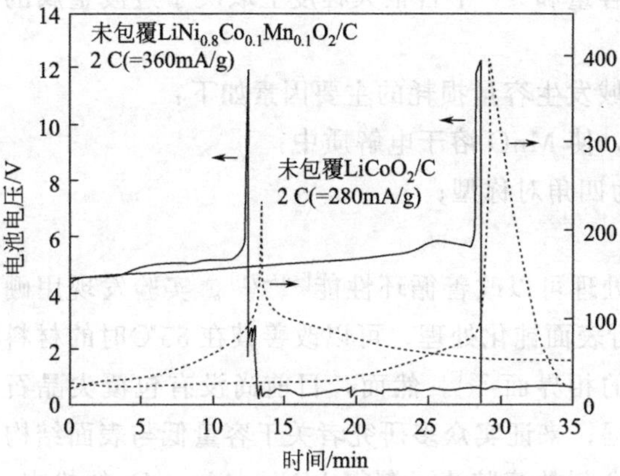

图 10.21　在 2C 倍率、12V 的过充电测试中，未包覆的 $LiCoO_2$ 和 $LiNi_{0.8}Co_{0.1}Mn_{0.1}O_2$ 正极的锂离子电池随时间变化的电池电压和电池表面温度曲线

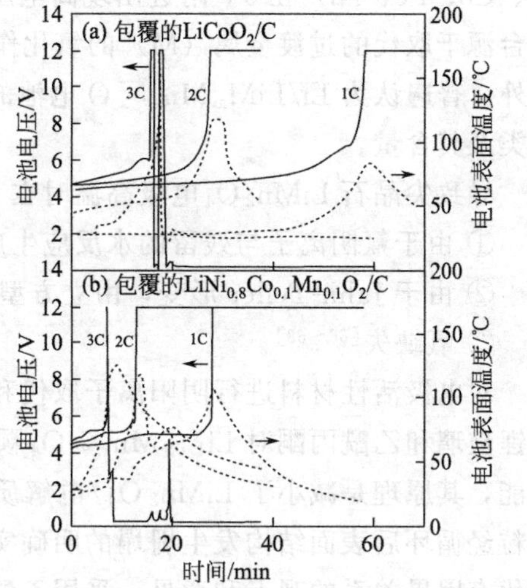

图 10.22　分别在 1C 倍率、2C 倍率、3C 倍率下的 12V 过充电测试中，$AlPO_4$ 包覆的 $LiCoO_2$ 和 $Li_xNi_{0.8}Co_{0.1}Mn_{0.1}O_2$ 正极的锂离子电池随时间变化的电池电压和电池表面温度曲线

$AlPO_4$ 包覆 $LiNi_{0.8}Co_{0.1}Mn_{0.1}O_2$ 电池的最高表面温度比 $LiCoO_2$ 要低，这是由于散热比产热快，这与 DSC 分析的结果一致。包覆的 $LiCoO_2$ 和 $LiNi_{0.8}Co_{0.1}Mn_{0.1}O_2$ 的共同特点是在以 3C 充电至 12V 时会发生内短路现象。在电池部件发生放热反应的近 10min 内，正极与负极之间的任何直接接触都会导致电池发生内短路，此时，使用未包覆正极的电池会发生热失控。但包覆的 $LiNi_{0.8}Co_{0.1}Mn_{0.1}O_2$ 的电池表面温度被控制在 125℃以下，低于包覆的 $LiCoO_2$ 的电池。同时，$AlPO_4$ 包覆的 $LiNi_{0.8}Co_{0.1}Mn_{0.1}O_2$ 电池达到 12V 的时间比 $LiCoO_2$ 提前 10～30min。这可能与两种正极材料的分解行为不同有关。

在较高温度下的第二次产热之前，正极颗粒的第一次产热导致隔膜闭孔，电池内阻显著增加，最终导致电流降低，从而使电池温度降低。然而，包覆的 $LiCoO_2$ 正极在 150℃左右时开始持续放热，并出现一个细小的放热峰。由于正极的上述热分解特性，使产热速率比散热速率更快，电池表面的最高温度在 12V 时有所增加。如图 10.8 所示，在 12V 发生短路时，未包覆的 $LiCoO_2$ 正极电池温度突然升高至近 400℃，这也证明了上述观点。但使用未包覆的 $LiNi_{0.8}Co_{0.1}Mn_{0.1}O_2$ 的锂离子电池的最高温度约为 225℃，同时仅从壳子底部的破裂处冒烟。

10.6 ZnO包覆的$LiNi_{0.5}Mn_{1.5}O_4$尖晶石正极

尖晶石$LiMn_2O_4$因其价格低廉、资源丰富、无毒而成为最有前途的正极材料[60]。众所周知，尖晶石$LiMn_2O_4$电极在室温循环过程中显示出了良好的稳定性，但在高温条件下，如50～80℃，循环性能很差，这阻碍了其作为锂离子二次电池正极材料的广泛应用[61]。

近来，一些研究团队报道了过渡金属取代的尖晶石材料（$LiM_xMn_{2-x}O_4$，其中M为Cr、Co、Fe、Ni）在5V附近出现高电压平台[62～65]。这些研究团队也曾报道过5V的电压平台源于取代的过渡金属（M）的氧化作用，而4V的电压平台与Mn^{3+}氧化为Mn^{4+}有关。此外，普遍认为为$Li/LiM_xMn_{2-x}O$电池的放电容量和5V平台很大程度上取决于过渡金属的种类及其含量。

导致尖晶石$LiMn_2O_4$电极高温时在4V区域发生容量损耗的主要因素如下：

① 由于氟阴离子与残留的水反应生成HF，使MnO溶于电解质中；

② 由于Jahn-Teller形变，由立方型相变为四角对称型；

③ 氧缺失[66～68]。

对电极活性材料进行阴阳离子取代和表面处理可以改善循环性能[69～71]。实验发现用硼酸锂玻璃和乙酰丙酮对$Li_{1.05}Mn_{1.95}O_4$颗粒进行表面钝化处理，可以改善其在55℃时的材料性能，其原理是减小了$LiMn_2O_4$/电解质之间的相界面[72]。然而，目前尚没有包覆尖晶石颗粒经循环后表面结构发生坍塌的明确实验数据，来证实众多研究者关于容量低与表面结构变化有因果关系的观点和意见。采用乙醇酸螯合剂的溶胶法可制得$LiNi_{0.5}Mn_{1.5}O_4$的粉末。将$Li(CH_3COO)\cdot H_2O$、$Ni(CH_3COO)_2\cdot 4H_2O$和$Mn(CH_3COO)_2\cdot 4H_2O$（阳离子比例为Li∶Ni∶Mn=1∶0.5∶1.5）溶于蒸馏水，并滴加到连续搅拌的乙醇酸水溶液中。用氢氧化铵调节溶液的pH值至8.5～9.0。制成的溶液在70～80℃下蒸馏直至获得透明的溶胶。生成的溶胶前驱体在500℃下的空气中分解10h，然后在850℃的空气中煅烧10h。

ZnO在$LiNi_{0.5}Mn_{1.5}O_4$表面的包覆过程为：先将$Zn(CH_3COO)_2\cdot 2H_2O$溶解到蒸馏水中，然后将前面已制备的$LiNi_{0.5}Mn_{1.5}O_4$粉末加入上述溶液中，在室温下混合4h。包覆溶液中Zn的量相当于$Li_{1.05}Mn_{1.95}O_4$粉末质量的1.5%（质量分数）。经120℃烘干后，ZnO包覆的$LiNi_{0.5}Mn_{1.5}O_4$粉末在400℃下的空气中继续煅烧1h。

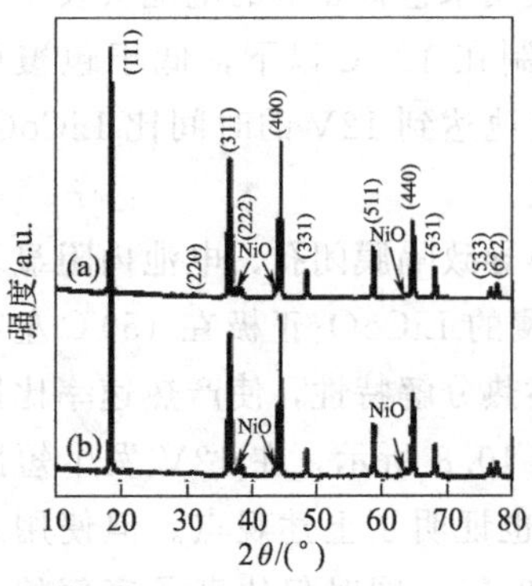

图10.23 (a) $LiNi_{0.5}Mn_{1.5}O_4$粉末和(b) ZnO包覆的$LiNi_{0.5}Mn_{1.5}O_4$粉末

图10.23展示了制得的$LiNi_{0.5}Mn_{1.5}O_4$和ZnO包覆的$LiNi_{0.5}Mn_{1.5}O_4$粉末的XRD图。由图可知，尽管在（311）、（400）和（440）峰附近有少量的NiO杂质峰，两种材料仍是具有明显的$Fd3m$空间群的尖晶石相。虽然在ZnO包覆的$LiNi_{0.5}Mn_{1.5}O_4$粉末的XRD图中没有出现ZnO相关相，但猜测表面可能存在少量的ZnO（见图10.25）。由XRD数据通过Rietveld精修计算得出之前制备的$LiNi_{0.5}Mn_{1.5}O_4$粉末的晶格参数为8.160，远远低于化学计量型尖晶石的晶格参数[73]。

图10.24是$LiNi_{0.5}Mn_{1.5}O_4$粉末和ZnO包覆$LiNi_{0.5}Mn_{1.5}O_4$粉末的SEM图像。$LiNi_{0.5}Mn_{1.5}O_4$粉末的颗粒具有生长完好的$LiNi_{0.5}Mn_{1.5}O_4$(100)面，尺寸分布范围为

0.5～2μm。对于 ZnO 包覆的 $LiNi_{0.5}Mn_{1.5}O_4$ 粉末，ZnO 颗粒大小为 10nm 或更小，均匀地分布在 $LiNi_{0.5}Mn_{1.5}O_4$ 粉末的表面，如图 10.24(b) 所示。为了确认 $LiNi_{0.5}Mn_{1.5}O_4$ 粉末表面包覆材料的组分，进行了 EDAX 分析，如图 10.25 所示。图中清晰地显示了 $LiNi_{0.5}Mn_{1.5}O_4$ 颗粒表面存在 Zn。

图 10.24 (a) $LiNi_{0.5}Mn_{1.5}O_4$ 粉末和 (b) ZnO 包覆的 $LiNi_{0.5}Mn_{1.5}O_4$ 粉末的 SEM 图像

图 10.26 是上述制备的 $LiNi_{0.5}Mn_{1.5}O_4$ 粉末和 ZnO 包覆 $LiNi_{0.5}Mn_{1.5}O_4$ 粉末电极在 25℃下充放电性能随循环次数的变化曲线。$Li/LiNi_{0.5}Mn_{1.5}O_4$ 电池在 4.75V（对 Li^+/Li）有非常平坦的放电平台。两种材料的电压曲线没有差异。在 25℃下，$LiNi_{0.5}Mn_{1.5}O_4$ 和 ZnO 包覆 $LiNi_{0.5}Mn_{1.5}O_4$ 电极循环的初始容量分别为 140mA·h/g 和 137mA·h/g。50 次循环后的容量保持率分别为 92% 和 94%。

然而，$LiNi_{0.5}Mn_{1.5}O_4$ 和 ZnO 包覆的 $LiNi_{0.5}Mn_{1.5}O_4$ 电极在 55℃ 的循环特性差异明显。图 10.27 是 $LiNi_{0.5}Mn_{1.5}O_4$ 和不同 ZnO 包覆量的 $LiNi_{0.5}Mn_{1.5}O_4$ 电极在 55℃下的充放电曲线。随着循环次数的增加，$LiNi_{0.5}Mn_{1.5}O_4$ 电极极化（充放电电压曲线的差距）急剧增大，表明 $LiNi_{0.5}Mn_{1.5}O_4$ 电极材料的结构发生坍塌。另一方面，ZnO 包覆电极的极化随着 ZnO 包覆量的增加而减弱。对于 1.5%（质量分数）包覆量的 $LiNi_{0.5}Mn_{1.5}O_4$ 电极［见图 10.27(d)］，它的充放电曲线在循环过程中没有改变，电极对 Li^+/Li 在 4.75V 时显示了非常平坦的放电平台。相对于未包覆材料［见图 10.27(a)］，ZnO 包覆的 $LiNi_{0.5}Mn_{1.5}O_4$ 尖晶石电极的循环性能明显提高。不同的尖晶石材料的初始容量（137mA·h/g）几乎相同，但未包覆与不同包覆量的电极材料的容量保持率有显著差异。未包覆和包覆了 0.1%（质量分数）、0.5%（质量分数）ZnO 的 $LiNi_{0.5}Mn_{1.5}O_4$ 尖晶石电极在 30 次循环后的容量保持率分别为 8%、29%、88%。1.5%（质量分数）ZnO 包覆的 $LiNi_{0.5}Mn_{1.5}O_4$ 电极初始容量为 137mA·h/g，在 55℃下以 C/3 的倍率循环 50 次后也没有容量损失，具备优异的循环性能。ZnO 包覆的电极材料的循环性能测试结果清晰地表明，ZnO 包覆层阻止了氟化氢（HF）对 $LiNi_{0.5}Mn_{1.5}O_4$ 表面的侵蚀，从而起到了保护正极的作用。

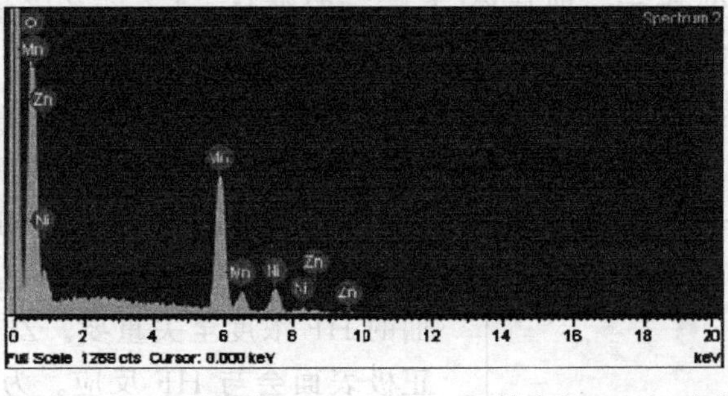

图 10.25 ZnO 包覆的 $LiNi_{0.5}Mn_{1.5}O_4$ 粉末的 EDAX 光谱

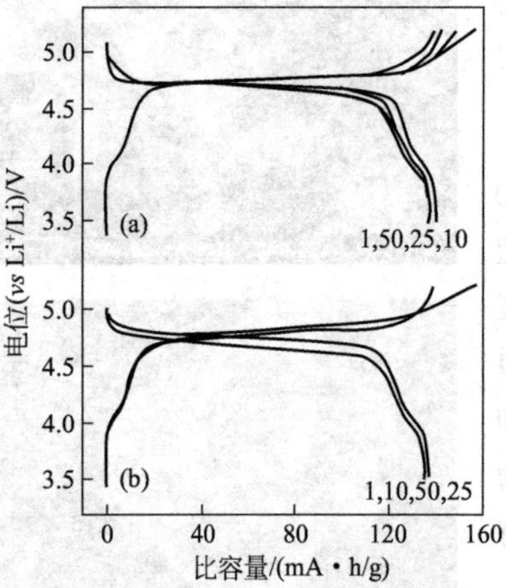

图 10.26　25℃、0.4mA/cm² 的恒流密度下（a）$LiNi_{0.5}Mn_{1.5}O_4$电极和（b）ZnO包覆的 $LiNi_{0.5}Mn_{1.5}O_4$电极的充放电曲线

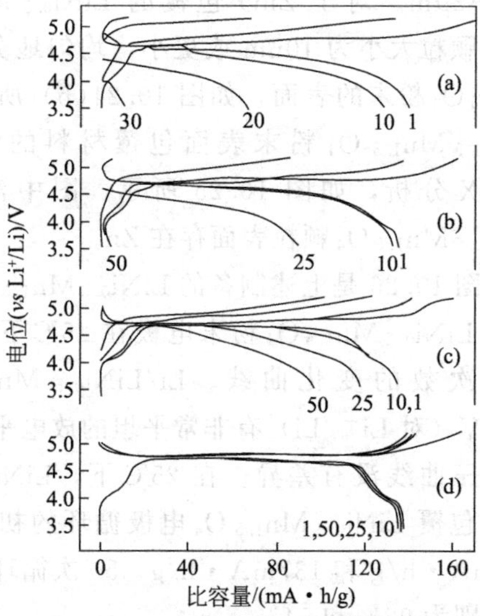

图 10.27　（a）$LiNi_{0.5}Mn_{1.5}O_4$和包覆了（b）0.1%、（c）0.5%、（d）1.5%ZnO 的 $LiNi_{0.5}Mn_{1.5}O_4$电极的充放电曲线

为了进一步研究上述两种材料循环性能的差异，将上述电极材料在 55℃下循环 50 次后，在放电状态下取出，用 XRD 和高分辨率的透射电镜（HRTEM）表征。容量损失大的 $LiNi_{0.5}Mn_{1.5}O_4$电极材料的相关峰显示为四方晶相（$Li_2Mn_2O_4$）、石盐相（Li_2MnO_3）和尖晶石相，如图 10.28 所示。即使经过 55℃的循环，1.5%（质量分数）ZnO 包覆的 $LiNi_{0.5}Mn_{1.5}O_4$电极仍保持了最初的尖晶石相。普遍认为，造成 $LiNi_{0.5}Mn_{1.5}O_4$尖晶石电极容量损失的主要原因是氟阴离子与残留的 H_2O 反应生成 HF，导致尖晶石颗粒中的 MnO 在电解质中缓慢溶解[70,74]。近来，作者报道了[75]在高温下尖晶石电极在 4V 范围内的降解机理归因于电解质中存在 HF，使 $Li_2Mn_2O_4$中的 MnO 溶解形成岩盐 Li_2MnO_3。因此，减少电极表面的 HF 浓度至关重要。ZnO 是两性氧化物，在正极表面会与 HF 反应。为了阐明 ZnO 的作用，我们测试了 ZnO 与电解质中 HF 的反应。将 ZnO 粉末、$LiNi_{0.5}Mn_{1.5}O_4$ 粉末和 ZnO 包覆的 $LiNi_{0.5}Mn_{1.5}O_4$粉末分别浸入 25℃和 55℃的电解质中，一周后，分析电解质中残余的 HF 含量，其结果见表 10.1。25℃下的试验结果表明，电解质中 HF 含量的初始值为 274μg/mL。试验采用超出正常值的 HF 浓度是为了定量表征 ZnO 的作用。表 10.1 的结果表明：随着 ZnO 包覆量的增加，电解质中残余的 HF 含量急剧下降。值得注意的是，无论在何种温度下，只有加入 ZnO 粉末的电解质中的 HF 含量为 0.0μg/mL。这些结果有力地证明了 ZnO 与 HF 反应并阻止了 MnO_2在电解质中的

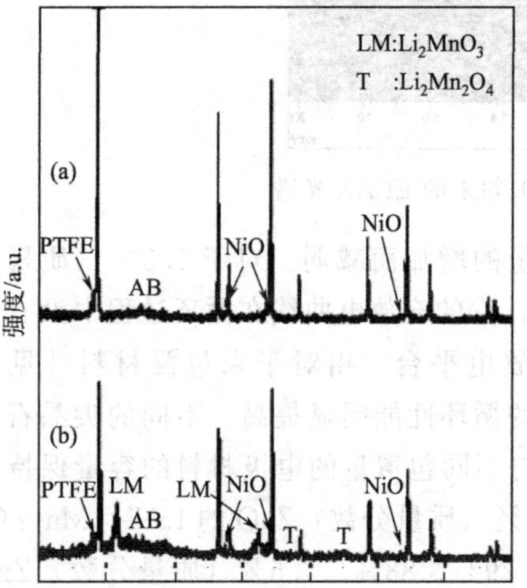

图 10.28　（a）$LiNi_{0.5}Mn_{1.5}O_4$电极和（b）包覆 1.5%ZnO 的 $LiNi_{0.5}Mn_{1.5}O_4$电极在 50℃下 50 次循环后的 XPS 谱图

溶解。用 ZnO 包覆 $LiNi_{0.5}Mn_{1.5}O_4$ 粉末可以改善电化学性能的另一个原因是 ZnO 抑制了正极和电解质之间的界面反应。图 10.29 是 ZnO 包覆 $LiNi_{0.5}Mn_{1.5}O_4$ 粉末的［110］晶面 TEM 图像。在该分辨率下，颗粒表面观察不到表面相，这表明了 ZnO 以亚纳米级厚度包覆在颗粒表面。该分析结果与 X 射线能量色散谱分析方法（EDS）对颗粒边缘的分析结果一致，在 EDS 的探测限内没有发现 Zn。图 10.29（b）是 55℃下经过 50 次循环的未包覆 $LiNi_{0.5}Mn_{1.5}O_4$ 颗粒的明场 TEM 图像。如箭头所指，颗粒表面被碳相包覆。在如图 10.29(c) 所示的更高倍率图像中，002 平面间距为 0.34nm 的扭曲的石墨平面清晰可见。相比之下，经过高温循环的包覆了 ZnO 的粉末颗粒表面观察不到这种石墨相［如图 10.29(d) 所示］。在循环过程中碳相在颗粒表面如何成核并不清楚，据我们所知，之前并没有报道过这种表面相的形成。我们推测，表面相与电解质溶液在 5V 时的分解有关，电解质氧化产生的阳离子自由基可以提供形成充电正极表面石墨相的来源。不论形成机理如何，颗粒表面石墨相是非常扭曲的结构，这无疑阻碍了锂的嵌入过程，导致材料的容量损耗。相比之下，ZnO 的包覆阻止了碳相的成核，而未被 ZnO 包覆的 $LiNi_{0.5}Mn_{1.5}O_4$ 容量发生衰减。

表 10.1　25℃和 55℃下 1 周后，不同样品在 1mol/L $LiPF_6$ 的 EC/DMC(1∶2) 溶液中 HF 的含量

温度/℃	样品	残余 HF/(μg/mL)
25	主体电解质(1mol/L 的 $LiPF_6$ 溶于 EC/DMC)	274
	$LiNi_{0.5}Mn_{1.5}O_4$ 粉末	274
	1.5%ZnO 包覆的 $LiNi_{0.5}Mn_{1.5}O_4$ 粉末	7.3
	纯 ZnO 粉末	0
55	主体电解质(1mol/L 的 $LiPF_6$ 溶于 EC/DMC)	68
	$LiNi_{0.5}Mn_{1.5}O_4$ 粉末	68
	0.5%ZnO 包覆的 $LiNi_{0.5}Mn_{1.5}O_4$ 粉末	53
	1.5%ZnO 包覆的 $LiNi_{0.5}Mn_{1.5}O_4$ 粉末	32
	纯 ZnO 粉末	0

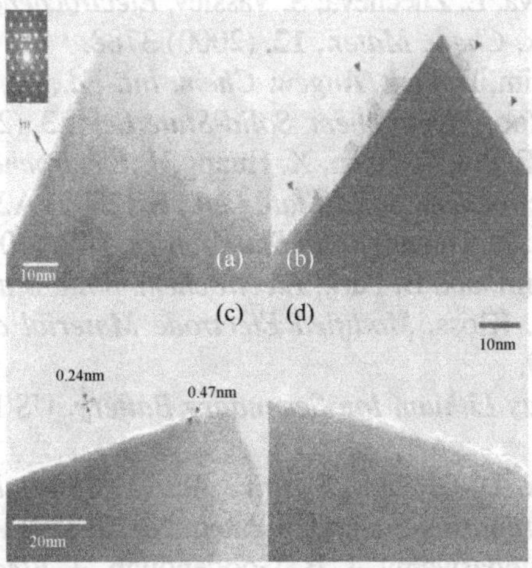

图 10.29　(a)［001］区域的 ZnO 包覆的 $LiNi_{0.5}Mn_{1.5}O_4$ 颗粒的 TEM 图像；

(b) 在 55℃下循环后未包覆的 $LiNi_{0.5}Mn_{1.5}O_4$ 颗粒的 TEM 图像（箭头指的是碳相）；

(c) 55℃下循环后未包覆的 $LiNi_{0.5}Mn_{1.5}O_4$ 粉末颗粒的高倍率 TEM 图像（对比 002 石墨和 111 尖晶石的间距）；(d) 循环后在颗粒表面无碳相的 ZnO 包覆的 $LiNi_{0.5}Mn_{1.5}O_4$ 颗粒 TEM 图像

致谢

感谢ITRC研究中心项目组对此项工作的支持，韩国政府（MEST）为韩国科学与工程基金会（KOSEF）拨款（NO. R01-2008-000-20142-0）。

参考文献

1. *Laptop Batteries Are Linked to Fire Risk*, New York Times, March 15, 2001; US Consumer Product Safety Commission (http://www.cpsc.gov/cpscpub).
2. S. C. Levy, P. Bro, *Battery Hazards and Accident Prevention*, Plenum Press, New York, NY,, 1994.
3. R. A. Leising, M. J. Palazzo, E. S. Takeuchi, K. J. Takeuchi, *J. Electrochem. Soc.*, **148**, (2001) A838.
4. H. Maleki, S. A. Hallaj, J. R. Selman, R. B. Dinwiddie, H. Wang, *J. Electrochem. Soc.*, **146**, (1999) 947.
5. A. Duaquier, F. Disma, T. Bowmer, A. S. Gozdz, G. G. Amatucci, J.-M. Tarascon, *J. Electrochem. Soc.*, **145**, (1998) 472.
6. H. Maleki, G. Deng, A. Anani, J. Howard, *J. Electrochem. Soc.*, **146**, (1999) 3224.
7. N. Takami, H. Inagaki, H. Ishii, R. Ueno, R. M. Kanda, IMLB11 – *11th International Meeting on Lithium Batteries*, Monterey, CA, USA, June 23–28, 2002.
8. K. Xu, M. S. Ding, S. Zhang, J. Allen, T. R. Jow, *J. Electrochem. Soc.*, **149**, (2002) A622.
9. S. C. Narang, S. C. Ventura, B. J. Dougherty, M. Zhao, M. S. Smedley, G. Koolpe, US Patent 5830660.
10. M. Adachi, K. Tanaka, K. Sekai, *J. Electrochem. Soc.*, **146**, (1999) 1256.
11. X. Wang, E. Yasukawa, S. J. Kasuya, *J. Electrochem. Soc.*, **148**, (2001) A1058.
12. J. Cho, Y. W. Kim, J.-G. Lee, B. Kim, B. Park, *Angew. Chem. Int. Ed.*, **42**, (2003) 1618.
13. J. Cho, Y. J. Kim, T.-J. Kim, B. Park, *Chem. Mater.*, **13**, (2001) 18.
14. J. Cho, Y. J. Kim, B. Park, *Chem. Mater.*, **12**, (2000) 3788.
15. J. Cho, J.-G. Lee, B. Kim, B. Park, *Chem. Mater.*, **15**, (2003) 3190.
16. M. Mladenov, R. Stoyanova, E. Zhecheva, S. Vasslev, *Electrochem. Commun.*, **3**, (2001) 410.
17. J. Cho, Y. J. Kim, B. Park, *Chem. Mater.*, **12**, (2000) 3788.
18. J. Cho, Y. J. Kim, T.-J. Kim, B. Park, *Angew. Chem. Int. Ed.*, **40**, (2001) 3367.
19. J. Cho, C.-S. Kim, S.-I. Yoo, *Electrochem. Solid-State Lett.*, **3**, (2000) 362.
20. Z. Wang, C. Wu, L. Liu, F. Wu, L. Chen, X. Huang, *J. Electrochem. Soc.*, **149**, (2000) A466.
21. Z. Chen, J. R. Dahn, *Electrochem. Solid-State Lett.*, **5**, (2002) A213.
22. Z. Wang, L. Liu, L. Chen, X. Huang, *Solid State Ionics*, **148**, (2002) 335.
23. J. Cho, T.-J. Kim, Y. J. Kim, and B. Park, *Electrochem. Solid-State Lett.*, **4**, (2001) A159.
24. D. Rahner, W. Plieth, M. Kloss, *Modified Electrode Material and its Use*, US Patent No. 6348259, March 30, 1999.
25. T. Miyasaka, *Non-Aqueous Lithium Ion Secondary Battery*, US Patent No. 6037095, March 30, 1998.
26. H.-J. Kweon, G.-B. Kim, D.-G. Park, *Positive Active Material for Rechargeable Lithium Battery and Method Of Preparing Same*, US Patent No. 6183911, October 29, 1999.
27. A. K. Padhi, K. S. Nanjundaswamy, J. B. Goodenough, *J. Electrochem. Soc.*, **144**, (1997) 1188.
28. S. Okada, S. Sawa, M. Egashira, J.–I. Yamaki, M. Tabuchi, H. Kageyama, T. Konishi, A. Yoshio, *J. Power Sources*, **97**, (2001) 430.
29. *Handbook of X-ray Photoelectron Spectroscopy*, J. Chastain, R. C. King, Jr. (Eds.), Physical Electronics, Inc., Minnesota, 1995.

30. J.A. Rotole, P.M.A. Sherwood, *Surf. Sci. Spec.*, **5**, (1998) 60.
31. G.G. Amatucci, J.M. Tarascon, L.C. Klein, *Solid State Ionics*, **83**, (1996) 167.
32. Y.J. Kim, J. Cho, T.-J. Kim, B. Park, *J. Electrochem. Soc.*, **150**, (2003) A1723.
33. K.-K. Lee, W.-S. Yoon, K.-B. Kim, *J. Electrochem. Soc.*, **148**, (2001) A1164.
34. J. Cho, G. Kim, Y. Park, S. Kim, US Patent # 6241959 (2001).
35. Y. Nishida, K. Nakane, T. Satoh, *J. Power Sources*, **68**, (1997) 561.
36. H. Watanabe, T. Sunagawa, H. Fujimoto, N. Nishida, T. Nohma, *Sanyo Tech. Rev.*, **30**, (1998) 84.
37. Y. Sato, T. Koyano, M. Mukai, K. Kobayakawa, Meeting Abstracts of the 192nd Electrochem. Soc. Meeting, Paris, France, Aug. 31–Sep. 5, 1997.
38. M. Yoshio, H. Noguchi, J.-I. Itoh, M. Okada, T. Mouri, *J. Power Sources*, **90**, (2000) 176.
39. C. Nayoze, F. Ansart, C. Laberty, J. Sarrias, A. Rousset, *J. Power Sources*, **99**, (2001) 54.
40. J. Cho, T.-J. Kim, Y. J. Kim, B. Park, *Electrochem. Solid-State Lett.*, **4**, (2001) A159.
41. J. Cho, H. Jung, Y. Park, G. Kim, H. Lim, *J. Electrochem. Soc.*, **147**, (2000) 10.
42. J. Cho, G. Kim, H. Lim, *J. Electrochem. Soc.*, **146**, (1999) 3571.
43. W. Li, J. C. Currie, *J. Electrochem. Soc.*, **144**, (1997) 2773.
44. H. Arai, M. Tsuda, K. Saito, M. Hayashi, Y. Sakurai, *J. Electrochem. Soc.*, **149**, (2002) A401.
45. N. Takami, H. Inagaki, R. Ueno, M. Kanda, IMLB11–11th International Meeting on Lithium Batteries, Monterey, CA, USA, June 23–28, 2002.
46. Y. Gao, M. V. Yakovleva, W. B. Ebner, *Electrochem. Solid-State Lett.*, **1**, (1998) 117.
47. I. Yoshiyuki, K. Kochichi, Y. Shuji, K. Motoya, Meeting Abstracts of the 202nd Electrochem. Soc. Meeting, Salt Lake City, UT, USA, Oct. 20–24, 2002.
48. J. Cho, *Electrochem. Commun.*, **5**, (2003) 146.
49. N. Yabuuchi, T. Ohzuku, *J. Power Sources*, 119–121, (2003) **171**.
50. Z. Lu, D. D. MacNeil, J. R. Dahn, *Electrochem. Solid-State Lett.*, **4**, (2001) A200.
51. *Guideline for the Safety Evaluation of Secondary Lithium Cells*, Japan Battery Association, Tokyo, 1997.
52. T. Ohzuku, A. Ueda, M. Nagayama, *J. Electrochem. Soc.*, **140**, (1993) 1862.
53. G. G. Amatucci, J. M. Tarascon, L. C. Klein, *J. Electrochem. Soc.*, **143**, (1996) 1114.
54. A. Ueda, T. Ohzuku, *J. Electrochem. Soc.*, **141**, (1994) 2010.
55. A. M. Andersson, D. P. Abraham, R. Haasch, S. MacLaren, J. Liu, K. Amine, *J. Electrochem. Soc.*, **149**, (2002) A1358.
56. J.-I. Yamaki, H. Takatsuji, T. Kawamura, M. Egashira, *Solid State Ionics*, **148**, (2002) 241.
57. A. K. Padhi, K. S. Nanjundaswamy, J. B. Goodenough, *J. Electrochem. Soc.*, **144**, (1997) 1188.
58. S. Okada, S. Sawa, M. Egashira, J.-I. Yamaki, M. Tabuchi, H. Kageyama, T. Konishi, A. Yoshino, *J. Power Sources*, **97**, (2001) 430.
59. J. R. Dahn, E. W. Fuller, M. Obrovac, U. von Sacken, *Solid State Ionics*, **69**, (1994) 265.
60. D. Guyomard, J.-M. Tarascon, *J. Electrochem. Soc.*, **139**, (1994) 222.
61. Y. Xia, Y. Zhou, M. Yoshio, *J. Electrochem. Soc.*, **144**, (1997) 2593.
62. C. Sigala, D. Guyomard, A. Verbaere, Y. Piffard, M. Tournoux, *Solid State Ionics*, **81**, (1995) 167.
63. H. Kawai, M. Nagata, H. Kageyama, H. Tsukamoto, A.R. West, *Electrochim. Acta*, **45**, (1999) 315.
64. H. Shigemura, H. Sakaebe, H. Kageyama, H. Kobayashi, A.R. West, R. Kanno, S. Morimoto, S. Nasu, M. Tabuchi, *J. Electrochem. Chem.*, **148**, (2001) A730.
65. K. Amine, H. Tukamoto, H. Yasuda, Y. Fujita, *J. Electrochem. Soc.*, **1607**, (1996) 143.
66. D. H. Jang, Y. J. Shin, S. M. Oh, *J. Electrochem. Soc.*, **143**, (1996) 2204.
67. A. D. Pasquier, A. Bylr, P. Courjal, D. Larcher, G. Amatucci, B. Gerand, J.-M. Tatscon, *J. Electrochem. Soc.*, **146**, (1999) 48.

68. Y. Xia, T. Sakai, T. Fujieda, X.Q. Yang, X. Sun, Z.F. Ma, J. McBreen, M. Yoshio, *J. Electrochem. Soc.*, **148**, (2001) A723.
69. Y. Xia, N. Kumada, M. Yoshio, *J. Power Sources*, **90**, (2000) 135.
70. G. G. Amatucci and J.-M. Tarascon, US Patent No. 5,674,645 (1997).
71. Y.-K. Sun, G.-S. Park, Y.-S. Lee, M. Yoshio, K. S. Nahm, *J. Electrochem. Soc.*, **148**, (2001) A994.
72. G. G. Amatucci, A. Bylr, C. Siagala, P. Alfonse, J.-M. Tarascon, *Solid State Ionics*, **104**, (1997) 13.
73. A.D. Pasquier, A. Blyr, P. Courjal, D. Larcher, G. Amatucci, B. Gerand, J.-M. Tarascon, *J. Electrochem. Soc.*, **146**, (1999) 428.
74. Y. Xia, N. Kumada, M. Yoshio, *J. Power Sources*, **90**, (2000) 135.
75. Y.-K. Sun, C.S. Yoon, C.K. Kim, S.G. Youn, Y.-S. Lee, M. Yoshio, I.-H. Oh, *J. Mater. Chem.*, **11**, (2001) 2519.

第11章

金属合金负极材料的发展

Nikolay Dimov

11.1 概述

我们见证了锂离子电池（LIB）自 1990 年开始的发展历程，它已成为当前大多数便携式电子设备（如手机、数码相机和便携式笔记本）电源的主要选择。尽管这些电池目前能量密度最高，但对更高电性能的需求一直促使人们不断地提高电池容量。近期，许多研究工作的重点都放在具有更高容量和更好循环性能的第二代正负极材料的开发上。正极材料的比容量（单位为 mA·h/g）通常较低，约为负极材料的一半，且近期可能不会有显著的进步，但是理论容量远高于碳负极的材料是存在的。因此，当电池内部空间有限时，可以采用高容量负极材料匹配低容量正极材料。

使用高容量负极材料的优势很容易量化。考虑到正极材料的比容量（C_C）大约在 140mA·h/g（$LiCoO_2$、尖晶石）到 200mA·h/g 之间（$LiMnO_2$及其衍生物）；负极比容量（C_A）和 LIB 材料总的比容量之间存在一个简单的函数关系，关系如下：

$$总比容量=\frac{C_C}{1+\frac{C_C}{C_A}}=\frac{C_A C_C}{C_A+C_C}\quad (mA\cdot h/g) \tag{11.1}$$

方程式(11.1）表明，当正极比容量 C_C固定不变时，随着 C_A的线性增加，总的比容量呈非线性增加。根据方程式(11.1）绘制出图 11.1：开始时，随着 C_A的增加，总的比容量有一个快速的增长，随后进入平稳阶段，当 $C_A\to\infty$时可以推测总的比容量的极限值。

$$\frac{d(总)}{d(C_A)}=\frac{(C_C)^2}{(C_C+C_A)^2}\longrightarrow 0(当\ C_A\to\infty 时) \tag{11.2}$$

总的比容量的增长率取决于 C_C值。由图可知，存在两种增长模式：当 C_A 从 300mA·h/g 增加到 1200mA·h/g 时，总的比容量增长较快；当 C_A大于 1200mA·h/g 时，总的比容量增长变缓。因此，如果以比容量 1000mA·h/g 左右的负极材料替代当前使用的碳负极，那么锂离子电池的容量将会显著提升。

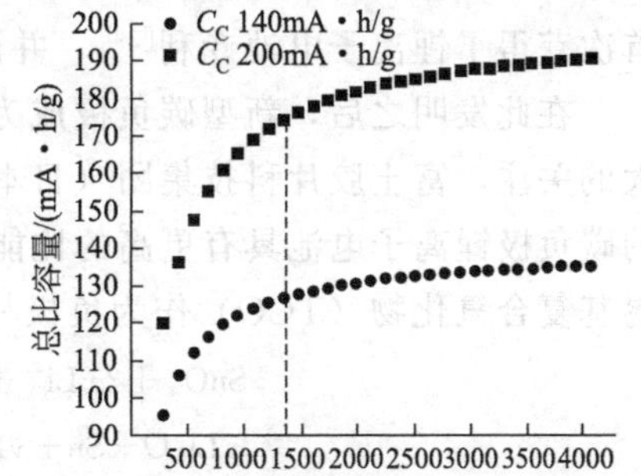

图 11.1 电池材料总的比容量与负极比容量之间的函数关系

当正极材料的比容量分别为 140mA·h/g 和 200mA·h/g 时，函数关系如图所示。由图可知，当负极比容量在 300～1200mA·h/g 时，总的比容量增长迅速；当 C_A 超过 1200mA·h/g，总的比容量增长变缓

此类研究的驱动力是这种负极材料的电压应该趋近于0V，因此，负极的电化学反应不一定基于嵌入型反应。Li^+和某些金属的合金非常引人关注，因为充电结束时，Li_xM合金中Li：M的摩尔比远远高于嵌入主体。在整个循环过程中，为了保持晶体结构的稳定，通常嵌入主体不能接受和释放大量的Li^+。在含Li_x的有机电解质中，硅、铝、锡、锑、锗、铅、银等多种金属被充分极化至负电位时，能够通过电化学反应与锂形成合金，这些固相Li_xM合金具有较高的理论容量。从实用角度来看，锡、硅及其合金是最具潜力的，因为它们不仅理论容量高、储量丰富，而且环保。遗憾的是，大多数由上述元素构成的高容量负极在循环过程中都是不稳定的，循环寿命短的缺点削弱了它们的优势。循环性能差主要是由于在反复的充放电过程中，材料体积变化较大产生机械应力所致。本章概述了常温下锂离子电池的硅基负极材料，汇总了锂合金负极研究的历程，介绍了一些克服金属主体膨胀问题的基本原理。前景较好的硅基锂合金电极（复合薄膜）的近期研究工作将会被重点关注。

11.2 常温下锂离子电池用锂合金的历史回顾

本节主要介绍了常温下有机电解质体系的锂离子电池中常用的固体金属。最初的系统性工作是研究锂合金在熔融盐电解质中的使用，这需要在高温（约400℃）下进行。关于Li-Al[1~6]、Li-Sn[7~9]、Li-Mg[10]、Li-Sb[11~15]和Li-Si[11~18]的开拓性工作为后续研究奠定了基础，这些研究目前仍在进行中。目前研究表明，高温下形成的晶体固相结构会发生重组反应。20世纪70年代末到90年代初，人们投入了大量的精力来研究用锂合金替代锂二次电池中的锂金属负极[19~29]，目的是为了克服锂电极的性能问题和安全问题。锂合金负极在商业电池中的第一次应用始于日本松下公司开发的纽扣式电池，它使用了铋、铅、锡和镉的合金（伍德合金）[30~37]。这些金属电极的主要缺点在于，只有将锂合金负极的放电反应限制在非常薄的反应层中（接近于放电深度的10%），才能保证可接受的循环寿命。这证明了只有在这种“浅”循环模式下，才可以保证由反复的合金化和去合金化造成的机械应力最小。因此，首次商业化合金电极的电荷密度的数量级要比在高温下观察到的富锂合金的低。锂离子电池最初使用的可深度充放电循环的负极材料是焦炭/石墨[38]，1985年旭化成化学工业首次获得了锂离子电池专利[39]，并由索尼公司在1990年初将其商业化。

在此发明之后，新型碳负极成为研究和开发的重心。1995年锂合金再次引起了人们极大的关注，富士胶片科技集团（日本）发布了Stalion®锂离子电池[40~43]，这种电池比传统的碳负极锂离子电池具有更高的比能量和能量密度。Stalion®锂离子电池使用了一种无定形锡基复合氧化物（TCO）作为负极材料，它可根据下式在原位发生反应：

$$SnO_x + 2xLi^+ + 2xe^- \longrightarrow xLi_2O + Sn \text{ 不可逆转化过程} \tag{11.3}$$

$$xLi_2O + Sn + yLi^+ + ye^- \rightleftharpoons xLi_2O + Li_ySn \text{ 可逆循环} \tag{11.4}$$

这些材料还包括B_2O_3、Al_2O_3和磷酸锡。将后面的组分加入SnO前驱体中，在循环开始时会形成一种玻璃状的电化学惰性“基体”（转化过程），可作为在原位形成的锡纳米畴的支持介质。因此，尽管负极中含有一些惰性物质，但是仍能进行深度循环，这使得它的容量远高于先前研究过的合金负极，例如TCO的容量可稳定在475mA·h/g，这是由于尽管充分锂化的SnO（一直到$Li_2O+Li_{4.4}Sn$）理论克容量值是875.7mA·h/g，但所有的锡氧基材料都有一个共同的问题，就是循环初期的不可逆容量损失较大所致。在这种负极上加入薄的锂金属层可以解决这个问题，但是由于制造电池工艺变得复杂了，会导致成本增加。

为了在不使用锂金属层的情况下克服这个问题，研究人员提出了一种积极有效的设想，力求避免非活性物质的存在，因为非活性物质会造成电极整体容量的降低。例如，由Besenhard的研发团队提出的Sn/SnSb多相体系[44]。这种合金与Li^+的反应式[45~48]如下：

$$SnSb+3Li^+ +3e^- \rightleftharpoons Li_3Sb+Sn \text{ 可逆} \tag{11.5}$$

$$Sn+yLi^+ +ye^- \rightleftharpoons Li_ySn \text{ 可逆} \tag{11.6}$$

由于锡和锑化锡合金反应的电压范围不同，上述反应将相继进行。形成完整的Li_3Sb后，剩余的锡进一步与锂反应，生成不同的Li_ySn相。两个不同的固相从原SnSb中分离出来，从而形成了更好的形貌，如原SnSb畴被分割成Li_3Sb畴和SnSb畴的纳米结构混合物。在脱锂过程中，SnSb会在首次以及后续循环中复原。可以确定循环过程中的持续不断的相分离和复原可以抑制分散的细小锡团聚成大面积的锡，这种团聚现象被认为是电极失效的主要原因。我们还发现循环寿命取决于形貌和电极制造工艺。Sn/SnSb可以制成复合粉末状电极，也可以不使用黏结剂直接电镀成电极。电镀多相电极循环超过150次循环、Sn/SnSb粉末电极超过200次循环后，仍可保持360mA·h/g的容量。然而，充电容量在循环过程中迅速降低，这表明仍然存在巨大的体积变化导致电极快速恶化[44]。

最后，锡基合金负极的研究集中于但不仅限于不可逆容量损失较低的材料。J. Dahn团队在此方面做了很多工作。他们研究了各种锡和铁的金属间相，如Sn_2Fe、SnFe、Sn_2Fe_3和Sn_3Fe_5[49~54]。在锂化过程中，锡作为反应物生成了Li_xSn，该产物被释放的铁元素包围。铁微粉（约10nm）作为电化学性质不活泼的机体，支持颗粒界面的电子接触。目前最好的结果是由活性Sn_2Fe和几乎惰性的$SnFe_3C$复合获得的，其晶粒尺寸介于10～20nm之间。即使在深度充放电循环过程中（直到$Li_{4.4}Sn$），该复合材料的比容量也能稳定在200mA·h/g左右。仅在首次循环中有大约20%的充电容量是不可逆的（约50mA·h/g）。然而，为了获得稳定的性能，必须要加入大量的非活性缓冲介质，因此必须付出容量大幅降低的代价。表11.1对上述方法进行了简要的总结。

表11.1 锡基合金负极组分的概况①

负极材料	最大锂化	活性相	基体	容量/(mA·h/g)	循环寿命	参考文献
Graphite (C_6)	LiC_6	C		372.2	好	38
Sn	Li_4Sn	Sn	—	993.7	差	44
SnO	Li_4Sn/Li_2O	Sn	Li_2O	875.7	一般	40～43
SnO_2	$Li_4Sn/2Li_2O$	Sn	Li_2O	872.7	一般	40～43
$SnO/B_2O_3/Al_2O_3/Sn_2P_2O_7$	$Li_{4.4}Sn/Li_2O/B_2O_3/Sn_2P_2O_7/Al_2O_3$	Sn	$Li_2O/Sn_2P_2O_7/Al_2O_3$	475.8	好	40～43
Sn_2Fe	$2Li_{4.4}Sn/Fe$	Sn	Fe	804.5	好	49～54
$Sn_2Fe/SnFe_3C$(25：75，质量比)	$0.25(Li_{4.4}SnFe)/0.75SnFe_3C$	Sn	$Fe/SnFe_3C$	201.1	好	49～54
Sn/SnSb如“$Sn_{0.88}Sb_{0.12}$”	$0.88Li_{4.4}Sn/0.12Li_3Sb$	Sn、SnSb	Sn、Li_3Sb	953.7	一般	44

① 通过新制备的负极材料的质量计算得到理论比容量。因为这些组分的实际循环寿命对活性导电剂和黏结剂的数量及类型非常敏感，所以这只是粗略的测算，具体内容参见相关文献。

合金型负极深度循环的需求促进了对金属和金属间负极的深入研究。因为 Sn 的原子量是 Si 的 4.2 倍（相对原子质量：Si 为 28.086，Sn 为 118.690），并且它们形成的含锂量最大合金（在高温下）的化学式是相同的：$Li_{22}M_5$，硅基负极材料是今后研究中最合理的选择。然而，由于 Si 原子量较轻，对于相同化学计量的 Li_xM 合金产物来说，以相同数量的 Si 替代 Sn，其复合材料的容量是含 Sn 复合材料的 4.2 倍。因此，即使复合材料中硅含量很少（约 20%），也能带来很好的效果。

11.3 含硅材料和锂之间的电化学反应机理

如上所述，早期的研究主要针对熔融盐电解质电池中的锂-硅合金负极，其中硅形成了界限清晰的锂-硅晶相[14~18]。后来，在低温有机溶剂中对相同的合金反应进行了研究，发现在不同条件下电化学合金锂-硅体系形成了一组 Zintl（无定形）相[55~64]。由于它们的体积远远大于硅母相，因此传统的活性粉末电极可逆性差，且所有典型合金负极的体积都会经受较大的变化；后者造成了硅粒子中的微裂纹，导致了电极的快速恶化。

研究人员也曾考虑过锂与二元硅合金的反应，特别是反萤石结构的 Mg_2Si，它是一种很有前途的备选材料，并且实验已证明它与锂所发生的反应非常引人关注；高温下，在可用的电压范围内，它具有很大的容量[65~69]。锂和 Mg_2Si 的常温反应也进行了相关实验[58]。据报道，在平均电压为 0.35V（对 Li^+/Li）时，材料的容量超过 400mA·h/g。后续的研究也表明，当循环电压范围为 50~225mV 时，这种材料还能够稳定地提供 100mA·h/g 的容量[61]，在电压为 5~650mV（对 Li^+/Li）的较宽范围内观测到最大放电容量为 830mA·h/g，但后一种情况的容量衰减会很快。充电电压的降低会导致二元锂合金的形成和 Mg_2Si 的不完全重组。人们对无定形含硅负极材料也比较感兴趣。例如，氧化硅、锂硅酸盐玻璃及其他含硅氧化物，诸如通过机械研磨制备的无定形 SiO-SnO 混合物[70~73]。Netz 等人已证实，一些二硅化物（SiO 和 SiB_3）的初始锂化会导致含锂产物的形成，这些含锂产物可以使锂脱出并再嵌入[62]。他们还观察到，在第一次脱锂和第二次嵌锂的循环过程中电压的成分依赖性，并发现所有这些材料有大致相同的电压曲线（见图 11.2），这表明它们有类似的热力学和动力学性能。X 射线结果表明这些材料首次锂离子嵌入的产物是无定形的。此外，无定形硅的实验结果表明，首次锂离子嵌入后，它的测量容量和电压曲线与其他二元含硅化合物的非常相符。如图 11.2 所示，图中容量进行了归一化处理（数据来自参考文献 73）。这些相似之处证实，这些反应是电化学驱动的无定形化反应，而不是在一个良好晶格内的嵌入反应。因此，在较高的锂离子嵌入水平下，目前所研究的大部分电化学活性硅化物的行为与硅和相应金属混合物的行为是相同的。

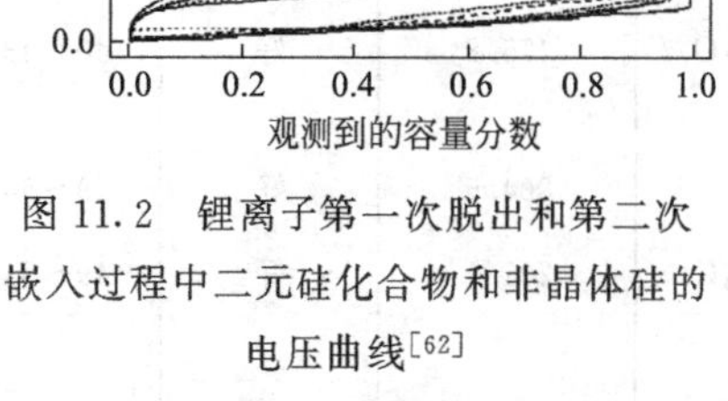

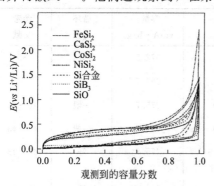

图 11.2 锂离子第一次脱出和第二次嵌入过程中二元硅化合物和非晶体硅的电压曲线[62]

在 1.5V 到 25mV 的范围内，恒流循环的电流密度为 0.1mA/cm^2

图中的数据为所观测到的容量分数

经 Elsevier 授权引用，版权（2003）

虽然表 11.2 中的数据有助于对含硅材料的基本了解，但考虑到实际应用，单位质量的容量是最重要的参数。从表 11.2 中可以清晰地看到，大部分硅化物几乎不可能与现在的碳负极相竞争。因此，在技术方面，研究人员倾向于使用含硅元素或者 SiO 的复合材料。

表 11.2　图 11.2 中所示硅化物的电化学特性

前驱体	摩尔量	首次 Li 脱出/(Li/mol)	脱出容量/(mA·h/g)
$CoSi_2$	115.11	0.25	58
$FeSi_2$	112.03	0.25	60
$NiSi_2$	114.87	0.85	198
$CaSi_2$	96.26	1.15	320
SiB_3	60.52	1.0	443
SiO	44.09	1.1	669
a-硅	28.09	1.05	1002

11.4　硅基负极的制备工艺

11.4.1　复合电极的概念

针对复合电极的概念而言，电极材料至少由两种独立的固相充分地混合而成。大量研究成果侧重于复合物的制备。此类复合物中，硅的小颗粒均匀分布在电化学活性或惰性的固相中，后者可以作为机械和电化学缓冲区，对抑制硅颗粒在与 Li^+ 形成合金的过程中发生电化学熔结是必不可少的。颗粒的尺寸对体积大幅度变化的电极而言是非常重要的，这一基本原理由 Huggins 等人得出[73]，最终结果如图 11.3 所示。每种材料都有其关键的颗粒尺寸，这取决于原金属相的机械韧性以及新相与锂化相之间体积的不匹配度。

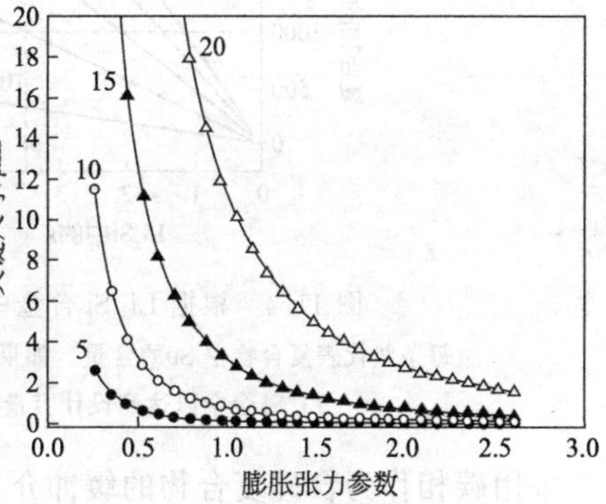

图 11.3　未发生断裂时的关键尺寸对膨胀张力参数的影响[73]

不同编号的曲线代表具有不同断裂韧度参数的新固相。膨胀张力参数说明了原始相和锂化相的体积不匹配度

对于纯硅来说，仅根据上述理论很难做出合理的评估，这是由于在 Li^+ 首次嵌入过程中，在硅颗粒的表面存在不同可能的相。在模型（如图 11.3 所示）的演化过程中所做的一些假设有可能不适用于实际情况。尽管如此，我们还是相信存在这样的趋势，并且可描述这些体系的基本特性，因此，这是设计含硅复合物的一个很好的起点。

据我们所知，采用尺寸在 0.5～1.0μm 间的硅颗粒可以制备出形貌稳定的复合物，该尺寸范围超出了典型纳米范围的两倍左右，会显现量子限域效应。

文献中描述了许多合成含硅复合材料的方法，它们之间的不同点是缓冲介质的选择和复合物的合成方法。然而不论使用何种制备方法，每种复合物的容量都可以简单地由式(11.3)计算得出。每种含硅复合材料的总容量都可以用下列关系式表示：

$$\text{Cap(总)[mA·h/g]}=B[wt\%]B[mA\cdot h/g]+Si[wt\%]Si[mA\cdot h/g])/100 \quad (11.7)$$

其中，B 代表复合材料中使用的缓冲介质。

而纯硅相的容量可以表示为：

$$Si[cap]=\frac{n\times 26800}{28.09}(mA\cdot h/g) \quad (11.8)$$

式中，n 代表 Li_xSi 合金产物中 Li 的原子数；26800 为法拉第常数除以 3.6；28.09 为硅的相对原子质量。联立式(11.3) 和式(11.4) 可以估算复合物的容量，此容量取决于复合物中 Si 含量和充电后 Li_xSi 合金中 Li 的物质的量。图 11.4 显示了当缓冲介质分别为惰性物质 (B=0mA·h/g) 和活性物质 (B=300mA·h/g)(如天然或人造石墨) 时复合物的比容量。如图所示，二者之间存在着明显的差异。例如，理想容量为 1000mA·h/g、含硅量为 30%(质量分数) 的复合物，充电后合金的理论组成应该分别是 $Li_{3.5}Si$ 和 $Li_{2.8}Si$。该差异不能被忽视，因为循环的稳定性依赖于首次充电过程中 Si 相的锂化程度。

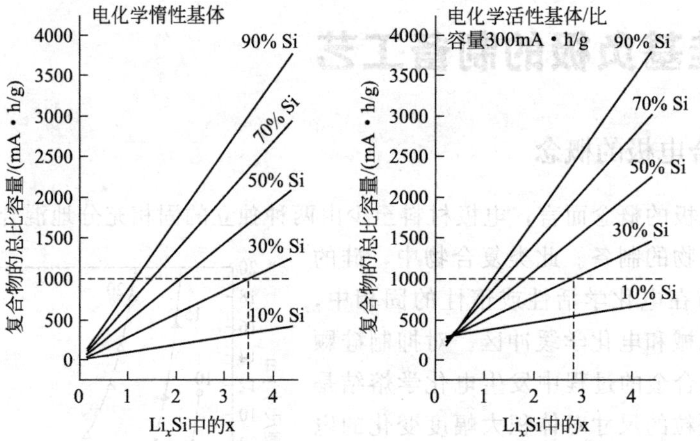

图 11.4 根据 Li_xSi 合金中 Li 摩尔量估算含硅复合材料的理论容量

每条线代表复合物中 Si 的含量。如果使用的是电化学活性基体，可以使用更低 Li 摩尔量的 Li_xSi 合金以达到设计容量。如图所示，硅的含量更低时效果更加明显

采用碳相作为含硅复合物的缓冲介质是科学的选择，这是由于碳不仅是电化学活性的，而且还具有良好的导电性和 Li^+ 渗透性。作者在实验室研究过硅与不同石墨的混合物，实验发现石墨对改善循环性能非常重要[74~77]。该混合物典型的制备方法是以不同的时间间隔研磨各组分（硅和石墨粉末）。此外，还通过热气相沉淀（TVD）技术在一些样品表面包覆了一层硬碳。硅粉末的体电阻是 1500Ω/cm，而碳包覆的复合物仅为 100mΩ/cm；当嵌锂容量限定在小于 800mA·h/g 时，含有较大硅颗粒（大于 1μm）的复合物可以循环至 50 次。这些特性的改善主要是由于硅颗粒周围存在连续的导电网络。相比之下，只含有硅和 PVDF 的硅负极可逆性不理想，并且几次循环后就被完全破坏。

从电压曲线（见图 11.5）中没有看到明显的平台，该平台可能与特定的相变相对应。含硅复合物的原位 XRD 光谱如图 11.6 所示[78]。

在初始的 Li^+ 嵌入过程中，没有观察到与具有新晶体结构的锂-硅合金相对应的新布拉格反射。图 11.6 中最显著的变化是（111）、（220）、（311）晶面位置的峰宽增加和反射强度减弱。这些数据表明了在第一次嵌入过程中，主要的反应是原始硅的固相晶体结构发生了不可逆的破坏，这与之前的研究（如 Li 等人的研究[79]）相一致。

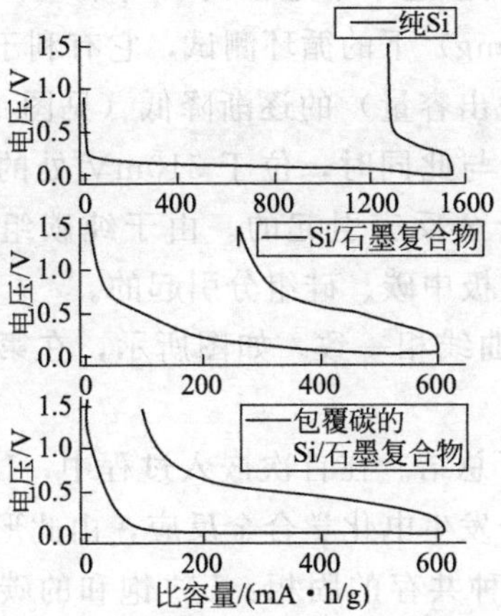

图 11.5　纯硅、硅-石墨混合物、碳包覆的硅-石墨复合物在第一次循环中的电压趋势图

图中所有的复合物电极均含有 10%（质量分数）PVDF，且硅粒径在 1～5μm 范围内。图中样品硅的锂化度大致相同且可以通过图 11.4 模拟估算得出

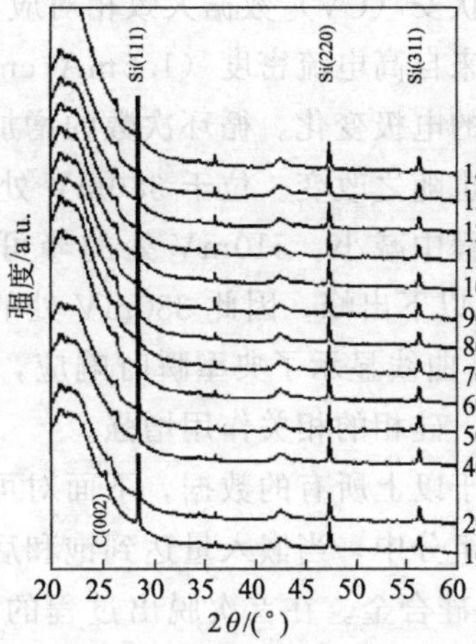

图 11.6　第一次 Li^+ 嵌入过程中，碳包覆硅电极的原位同步 XRD 筛选图

电流倍率约 50mA/g。2θ 角转变对应 Cu 的 K_α 辐射（λ=0.154nm）

结合硅的相关峰强度进行的半定量分析表明，在第一次锂化的最初阶段，Li^+ 优先使石墨相饱和（嵌入），然后硅参与该反应（合金化）。尽管如此，由于合金的条件更温和，当含碳相存在时，抑制了在合金硅颗粒表面生成锂含量高的锂-硅合金。因此，含碳介质使 Li^+ 在大部分活泼硅颗粒中的分布更均匀。

容量的微分和循环伏安曲线（见图 11.7 和图 11.8）为硅碳复合物的电化学特性提供了更进一步的信息。当碳包覆的硅复合物电极在对 Li/Li^+ 电位为 1.5V 至 5mV 之间循环时，记录容量的微分 dQ/dE。在这种情况下只给定了脱出峰，因为几次循环后在嵌入过程中电压保持在 5mV，因此排除了定义 dQ/dE 值的可能性。由图 11.7 可见，第一次脱出时仅有一个峰，位于 480mV 处；从第二次循环开始，出现两个峰，位于 380mV 和 510mV 附近，

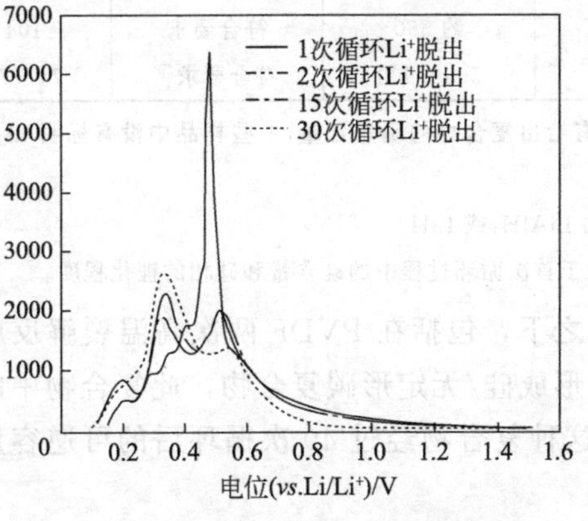

图 11.7　1mol/L $LiPF_6$ 的 EC：DMC（1：2）溶液中，碳包覆的复合物硅负极的容量微分图中只出现脱出峰

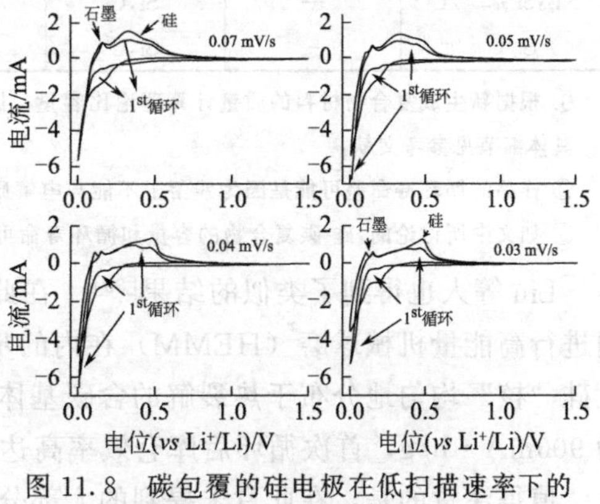

图 11.8　碳包覆的硅电极在低扫描速率下的循环伏安曲线

数据来自三电极电池，其中锂参比电极和对电极置于 1mol/L $LiPF_6$ 的 EC：DMC/1：2 溶液中

与循环伏安（CV）数据大致相对应。CV 给出了低扫描速率下电极的瞬时响应，而微分容量直接来自高电流密度（1.5mA/cm^{2}或约 0.35mA/mg）下的循环测试，它有利于监测循环过程中的电极变化。循环次数的增加导致峰面积（脱出容量）的逐渐降低（见图 11.7），峰面积比也随之改变。位于 380mV 处的峰面积增加，与此同时，位于 510mV 处的峰面积在循环过程中减小。510mV 处的峰可认为是硅的去合金反应引起的。由于纯碳组分通常在 200mV 以下出峰，因此 380mV 处的峰可看成是由负极中碳、硅组分引起的。

CV 曲线显示了典型瞬时响应，与图 11.5 所示曲线相一致。如图所示，在第二次扫描过程中，硅相的相关作用增强。

基于以上所有的数据，下面对可能的机理进行了总结。在首次嵌入过程中，Li^+ 优先嵌入至碳组分中，当嵌入量达到饱和后，开始与硅组分发生电化学合金反应，由此形成了无定形的锂-硅合金。在首次脱出过程的开始阶段，有两种共存的固相：Li^+ 饱和的碳组分和新形成的无定形锂-硅合金。从第二次循环开始，Li^+ 同时嵌入碳和无定形的硅组分中。对负极材料来说，这就导致了在第一次和随后的循环中 Li^+ 在硅和碳组分中的空间分布不同，从而显示出了不同的微分容量和 CV 峰形。尽管可能含有如表 11.3 所列的不同组分，但这种电化学行为是大部分含硅复合物特有的。

表 11.3　硅基合金负极复合物的概述①

负极材料	最大锂化度	活性相	基体	容量/(mA·h/g)	循环寿命	参考文献
石墨	LiC_6	C	—	372.3	良好	38
Si	$Li_{4.4}Si$	Si	—	约 4,100	差	79
SiO	$Li_{1.7}Si/Li_2O$	Si	Li_2O	约 500	符合要求	81,82
$Si/Al_2O_3/C$	—	Si	Al_2O_3/C	约 550	符合要求	86
$Si/SiO_2/C$	—	Si,C	SiO_2/C	约 700	符合要求	85
Si/TiN	LiSi	Si	TiN	约 300	符合要求	105
Ni(Fe)Si	—	Si	Ni(Fe)	300～1000	差	95
Si/TiC	—	Si	TiC	约 350	差	103
Si/TiB_2	—	Si	TiB_2	约 500	差	102
$Li_2O/Al_xO/Si$	—	Si	Li_2O/Al_xO		差②	87
“$Ni_{20}Si_{80+}$”/C	—	Si,C	$NiSi_2/C$	约 550	符合要求	104
Si/C	—	Si,C	C	500～900	符合要求③	74～78

① 根据新生成复合物材料的质量计算理论比容量。因为没有给出复合物的确切含量，一些样品中没有标明 Li_xSi 组成。具体细节见参考文献。

② 样品的循环寿命差可能是因为残留了不能与电解质共存的 $LiAlH_4$ 或 LiH。

③ 如文中所讨论的，硅-碳复合物的容量和循环寿命可能依赖于首次循环过程中的硅含量和硅相的锂化程度。

Liu 等人也得到了类似的结果[80]。在此情况之下，包括在 PVDF 两次高温裂解反应之间进行高能量机械球磨（HEMM）在内的步骤会形成硅/无定形碳复合物，此复合物中的活性硅“核”均匀地分布于热裂解的含碳基体中。这种复合物经过 40 次循环后的可逆容量约为 900mA·h/g，首次循环后库仑效率高达 80%。

值得注意的是，在此章末提到的大部分参考文献中，作者强调了进一步提高含硅复合物的循环性能与将活性硅颗粒尺寸减小至纳米级是密切相关的，但仅靠简单的机械球磨是无法实现的，且文献中描述的激光消融法制备硅纳米颗粒也不适于实际应用[79]。另外，纯的硅纳米粉末在空气中不稳定。这是因为尺寸较大（大约几微米）的粉末中氧化物的量是可以忽略的；而在纳米级粉末中的氧化物层是不可忽略的。这种纳米粉末的振实密度低。因此，基于纳米概念，恰当的制备方法应该是将硅纳米团簇直接嵌入基质内，这种方法不需要隔离硅纳米颗粒作为独立固相。

最简单的生成硅纳米团簇的方法是 SiO_x 与 Li^+ 的电化学反应，这与锡的可转换氧化物（TCOs）的合成方法相似。众所周知，在原位生成的 Li_2O 是适合容纳活性金属颗粒的惰性基体，并且是良好的 Li^+ 导体。但是，“可转换的硅氧化物”的动力学特性较差，因为硅是半导体，它所生成的纳米复合物的体电导率比 SnO_x 生成的低几个数量级。

$$SiO + 2Li^+ + 2e^- \longrightarrow Li_2O + Si \tag{11.9}$$

然而，加入适当的添加剂可以增加硅的电导率，采用 Li_2O 基体的相应材料有可能表现出良好的能量密度和令人满意的倍率性能。例如，Yang 等人[81]制备了循环性能良好的 SiO_x（$0.9<x<1.1$）复合物，它的颗粒尺寸为 50nm 或更低，比表面积大并且锂离子扩散路径短。虽然如此，在首次循环中的可逆容量损失仍然较大；使用 SiO_x 与 Li^+ 供体材料的混合物有可能避免这种局限，该混合物会在首次循环中被消耗。近来，开发了一种新方法，即添加一定量的 $Li_{2.5}Co_{0.4}N$ 或稳定的锂粉末，这可能是解决该问题的简单方法，也是开发锂离子电池的新工艺[82~84]。

文献中提到的其他制备方法，主要思路是通过非原位转换获得类似 TCO 结构的复合物。这种方法的优势是该复合物的特性是可调整的，另外，首次可逆容量的损失会大大减少。

下面描述了制备纳米-分散硅复合物的几种方法。虽然这个列表并不详尽，但可为这个快速变化的领域提供大致的发展趋势。Morita 和 Takami 提出了一种制备含纳米硅团簇材料的新方法，将材料嵌入纳米硅团簇中[85]。他们利用了 SiO 的歧化反应。首先将糠醇、石墨与微小的 SiO 粉末混合；在乙醇发生聚合后，将其聚合物基体在 1000℃下的氩气气氛中放置 3h 进行分解。最终产物由 SiO_2-C 基体组成，并且硅纳米团簇（约 20nm）分散在基体中。材料的初始容量为 700mA·h/g，容量保持率为 80%时，对电极为锂金属时循环次数为 200，对电极为 $LiCoO_2$ 时循环次数为 100。此时的电化学反应为：

$$(x+y)Li^+ + Si—SiO_2—C + (x+y)e^- \rightleftharpoons Li_xSi + SiO_2—Li_yC \tag{11.10}$$

循环稳定归功于硅纳米团簇嵌入至 SiO_2 基体中。

Lee 等人[86]提出了一种非原位合成硅纳米团簇的例子；这里，研究人员采用了机械化学驱动反应：

$$SiO_x + Al \longrightarrow Si + AlO_x \tag{11.11}$$

由于活化能是由机械应力引起的，因此通过热活化作用它被不规则地而不是均匀地分配到小畴内，这样抑制了大硅畴的生长。随后用碳包覆制得的材料，可获得稳定可逆容量约为 550mA·h/g 的最终产物。

Reilly 等人[87]提出了另一种令人感兴趣的高温氢驱动固态反应方法，他们采用 $LiAlH_4$ 作为还原剂，过量地加入氧化硅前驱体中。可能发生的反应如下：

$$6LiAlH_4 + SiO_2 \longrightarrow 6LiAlH_2 + 6H_2 + SiO_2 \text{（约 150℃）} \tag{11.12}$$

$$6LiAlH_2 + SiO_2 \longrightarrow 6LiH + 6Al + SiO_2 + 3H_2 \text{（约 300℃）} \tag{11.13}$$

$$6LiH + SiO_2 + 6Al \longrightarrow Li_x \text{纳米复合物} + 3H_2 \text{（约 500℃）} \tag{11.14}$$

$$xLiH + \text{纳米复合物} \longleftrightarrow Li_x \text{纳米复合物} + x/2H_2 \text{（约 500℃）} \tag{11.15}$$

对混合物进行热处理，可生成由直径约 20nm 的微粒组成的纳米复合物材料。我们认为氢是致使该反应生成纳米复合物材料的关键因素。氢原子相继多次地从锂-硅合金中吸附、脱附，该方法比仅靠物理研磨更有效。虽然这种方法制得的纳米复合物容量衰减快，但这种方法仍然值得关注，因为它能够在避免使用 HEMM 法的情况下诱导生成了纳米复合物。但是存在残余的氢化物是这种方法在实际应用中的障碍，它对于含有羰基的化合物来说是一种强凝聚剂，而目前锂电池中常用的电解质就是这种含有羰基的化合物。因此，如果能开发出合适的方法来去除复合物中残留的氢化物，那么就可以使用 LiH 或其衍生物来制备复合物。

文献中还报道了其他硅基纳米复合物的合成方法。J. Dahn 的团队做了大量工作，对含碳基体中的硅烷或聚硅烷沥青的分解进行了深入研究[88~93]。此外，还通过 HEMM 方法合成了电化学惰性相（如铁、镍、钛-镍、钛-碳、硅-碳等）与微米或纳米级的硅粉末的复合物[94~106]。在这些情况下，普遍存在的问题是很难从理论上预知适合的基体/硅颗粒的组合，也就是没有一个简单的指导规则可对其组合进行合理的预测。上文提到的方法在表 11.3 中进行了总结。

至今，讨论只聚焦于材料的特性方面，而忽略了黏结剂体系作用。然而，对于合金元素而言，这个因素似乎起到了重要作用。虽然在这个快速变化的领域不易确定究竟是哪个因素起着决定性的作用，但有一点是肯定的，就是需要在复合物材料特性（尤其是活性颗粒粒度）和黏结剂特性之间进行权衡，如图 11.9 所示。

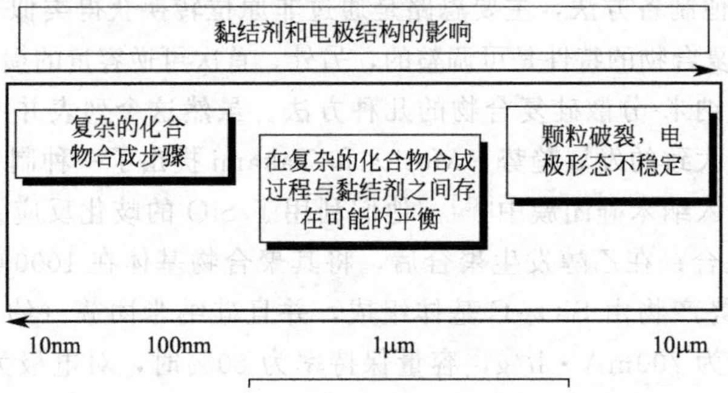

图 11.9　含有大于 2～3μm 硅颗粒的复合物倾向于迅速恶化；在颗粒尺寸 0.5～1.0μm 时，有望会出现平衡：该尺寸比典型的纳米范围大一个数量级，很难采用机械球磨法制得

基于这一点，嵌入型与合金型材料之间的基本差异就变得很明显。研究人员对嵌入主体研究已经几十年了，但只是“遵循”其本质特性。也就是说，只是对晶格略加修饰，以利于发挥有益的特性，如倍率性能、循环寿命、容量等。换句话说，研究人员有一个“明确”的策略来处理所有类型的嵌入主体。所有对晶体结构进行修饰的研究，其目的都是为了使它变得更稳定，同时能在最小体积内容纳更多的锂离子。对于含碳的嵌入主体而言，主要关注点是通过在原位和非原位形成保护层，使晶体结构变得更加稳定（防止溶剂共嵌），其主要目的仍是针对它的晶体结构和循环稳定性。

与嵌入主体不同，合金型材料的体积变化总是很大，因此它们本质上是不稳定的，而人们对它的研究与该本质是相“对立”的，例如电极应该是稳定的，尽管它的体积会不可避免地发生变化。所以，这种情况下没有“明确的”策略可遵循，除非按照上文所述（参考图 11.3）要保持活性“核”尽可能的小。

实际上，尽管活性材料的工作机理不是嵌入型反应而是合金型反应，但是上述所有关于制备含硅化合物特定性能的方法，特别是降低活性核尺寸的方法已经被采用，目的是模拟典型的嵌入主体。合金型反应使得典型电极制造技术在 LIB 制造中得到广泛的应用。可以看出，降低这种活性粒子的尺寸是以增加制造的复杂性为代价的，这并不利于实际应用。因此，这一领域最新的研究趋势是与新型黏结剂的开发密切相关的。Chen 等人使用了一种新的弹性黏结剂[107,108]使得 α-$Si_{0.64}Sn_{0.36}$ 电极的循环性能得到了本质改善。同样，当使用 SBR-CMC 黏结剂之后，包覆碳的硅样品的循环性能也得到了改善[109]。

有趣的是，上述两种材料的特性是不同的。无定形 α-$Si_{0.64}Sn_{0.36}$ 能够可逆地膨胀和收缩，而上面曾经解释过，硅粉的初始晶格被破坏后，硅粉的反应是不可逆的。尽管在这方面存在差异，但它们的循环性能对黏结体系都是很敏感的。这些结果表明，当设计体积变化大的负极时，电化学反应机制本身并不是应考虑的主要因素。

电极的机械和形貌的稳定性可能会在今后的负极研究中起到关键作用，由于此研究还处在初期阶段，其特性有望得到进一步的实质性改善。

11.4.2 薄膜的概念

可以通过离子溅射[110~123]或真空沉淀[124~130]等技术制备薄膜。在这两种情况下，薄膜电极是不含黏结剂的，即不存在降低容量的客体。此外，硅层牢固地附着在铜集流体上。

因此我们相信，由于铜的晶格与硅相间在中间层相互渗透，薄膜的形成可以使得硅膜与集流体之间良好地进行黏结。这种电极已经显示出非常好的循环性能，可以认为这足以满足 LIB 的实际应用。这些具有优良循环性能的薄膜，一个重要的特点是具有自组织结构。这种结构可以在特别粗糙的表面上形成，从而使得两个固相之间的接触面积变大。这些电极在第一次循环中，会形成如图 11.10 中所示的柱状结构。

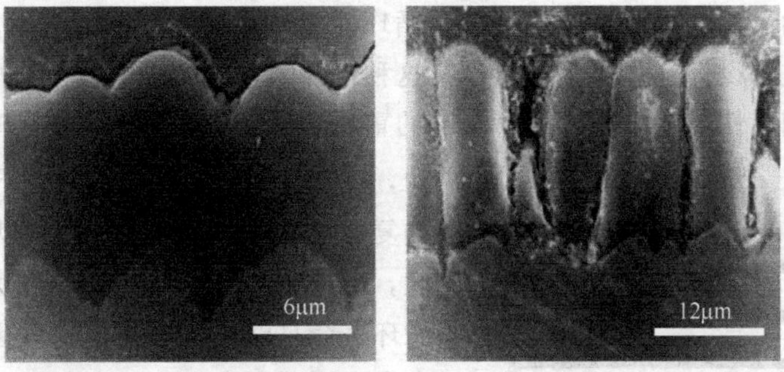

图 11.10 硅薄膜循环前的结构（a）及循环后的结构（b）

集流体的粗糙表面导致了薄膜结构宏观上的各向异性。后者是导致在不规则的沟槽中应力集中的原因，这使其在第一次膨胀时产生稳定结构

在随后 Li^+ 的嵌入和脱出循环中，每一个"柱子"都会黏附在集流体上，同时在垂直轴的方向上不会发生破裂，这也解释了这些电极循环性能优异的原因。通过硅和其他金属如钴、铁和锆等的连续溅射，也有可能得到硅金属的多层结构[131~133]。然而，这种多层薄膜电极也许只能用于薄膜型微电池，因为薄膜的厚度不能超过 120nm，这意味着容量约为 $0.05mA \cdot h/cm^2$，相应地，工作电流密度大约是 $30\mu A/cm^2$。

尽管硅薄膜电极具有如此良好的特性，但正如我们所知，它们尚未得到商业化。以下可能是部分原因。

① 薄膜制备法在行业内还未普遍应用。除了在一些特殊的不受成本限制领域可以应用，扩大商业上的实际应用未必是可行的。

② 动力学特性（功率密度）对厚度非常敏感。

③ 循环寿命也会受电极厚度的影响，薄膜厚度超过 5μm 时，寿命将会降低。

④ 硅薄膜电极比正极薄了一个数量级，这也许会引起技术性问题[134]。

⑤ 尚未对在活动相边界上形成的固体电解质界面（SEI）膜做过详细研究[135]，且使用这种电极的锂离子电池可能会突显出潜在的复杂性，特别是在长时间的循环过程中。

不过，上述结果表明合金反应本身是充分可逆的，如果操作过程中电极的力学性能保持稳定，可以实现商业化。

11.5 硅碳复合电极

上文表明，开发体积不稳定的可逆合金电极不是一项简单的工作。为了了解造成这些困难的根本原因，有必要再次强调体积稳定（嵌入）和体积不稳定（合金化）的锂主体之间的区别。在这两种情况下，研究策略可能会有所不同。

体积稳定的嵌入主体使得电极的制备变得简单，它的性能完全依赖其晶格特性。在这种情况下，晶格及其适当的修饰是合理且可靠的研究出发点。

体积不稳定的主体更加复杂，表现出完全新的特性，而且需要新的研究策略来了解新的行为。实际上，在这种情况下整个电极层的综合性能是主要的。事实上，人们对电极循环寿命的潜在的物理机制的认识还处于一知半解的程度。在这种复杂的情况下，几乎不可能找到真实的模型来预测它的具体特性。因为存在大量的潜在变量，所以最初的实验应该确定最重要的变量。举例来说，复合硅材料电极的循环寿命取决于很多变量，包括组分中的硅含量、微粒的尺寸、黏结剂性能和电极的制备条件。在这种情况下，研究的目的是找出最重要的参数以及它们之间的关系，它们会影响电极的循环性能。为了完成这个任务，二水平因子设计是非常有用的，这些设计也称为筛选设计。这种设计最近应用于碳硅复合电极，表明了复合电极结构和黏结剂特性对电极循环寿命影响的重要性，它还表明了一些简单的加工特性的波动，比如浆料固含量和电极烘干温度，不会对碳硅复合电极的循环性能造成太大影响[136]。因此，可以调整电极结构和它的力学性能，从而使循环寿命足够长。考虑到这些因素，可制备循环寿命达到几百次的电极，如图 11.11 所示。含有大量苯乙烯-丁二烯橡胶（SBR）共聚物与羧甲基纤维素钠（CMC）混合黏结剂的多孔电极已制备出来。在提高首次循环效率方面没有进行专门的研究。尽管在这种情况下，负载密度（1mg/cm²）约为锂离子电池实际需求密度的一半，但因为合适的电极结构和黏结剂在这种情况下比超薄硅膜能更有效地对体积变化起到缓冲作用，所以此负载密度有望增加一倍或两倍。

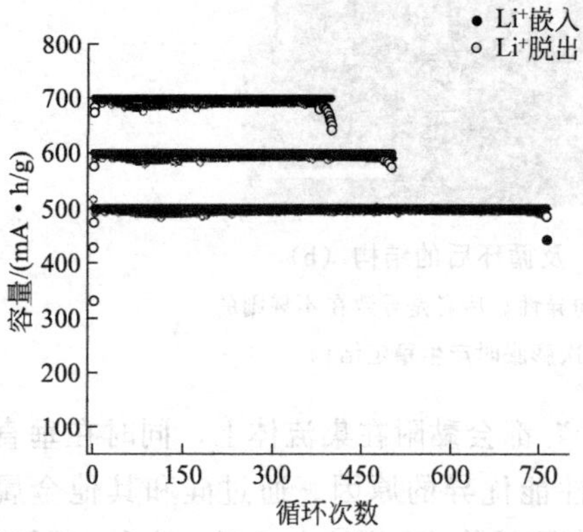

图 11.11 由 p-Si(1μm)＋MCMB 6-28（质量比 1∶1）组成多孔复合电极的循环寿命锂离子电池（电解质 1mol/L $LiPF_6$ MEC/EC3∶7）在恒定的容量 500mA·h/g、600mA·h/g 和 700mA·h/g 下进行循环，负载密度约为 1mA/cm²，黏结剂量（SBR＋CMC）为 16%（质量分数），首次循环库仑效率约为 70%，在后面的循环中效率为 98%～99%

最后需要关注的是，这些电极的循环寿命和可逆性对电解质的特性有较大的依赖性。由于在这方面还没有进行特别的研究，所以还有较大空间对其进行进一步改善。

11.6 总结和展望

本章主要说明了硅和含硅材料与锂离子之间电化学反应的基本原理。结果表明，保持晶体结构并不是获得高容量所必需的。

当前研究硅基负极的主要方法总结如下：即复合材料法和薄膜法。复合材料法依赖于微小硅“核”的使用，这些硅核均匀地分布在电化学活性或惰性的缓冲介质中，以防止硅-硅之间的相互作用及团聚的发生。设计这种复合材料需要考虑多种因素和它们的空间相互作用。似乎硅的临界粒径在 0.5～1.0μm 之间时，能够形成形态稳定的含硅复合物，可以通过比较简单的制备技术来制得。

制备薄膜的方法需要在特别粗糙的金属集流体上沉积一层作为连续介质的活性硅层。薄膜的制备方法使电流集流层和硅层之间产生较强的黏附力，使其在第一次体积膨胀时形成稳定的、自组织柱状结构。这种结构在整个循环过程中保持稳定，这是此类薄膜在循环过程中具有良好稳定性的原因。然而，尽管研究成果众多，但 SEI 膜的组成和在活动相边界的生长动力学的具体内容仍然存在争议。此外，薄膜的制备方法似乎并不容易规模化，因此这种薄膜的使用是有局限性的，可应用于非价格因素限制的领域，如军事和航天应用。

参考文献

1. C.E. Johnson, M.S. Foster, *J. Electrochem. Soc.*, **116**, 1612 (1969).
2. N.P. Yao, L.A. Heredy, R.C. Saunders, *J. Electrochem. Soc.*, **118**, 1039 (1971).
3. E.C. Gay, D.R. Vissers, F.J. Martino, K.E. Andersen, *J. Electrochem. Soc.*, **124**, 1160 (1977).
4. C.A. Melendres, *J. Electrochem. Soc.*, **124**, 651 (1969).
5. J.R. Selman, D.K. DeNuccio, C.J. Sy, R.K. Steunenberg, *J. Electrochem. Soc.*, **124**, 1161 (1977).
6. C.A. Melendres, C.C. Sy, *J. Electrochem. Soc.*, **125**, 727 (1978).
7. M.S. Foster, C.E. Crouthamel, S.E. Wood, *J. Phys. Chem.*, **70**, 3042 (1966).
8. C.J. Wen, R.A. Huggins, *J. Solid State Chem.*, **35**, 376 (1980).
9. C.J. Wen, R.A. Huggins, *J. Electrochem. Soc.*, **128**, 1181 (1981).
10. C.S. TedmonJr., W.C. Hagel, *J. Electrochem. Soc.*, **115**, 151 (1968).
11. W. Weppner, R.A. Huggins, *J. Electrochem. Soc.*, **124**, 1569 (1977).
12. W. Weppner, R.A. Huggins, *J. Solid State Chem.*, **22**, 297 (1977).
13. W. Weppner, R.A. Huggins, *J. Electrochem. Soc.*, **125**, 7 (1978).
14. S. Lai, *J. Electrochem. Soc.*, **123**, 1196 (1976).
15. R.A. Sharma, R.N. Seerfurth, *J. Electrochem. Soc.*, **123**, 1763 (1976).
16. R.N. Seefurth, R.A. Sharma, *J. Electrochem. Soc.*, **124**, 1207 (1977).
17. C.J. Wen, R.A. Huggins, *J. Solid State Chem.*, **37**, 271 (1981).
18. G. Boukamp, G. Lash, R. Huggins, *J. Electrochem. Soc.*, **128**, 725 (1981).
19. M. Winter, J.O. Besenhard, M.E. Spahr, P. Novak, *Adv. Mater.*, **10**, 725 (1998).
20. M. Winter, J.O. Besenhard, in: M. Wakihara, O. Yamamoto (Eds.), *Lithium Ion Batteries*, Kodansha/Wiley, Tokyo/Weinheim (1998).
21. M. Winter, J.O. Besenhard, in: J.O. Besenhard (Ed.), *Handbook of Battery Materials*, Wiley, Weinheim (1999).
22. R.A. Huggins, *J. Power Sources*, **22**, 341 (1988).
23. R.A. Huggins, *J. Power Sources*, **26**, 109 (1989).
24. R.A. Huggins, in: B. Scrosati, A. Magistris, C.M. Mari, G. Mariotto (Eds.), *Fast Ion Transport in Solids*, Kluwer Dordrecht, The Netherlands, (1993).
25. D. Fateaux, R. Koksbang, *J. Appl. Electrochem.*, **23**, 1 (1993).

26. R. Yazami, Z.A. Munshi, in: M.Z.A. Munshi (Ed.), *Handbook of Solid-State Batteries and Capacitors*, World Scientific, Singapore, p. 425 (1995).
27. J.O. Besenhard, *Materials science volumes*, in:J. Rouxel, M. Tournoux, R. Brec (Eds.), *Soft Chemistry Routes to New Materials*, Trans-Tech Publications, Switzerland, p. 13 (1994).Vols. 152–153
28. J.O. Besenhard, in: W. Muller-Warmuth, R. Schollhorn (Eds.), *Progress in Intercalation Research*, Kluwer, Dordrecht, The Netherlands, p. 47 (1994).
29. D. Rahner, S. Machill, K. Siury, *Solid State Ionics*, , **86–88** 925 (1996).
30. Y. Toyoguchi, S. Nankai, J. Yamaura, T. Matsui, T. Ijima, *The 24th Battery Symposium in Japan, Extended Abstracts*, Osaka, p. 205 (1983).
31. Y. Toyoguchi, J. Yamaura, T. Matsui, T. Ijima, *Third International Meeting on Lithium Batteries*, Extended Abstracts, Kyoto, p. 113 (1986).
32. Y. Toyoguchi, J. Yamaura, T. Matsui, T. Ijima, J.-P. Gabano, Z. Takehara, P. Bro (Eds.), *Primary and Secondary Ambient Temperature Lithium Batteries*, PV88–6, The Electrochemical Society, Pennington, NJ, p. 659 (1988).
33. JEC Battery Newsletter, **3**, 4 (1989).
34. K. Nishio, N. Furukawa, in: J.O. Besenhard (Ed.), *Handbook of Battery Materials*, Wiley, Weinheim, Part I, Chap. 2 (1999).
35. J. Yamaki, S. Tobishima, in: J.O. Besenhard (Ed.), *Handbook of Battery Materials*, Wiley, Weinheim, Part III, Chap. 3 (1999).
36. T. Nagaura, K. Tozawa, *Prog. Batt. Solar Cells*, **9**, 209 (1990).
37. T. Nagaura, *Prog. Batt. Solar Cells*, **10**, 218 (1991).
38. H. Ikeda, Narukawa, H. Nakashima, Japanese Patent 1769661 (June 18, 1981), Sanyo, Japan.
39. A. Yoshino, K. Jitsuchika, T. Nakashima, Japanese Patent H4–24831 (May 10, 1985), Asahi Chemical Industry, Osaka.
40. Y. Idota, US Patent, 5478671 (1995).
41. H. Tomyama, Japanese Patent, 07–029608 (1995).
42. *Nippon Denki Shimbun*, March 11 (1996).
43. Y. Idota, T. Kubota, A. Matsufuji, Y. Maekawa, T. Miyasaka, *Science*, **276**, 1395 (1997).
44. M. Winter, J.O. Besenhard, *Electrochim. Acta*, **45**, 31 (1999).
45. J. Yang, M. Winter, J.O. Besenhard, *Solid State Ionics*, **90**, 281 (1996).
46. J.O. Besenhard, J. Yang, M. Winter, *J. Power Sources*, **68**, 87 (1997).
47. M. Winter, J.O. Besenhard, J.H. Albering, J. Yang, M. Watchler, *Prog. Batt. Batt. Mater*, **17**, 208 (1997).
48. J.O. Besenhard, M. Watchler, M. Winter, J. Yang, J. Albering, *Small Particle Size Li-alloy Anodes Li-alloy Anodes for Lithium Ion Batteries*, The First Hawaii Battery Conference, Big Island of Hawaii, January 5–7, (1998).
49. O. Mao, R.L. Turner, I.A. Courtney, B.D. Fredericksen, M.I. Buckett, L.J. Krause, R. Dahn, *Electrochem. Solid State Lett.*, **2**, 3 (1999).
50. O. Mao, R.A. Dunlap, I.A. Courtney, J.R. Dahn, *J. Electrochem. Soc.*, **145**, 4195 (1998).
51. O. Mao, R.A. Dunlap, J.R. Dahn, *J. Electrochem. Soc.*, **146**, 405 (1999).
52. O. Mao, J.R. Dahn, *J. Electrochem. Soc.*, **146**, 414 (1999).
53. O. Mao, J.R. Dahn, *J. Electrochem. Soc.*, **146**, 423 (1999).
54. O. Mao, R.A. Dunlap, J.R. Dahn, *Solid State Ionics*, **118**, 99 (1999).
55. W. Weidanz, P.M. Wilde, M. Wohlfahrt-Mehrens, R. Oesten, R.A. Huggins, in: W.A. Adams, A.R. Landgrebe, B. Scrosati (Eds.), Proceedings of the Symposium on Exploratory Research and Development of Batteries for Electric and Hybrid Vehicles, *The Electrochemical Society Proceedings*, Vol. 96-14, p. 223 (1996).
56. J.O. Besenhard, J. Yang, and M. Winter, *J. Power Sources*, **68**, 87 (1997).

57. R.A. Huggins, *J. Power Sources*, **81**, 13 (1999).
58. W. Weidanz, M. Wohlfahrt-Mehrens, R.A. Huggins, *J. Power Sources*, **81**, 237 (1999).
59. A. Netz, R.A. Huggins, W. Weppner, *Ionics*, **7**, 433, (2001).
60. R.A. Huggins, *Solid State Ionics*, **152**, 61 (2002).
61. G.A. Roberts, E.J. Cairns, J.A. Reimer, *J. Power Sources*, **110**, 424 (2002).
62. A. Netz, R.A. Huggins, W. Weppner, *J. Power Sources*, **119**, 95 (2003).
63. P. Limthongkul, Y.-I. Jang, N.J. Dudney, Y.-M. Chiang, *J. Power Sources*, **119**, 604 (2003).
64. T.S. Hatchard, J.R. Dahn, *J. Electrochem. Soc.*, **151**(6), A838 (2004).
65. A. Anani, R.A. Huggins, in: J.-P. Gabano, Z. Takehara, P. Bro (Eds.), Proceedings of the Symposium on Primary and Secondary Ambient Temperature Lithium Batteries, *Electrochemical Society*, Vol. 88-6, p. 635 (1988).
66. A. Anani, R.A. Huggins, *J. Power Sources*, **38**, 351 (1992).
67. A. Anani, R.A. Huggins, *J. Power Sources*, **38**, 363 (1992).
68. R.A. Huggins, A. Anani, US Patent 4,950,566 (21 August, 1990).
69. C.-K. Huang, B.V. Ratnakumar, S. Surampudi, G. Halpert, in: S. Megahed, B.M. Barnett, L. Xie (Eds.), Rechargeable Lithium and Lithium-Ion Batteries, *The Electrochemical Society Proceedings*, Vol. 94-28, p. 361 (1994).
70. K. Tahara, H. Ishikawa, F. Iwasaki, S. Yahagi, A. Sakata, T. Sakai, European Patent 582173 A1 93111938.2 (1994).
71. H. Morimoto, M. Tatsumisago, T. Minami, *Electrochem. Solid State Lett.*, A16 (2001).
72. H. Huang, E.M. Kelder, L. Chen, J. Schoonman, *J. Power Sources*, **81**, 362 (1999).
73. R.A. Huggins, W.D. Nix, *Ionics*, **6**, 57 (2000).
74. M. Yoshio, H. Wang, K. Fukuda, T. Umeno, N. Dimov, Z. Ogumi, *J. Electrochem. Soc.*, **149**, A1598 (2002).
75. N. Dimov, K. Fukuda, T. Umeno, S. Kugino, M. Yoshio, *J. Power Sources*, **114**, 88 (2003).
76. N. Dimov, S. Kugino, M. Yoshio, *Electrochim. Acta*, **48**, 1579 (2003).
77. N. Dimov, S. Kugino, M. Yoshio, *J. Power Sources*, **136**, 108 (2004).
78. X.-Q. Yang, J. McBreen, W.-S. Yoon, M. Yoshio, H. Wang, K. Fukuda, T. Umeno, *Electrochem. Commun.*, **4**, 893 (2002).
79. H. Li, X. Huang, L. Chen, G. Zhou, Z. Zhang, D. Yu, Y.J. Mo, N. Pei, *Solid State Ionics*, **135**, 181 (2000).
80. Y. Liu, K. Hanai, J. Yang, N. Imanishi, A. Hirano, Y. Takeda, *Solid State Ionics*, **168**, 61 (2004).
81. J. Yang, Y. Takeda, N. Imanishi, C. Capiglia, J.Y. Xie, O. Yamamoto, *Solid State Ionics*, **152**, 125 (2002).
82. J. Yang, Y. Takeda, N. Imanishi, O. Yamamoto, *Electrochim. Acta*, **46**, 2659 (2001).
83. C.R. Jarvis, M.J. Lain, Y. Gao, M. Yakovleva, 12th International Meeting on Lithium Batteries, Nara, Japan, June 27-Luly 2, 2004,Abs#182.
84. R.C. Morrison et al.,US Patent 5567474, US Patent 5776369, and US Patent 5976407.
85. T. Morita, N. Takami in 206th ECS meeting, Hawaii, October 3–8 2004,, Abs#312.
86. H.-Y. Lee, S.-M. Lee, *Electrochem. Commun.*, **6**, 465 (2004).
87. J.J. Reilly, J.R. Johnson, T. Vogt, G.D. dzic, Y. Zhu, J. Mc Breen, *J. Electrochem. Soc.*, **148**(6), A636 (2001).
88. A.M. Wilson, J.N. Reimers, E.W. Fuller, J.R. Dahn, *Solid State Ionics*, **74**, 249 (1994).
89. A.M. Wilson, J.R. Dahn, *J. Electrochem. Soc.*, **142**, 326 (1995).
90. W. Xing, A.M. Wilson, K. Eguchi, G. Zank, J.R. Dahn, *J. Electrochem. Soc.*, **144**, 2410 (1997).
91. W. Xing, A.M. Wilson, G. Zank, J.R. Dahn, *Solid State Ionics*, **93**, 239 (1997).
92. A.M. Wilson, W. Xing, G. Zank, B. Yates, J.R. Dahn, *Solid State Ionics*, **100**, 259 (1997).
93. A.M. Wilson, G. Zank, K. Eguchi, W. Xing, J.R. Dahn, *J. Power Sources*, **68**, 195 (1997).

94. D. Larcher, C. Mudalige, A.E. George, V. Porter, M. Gharghouri, J.R. Dahn, *Solid State Ionics*, **122**, 71 (1999).
95. G.X. Wang, L. Sun, D.H. Bradhurst, S. Zhong, S.X. Dou, H.K. Liu, *J. Power Sources*, **88**, 278 (2000).
96. I.S. Kim, P.N. Kumta, G.E. Blomgren, *Electrochem. Solid State Lett.*, **3**, 493 (2000).
97. E.M. Huang, X. Kelder, J. Schoonman, *J. Power Sources*, **94**, 108 (2001).
98. J. Yang, B. Fang, K. Wang, Y. Liu, J. Xie, Z. Wen, *Electrochem. Solid State Lett.*, **6**, A154 (2003).
99. H. Dong, X.P. Ai, H.X. Yang, *Electrochem. Commun.*, **5**, 952 (2003).
100. X. Wu, Z. Wang, L. Chen, X. Huang, *Electrochem. Commun.*, **5**, 935 (2003).
101. Z.S. Wen, J. Yang, B.F. Wang, K. Wang, Y. Liu, *Electrochem. Commun.*, **5**, 165 (2003).
102. I.-S. Kim, G. Blomgren, P. Kumta, *Electrochem. Solid State Lett.*, **6**, A157 (2003).
103. P. Patel, I.-S. Kim, P.N. Kumta, *Mater. Sci. Eng.*, **B116**, 347 (2005).
104. H.-Y. Lee, Y.-L. Kim, M.-K. Hong, S.M. Lee, *J. Power Sources*, **141**, 159 (2005).
105. Y. Zhang, Z.-W. Fu, Q.-Z. Qin, *Electrochem. Commun.*, **6**, 484 (2004).
106. I.-S. Kim, G.E. Blomgren, P.N. Kumta, *J. Power Sources*, **130**, 275 (2004).
107. Z. Chen, L. Christensen, J.R. Dahn, *Electrochem. Commun.*, **5**, 919 (2003).
108. Z. Chen, L. Christensen, J.R. Dahn, *J. Electrochem. Soc.*, **150**(8), A1073 (2003).
109. W.-R. Liu, Z.-Z. Guo, D.-T. Shieh, H.-C. Wu, M.H. Yang, N.-L. Wu in *206th ECS meeting*, Hawaii, October 3–8 2004, Abs#310.
110. B.J. Neudecker, R.A. Zuhr, J.B. Bates, *J. Power Sources*, **81**, 27 (1999).
111. S. Bordearu, T. Brousse, D.M. Schleich, *J. Power Sources*, **81**, 233 (1999).
112. S.-J. Lee, J.-K. Lee, S.-H. Chung, H.-Y. Lee, S.-M. Lee, H.-K. Baik, J. Power Sources, **97** (2001).
113. K. Sayama, H. Yagi, Y. Kato, S. Matsuta, H. Tarui, S. Fujitani, *The 11th International Meeting on Lithium Batteries, Monterey, CA*, June 23–28, 2002, Abs#52.
114. T. Yoshida, T. Fujihara, H. Fujimoto, R. Ohshita, M. Kamino, S. Fujitani, *The 11th International Meeting on Lithium Batteries*, Monterey, CA, June 23–28, 2002, Abs#48.
115. J. Graetz, C.C. Ahn, R. Yazami, B. Fultz, *Electrochem. Solid State Lett.*, **6**, A194 (2003).
116. H. Jung, M. Park, Y.-G. Yoon, G.-B. Kim, S.-K. Joo, *J. Power Sources*, **115**, 346 (2003).
117. H. Jung, M. Park, S.H. Han, H. Lim, S.-K. Joo, *Solid State Commun.*, **125**, 387 (2003).
118. T. Hatchard, J.M. Topple, M.D. Fleischauer, J.R. Dahn, *Electrochem. Solid State Lett.*, **6**, A129 (2003).
119. S.-W. Song, K.A. Striebel, R.P. Reade, G.A. Roberts, E.J. Crains, *J. Electrochem. Soc.*, **150**(1), A121 (2003).
120. L.Y. Beaulieu, K.C. Hewitt, R.L. Turner, A. Bonakdarpour, A.A. Abdo, L. Christensen, K.W. Eberman, L.J. Krause, J.R. Dahn, *J. Electrochem. Soc.*, **150**(2), A149 (2003).
121. G.A. Roberts, E.J. Crains, J.A. Reimer, *J. Electrochem. Soc.*, **151**(4), A493 (2004).
122. Ye Zhang, Z.-W. Fu, Q.-Z. Qin, *Electrochem. Commun.*, **6**, 484 (2004).
123. K.-L. Lee, J.-Y. Jung, S.-W. Lee, H.-S. Moon, J.-W. Park, *J. Power Sources*, **129**, 270 (2004).
124. M. Green, E. Fielder, B. Scrosati, M. Watchler, J.S. Moreno, *Electrochem. Solid State Lett.*, **6**, A75 (2003).
125. T. Takamura, S. Ohara, J. Suzuki, K. Sekine, *The 11th International Meeting on Lithium Batteries, Monterey*, CA, June 23–28, 2002, Abs#257.
126. M. Uehara, J. Suzuki, K. Sekine, T. Takamura, *The 44th Battery Symposium in Japan, Sakai*, November 4–6 2003, Abs#1D08.
127. T. Shimokawaji, J. Suzuki, K. Sekine, T. Takamura, *The 44th Battery Symposium in Japan, Sakai*, November 4–6 2003, Abs#1D09.
128. J. Maranchi, A. Hepp, P. Kumta, *Electrochem. Solid State Lett*, **6**, A198 (2003).
129. M. Suzuki, J. Suzuki, K. Sekine, T. Takamura, *The 44th Battery Symposium in Japan, Sakai*, November 4–6 2003, Abs#1D10.

130. S. Ohara, J. Suzuki, K. Sekine, T. Takamura, *J. Power Sources*, **136**, 303 (2004).
131. Y.-L. Kim, H.-Y. Lee, S.-W. Jang, S.-H. Lim, S.-J. Lee, H.-K. Baik, Y.-S. Yoon, S.-M. Lee, *Electrochim. Acta*, **48**, 2593 (2003).
132. J.-B. Kim, H.-Y. Lee, K.-S. Lee, S.-H. Lim, S.-M. Lee, *Electrochem. Commun.*, **5**, 544 (2003).
133. S.-J. Lee, H.-Y. Lee, H.-K. Baik, S.-M. Lee, *J. Power Sources*, **119**, 113 (2003).
134. K. Zaghib, K. Kinoshita in *12th International Meeting on Lithium Batteries*, Nara, Japan, June 27–July 2, 2004, Abs#7.
135. I. Yonezu, H. Tarui, S. Yoshimura, S. Fujitani, T. Nohma in *12th IMLB*, Nara, Japan, June 27–July 2 2004, Abs#58.
136. N. Dimov, H. Noguchi, M. Yoshio, *J. Power Sources*, **156**, 567 (2006).

第12章

HEV应用

Tatsuo Horiba

12.1 概述

1997 年，丰田汽车公司继尼桑和本田之后将混合电动交通工具推向市场，因其优异的节油性能和备受关注的全球环境问题而深受欢迎。因此，世界范围内汽车制造厂商加快了混合电动车（HEV）工艺技术的研究和开发。丰田和本田的 HEV 使用的是镍金属氢化物（Ni-MH）电池，且目前该领域主要使用镍电池，但是未来发展的重点不在 Ni-MH 电池而在锂电池上，因为与 Ni-MH 电池相比，锂电池在功率、质量和产热等方面更具优势。

HEV 技术是多样性的，发动机和电机之间的功率分配比率取决于设计，且是可以调节的。众所周知，HEV 大致可分为并联 HEV（P-HEV）和串联 HEV（S-HEV）：前者主要由发动机驱动，部分由电动机辅助；后者，任何时候都由电机驱动，发动机通过电池组和发电机连接。由于现今 P-HEV 是主流技术，本章后面部分用 HEV 指代 P-HEV。HEV 分两种：300～144V 的高电压系统和 42～14V 的低电压系统。在驾驶时，前者比后者在功率分配方面功率更大，这里主要讨论前者。

在美国，正在研究使用氢燃料的高效率低排放的汽车技术，项目命名为 Freedom CAR。高功率密度电池的开发是该项目主题之一。此项目由美国能源部（DOE）发起，在其良好的组织下，许多国家实验室、大学和私有公司也参与其中[1]。2002 年日本启动了一项历时 5 年的国家项目——燃料电池汽车用高功率锂电池的开发。

下面将简述 HEV 实际应用的大型锂电池发展状况。

12.2 日本之外的国家

在美国，一个整合了所有关于先进 HEV 电池开发的国家资源且组织完善的国家项目已经比计划进度超前。并且，SAFT 公司是该项目中唯一负责 HEV 电池生产的制造商，其电池最显著的特征是使用镍基正极材料，据报道电池功率密度达到 1400W/kg，并预测其寿命可超过 15 年[2,3]。可以预见，他们会努力使该技术商业化并有望在不久的将来获得成功。

在韩国，三星公司和 LG 公司是消费类产品用锂离子电池的主要制造商，他们已开始关注电池在交通工具上的应用，并发表了若干论文[4,5]。LG 公司在其 HEV 电池论文中提出了一种锰-石墨的聚合物锂电池[5]，他们还特别提出了一种人们期待开发的电池模组的设计[6]。

12.3 日本

除了日立/新神户公司，日本蓄电池公司也非常积极主动地开发 HEV 电池。他们在 2002 年正式推出了应用在三菱 HEV 卡车上的锂离子电池，该电池使用的是锰基正极材料。燃料电池车辆应用的国家项目组成员除了日本蓄电池、日立/新神户公司是电池开发者外，松下、国家实验室、大学和私营公司等都是先进技术的开发者。团队间的相互协作有望加速该项目的开发。

12.4 日立/新神户[7]

HEV 电池中所用的正极活性材料是用锂部分地取代锰的锰锂尖晶石，负极活性材料是硬碳，其电压曲线是逐渐倾斜的。HEV 电池的负载并不是连续地充放电，而是频繁的窄幅脉冲，汽车的驱动能量储存在一个燃料箱中。因此，电池不应该是能量型电池，而应该是功率型电池。降低电池内阻是解决高功率密度要求的最有效措施。与其他手段相比，减小电极厚度是最有效的方法，较薄的电极不但增加了电极面积以减小电流密度，而且使得电极间的距离更短，这可以降低阻抗。

表 12.1 介绍了 HEV 单体电池，图 12.1 为电池照片，该圆柱形电池直径为 40mm、高度为 108mm。电池质量 300g，恒流恒压（CC-CV）充电至 4.1V 时容量为 3.6A·h。25℃时，在 50%的荷电状态（SOC）下，功率密度为 2000W/kg，这是通过在不同电流值下 5s 恒流放电的外推法推算出来的。单体电池的充放电特性如图 12.2 所示，虽然放电开始和结束时的电压降很大，但放电过程中平稳下降的电压曲线，使我们能够很容易地通过仪器测量电池电压来精确地监控 SOC。电压从 4.1V 到 2.7V 相差 1.4V，但镍金属氢化物（Ni-MH）电池仅差 0.4V，因此，在同一精度下，采用相同的电压检测方法测量锰基锂离子电池的 SOC，其精确性是 Ni-MH 电池的 3.5 倍。

表 12.1 HEV 单体电池和电池模组的规格

项目	单体电池	模组
尺寸/mm	ϕ40×108	541×260×160
质量/kg	0.3	20.2
标称电压/V	3.6	173
容量/A·h	3.6	36
50%SOC 时输出的功率密度/(W/kg)	2000	1350
冷却系统	—	吸风室

图 12.3 显示了电池高倍率连续放电的能力和放电过程中温度的变化。90A 连续放电的电压比 5A 连续放电的电压低约 0.6V；10A 恒流放电（3C），电池表面温度升高 2℃；而 90A 恒流放电（25C），表面温度仅升高 8℃。这一结果说明锰基锂离子电池在充放电过程中产热量低，这是由于电池 4mΩ 的低内阻和低的放热反应。在 HEV 电池的应用中，低内阻和低电压降的价值是保证频繁的高能量输出和输入下的低产热。

在 50%SOC 和不同温度下，电池储存容量的变化趋势为温度越高，容量变化越快[8]。然而，容量的变化表明在每一个温度下都存在饱和的趋势。内阻测量结果同样表明其与温度

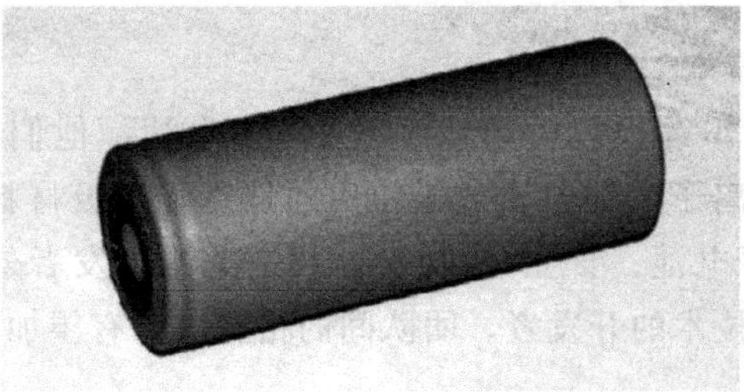

图 12.1　HEV 单体电池图片

由参考文献 7（2003 版）复制，经 Elsevier 许可

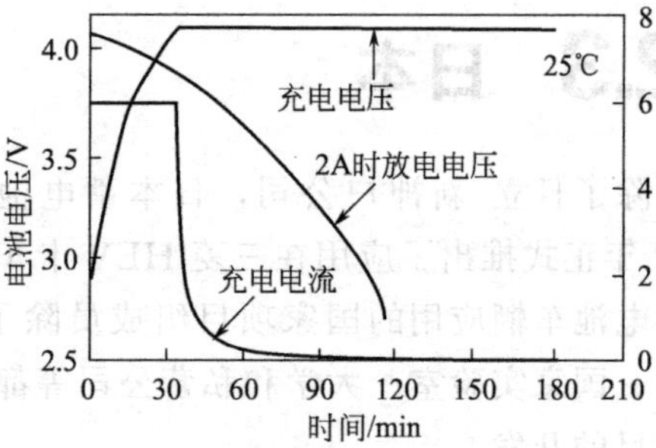

图 12.2　HEV 单体电池（25℃）充放电特性

由参考文献 7（2003 版）复制，经 Elsevier 许可

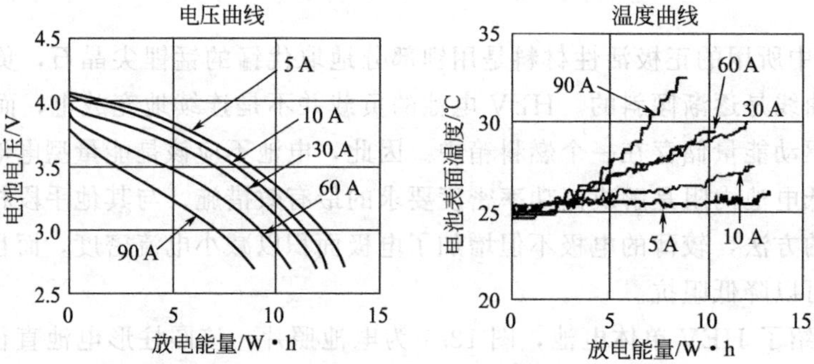

图 12.3　HEV 单体电池的放电倍率特性（25℃）

由参考文献 7（2003 版）复制，经 Elsevier 许可

依存性的趋势类似于容量饱和的趋势。从这些结果和 HEV 电池实际应用中电池模组预估温度分布来看[8]，估计 HEV 电池的实际寿命应超过 5 年。

12.5 HEV 电池模组

我们开发了一个采用 48 个 HEV 单体电池组成的电池模组应用于 HEV。该模组包括 48 个串联的电池、6 个电池控制器、1 个保险丝和 1 个将所有部件装进去的模组箱。电池控制器是配置了微电脑的印刷电路板，用来监控单个电池的电压和模组箱内的温度，并将测量结果传输至车内的上一级电脑中，以控制电池的 SOC 保持在平衡状态。表 12.1 汇总了该模组的规格，模组的照片如图 12.4 所示。如上所述，尽管 HEV 工作时会有频繁的输入输出，但由于电池产热量较少，因此，电池模组还是可以通过空气降温。冷空气进出口一般设置在模组箱的顶端。

根据 5s 恒流充放电的 *I-V* 曲线，可外推估算出 25℃时模组的输入输出功率，如图 12.5 所示。模组的输入输出功率分别为 12.5kW 和 8kW，模组 SOC 的 15%～90%是可以使用的区间。这种宽的可用 SOC 区间意味着：几乎在任何时候，电池都能够供给和接收能量，具有很强的电源辅助和再生能力。因此，人们期望，HEV 应用中的高燃油效率会有助于全球环境问题的解决，这是开发汽车 HEV 系统的主要目的。

为 HEV 开发的高功率密度锰基锂离子电池已应用在尼桑 Tino 混合动力车上，并投放于市场[9,10]。因为锰基锂电池的原材料价格低廉，如果能进一步优化该技术并且提高产量，

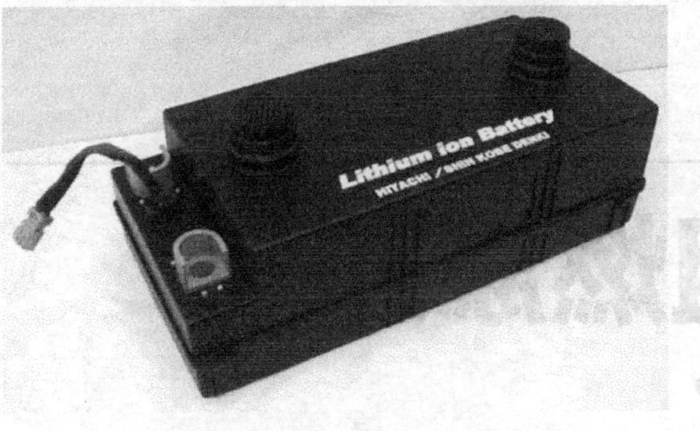

图 12.4　HEV 电池模组照片

由参考文献 7（2003 版）复制，经 Elsevier 许可

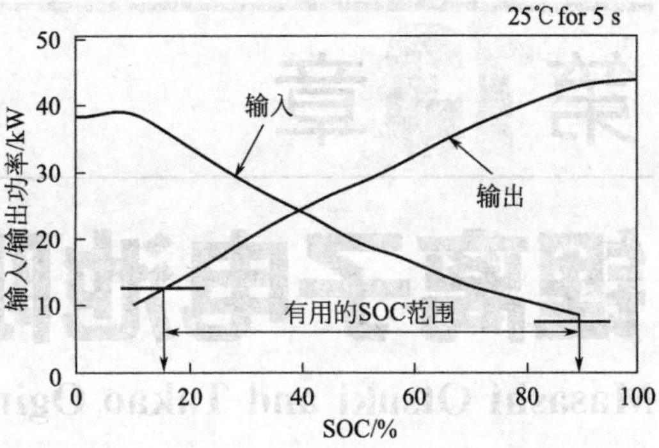

图 12.5　HEV 电池模组的输入输出功率

由参考文献 7（2003 版）复制，经 Elsevier 许可

预期制造成本会降低，这正如消费类产品中使用的小型锂离子电池一样。由于锂离子电池技术出色且具有多样性，可以推断，锂离子电池的应用将不仅限于 HEV 和助力驱动系统，在其他电源上也大有可为。

12.6 前景展望

尽管在实际的市场中，锂离子电池在 HEV 应用方面的经验还很少，但目前世界范围内对它的研究和开发是非常活跃的。这种事实反映出民众的共识：锂离子电池是下一代 HEV 电池里最有前途的技术之一。可以预见 2010 年会广泛使用 HEV，那时锂离子电池也会在这个应用市场上占据一定的份额。除了上面提到的高功率锂离子电池应用外，2002 年松下推出了助力自行车，雅马哈推出了电动摩托车，2003 年丰田薇姿推出了怠速停车/启动系统。尽管这些应用技术与 HEV 的应用不完全相同，但毫无疑问的是，这些应用与上述 HEV 应用的发展将推动高功率锂离子电池技术的进程。

参考文献

1. T. Q. Duong, R. A. Sutula, J. A. Barnes et al., Proc. 19th Intern. Electric Vehicle Symposium, 287 (2002).
2. P. Blanchard, L. Gaignerot, S. Herreyre et al., Proc. 19th Intern. Electric Vehicle Symposium, 321 (2002).
3. K. Nechev, M. Saft, G. Chagnon, A. Romero, Proc. 2nd Advanced Automotive Battery Conference, Las Vegas, NV, February 2002.
4. K. H. Kim, J. Y. Ryu, J. K. Kim et al., Proc. 19th Intern. Electric Vehicle Symposium, 1217 (2002).
5. J.-S. Yu, S.-W. Kim, H.-S. Choo, M.-H. Kim, Proc. 19th Intern. Electric Vehicle Symposium, 300 (2002).
6. M. L. Hinton, Proc. 19th Intern. Electric Vehicle Symposium, 1766 (2002).
7. T. Horiba, K. Hironaka, M. Matsumura , *J. Power Sources*, **119–121**, 4 (2003).
8. F. Saito, N. Hirata, S. Ogata et al., Proc. 18th Intern. Electric Vehicle Symposium, 1C-3 (2001).
9. T. Miyamoto, E. Oogami, M. Origuchi et al., Proc. SAE 2000 World Congress, 00PC-166 (2000).
10. M. Origuchi, N. Hirata, K. Suzuki et al., Proc. 17th Intern. Electric Vehicle Symposium, 3B-4 (2000).

第13章

锂离子电池阻燃添加剂

Masashi Otsuki and Takao Ogino

13.1 概述

与其他二次电池（如镍氢 Ni-MH 电池、镍镉 Ni-Cd 电池）相比，锂离子电池具有高的能量密度。锂离子电池由碳负极（石墨、焦炭、玻璃碳等）和过渡锂金属氧化物正极（$LiCoO_2$、$LiNiO_2$、$LiMn_2O_4$等）组成，其电压更高、寿命更长，并且比其他电池更小更轻便。锂离子电池的循环寿命好，已广泛应用于数码相机、数码摄像机、笔记本电脑、移动电话等移动电子设备领域中。容量为 2000～2400mA·h 的小型锂离子电池（18650 型）已经应用在电子设备上，并实现商业化。鉴于锂离子电池固有的优越性能，近年来，锂离子电池作为电动交通工具及电子负载设备的电源引起了公众的关注[1~3]。

虽然电池容量和高倍率性能等电化学特性得到了提高[4~6]，但锂离子电池安全性方面的棘手问题尚未根本解决。安全问题严重阻碍了锂离子电池在电动汽车和混合电动汽车中的广泛应用。因为高能量电池中的电解质是易燃的有机溶剂，在滥用的情况下，例如过充电、外部撞击、热冲击，锂离子电池会发生热失控[7~9]，引起高温、冒烟、爆炸和起火等危险。

电池制造商和销售商在电池组装时使用外部安全装置来克服这些问题：用负温度系数热敏电阻（NTC）作为过流断流器；用带有场效应晶体管的充电保护集成电路（FET-IC）作为过充电/过放电断流器[10]。然而，从实际使用情况看，锂离子电池的安全系数还是太小[11,12]。因此，这些外部装置并不是安全设计的根本解决方案。

近来，人们在改善电池材料的安全性方面投入很多精力进行了广泛研究。例如，人们研究了热性能和/或电化学性能稳定的电解质盐和电解质[13~20]。在文献报道中，Barthel 等人阐述了某些热稳定性有机硼酸盐在碳酸酯溶液中具有足够高的氧化界上限。Sasaki 等人还发现双［2，3-*O*，*O*′-萘二草酸基］硼酸锂在 320℃时仍能保持热稳定，而且不会影响电化学性能[19]。人们研究了一些提高锂离子电池安全性的功能性添加剂。Sacken 等人报道联苯可以作为电池的过充电抑制剂[21]。Tobishima 等人报道，作为电池过充电抑制剂，苯基环已烷和联苯的氢氧化物比联苯性能优越[22]。使用不易燃的电解质和/或阻燃剂，可以使传统电解质不易燃烧，这也是锂离子电池安全设计和安全工作的一种重要手段，可以推测不易燃的电解质技术是大型锂离子电池不可缺少的。电池制造商已经尝试了各种添加剂，以使锂离子电池的电解质不易燃烧[23]。然而，早期的添加剂都会对电池性能造成不利影响且均未商业化。Prakash 等人通过加入一种新的阻燃剂改良传统的电解质，从而使其不易燃烧。他们研究发现，电化学性能稳定的固态添加剂六甲氧基环三磷氮烯（HMOPA）可以提高 Li/$LiNi_{0.8}Co_{0.2}O_2$电池的热稳定性[24]。我们还发现了一种由磷氮化合物构成的液态添加剂，即所谓的磷氮烯，它可以克服锂离子电池的一个顽固性缺点。把磷氮烯化合物以 5%～10%（体积分数）的浓度混入电解质中，既可以使溶液不易燃烧，又不会影响电池的性能，还可以降低电池内部产生的热量。在后面部分，将论述一种名为 Phoslyte（日本注册商标）的磷氮烯添加剂，它有助于锂离子电池成为 EV、HEV 和大型储能系统中极具竞争力的备选电源[25～27]。

13.2 磷氮烯化合物

含有磷氮双键结构的化合物称为“磷氮烯”。从发展历程上看，Liebig 在 1834 年率先报道了磷氮烯氯代物（$NPCl_2$）$_n$的合成工艺，即由 PCl_5和 NH_3反应制备而成[28]。1850～1900 年，Gladstone、Besson、Rosset、Couldridge 及 Stokes 推动了包括置换反应、水解反应、聚合反应等磷氮烯的基础化学研究[29～47]。从 20 世纪 40 年代到 80 年代，Allcock、Audrie、Gribova、Paddock、Shaw、Schmuldbach 和 Kajiwara 等人评论了磷氮烯化合物的结构、反应和应用[48～54]，其中的一个应用是作为塑料、纺织品、人造纤维等的阻燃剂。

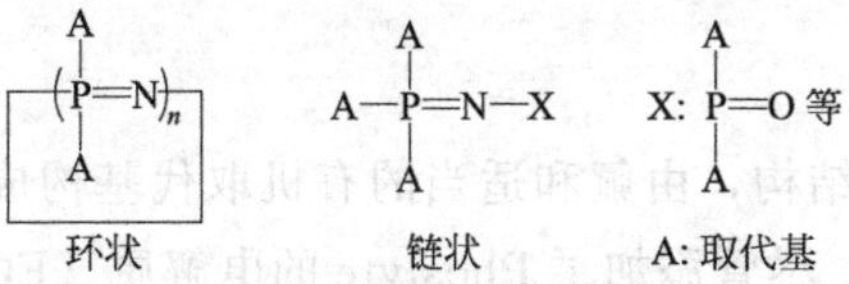

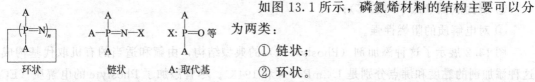

图 13.1 磷氮烯的典型结构

如图 13.1 所示，磷氮烯材料的结构主要可以分为两类：

① 链状；

② 环状。

取代基 A 可以是卤素、拟卤素或者各种各样的有机族群如烷氧基、芳氧基、烷基等。其中一些可以用直接合成法制备，其他的则需要由适宜的前驱体用置换法制备。磷氮烯化合物的物理化学特性根据所选用的取代基不同而变化。

研究人员将关注点转向这种非水体系电解质的阻燃剂材料的原因如下：

① 掌握了其作为各种树脂阻燃剂的优良特性；

② 将其作为电流变流体（ERF）的原油，通过测试对它的高压电阻有一定的认识；

③ 20 世纪 80 年代，在美国，磷氮烯聚合物作为一种固态电解质得到广泛测试。

基于上述原因，研究人员对磷氮烯化合物能够成为锂离子电池安全设计的关键材料充满期待。

13.3 添加剂磷氮烯的优化结构

锂离子电池的阻燃剂必须具有如下特征：

① 用量小，且阻燃性能好；

② 与传统电解质混合良好；

③ 与传统电解质相近的低黏度；

④ 至少要高于传统电解质的沸点；

⑤ 不会降低离子导电性；

⑥ 电化学电压窗口宽；

⑦ 较少与电池材料反应；

⑧ 对电极有很好的浸润性。

虽然这种固态物质也可以看作是一种添加剂，但它通常不能满足上面提到的要求。从阻燃剂的结构上看，研究人员认为液相物质更有利于同时具备良好的阻燃功能和电化学性能。为了方便地合成液相的磷氮烯，通过对合成过程的验证，研究人员将注意力集中在已大批量商业化生产的六氯环三磷氮烯（$(PNCl_2)_3$材料上。

在将磷氮烯化合物的黏度降到近似于传统电解质黏度的过程中，可以发现用氟在磷氮烯骨架上进行置换可以使其黏度大幅度下降。然而，当磷氮烯的所有侧链上都有氟取代基时，六氟环三磷氮烯的凝固点接近室温，对电解质添加剂来说，极低的沸点（52℃）是不可接受的。如图 13.2 所示，部分氟化置换得到的有机环三偶磷氮烯是一种可以采用的适合的结构，其中有机取代基应是单价的有机基团，如烷氧基、芳氧基、烷基、芳基等。最优结构的磷氮烯化合物作为锂离子电池阻燃剂被称为“Phoslyte”，并以此注册了商标。Phoslyte 阻燃剂具有以下物理性质：

① 黏度低（0.8～2.0 mPa・s）；

② 沸点高（80～高于 400℃）；

③ 凝固点低（低于−20℃）；

④ 对电解质的阻燃性强。

图 13.2 展示了这种添加剂（Phoslyte-A）的典型结构，由氟和适当的有机取代基构成。这种添加剂的黏度和沸点分别是 1.2mPa・s 和 194℃。尽管添加了 Phoslyte 的电解质（EC/DEC，体积比 1：1，1mol/L $LiPF_6$）的离子导电性（7.2mS/cm）比未添加的电解质（EC/DEC，体积比 1：1，1mol/L $LiFP_6$）的离子导电性（7.6mS/cm）略有下降，但黏度略低，如图 13.3 所示。显然，加入 Phoslyte 可以使电解质的凝固点降低：通常，电解质（EC/DEC，1mol/L $LiPF_6$）的凝固点接近−15℃，但加入 10%（体积分数）的 Phoslyte 可以使电解质在−20℃时不凝固。需要注意的是，Phoslyte-A 自身的凝固点低于−50℃，这种特性有望提高 EC 体系锂离子电池的低温性能。

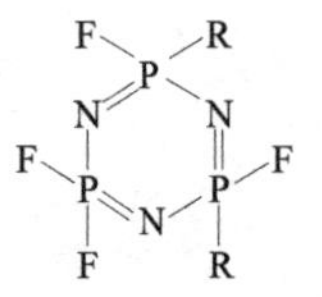

图 13.2 Phoslyte 的典型结构

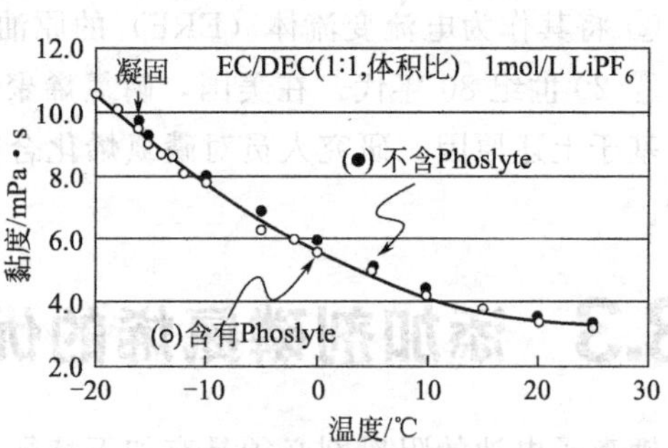

图 13.3 含有与不含 Phoslyte 的 EC/DEC(1：1)电解质黏度

图 13.4 是添加/未添加 Phoslyte 的玻碳盘式电极（发生氧化反应）和铂盘式电极（发生还原反应）在对 Li/Li^+ 电压为 0.0～5.2V 下的循环伏安曲线。这两种电解质在 0.3～5.0V 区间是电化学稳定的。Phoslyte 的添加不会影响电解质基液的电化学电压窗口。

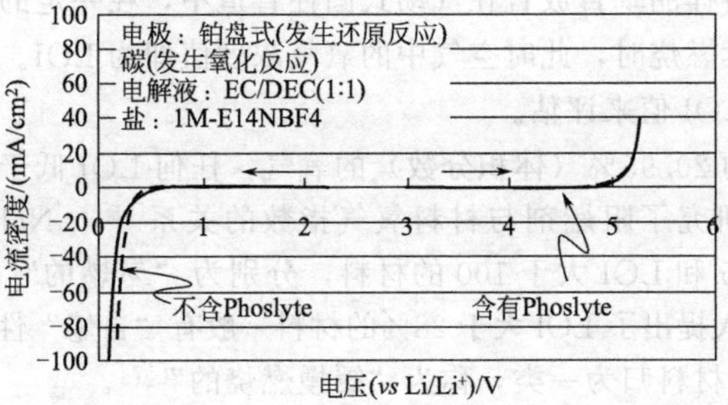

图 13.4　含有 Phoslyte 与不含 Phoslyte 的 EC/DEC（1∶1）电解质的电化学稳定性

13.4　可燃性的判定方法

本节将详述电解质的可燃性。有多种方法可测试电解质的可燃性，如 UL94HB 的燃烧测试方法、ASTM D56 和 ASTM D93 的着火点测试方法、JIS K 7201 的限制氧气测试方法。应根据需要确定这些测试方法。

UL94HB 水平燃烧测试一般被认为是最容易通过的测试，通常材料通过其他测试如 V 或者 VTM 测试（垂直的燃烧测试）才会被 UL 实验室认可。测试中，我们用一个 1in×5in (1in=25.4mm) 的样本，夹住一端，按水平方向从任意端标记 1in 和 4in 的位置。如图 13.5 所示，在任意端点火 30s 或者直到火焰前沿到达 1in 标记处。如果燃烧在 4in 标记处之前停止，记录下燃烧的时间和两个标记之间被损坏的长度。每套实验测试三个样本。如果厚度小于 0.118mm 的材料燃烧速率低于每分钟 3in 或者在 4in 标记处之前就停止了燃烧，并归类为 94HB。HB 等级的材料被认为可以“自熄”。如果一套三个样本中有一个不能达到上述标准，那么进行第二套测试，第二套的三个样本必须全部符合。这是针对固体样本的燃烧测试。为了评估电解质的可燃性，做了如下实验安排：用 0.5mm 厚的 1in×5in 硅纤维（不易燃烧的薄片）作为电解质的载体。将 1mL 被测电解质浸入纤维中，然后将样本固定在水平方向上。学者们把这种方法叫做“拟 UL94HB”。燃烧速率小于每分钟 3in 或者在 4in 标记处之前停止燃烧的样本被认为是具有“自熄”特性。如果在 1in 标记以内燃烧停止，就认为是“阻燃的”。如果样本不着火，则认为是“不易燃的”。

氧指数（极限氧指数 LOI）法也叫做临界氧指数（COI）法，用来描述材料保持燃烧的行为，是一种研究聚合物可燃性的通用工具。该方法可以方便地、重复地定量分析材料的可燃性，且已用于阻燃剂可燃性的系统研究中，经常用来对比阻燃剂的效果。

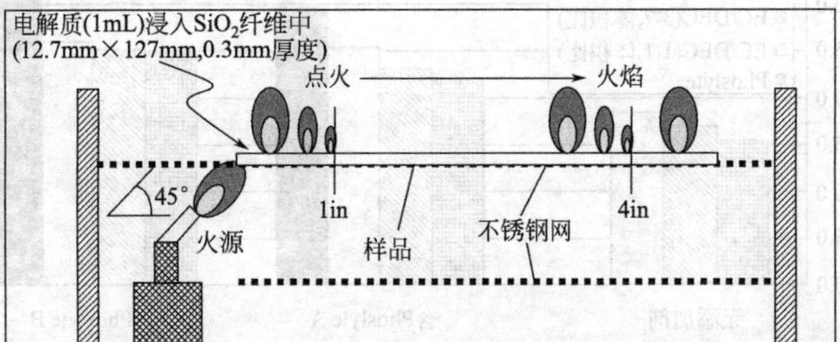

图 13.5　UL-94HB 水平燃烧等级测试

氧指数法如下：将样品垂直放置在气动式圆柱管道中，在一定的气氛下燃烧。当观测到材料在适当空气中持续燃烧时，此时空气中的氧气浓度值即为 LOI。阻燃剂的效果可通过对比有无添加剂材料的 LOI 值来评估。

由于空气中含有约 20.95%（体积分数）的氧气，任何 LOI 低于此值的材料都很容易在空气中燃烧。Nelson 研究了阻燃剂与材料氧气指数的关系[55]。Nelson 将这些材料分为两类，即 LOI 小于 20.95 和 LOI 大于 100 的材料，分别为“易燃的”和“不易燃的”[56]。另一方面，Horrocks 等人提出了 LOI 大于 28%的材料一般有“自熄”性的观点。此外，Nelson 把 20.95<LOI<28 的材料归为一类，称为“缓慢燃烧的”[57]。

研究人员试图量化电解质的可燃性，为此进行了下面的实验：如前文提到的 UL94HB 测试一样，用 0.5mm 厚的 1in×5in 硅纤维作为电解质的载体。将 1mL 被测电解质浸入纤维，然后垂直放入 LOI 测试仪的玻璃圆筒中，根据相关标准测出 LOI（JIS K 7201 方法），如图 13.6 所示。

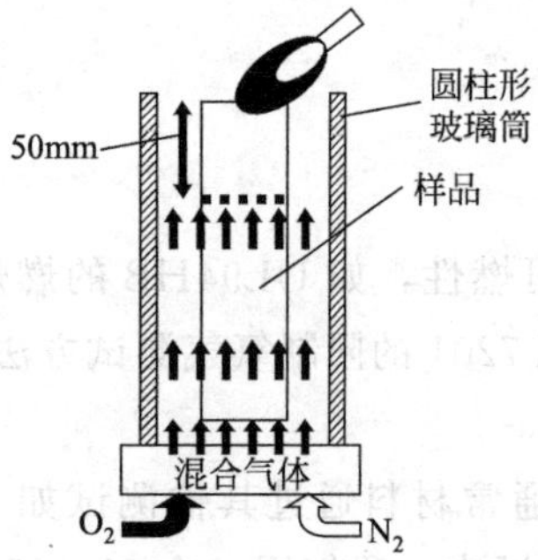

图 13.6 JIS K 7201 的极限氧指数等级测试

图 13.7 为 EC/DEC(1∶1) 电解质中添加与不添加 10%（体积分数）Phoslyte 的拟 UL94HB 测试的照片。添加 Phoslyte 的电解质无法捕捉到火焰，而没有添加 Phoslyte-A 的电解质很容易燃烧，并且火焰迅速地蔓延。图 13.8 为用拟 UL94-HB 法和拟 LOI 法对添加和不添加 Phoslyte-A、Phoslyte-B 的 PC/DME(1∶1)、EC/DEC(1∶1)、EC/DEC(3∶7) 电解质可燃性的测试结果。结果表明，对应每种电解质都有最优化的 Phoslyte 分子结构，可以有效地避免传统电解质燃烧。

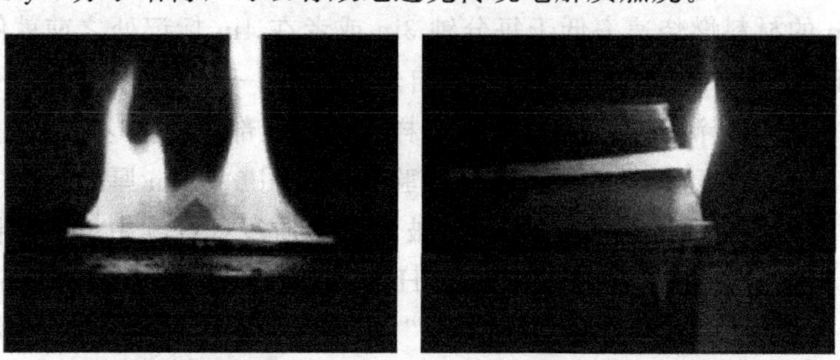

(a) 传统的电解质　　(b) 含有Phoslyte的电解质

图 13.7 用 UL94-HB 方法评估电解质的可燃性

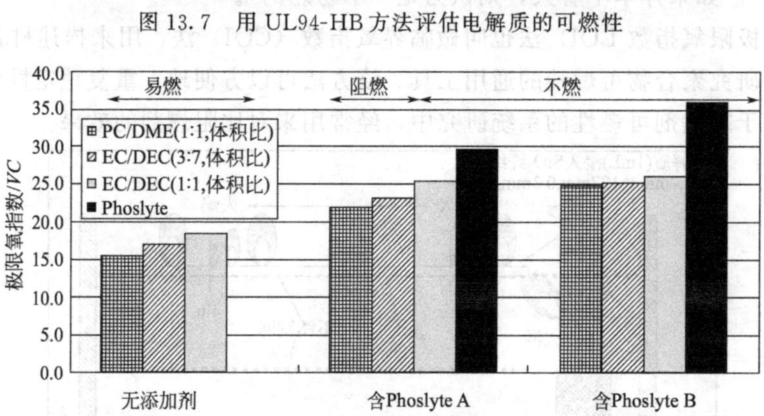

图 13.8 UL94-HB 测试和极限氧指数测试之间的关系

Phoslyte A 和 B 分别由带有不同取代基的环三磷氮烯构成

此外，添加 Phoslyte 的电解质闪点变化显著。闪点是液体能够在其表面附近的空气中生成可燃混合物的最低温度。闪点越低，材料越容易被点燃。ASTM 方法可以有效地测定闪点，在 40℃下，动态黏度低于 5.5mm^2/s 的液体没有悬浮的固体颗粒，在测试中没有形成表面薄膜的趋势。闪点的标准测试方法是泰格闭杯闪点测试（ASTM D56）法。如果动态黏度在 40℃时高于 5.5mm^2/s，则应采用 Penski-Martens 闭杯闪点测试（ASTM D93）法作为闪点的标准测试方法。闪点分析的细节内容可在 ASTM 方法中查到。

在日本消防法规中，危险材料根据闪点分类，没有闪点的材料归类为“没有安全隐患的材料”。由于存储数量、处理标准、操作许可等都受分类影响，闪点的改善可能会影响电池的大规模生产。图 13.9 为添加与不添加 Phoslyte 的碳酸酯体系的闪点。添加适当种类的 Phoslyte 可以提高闪点，闪点随 Phoslyte 添加量的增加而升高，直至电解质没有闪点。

电解质	可燃性	闪点/℃
传统电解质	易燃	15
10%(体积分数)的 Phoslyte 添加剂	不燃	32
15%(体积分数)的 Phoslyte 添加剂	不燃	无

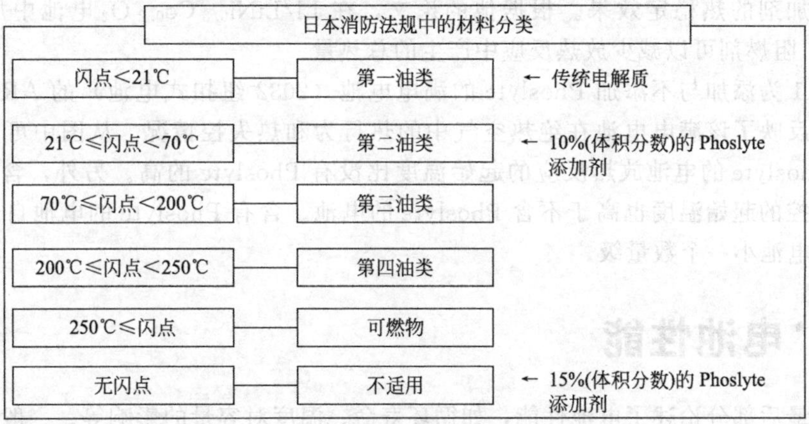

图 13.9　Phoslyte 对传统电解质闪点的影响（举例）

通过对电解质气体分析和热解分析的研究，研究人员推测不燃烧的现象可能基于以下原理：

① Phoslyte 分解产生的不可燃的气体（磷酸酯），阻断了氧气的连续供应；

② 上面提到的磷酸酯提高了电极的表面碳化度，产生了碳化膜（焦炭），这层碳化膜阻断了氧气的连续供应；

③ 卤素和磷基团在火焰区域中能捕获活跃的自由基。

13.5 热稳定性

如上所述，添加 Phoslyte 可以有效地提高电解质的阻燃性，还发现 Phoslyte 的添加提高了电池材料的热稳定性。用示差扫描量热法（DSC）和加速量热法（ARC）可以表征电池和电池材料的热行为[3~7,58~66]。

图 13.10 表现了锂离子电池的热失控行为，该电池由 $LiCoO_2$、$LiPF_6$（1mol/L）的 EC/EMC（1∶2，体积比）电解质和石墨组成。如图所示，在添加了 Phoslyte 的情况下，满电

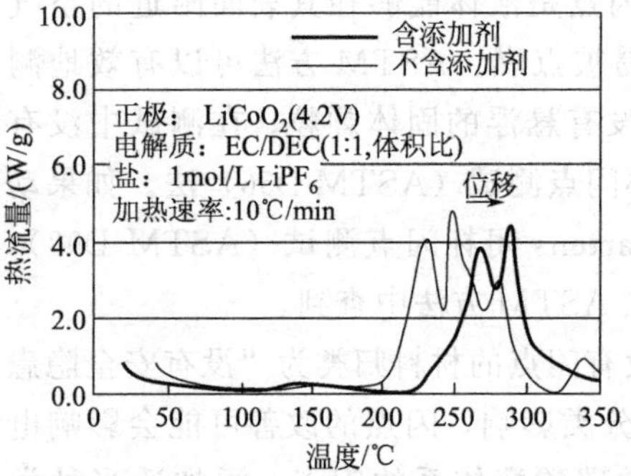

图 13.10　满电正极的热稳定性

数据来自已循环使用 15 次的材料（4.2V）

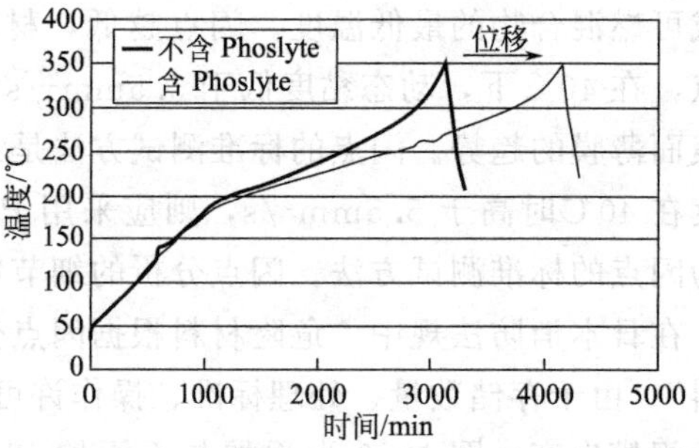

图 13.11　包含 EC/DEC(1∶2) 和 $LiPF_6$(1mol/L) 的 $LiCoO_2$/石墨电池

含有与不含 Phoslyte 的热失控反应

态 $LiCoO_2$(4.2V) 放热反应的起始温度升高了（20～30℃），总热流量有时也会减少。

在锂化石墨中也观察到了这些现象。Prakash 还报道了六甲基环三磷氮烯作为充电态正极的固体添加剂的热稳定效果。根据他的论文，在 $Li/LiNi_{0.8}Co_{0.2}O_2$ 电池中加入 1.68％（质量分数）阻燃剂可以减少放热反应中产生的总热量。

图 13.11 为添加与不添加 Phoslyte 的满电电池（2032 纽扣式电池）的 ARC 图。ARC 数据清楚地反映了该满电电池在绝热空气中的热行为和热失控情况。从图中可以清楚地看到，含有 Phoslyte 的电池放热反应的起始温度比没有 Phoslyte 的高。另外，含有 Phoslyte 的电池热失控的起始温度也高于不含 Phoslyte 的电池。含有 Phoslyte 的电池自热率比没有 Phoslyte 的电池小一个数量级。

13.6　电池性能

本文的最后部分论述了电池性能，如循环寿命、温度对容量的影响等。一般来说，添加剂有时能够提高电池的性能，但有时也会带来一些不良影响，例如，尽管添加磷酸三烷基酯能有效地使传统电解质不易燃，但却降低了电池的容量和循环寿命。Phoslyte 作为阻燃剂表现出了良好的性能，并且对电池性能没有不良影响。

图 13.12 为由 $LiCoO_2$正极、人造石墨负极、EC/DEC（1∶1）电解质体系组成的纽扣式电池的首次放电容量与温度的关系，两种情况下的首次放电容量几乎相同。有趣的是，加入添加剂还可以改善电池的低温性能，这归因于添加剂可以降低凝固点和黏度：EC/DEC 的凝固点从−15℃下降到低于−20℃，0℃情况下的黏度从 3.6mPa・s 减小到 3.2mPa・s。此外，Phoslyte 可以在高温环境下保存，并且在干燥条件下化学性能稳定。图 13.13 和图 13.14 展示了其循环特性和高温储存特性。上述结果表明 Phoslyte 可以很好地提高电池的性能。

除了上述 Phoslyte 几个方面的作用，人们还发现由金属氧化物正极和锂金属负极组成的电池中加入 Phoslyte，其容量比没加入 Phoslyte 的高，这可能是由于 Phoslyte 抑制了充放电循环过程中枝晶的形成。

图 13.15 展示了加入 Phoslyte 后隔膜浸润性的改善。浸润性可通过液滴的接触角、基础直径、体积变化来分析。一般来说，传统电解质对电极材料和隔膜的浸润性较差，但 Phoslyte 的添加使得电解质对电池材料的浸润性更好。添加 Phoslyte 提高浸润性的方法也适用于正负极材料。

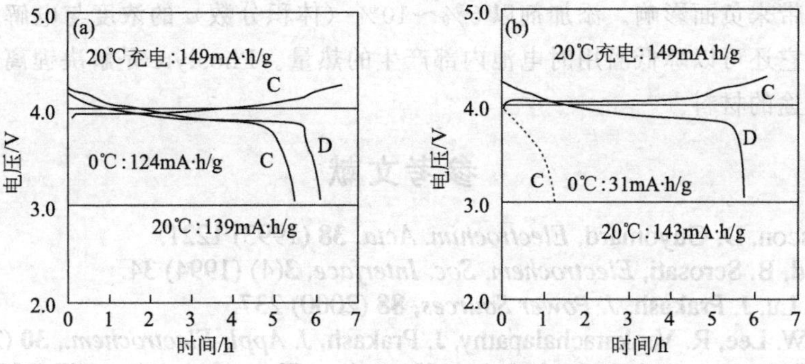

图 13.12　温度对容量的影响

(a) 含有 Phoslyte；(b) 不含 Phoslyte。图中 C 代表充电曲线；D 代表放电曲线

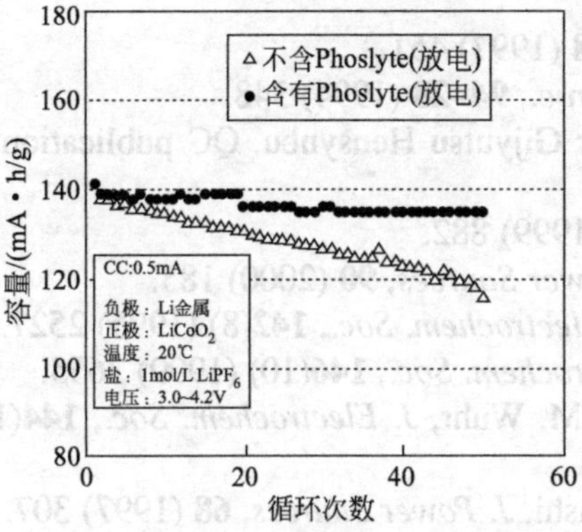

图 13.13　含有/不含 Phoslyte 的 $LiCoO_2$/Li 电池循环性能

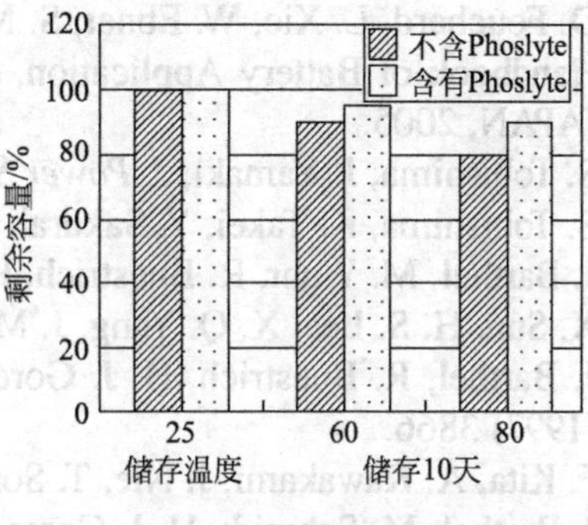

图 13.14　含有/不含某种 Phoslyte 的锂离子电池的高温存储性能

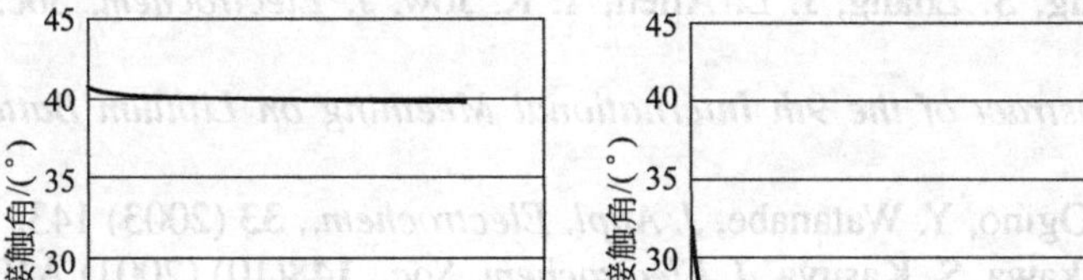

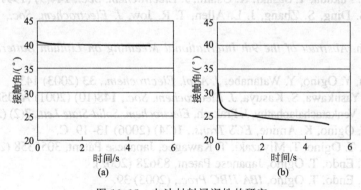

图 13.15　电池材料浸润性的研究

电解质与隔膜接触角的连续变化 (a) 不含 Phoslyte；(b) 含有 Phoslyte

13.7 结论

我们已经开发出了由磷氮烯骨架组成的高性能阻燃剂。部分氟化的环三磷氮烯不仅表现出了良好的阻燃性，而且对电池性能的提升、枝晶的抑制和浸润性的提高都有良好的作用。这种添加剂毒性低，几乎没有表现出对皮肤的刺激性，并且没有致癌性。

尽管早期的添加剂使电池性能下降，但上述添加剂消除了锂离子电池的火灾威胁并且没有给电池性能带来负面影响。添加剂以5%～10%（体积分数）的浓度与电解质混合，可使溶液不易燃，它还可以降低滥用时电池内部产生的热量。Phoslyte是解决锂离子电池顽固缺点的一种有前途的材料。

参考文献

1. J. M. Tarascon, D. Guyomard, *Electrochim. Acta*, **38** (1993) 1221.
2. S. Megahed, B. Scrosati, *Electrochem. Soc. Interface*, **3**(4) (1994) 34.
3. Q. Wu, W. Lu, J. Prakash, *J. Power Sources*, **88** (2000) 237.
4. W. Lu, C. W. Lee, R. Venkatachalapathy, J. Prakash, *J. Appl. Electrochem.*, **30** (2000) 1119.
5. W. Lu, V. S. Donepudi, J. Prakash, J. Liu, K. Amine, *Electrochim. Acta*, **47** (2002) 1601.
6. S. Al Hallaj, J. Prakash, J. R. Selman, *J. Power Sources*, **87** (2000) 186.
7. P. Biensan, B. Simon, J. P. Peres, A. de Guibert, M. Broussely, J. M. Bodet, F. Perton, *J. Power Sources*, **81** (1999) 906.
8. Y. Saito, K. Kanari, K. Takano, *J. Power Sources*, **68** (1997) 451.
9. D. Fouchard, L. Xie, W. Ebner, S. Megahed, *ECS Proc.*, **94–28** (1994) 348.
10. Handbook of Battery Application, ed. By transistor Gijyutsu Hensyubu, QC publication in JAPAN, 2005.
11. S. Tobishima, J. Yamaki, *J. Power Sources*, **81–82** (1999) 882.
12. S. Tobishima, K. Takei, Y. Sakurai, J. Yamaki, *J. Power Sources*, **90** (2000) 185.
13. J. Barthel, M. Wuhr, R. Buestrich, H. H. Gores, *J. Electrochem. Soc.*, **142**(8) (1995) 2527.
14. X. Sun, H. S. Lee, X. Q. Yang, J. McBreen, *J. Electrochem. Soc.*, **146**(10) (1999) 3655.
15. J. Barthel, R. Buestrich, H. J. Gores, M. Schmidt, M. Wuhr, *J. Electrochem. Soc.*, **144**(11) (1997) 3866.
16. F. Kita, A. Kawakami, J. Nie, T. Sonoda, H. Kobayashi, *J. Power Sources*, **68** (1997) 307.
17. J. Barthel, M. Schmidt, H. J. Gores, *J. Electrochem. Soc.*, **145**(2) (1998) L17.
18. R. McMillan, H. Slegr, Z. X. Shu, W. Wang, *J. Power Sources*, **81–82** (1999) 20.
19. M. Handa, S. Fukuda, Y. Sasaki, K. Usami, *J. Electrochem. Soc.*, **144**(9) (1997) L235.
20. K. Xu, M. S. Ding, S. Zhang, J. L. Allen, T. R. Jow, *J. Electrochem. Soc.*, **149**(5) (2002) A622.
21. U. V. Sacken, *Abstract of the 9th International Meething on Lithium Batteries, Friday-93* (1998).
22. S. Tobishima, Y. Ogino, Y. Watanabe, *J. Appl. Electrochem.*, **33** (2003) 143.
23. X. Wang, E. Yasukawa, S. Kasuya, *J. Electrochem. Soc.*, **148**(10) (2001) A1058.
24. C. W. Lee, R. Venkatachalaphathy, J. Prakash, *Electrochem. Solid-State Lett.*, **3**(2) (2000) 63.
25. M. Otsuki, T. Ogino, K. Amine, *ECS Trans.*, **1**(24) (2006) 13–19. C.
26. M. Kajiwara, T. Ogino, T. Miyazaki, T. Kawagoe, Japanese Patent, 3055358 (2000).
27. M. Otsuki, S. Endo, T. Ogino, Japanese Patent, 83628 (2002).
28. M. Otsuki, S. Endo, T. Ogino, *IBA-HBC Proc.*, (2003) 39.
29. J. Liebig, *Ann. Chem.*, **11** (1834) 139.
30. J. H. Gladstone, *Ann.Chem.*, **76** (1850) 74.
31. J. H. Gladstone, *J. Chem. Soc. London*, **2** (1850) 121.
32. J. H. Gladstone, *J. Chem. Soc. London*, **3** (1851) 135.
33. J. H. Gladstone, *J. Chem. Soc. London*, **3** (1851) 353.
34. J. H. Gladstone, *Ann.Chem.*, **77** (1851) 314.
35. A. Besson, *C. R. Acad. Sci.*, **111** (1890) 972.
36. A. Besson, *C. R. Acad. Sci.*, **114** (1892) 1264.
37. A. Besson, *C. R. Acad. Sci.*, **114** (1892) 1479.
38. A. Besson, G. Rosset, *C. R. Acad. Sci.*, **143** (1906) 37.

39. A. Besson, G. Rosset, *C. R. Acad. Sci.*, **146** (1908) 1149.
40. W. Couldridge, *J. Chem Soc. London*, **53** (1888) 398.
41. W. Couldridge, *Bull. Soc. Chim. Fr.*, **2** (50) (1888) 535.
42. H. N. Stokes, *Am. Chem. J.*, **17** (1895) 275.
43. H. N. Stokes, *Chem. Ber.*, **28** (1895) 437.
44. H. N. Stokes, *Am. Chem. J.*, **18** (1896) 629.
45. H. N. Stokes, *Am. Chem. J.*, **18** (1896) 780.
46. H. N. Stokes, *Am. Chem. J.*, **19** (1897) 782.
47. H. N. Stokes, *Am. Chem. J.*, **20** (1898) 740.
48. H. N. Stokes, *Z. Anorg. Chem.*, **19** (1899) 36.
49. H. R. Allcock, *Phosphorus-Nitrogen Compounds*, Academic Press, New York and London, 1972.
50. L. F. Audrieth, R. Steimman, A. D. E. Toy, *Chem. Rev.*, **32** (1943) 104.
51. J. A. Gribova, U. U. Ban-Yuan, *Russ. Chem. Rev.*, **30** (1961) 1.
52. N. L. Paddock, H. T. Searle, *Quant. Rev. Chem. Soc.*, **1** (1959) 347.
53. R. A. Shaw, B. W. Fitzsimmons, B. C. Smith, *Chem. Rev.*, **62** (1962) 247.
54. P. Schmulbach, *Prog. Inorg. Chem.*, **4** (1962) 275.
55. M. Kajiwara, *Fine Chemical*, **14**(7) (1985) **5**; 14(9) (1985) 22.
56. M. I. Nelson, *Combust. Theor. Model.*, **5** (2001) 59.
57. A. R. Horrocks, M. Tunc, D. Price, *Textile Progr.*, **18**(1–3) (1989) 1.
58. C. P. Fenimore, *Flame-retardant Polymeric Materials, vol. 1*, M. Lewin, S. M. Atlas, E. M. Pearce (Eds.), Plenum, New York, (1975) 371.
59. M. I. Nelson, *Proc.Royal Soc. London*, **A454** (1998) 789.
60. H. Maleki, J. S. Hong, S. Al-Hallaj, J. R. Selman, *Electrochem. Soc. Meeting Abstr.*, **97** (1997) 143.
61. M. N. Richard, J. R. Dahn, *J. Electrochem. Soc.*, **146** (1999) 2068.
62. M. N. Richard, J. R. Dahn, *J. Electrochem. Soc.*, **146** (1999) 2078.
63. J. R. Dahn, E. W. Fuller, M. Obrovac, U. V. Sacken, *Solid State Ionics*, **69** (1994) 265.
64. Z. Zhang, D. Fouchard, J. R. Rea, *J. Power Sources*, **70** (1998) 16.
65. Y. Gao, M. V. Yakovleva, W. B. Ebner, *Electrochem. Solid State Lett.*, **13** (1998) 117.
66. F. Pasquier, T. Disma, J. M. Bowmer, *J. Electrochem. Soc.*, **145** (1998) 472.

第14章

基于石墨正极和活性碳负极的高能电容器

Masaki Yoshio，Hitoshi Nakamura，Hongyu Wang

近年来，用活性炭（AC）作为极化电极的双电层电容器（EDLC），以其高功率密度、长循环寿命、绿色环保等优点吸引了人们广泛的关注。但是，在进一步得到更多的应用之前，尚有一个缺点有待解决，那就是它的能量密度低。EDLC中的电荷存储是通过在电极和电解质之间的界面上吸附离子来实现的。电容量可通过 $C=\varepsilon_0\varepsilon_r S/d$ 来计算（C 为电容；ε_0 为真空介电常数；ε_r 为溶剂的介电系数；S 为表面积）。上面的方程式意味着电容和电极材料的表面积几乎成正比。因此，很多研究致力于把电极材料制成多孔的结构，以增加电极与电解质之间有效的接触面积。到目前为止，通过改善表面积来提高容量的方法已经近乎达到了极限[1]。此外，即使在稳定的有机电解质中，EDLC的工作电压也只能限制在2.7V[2]，所以严重地束缚了EDLC（$E=0.5CV^2$）的能量密度（在实际应用中小于4W·h/kg）。通过对照不同储能装置的能量/功率关系比较图（俗称里根图，如图14.1所示），在稳定的有机电解质中，这种类型的电容器可以在3.5V的高电压下安全地工作。

传统的EDLC功率密度高，但能量密度低；相反地，电池能量密度高，但功率密度不

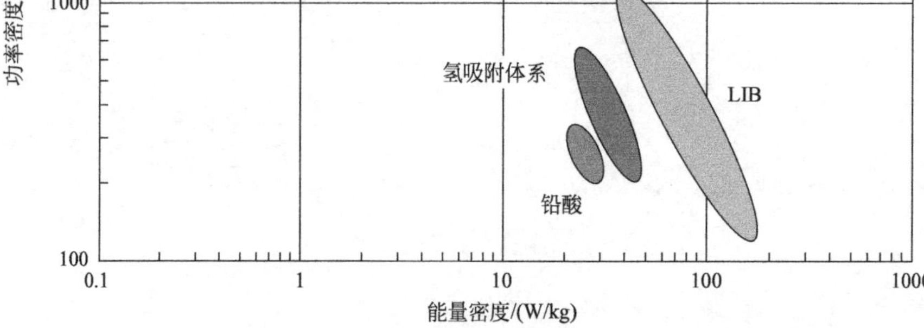

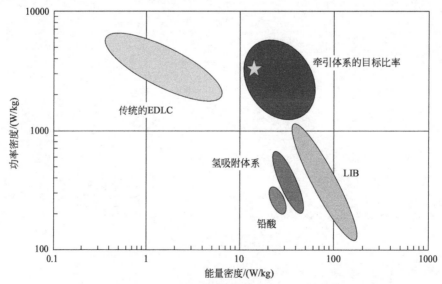

图14.1　不同储能装置的能量-功率关系比较

足。为了在上述两个体系之间找到一个好的平衡点，试图通过用石墨正极和活性炭负极制成一种新的特大容量电容器（MCC），可同时满足高功率密度和高能量密度的特性[3]。

图 14.2 比较了电容器中碳电极材料的典型 XRD 图。AC（活性炭，传统 EDLC 的电极材料）出现了非常宽且弱的衍射峰，表明它具有低的结晶度。另一方面，纳米尺寸的碳出现了相对尖锐的衍射峰[4]。实际上，它是一种介于高结晶度的石墨和无定形碳之间的物质。相比之下，在本研究中用到的这种石墨正极材料是三种碳材料中结晶度最高的。在 MCC 中，用高结晶度的石墨（例如，Timcal 公司的 KS6）作为正极材料，活性炭作为负极材料。

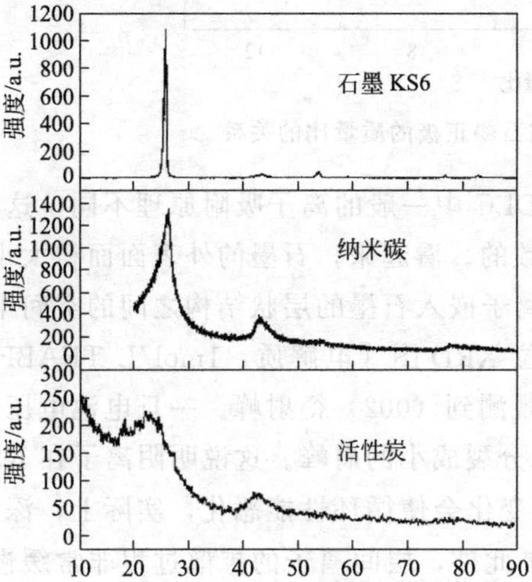

图 14.2　电容器中碳电极材料的典型 XRD 图[6]
经电化学学会授权引用版权（2006）

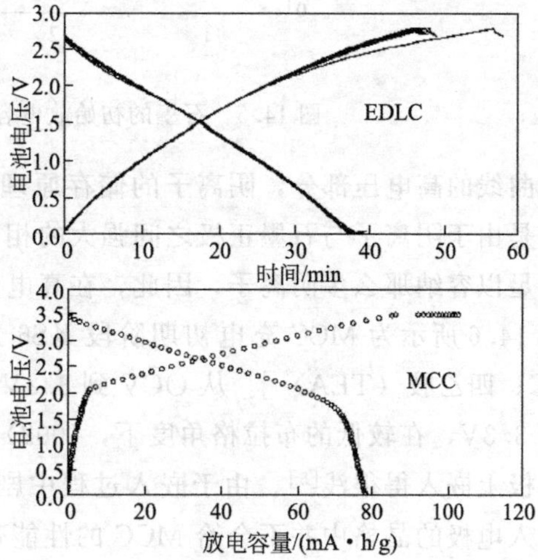

图 14.3　传统的 EDLC（AC：AC，质量比 1；AC：气体法活性炭）和 MCC（AC/KS6 质量比为 4：1）的恒流充放电曲线

传统的 EDLC 和 MCC 的恒流充放电曲线如图 14.3 所示。在 0～2.7V 的电压区间内，EDLC 近乎为一条倾斜的直线，但 MCC 是弯曲的曲线。从实例来看，在充电过程中，电池电压在最初阶段跳跃性升高；从 2V 左右开始，电池电压上升的趋势开始平缓。曲线大致由不同斜率的两部分组成。为了清楚地追踪石墨正极和活性炭负极的电势，在充放电循环时在电容器中引入了一个 AC 电极作为参比电极。图 14.4 所示为首次循环充放电时，石墨正极和 AC 负极二者相对参比电极的电势曲线。AC 负极的电势曲线呈简单的直线，而石墨正极的曲线是弯曲的。在充电过程中，石墨的电势在最初阶段迅速上升至 1.35V，然后趋于平稳。

实际上，MCC 的充放电曲线等同于石墨电极与 AC 电极电势曲线之间的差值。通过调整正极和负极材料的相对质量比，可以使石墨获得非常大的放电容量。如图 14.5 所示，放电容量随着 AC/石墨的质量比的增长而增加。当 AC/石墨的质量比大于 12 时，放电容量将超过 120mA·h/g。

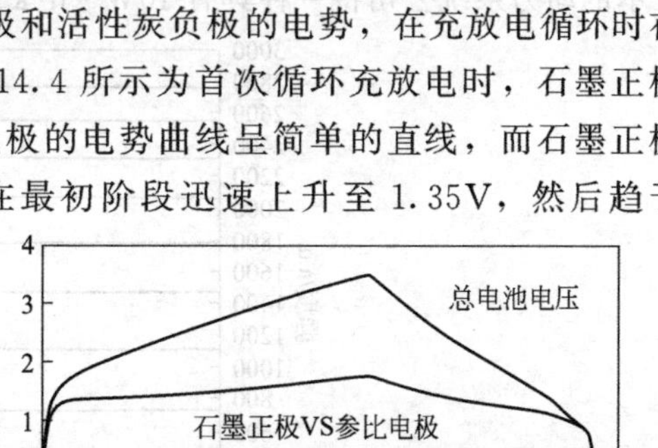

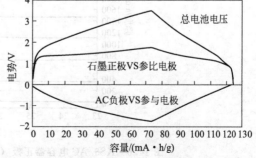

图 14.4　电容器（AC/KS6，质量比 2：1）初始充放电过程中石墨正极和 AC 负极的电压曲线

实际上，石墨的表面积比 AC 要小得多，但是它可以比 AC 储备更多的阴离子。在充

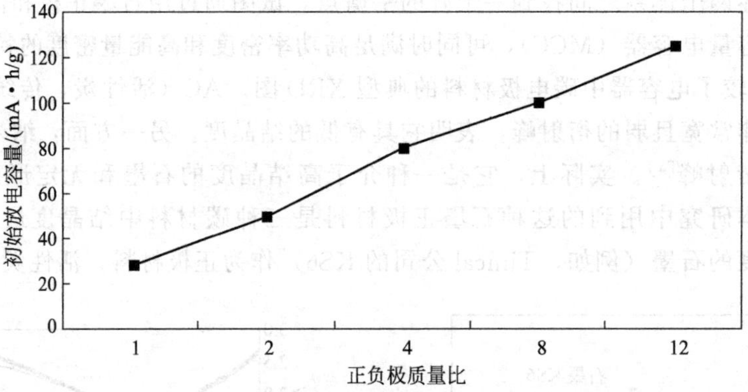

图 14.5 石墨的初始放电容量和 AC 与石墨正极的质量比的关系

电曲线的高电压部分，阴离子的储存原理与传统 EDLC 中一般的离子吸附原理不同，这大概是由于阴离子与石墨正极之间强大的相互作用导致的。看起来，石墨的外表面面积太小，不足以容纳那么多阴离子，因此，在高电压下，阴离子嵌入石墨的层状结构之间的空间中。图 14.6 所示为 MCC 充电初期阶段 KS6 正极的原位 XRD 图［电解质，1mol/L TEABF4-PC；四乙胺（TEA）］。从 OCV 到 3.2V，仅仅能观测到（002）衍射峰。一旦电池电压超过 3.3V，在较低的布拉格角度下，（002）面衍射峰分裂成小的肩峰。这说明阴离子在 KS6 正极上嵌入得很浅[5]。由于嵌入过程中剧烈的体积变化会使循环性能恶化，实际上，深度插入电极的晶格中并不会给 MCC 的性能带来好处。此外，层间离子的扩散过程非常缓慢，这会降低电容器的倍率性能。也有人指出，相当大的一部分容量是在电压低于 3.3V 范围内获得的，从原位 XRD 中没有观测到离子的嵌入发生。所以，从某种意义上看，阴离子在 KS6 正极上的存储原理与用于电池领域的嵌入原理是不同的[6]。

实际上，如果 AC/KS 的质量比超过 1.5：1，离子的嵌入就很可能在电压超过 3.0V 时发生。为了得到满意的电容性能（电压低于 3.5V 时 XRD 图谱显示没有离子嵌入发生），实际应用的 MCC 中 AC/石墨的质量比应该保持一致。这种电容器也称为“纳米储存电容器”。目前，日本的动力系统公司将一种具有 10W·h/kg 甚至更高能量密度的新型电容器实现了商业化。

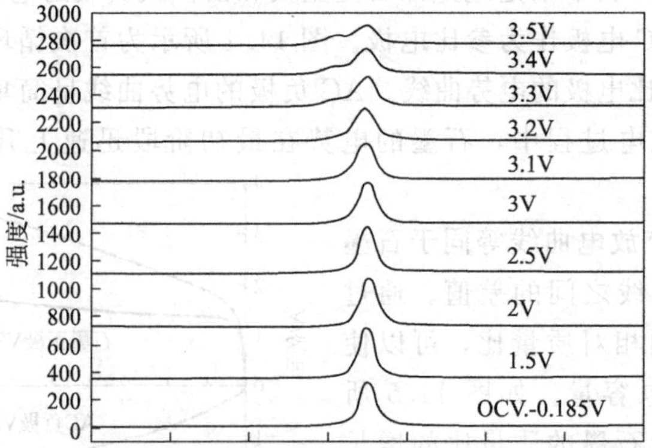

图 14.6 KS6/AC 电容器正极（KS6）初始充电过程的 XRD 图[6]

（AC/KS6 质量比为 1）

经电化学学会会刊许可引用，版权（2006）

表 14.1 比较了 EDLC 和非水体系电池的特性。通过循环伏安曲线（CV），可以表现电容器很重要的一个特性。如图 14.7 所示，MCC 中的石墨正极的 CV 与锂离子电池中正极材料（$LiCoO_2$）的 CV 明显不同。$LiCoO_2$的 CV 显示出尖锐的嵌入峰，但石墨的 CV 几乎是直角波形。此外，在石墨的 CV 中扫描速率非常大，这意味着石墨正极具有高倍率性能（高功率）。

表 14.1　EDLC 和非水体系电池的一些特性

项目	EDLC	非水电池
充电储存机理	表面离子吸附	离子嵌入晶格
充放电曲线形状	斜直线	平坦
循环寿命	超过几万次循环	约 300 次循环
功率密度	＞200W/kg	约 100W/kg
CV 形状	直角波	嵌入峰
原位 XRD	衍射峰没有位移或断裂	衍射峰位移或断裂
理论容量	无法计算	由化学式可计算

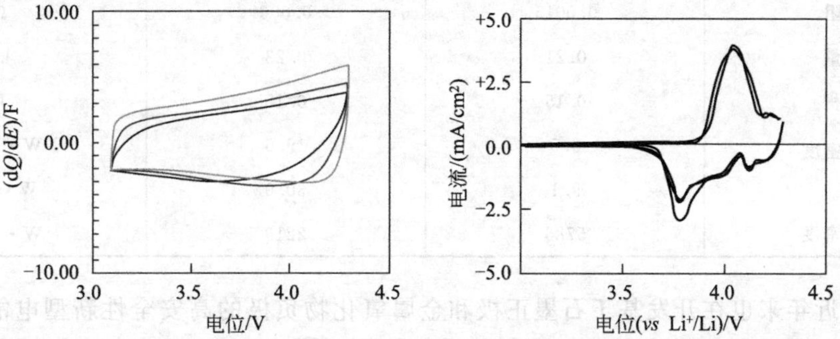

图 14.7　MCC 的石墨正极和锂离子电池的 $LiCoO_2$ 正极的循环伏安图

MCC 的循环性能如图 14.8 所示。它的电容值可以维持在初始电容值的 70％以上，这个结果可与传统的 EDLC 相媲美[7]。图 14.9 所示为 MCC 温度特性。温度低于 0℃时，随温度的下降电容值急剧降低。然而，MCC 的低温性能与 EDLC 是非常相近的。

表 14.2 比较了 MCC 和 EDLC 的产品特性，MCC 比 EDLC 拥有更宽的工作电压范围和更高的密度。相应地，MCC 的能量密度几乎是 EDLC 的三倍。在不久的将来，MCC 将是一种非常有前途的电能储存系统。

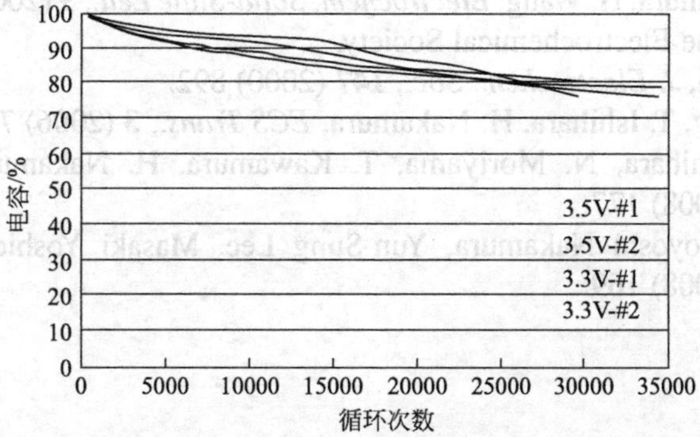

图 14.8　25℃下，MCC 超大容量电容器的循环性能[7]

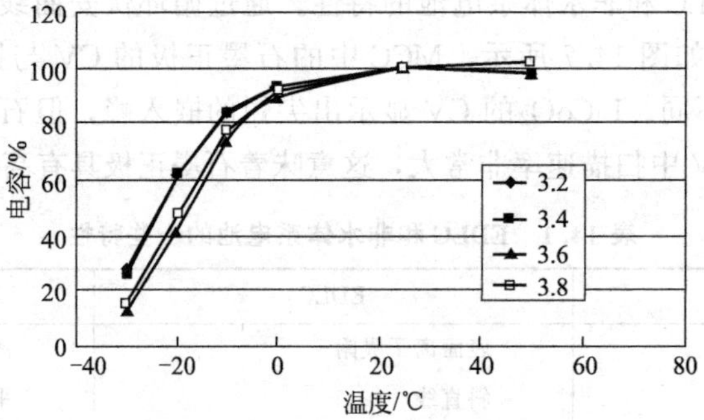

图 14.9 MCC 的温度特性

表 14.2 传统的 EDLC 和 MCC 的对比

项目	传统的 EDLC	MCC	单位
容量	1350	2700	F
电压	2.7	3.5	V
电阻	0.0015	0.006	Ω
质量	0.21	0.23	kg
体积	0.15	0.15	L
能量密度	6.5	19.5	W·h/kg
	9.1	30.0	W·h/L
功率密度	5786	2219	W·h/kg

此外，近年来也在开发基于石墨正极和金属氧化物负极的高安全性新型电能储存装置，例如石墨/Nb_2O_5[8]、石墨/TiO_2或者石墨/$Li_4Ti_5O_{12}$[9]。这种类型的电容器具备更高的能量密度，并且比锂离子电池更安全。

参考文献

1. O. Barbieri, M. Hahn, A. Herzog, R. Kotz, *Carbon*, **43** (2005) 1303.
2. M. Hahn, A. Wursig, R. Gallay, P. Novak, R. Kotz, *Electrochem. Commun.*, **7** (2005) 925.
3. M. Yoshio, H. Nakamura, H. Wang, *Electrochem. Solid-State Lett.*, **9** (2006) A591.
4. M. Uchiyama, M. Okamura, *Jap. Pat. Kokai*, H11–317333 (1999).
5. M. Yoshio, H. Nakamura, H. Wang, *Electrochem. Solid-State Lett.*, **9** (2006) A561. Reproduced by permission of The Electrochemical Society.
6. J.A. Seel, J.R. Dahn, *J. Electrochem. Soc.*, **147** (2000) 892.
7. M. Yoshio, H. Wang, T. Ishihara, H. Nakamura, *ECS Trans.*, **3** (2006) 71.
8. A.K. Thapa, T. Ishihara, N. Moriyama, T. Kawamura, H. Nakamura. M. Yoshio, ECS Transactions, 16 (2008) 177.
9. Gum-Jae Park, Hiroyoshi Nakamura, Yun-Sung Lee, Masaki Yoshio, Koji Takano, ECS Transactions, 16 (2008) 169.

第15章 用于二次锂离子电池的$LiCoO_2$的开发

Hidekazu Awano

15.1 概述

二次锂离子电池自从1990年第一次商业化以来，便在诸如笔记本电脑和手机等移动设备电源中扮演着不可或缺的角色。特别是，二次锂离子电池和移动电话都已经扩大了它们各自的市场规模。由于手机在韩国和中国的普及，使得二次锂离子电池在亚洲国家得到了广泛应用。二次锂离子电池的性能（特别是容量）每年都有所提高。最初在日本，二次锂离子电池的制造厂家数量多达10～11家，其中包括外资公司，而中国境内的数量还未准确统计。另一方面，电池的价格在不断降低。当前，一些制造商计划退出该行业，在不久的将来，现存的制造商可能会合并成为数不多的几个公司。仅仅靠引进新的设备并不能使电池的生产变得容易，电池的制造需要更深入地掌握先进的技术诀窍。因此，可以认为相比于其他国家的制造商，日本的制造商依然在该领域内占据主导地位。此外，当我们关注其他能源设备时会发现，电容器和燃料电池也同样在持续发展，可以预见，未来它们会与二次锂离子电池形成竞争或者共存。日本化学工业有限公司也参与了这个开发过程，因此将来它可以成为电池正极材料的供应商。

本章将介绍$LiCoO_2$的制造过程和特性，它是二次锂离子电池主要的正极材料。然而，由于其中的某些技术是保密的，因此，如果有些不容易理解的地方，希望读者略过。

15.1.1 发展背景

日本化学工业有限公司自成立以来，一直在制造和销售锂盐，相关产品的名称和用途详见表15.1。$LiCoO_2$作为二次锂离子电池的正极材料，额外提高了锂盐产品的市场价值。$LiCoO_2$的发展源于1991年，在电池制造中的应用则始于1992年，客户的初步评价于1993年完成，而且通过试验制得了几十到几百千克的产品。$LiCoO_2$最高产量是2t/月，记载于1994年，与此同时开始规划大规模生产的工厂，并于1995年达到了20t/月的产量。后来，在此基础上，制造能力又多次攀升。

15.1.2 为什么使用 $LiCoO_2$？

正如第一段所述，$LiCoO_2$是当前二次锂离子电池的主要正极材料。在其发展的早期阶段，人们预计它的主要问题在于价格和钴资源，并将迅速被镍型或锰型材料所取代。当时，甚至在期刊和会议论文上，有关$LiCoO_2$的研究也很少，而镍型和锰型材料的相关研究却很活跃。然而，实际上将镍型和锰型材料用于商业二次锂离子电池仍然受到限制。表 15.2 列出了每种材料的特性。综合考虑容量、倍率特性、循环特性、高/低温特性、安全性等二次锂离子电池的特性，可以看出 $LiCoO_2$更有优势。另外，正如下面将要介绍的那样，$LiCoO_2$可以通过将钴的氧化物与锂盐按照特定比例在 700℃或者更高温度下焙烧制得，因此，制造工艺简单也可以视为选择 $LiCoO_2$作为二次锂离子电池正极材料的原因之一。

表 15.1 日本化学工业有限公司制造的锂盐

盐	用途
碳酸锂	电池材料；特种玻璃
氢氧化锂	二氧化碳吸收剂和润滑油
氯化锂	铝焊接材料；湿度控制材料
溴化锂	冰箱；空调
磷酸锂	电子电器材料
硝酸锂	电子电器材料

表 15.2 商业化二次锂离子电池的特性

材料	容量①	倍率	高温	安全性	成本	工艺
$LiCoO_2$	B	B	B	B	C～B	A
$LiNi_{0.8}Mn_{0.1}Co_{0.1}O_2$	A	C	B	C	B	C
$LiNi_{1/3}Mn_{1/3}Co_{1/3}O_2$	B	C	C	B	B	B
$LiMn_2O_4$	C	C	C	A	B	C

① A—优秀，B—好，C—一般。

15.1.3 $LiCoO_2$的物理性质

$LiCoO_2$的主要物理性质将随后进行说明（主要涉及日本化学工业有限公司生产的 $LiCoO_2$）。$LiCoO_2$粉体外观如图 15.1 所示。

15.1.4 钴资源和价格

过去，钴通常被认为是一种昂贵的原材料。其原因在于钴是一种投机性商品，它的价格一直在波动。图 15.2 为自 1997 年以来钴的市场价格的变化趋势。因此，可以观察到非常大的价格变化。其价格在 2002 年 4 月跌至 7 美元以下（通常认为，如果其价格低于 10 美元，将不能支付采矿的成本）。随后，此价格不断增长，并于 2003 年 11 月快速地增至 28 美元。造成这种情况的一种可能原因是：二次锂离子电池市场规模的快速扩大，导致用于电池正极材料的 $LiCoO_2$的市场需求激增。此外，另一个可能的原因是：随着电池制造商接连地宣布扩大二次锂离子电池产量的计划，导致社会对钴资源的关注（投机效应是其中之一的因素）。

CAS 号.12190-79-3
熔点：1100℃或以上
真密度：5.1
粒径：2~50μm
比表面积：0.1~1.0m²/g
振实密度：1.5~3.0

图 15.1 $LiCoO_2$ 粉末

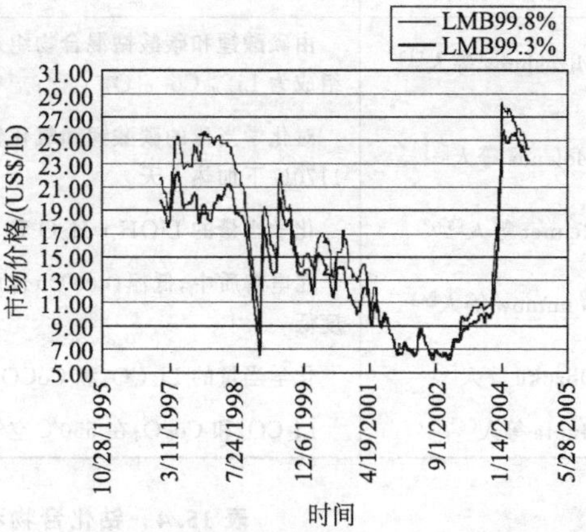

图 15.2 钴的价格波动（1lb≈0.45kg）

因此，电池制造商迫不及待地欲将电池的价格提高 8%～10%，然而电池价格上的转变却是不会发生的。

刚果、赞比亚、加拿大、摩洛哥和新喀里多尼亚等国家被认为是钴资源的主要产地。在二次锂离子电池开发之前，钴矿主要用于飞行器的高温合金、硬质金属工具、磁铁和颜料。因此，用于电池材料的氧化钴的数量微乎其微。然而，随着市场规模的扩大，生产氧化钴的制造商数量快速增长。日本化学工业有限公司经常需要评估来自 6～7 家公司的钴原材料。

15.1.5 $LiCoO_2$的未来走势

当前，钴的市场价格依然很高，因此抑制了 $LiCoO_2$ 在正极材料上的应用，而转向镍型、锰型和铁型材料。然而，可以预见，钴的市场价格将会降至某个合理的水平，因为一个新的关于钴的工程计划将于 2007 年后实施。此外，钴的使用量不会降至零，这是因为市场上这种材料被普遍认为是作为二次锂离子电池正极材料的最佳选择。另外，尽管二次锂离子电池目前主要用于诸如移动电话和笔记本等移动设备，但可以预见其新的应用市场规模（动力设备使用的中型和大型电池）将扩大。尽管如此，还需要继续努力来降低材料的价格，提升其性能。我们认为，对于 $LiCoO_2$ 的性能，仍然有巨大的提升空间，这将在 15.3 节详细说明。

15.2 $LiCoO_2$的制造方法和性质

在锂离子二次电池的发展初期，人们提出了许多不同的合成方法。可以明确的是，像表 15.3 中展示的那样，钴化合物与锂化合物可以作为原材料，经过焙烧合成制得 $LiCoO_2$。人们猜测，最早使用的钴化合物可能是碳酸钴。随着生产规模的扩大，考虑到它们的性能、供应和处理的便捷性等，人们渐渐主要采用钴的氧化物（Co_3O_4）和碳酸锂（Li_2CO_3）分别作为钴化合物和锂化合物。表 15.4 给出了钴化合物和碳酸锂之间典型的合成反应特性。可以看出，Co_3O_4 由于产生的副反应较少而具有优势。

表 15.3　$LiCoO_2$合成方法示例

参考文献	合成方法
Mizushima 等人[1]	由碳酸锂和碳酸钴混合物组成的球形颗粒经过煅烧，再经过 900℃热处理 20h。经分析，推测组成为 $Li_{0.99}Co_{1.01}O_2$
Molenda 等人[2]	对化学当量的碳酸锂和氧化钴进行混合，并碾压成直径 0.8cm 且高 0.1cm 的球形颗粒，然后在 1170K 下加热 4 天
Reimer 等人[3]	化学当量的 $LiOH \cdot H_2O$ 和 $CoCO_3$在 850℃的空气中加热
Gummow 等人[4]	在电解质中，低温（400℃）合成的产物（LT-$LiCoO_2$）比高温（900℃）合成的产物更稳定且结晶度低
Ohzuku 等人[5]	化学当量的 Li_2CO_3和 $CoCO_3$在 650℃的空气中煅烧 12h，然后在 850℃下热处理 24h
Gupta 等人[6]	Li_2CO_3和 Co_3O_4在 550℃空气中煅烧 5h 后，在 850℃下热处理 24h

表 15.4　钴化合物和碳酸锂典型的化合反应特征

化合物	Co 含量/%	合成 1kg $LiCO_2$所需量/g		合成 1kg $LiCO_2$副产物/g		储存稳定性①
		Co 盐	Li_2CO_3	CO_2	H_2O	
氧化钴	73	820	380	225	—	B
碳酸钴	49	1220	380	675	—	D
氢氧化钴	63	950	380	225	180	C

① B—好，C——般，D—不好。

制备 $LiCoO_2$的反应过程如下述方程所示，这是一个简化的过程：

$$2\ Co_3O_4 + 3\ Li_2CO_3 + 1/2\ O_2 \longrightarrow 6\ LiCoO_2 + 3\ CO_2 \tag{15.1}$$

另外，钴氧化物和碳酸锂的反应是最基本的，但仍然有可能通过其他的钴盐与锂盐混合反应制得 $LiCoO_2$。过去，为两到三个公司供应同一等级的材料是可能的。然而，由于用于二次锂离子电池的其他材料（电解质溶液、电解质、负极材料等）是不同的，且要求的电池性能也各有差异，现在为每个客户提供特定等级的材料，或者为每种电池（聚合物型、方形和圆柱形）提供特定等级的材料。近来，客户对提高材料的性能和质量稳定性的要求在不断提升。

15.2.1　制造方法

图 15.3 为钴酸锂制造的流程。可以看出，以特定的 Li/Co 比混合钴氧化物和碳酸锂后，将混合物焙烧，随后可以得到如图 15.4 所示的块状物体，再将其粉碎并进行产品包装。各

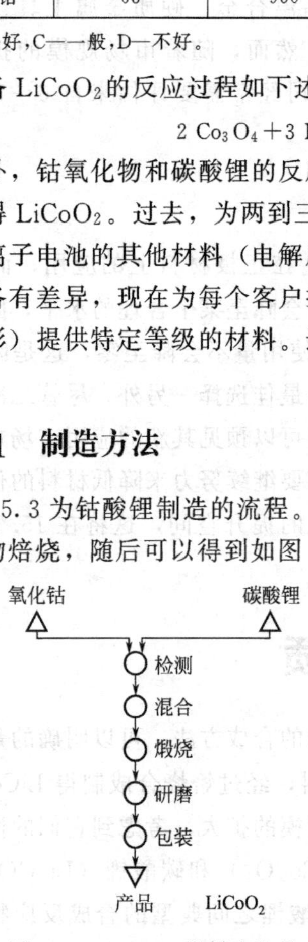

图 15.3　$LiCoO_2$的制造流程

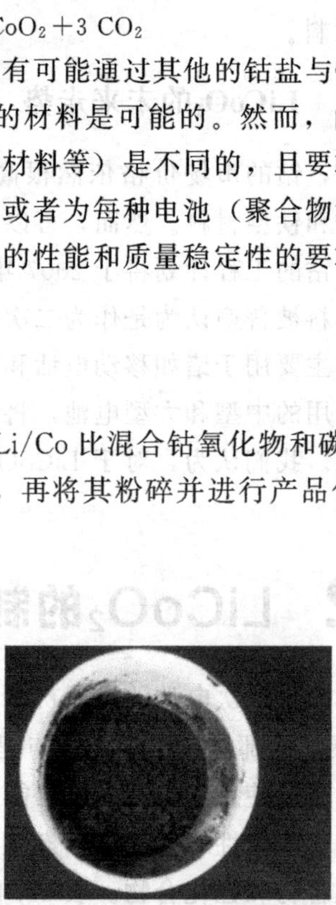

图 15.4　煅烧后的块状粉料

制造过程的重点将在下面介绍。

15.2.1.1 混合比例

锂和钴的摩尔比对于制备 $LiCoO_2$ 是非常重要的，锂和钴的摩尔比不同会显著影响颗粒的大小和电池的性能，因此它是制造过程中一个重要的控制因素。为了控制这个摩尔比在预定范围内，需要严格控制碳酸锂和钴氧化物等原材料的纯度，以及它们称量的准确性。另外，准确测量原材料以及保证所有的原材料都放入混合器中也是非常重要的。当使用黏度较大的原材料时，由于在管道中有部分残留，可能会与预定混合比例存在偏差。在实验室检测过程中，这个问题容易被忽视。

15.2.1.2 混合方法

在混合阶段，均匀混合已准确称量的原材料很重要。大致有两种方法，即湿法和干法。通常大多数制造商采用干法混合制得 $LiCoO_2$。重要的一点是使用干法可以均匀地混合这两种原材料。混合的均匀度依赖于混合罐的种类。尽管混合罐种类的详细资料应该包含在制造商的说明书中，但对混合罐的选择却因不同公司的技术秘密而有所不同。碳酸锂和钴氧化物的粒径、表观密度等会影响混合状态的同质性。因此，当改变原材料时，优化混合时间、转速等是很重要的。如果同质性变差，未反应的钴氧化物和碳酸锂会增加，这会对电池的性能等产生不利影响。

15.2.1.3 焙烧方法

混合物料随后置于焙烧炉内焙烧。焙烧过程会显著地影响 $LiCoO_2$ 的性能。特别是，从反应方程式可以看出：反应过程消耗氧气，释放出二氧化碳。因此，建立能保证氧气平稳供应、二氧化碳平稳释放的方法是很重要的。考虑到这个方面，当着手研究时，需要选择一个电炉或者燃气炉并确定焙烧气氛、焙烧温度和升温模式[7]。此外，包括焙烧混合物用的匣钵的种类，装入匣钵的混合物的质量、厚度等条件也需要确定下来。为了控制产品的性能，控制上述因素是至关重要的。在不同焙烧气氛下得到的 $LiCoO_2$ 的 SEM 图像如图 15.5 所示（焙烧温度和锂钴摩尔比保持不变）。

可以看出，$LiCoO_2$ 的物理性质随着焙烧气氛的改变而改变。装入匣钵的混合物的质量在一定程度上对 $LiCoO_2$ 的性能也有影响，但其影响与焙烧气氛相比不那么显著。

图 15.5 $LiCoO_2$ 在不同气氛中焙烧

15.2.1.4　球磨制粉

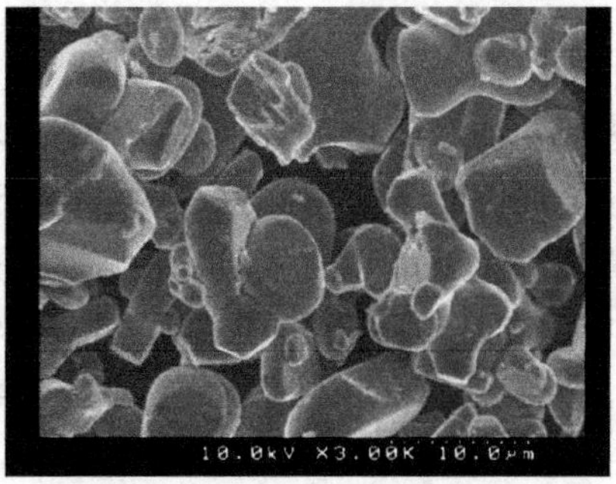

图 15.6　$LiCoO_2$的 SEM 图

焙烧后，样品呈现如 15.2.1 部分所述的块状。此时，需要将块状样品研磨成特定尺度的粒子（在某些情况下，由于制造方法或制造条件的不同，样品可能不是块状）。严格地讲，对于$LiCoO_2$来说，“粉碎”可能比“研磨”更恰当。一种典型的$LiCoO_2$的 SEM 图像如图 15.6 所示。

在研磨$LiCoO_2$的过程中，不会研磨一次粒子。由试验可以得出如下结论：过度研磨后，细粉颗粒数会增加，从而导致电池的充放电等性能恶化，因此，研磨方法的选择和研磨条件的优化是很有必要的。

15.2.2　性能

下面主要列举了$LiCoO_2$的物理性质：

① 平均粒度、粒度分布；

② 比表面积；

③ 水含量；

④ 振实密度；

⑤ 残余锂含量；

⑥ 结晶度；

⑦ 粒子形状；

⑧ 杂质含量。

所有这些参数都会影响电池的性能。因此，在制造过程中，保证这些性质稳定近来变得越发重要。为了使这些性质稳定，很重要的一点是，如何像 2.1 节所述的那样来控制每个制造过程。在接下来的部分，将详细讨论那些特别重要的性质。

15.2.2.1　水含量

当二次锂离子电池受到水污染时，其性能将大打折扣。因此，人们希望将用于二次锂离子电池正极材料的$LiCoO_2$中的水含量控制在低于某个特定值的水平。与此同时，客户要求进一步降低其中的水含量。尽管大家认为这是没有问题的，因为在制造过程中有将正极浆料烘干的步骤，但众所周知的是，水在钴酸锂中以物理吸附和化学吸附两种方式存在[8]。由于化学吸附的水分在烘干温度下不能被去除，所以在制造过程中阻止水分引入就显得格外重要。

15.2.2.2　残留的碱

用作原材料的碳酸锂是碱。通常锂和钴的摩尔比是 1。然而在我们公司，由于焙烧的混合物组成中锂稍微过量，使得一些等级的$LiCoO_2$产品中含有碳酸锂。如果在产品中残留有碱，将可能会导致正极浆料的黏度加大或者浆料发生凝胶（聚偏二氟乙烯发生聚合）等问题[9]。在$LiCoO_2$制造的早期阶段，制浆时这个问题频繁发生。此外，据报道硅的含量对残余碱的影响也同样重要[10]。现在，在制造过程中会检查残余碱的含量，因此诸如浆料凝胶等问题并未出现。

15.2.2.3 比表面积

比表面积与粒度的紧密关系将在下一段描述。电极材料表面是与电解质发生反应的场所，且需要稳定的性质。我们制备的 $LiCoO_2$ 具有表面平滑的特点[11]。

15.2.2.4 粒度

在我们公司，控制粒度对于 $LiCoO_2$ 的性质是很重要的。通常，$LiCoO_2$ 的粒度分布呈现出尖峰[12]。然而，通过调节粒度分布来提高其性能的尝试也正在开展（如 3.1 节所述）。通过控制粒度分布和粒子形貌，市场评价我们公司制造的 $LiCoO_2$ 作为二次锂离子电池正极材料是高度安全的。

15.2.2.5 杂质

在 $LiCoO_2$ 开发的早期阶段，人们尽可能地使用最纯的材料，但是仍然需要研究什么样的杂质水平才是最理想的，理想杂质水平的检测是为了降低未来 $LiCoO_2$ 的价格。但是，金属杂质含量尽可能低是很重要的。有一点是必须格外注意的，那就是要尽量避免任何污染，如原材料的污染和生产设备的污染等。作为原材料的钴氧化物和 $LiCoO_2$ 的生产设备中使用了大量的金属零件，这些金属零件的磨损会导致制造过程中粉料受到污染，可能会导致电池内部出现短路。特别值得一提的是，$LiCoO_2$ 有着很高的硬度，很有可能磨损球磨机和输送设备。通过维氏硬度试验的方法，并结合相关的莫氏硬度表，对比测试压入硬度的结果，$LiCoO_2$ 的硬度相当于 6～8 莫氏硬度[13]（如图 15.7 所示）。其硬度值与石英的（莫氏硬度＝7）相当。因此，对于制造设备来说，采取适当的措施解决金属磨损的问题是很重要的。目前，已设计和开发了 2000mA·h 或更高容量电池体系的 18650 型电池，这个容量是其早期电池容量的两倍多。为了确保电池的质量，随着电池容量的增加，需要减少金属杂质的含量。

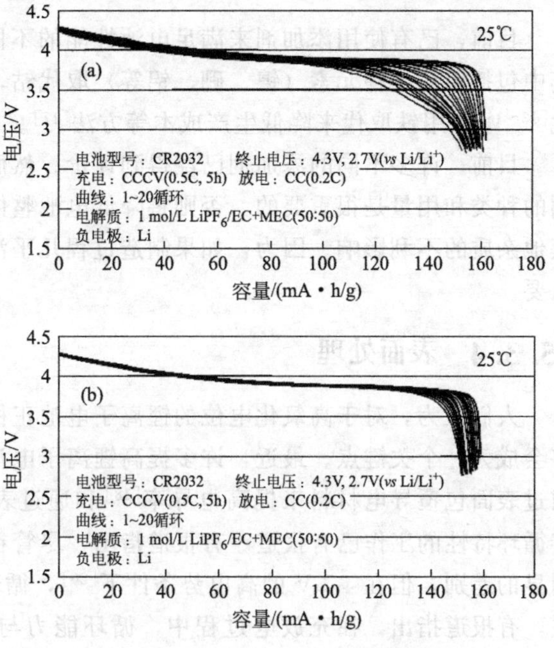

图 15.7　氧化钴 A(a) 和氧化钴 B(b)

15.3 进一步提高 $LiCoO_2$ 的性能

15.3.1 粒度控制

通过优化混合摩尔比、混合方法、焙烧方法、球磨条件等可以控制 $LiCoO_2$ 的形貌、平均粒径和比表面积。与其他的镍型和锰型材料相比，钴酸锂的粒度控制相对容易，因为 $LiCoO_2$ 在高温（700～1000℃）下相对稳定。在高温下焙烧时，由于烧结而使粒子长大，任何粒径的粒子都可以这样得到。另一方面，对于 $LiNi_{0.8}Mn_{0.1}Co_{0.1}O_2$ 和 $LiMn_2O_4$，它们稳定的温度范围相对更窄，晶粒的生长难以控制。因此，作为NiMnCo原材料的MnO_2和共沉淀氢氧化物都需要调整。这些操作上的便捷性可能是选择$LiCoO_2$的原因之一。如上所述，因为粒径和比表面积会显著地影响电池的性能，对它们的控制就变得尤为重要。

15.3.2 原材料的选择

如上所述，碳酸锂是钴酸锂合成的锂源，钴氧化物是钴酸锂合成的钴源。然而，自然界有很多种碳酸锂和钴的氧化物，它们有着各异的性质。合成$LiCoO_2$的性质明显依赖于平均粒径、絮凝倾向和如下面的例子所示（图15.7）的杂质。可以看出，两种不同的$LiCoO_2$有着相似的物理性质，却表现出不同的充放电循环特性。

15.3.3 杂质的控制

目前，已有使用添加剂来满足电池性能的不同需求的实例。已报道过很多相关的方法，其中包括用另一种元素（镍、硼、铝等）取代钴，以减少由于锂的嵌入和脱嵌导致的晶格变化[13~16]和用铁取代来降低生产成本等方法[17]。

目前，许多不同的添加剂已经得到评价。然而，一些元素明显地降低电容量。平衡添加剂的种类和用量是很重要的，否则将降低电池整体的性能。另一方面，产品的质量可能会受其他杂质的不利影响。因为，如果制造过程几乎没有杂质污染，那么控制原材料就变得格外重要。

15.3.4 表面处理

人们认为，对于高氧化电位的锂离子电池正极材料，在未来的开发中，控制其表面状况将会成为一个关键点。最近，许多提高锂离子电池电极表面状况的尝试工作已经在进行中。通过表面包覆导电材料来提高电导率[18]和通过表面包覆Al_2O_3、ZrO_2、TiO_2、MgO来改善循环特性的工作已有报道。有报道指出，尽管在低电势条件下（4.2V，*vs.* Li/Li^+）没有明显的差别，但在4.5V的高电势条件下[20]，循环试验结果有较大的差异[19]。与此现象相关，有报道指出，在充放电过程中，循环能力与钴以Co^{4+}形式洗脱进入电解质中是相关的[21]。在未来的研究中，了解如何通过表面修饰和结构修饰来避免这种现象将变得格外重要。

15.3.5 更高容量的获得（更高密度、更高电压、镍型材料）

当讨论开发更高容量的电池时，不能忽视镍型材料的存在。在锂离子电池商业化以前，使用镍型材料可能性的讨论已经有所涉及。尽管镍型材料已经在市场上的一些电池中有应用，但其使用数量还不足以取代$LiCoO_2$。安全性、表面残留锂和低放电电位等不同的特性问题已经有所研究，但并未完全解决。考虑到电池各种性能的平衡，即使镍型材料对电池的特性有某些改进，但$LiCoO_2$的优势更明显。因此，将$LiCoO_2$改进得更具吸引力变得格外重要。当考虑提升$LiCoO_2$容量的方法时，增加电极密度和提高工作电压范围成为主要问题。然而，这两种要求需要权衡。例如，众所周知，如果增大粒度来提高电极密度，充放电倍率特性和循环特性将降低，如果工作电压增加，尽管获得了高容量，但安全性和循环特性将变差。因此，为了获得高容量，需要能够改善如循环特性、充放电倍率特性、安全性等电池整体性能的技术。

15.4 总结

前面已经介绍了一些关于锂离子二次电池正极材料 $LiCoO_2$ 的技术进展。对于改善锂离子二次电池容量方面，基于正极材料的改善落后于负极材料。一个重要的原因在于：还未找到可以替代 $LiCoO_2$ 的合适的正极材料。然而，钴资源的价格在最近几年突然上涨，研究 $LiNi_{1-x-y}Mn_y$（或 Al_y）Co_xO_2、$LiNi_{1/3}Mn_{1/3}$、$Co_{1/3}O_2$ 和 $LiMn_2O_4$ 作为备选材料的工作逐渐变得积极起来。尽管人们预见到这些电极材料将来会取代 $LiCoO_2$ 的地位，但 $LiCoO_2$ 在数量上统治市场的事实在短期内不会有任何改变。

参考文献

1. Mizushima et al., *Mater. Res. Bull.*, **15**, 783 (1980).
2. J. Molenda et al., *Solid State Ionics*, **36**, 53 (1989).
3. J.N. Reimers et al., *J. Electrochem. Soc.*, **139**, 2091 (1992).
4. R.J. Gummow et al., *Mater. Res. Bull.*, **27**, 327 (1992).
5. T. Ohzuku et al., *J. Electrochem. Soc.*, **141**, 2972 (1994).
6. R. Gupta et al., *J. Solid State Chem.*, **121**, 483 (1996).
7. N. Yamazaki, K. Negishi, Japanese Examined Patent Application Publication NO.3274016.
8. N. Yamazaki, K. Negishi, H. Awano, Japanese Unexamined Patent Application Publication NO. 10–334919.
9. N. Yamazaki, K. Negishi, M. Kikuchi, Japanese Unexamined Patent Application Publication NO. 10–64518.
10. N. Yamazaki, H. Awano, K. Negishi, Japanese Unexamined Patent Application Publication NO. 11–162465.
11. N. Yamazaki, H. Awano, K. Negishi, Japanese Unexamined Patent Application Publication NO. 11–125325.
12. N. Yamazaki, K. Negishi, Japanese Examined Patent Application Publication NO. 3396076.
13. H. Tsukamoto et al., *J. Electrochem. Soc.*, **144**, 3164 (1997).
14. S. Levasseur et al., *Solid State Ionics*, **128**, 11 (2000).
15. T. Ohzuku, M. Kouguchi et al., The 35th Battery Symposium in Japan Abstract, 2C01, P129 (1994).
16. H. Mishima et al., The 35th Battery Symposium in Japan Abstract, 3C06, 175 (1994).
17. H. Tacbuchi et al., The 40th Battery Symposium in Japan Abstract, 1C02, 231 (1999).
18. M. Kadowaki et al., The 42th Battery Symposium in Japan Abstract, 1A01, 86 (2001).
19. G.T. Fey et al., IMLB 12th Meeting, Abstract No. 36 (2000).
20. H. Kurita et al., The 44th Battery Symposium in Japan, Abstract 1C05, 284 (2003).
21. G.G. Amatucci et al., *Solid State Ionics*, **83**, 167–173 (1996).

第16章

正极材料：$LiNiO_2$和相关化合物

Kazuhiko Kikuya, Masami Ueda, and Hiroshi Yamamoto

16.1 概述

层状$LiNiO_2$有望成为下一代的锂离子电池正极材料。图 16.1 显示了锂离子电池用正极材料的放电容量与电压之间的关系。这意味着，相对于其他材料而言，$LiNiO_2$具有更高的容量。尽管如此，$LiNiO_2$仍然没有成功实现在锂离子电池上的商业化。一般认为，$LiNiO_2$在以下方面存在潜在问题：循环特性；热稳定性。

户田工业公司正在推进不同用途的各种锂离子电池正极材料的开发。例如，$LiCoO_2$用于个人笔记本电脑和移动电话；$LiMn_2O_4$ 用于混合动力电动车（HEV）；$LiNiO_2$用于高容量电池。对于$LiNiO_2$，研究人员正在采取具体的有效措施来改善以上的循环和热稳定性等问题，因此该化合物有可能成功进入锂离子电池市场。本章介绍了针对上述问题改善的工艺开发的结果。

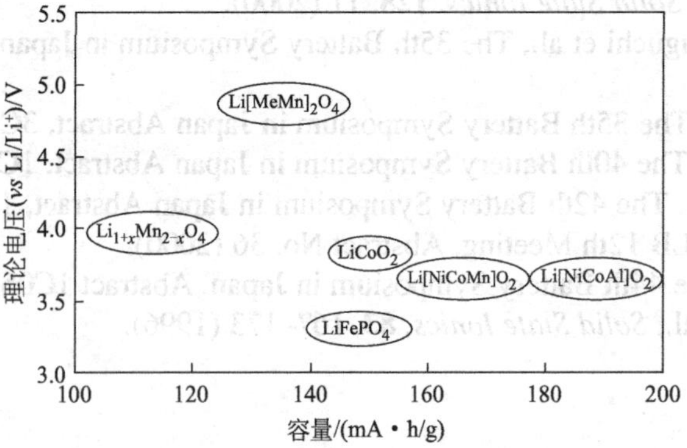

图 16.1　锂离子电池正极材料的电化学势

16.2 $LiNiO_2$的合成工艺

图 16.2 展示了$LiNiO_2$生产的基本工艺。制备$LiNiO_2$有三个重要步骤：锂盐与前驱体的混合过程、高堆积密度前驱体的合成、改善热稳定性元素的添加方法。

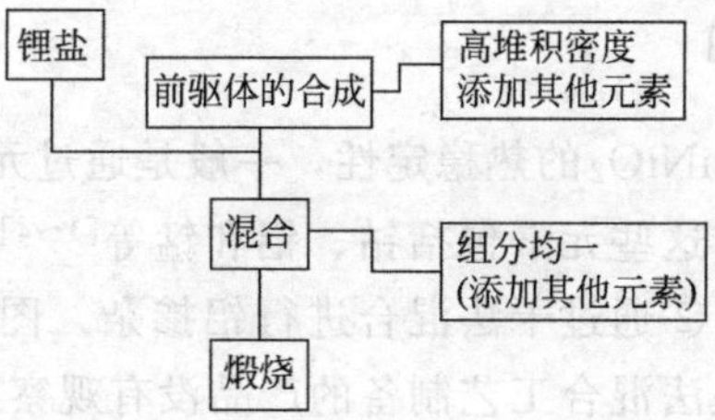

图 16.2　$LiNiO_2$通用合成工艺

16.3 工艺和质量之间的关系

16.3.1　前驱体的合成

通常来讲，$LiNiO_2$的合成是使用 LiOH 作前驱体的，高堆积密度是它的重要特性之一。户田工业公司最先成功研制出高密度 LiOH 颗粒的合成方法。高密度 $LiNiO_2$可以通过 LiOH 颗粒与锂盐混合后高温煅烧获得。表 16.1 展示了前驱体和 $LiNiO_2$的物理性质。图 16.3 为 $LiNiO_2$的扫描电镜（SEM）图。从这些结果中可以发现，$LiNiO_2$的颗粒尺寸和振实密度与前驱体特性有较强的相关性。

表 16.1　前驱体和 $LiNiO_2$ 物理性质对比

		低密度颗粒	高密度颗粒
前驱体	TD/(g/mL)	0.62	1.82
	PSD		
	$D_{10\%}$/μm	4.26	5.03
	$D_{50\%}$/μm	7.66	8.86
	$D_{90\%}$/μm	15.70	16.21
产物	TD/(g/mL)	2.05	2.49
	PSD		
	$D_{10\%}$/μm	3.61	5.10
	$D_{50\%}$/μm	7.93	8.52
	$D_{90\%}$/μm	14.34	13.97

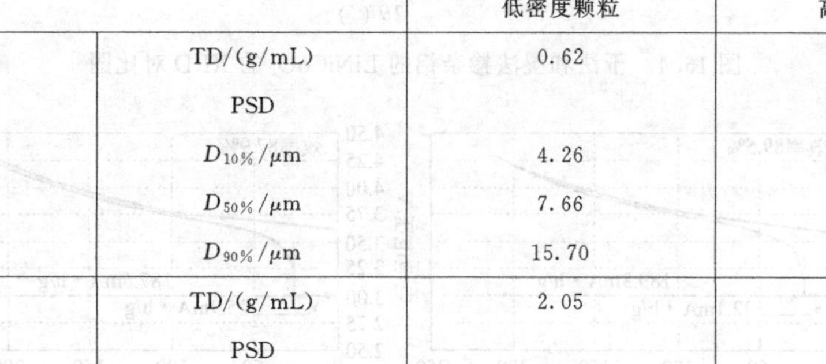

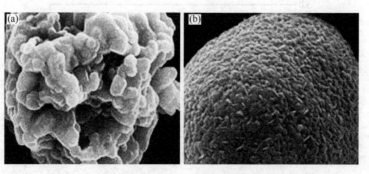

图 16.3　低密度和高密度 $LiNiO_2$ 颗粒的 SEM 对比图

16.3.2 其他元素的添加

大量的研究致力于提高 $LiNiO_2$ 的热稳定性，一般是通过元素在 Ni 位上的替代并对掺杂元素及数量进行优化来实现，这些元素包括钴、铝和锰等[1~4]。铝元素的掺杂方法有两种：①通过湿法工艺进行铝掺杂；②通过干法混合进行铝掺杂。图 16.4 为采用这两种方法获得的 $LiNiO_2$ 的 XRD 图。采用湿法混合工艺制备的产品没有观察到杂质峰的存在，但是，前驱体和 Al $(OH)_3$ 进行干法混合时，却可以观察到 Li_5AlO_4 的存在。这就意味着铝掺杂是不均匀的。图 16.5 展示了这些材料的电化学特性，看起来可以通过湿法工艺来提高首次循环效率。另外，使用差示扫描量热仪对充电态的这些材料进行分析，以确定它们的热稳定性。图 16.6 显示了湿法工艺材料的放热峰向更高的温度转移。这些结果表明，在镍中均匀地掺杂铝可以提高首次效率和热稳定性，并且通过铝的湿法混合可以保证掺杂的一致性。

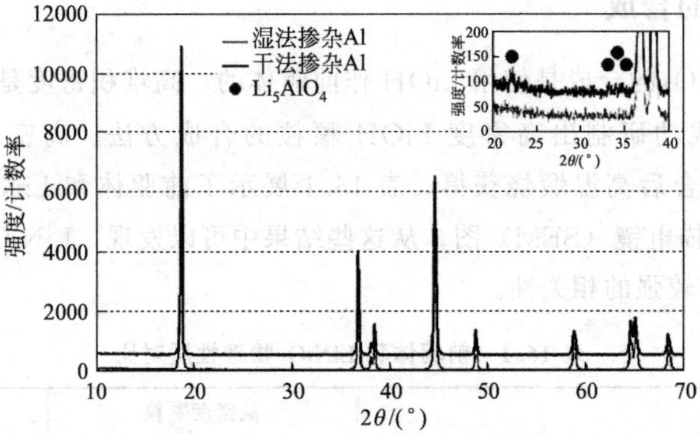

图 16.4 干法和湿法掺杂铝的 $LiNiCoO_2$ 的 XRD 对比图

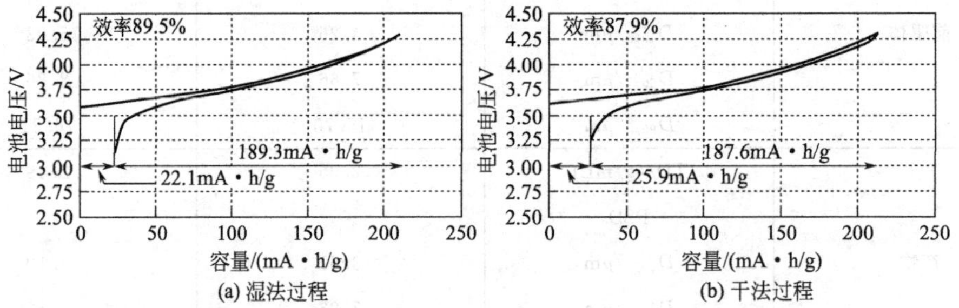

图 16.5 湿法（a）和干法（b）掺杂铝的 $LiNiCoO_2$ 充放电化学性能差异

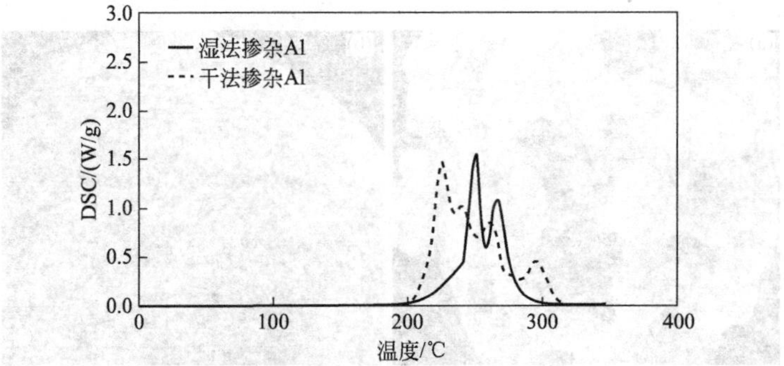

图 16.6 采用不同铝掺杂方法的充电态 $LiNiCoO_2$ 的 DSC 曲线

16.3.3 前驱体和锂盐的混合方法

人们渴望得到一致性更好的混合物，这是因为在 $LiNiO_2$ 中 Ni^{2+} 和 Li^{+} 的离子半径几乎相同，因此很容易发生阳离子的混排[5]。LiOH 和前驱体通过湿法和干法混合后焙烧得到的 $LiNiCoAlO_2$ 的结晶结构如图 16.7 所示。003/104 峰值比被用来表征 $LiNiO_2$ 的晶体结构[6]。研究发现，相对于干法混合工艺而言，湿法工艺混合的 003/104 峰值比要高（湿法混合＝1.39，干法混合＝1.08），这表明湿法 LiOH 混合比干法混合的材料结晶度要好。另外，还评价了这些材料的电化学特性。相对于干法混合工艺，湿法混合工艺合成的材料具有更优异的循环特性。

此外，可以通过氧化还原滴定法测得 Ni^{3+} 的百分比[7]。湿法工艺和干法工艺制备的产品中 Ni^{3+} 的百分比分别是 99％和 95％，这是由于 Ni^{2+} 和 Li^{+} 阳离子混排所致。这些结果表明，湿法混合工艺可以使前驱体与锂盐混合得更均匀，并且这种湿法混合工艺对稳定 $LiNiO_2$ 的结构很有效（见图 16.8）。

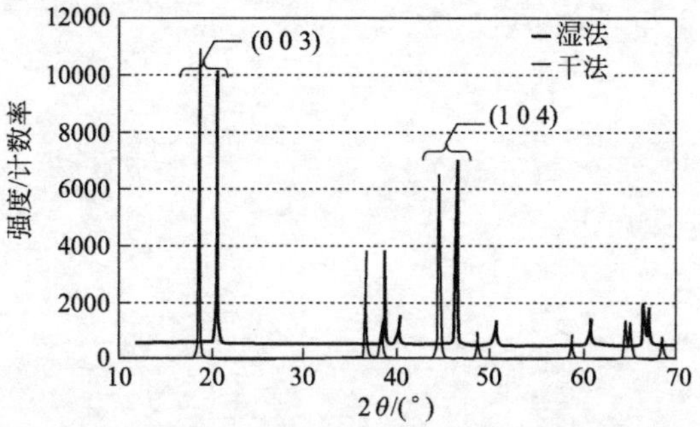

图 16.7 通过湿法、干法混合锂盐工艺制得的 $LiNiCoAlO_2$ 的 XRD 图谱对比

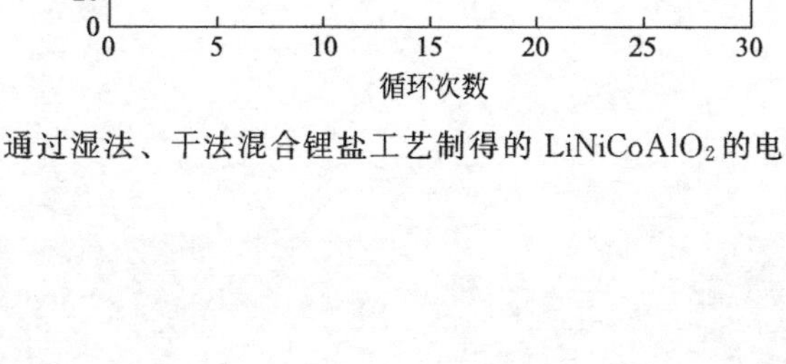

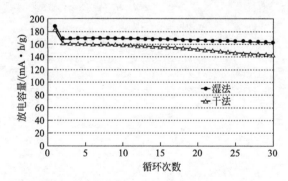

图 16.8 通过湿法、干法混合锂盐工艺制得的 $LiNiCoAlO_2$ 的电化学特性

16.4 总结

① 用高密度前驱体可以制得高堆积密度的 $LiNiO_2$，这种 $LiNiO_2$ 可以有效地提高锂离子电池的容量。

② 相对于干法工艺而言，通过湿法工艺掺杂铝，可以更有效地提高锂离子电池的热稳定性。

③ 通过锂盐和前驱体的均匀混合，可以保证结构的稳定性，这可能有益于提高锂离子电池的循环寿命。

这些结果说明本章第一节中所提到的问题均可得到解决，可以认为 $LiNiO_2$ 是一种可实际应用的锂离子电池正极材料。

参考文献

1. T. Ohzuku, A. Ueda, M. Nagayama, Y. Iwakoshi, H. Komori, *Electrochem. Acta*, **38**(9), 1159–1167 (1993).
2. Q. Zong, U. von Sacken, *J. Power Sources*, **54**, 221–223 (1995).
3. T. Ohzuku, A. Ueda, M. Kouguchi, *J. Electrochem. Soc.*, **142**, 4033 (1995).
4. N. Takami , et al. *Electrochemistry*, **71**, 1162 (2003).
5. W. Li, J. N. Reimers, J. R. Dahn, *Am. Phys. Soc.*, **46**(9), 3236 (1992).
6. T. Ohzuku, A. Ueda, M. Nagayama, *J. Electrochem. Soc.*, **140**, 1862 (1993).
7. M. Yoshio, Y. Todorv, K. Yamato, H. Noguchi, J. I. Toh, M. Okada, T. Mouri, *J. Power Sources*, **74**, 46–53 (1998).

第17章 锂离子电池锰基正极活性材料

Koichi Numata

17.1 概述

Clarke 值为 0.06%的锰[1]是地壳中含量排名第十位的元素，可用于锰、碱性锰和锂原电池的正极材料。1949 年，三井矿业冶炼（MMS）公司开始工业化生产上述电池用的电解二氧化锰（EMD），公司一直在寻找锰化合物的新用途，其中主要的应用是锂离子电池(LIB)。为此一直在研究下面两种材料：尖晶石锰酸锂（LMO）和层状含锰材料（LSM），这些材料有望比传统的氧化钴锂成本更低。

17.2 尖晶石锰酸锂

LMO 的化学分子式是 $LiMn_2O_4$，为立方尖晶石结构，晶格常数为 0.8248nm。锂和锰分别占据于 $Fd3m$ 空间群中的四面体 $8a$ 位和八面体 $16d$ 位。$8a$ 位于靠近八面体 $16c$ 的位置并与其共面，由此可推测锂离子沿着 $8a$、$16c$、$8a$ 位迁移[2]。

1982 年，Hunter 首次报道了 LMO 在电池上的应用[3]，他从 LMO 中提取锂来制备 λ-MnO_2，用作锂原电池的正极材料。1984 年，Thackeray 等人首次报道了 LMO 在锂离子二次电池上的应用[4]。

自从 Sony 公司开始批量生产锂离子电池，研究者对消费类电子设备和电动车电池用 LMO 进行了大量的研究和开发。即使 LMO 的锂锰比相同，其性能也会随着制备条件的改变产生较大的差异。LMO 从 700℃ 左右开始释放氧气，在 950℃ 左右开始分解产生 Li_2MnO_3[5]。通过低温热处理，释放的氧气可以被吸附到尖晶石框架结构中，改变热处理条件可以改变缺氧的情况。作为 EMD 的主要供应商，我们一直在研究使用 EMD 作为 LMO 原材料。EMD 是一种非常致密的材料，它可以弥补 LMO 理论容量和真密度低的缺陷。

前文提到 LMO 成本有望降低，然而 LMO 还存在一些问题：LMO 比氧化钴锂（LCO）容量低，且 LMO 中锰分解进入有机电解液中，会导致高温性能变差[6]。我们一直尝试通过稳定晶体结构和减小比表面积来解决这些问题。

我们的LMO生产过程如下：原材料为碳酸锂、EMD和一些用来控制材料稳定性和粉末特性的添加剂；将这些材料充分混合，在700～900℃的隧道窑中进行煅烧，然后粉碎、过筛和包装。

我们制备的LMO的特性见表17.1。由于LMO的平均粒径取决于原材料EMD的粒径，所以选择适宜粒径的EMD非常重要。为了满足使用者的需要，控制EMD的粒径是很有必要的。

表17.1 高温特性改善后的LMO

项目	对照样品(富Li)	样品A(富Li)	样品B(含Mg)	样品C(含Mg)
晶格常数/mm	0.823	0.8218	0.8218	0.8225
比表面积/(m^2/g)	1.0	0.2	0.2	0.5
初始容量/(mA·h/g)	120	110	105	115

LMO的比表面积应尽量小，以减少锰的分解。LMO的最小比表面积为0.2m^2/g，通过改变添加剂和热处理条件可以调节至1.5m^2/g。

通常，用EMD制备的LMO振实密度比化学二氧化锰（CMD）制备的LMO要高。我们产品的振实密度通常为1.6g/cm^3。

通过在LMO体系中加入外来元素和调整工艺参数，改善了LMO的高温性能。表17.1列出了我们制备的改善高温性能后LMO的一些性质。对照样品是轻微富锂的尖晶石结构LMO，Li/Mn=0.54。与对照样品相比，样品A含有更多的锂，并且具有更小的比表面积。样品B和C含有外来元素镁。

使用锂负极和1mol/L $LiPF_6$/EC+DMC（1∶1）电解液制成CR2032型纽扣式电池，评估其在60℃下的高温循环性能和85℃下的高温储存性能。循环性能是以0.2C倍率反复充放电来测量的；储存性能是通过将电池充电到4.3V，再将其在85℃的烘箱中存放10天，然后在20℃下进行循环来评估。图17.1展示了改善后LMO的循环性能。这三个样品比对照样品的循环性能更好，在三个样本中，含镁且比表面积小的样品B高温循环性能最好；含镁且容量更高的样品C储存性能更优异。这归功于外来元素的添加以及锰的溶解随着比表面积降低而减少，它们使晶体结构更加稳定。

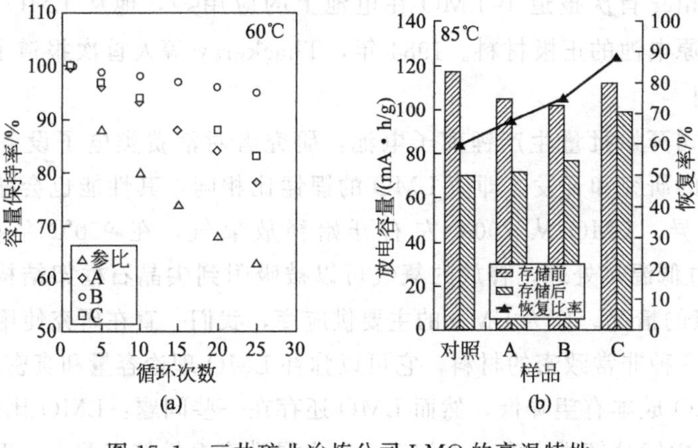

图17.1 三井矿业冶炼公司LMO的高温特性

(a) 60℃下的循环性能；(b) 荷电态85℃下10天的储存性能

市场对更高容量（例如用于移动设备）和更长寿命（用于混合动力电动车）的需求依旧强烈，所以我们将持续地改进 LMO 的性能。

17.3 层状的含锰材料

我们尝试了用 Co-Ni[7]、Mn-Co[8,9]和混合氧化物来提高 $LiCoO_2$的循环寿命和安全性能。近来，从减少钴消耗和增加容量的角度出发，作为锂电池和锂离子电池[10~13]的正极材料，锰钴镍化合物（称为 LSM）如 $LiMn_{1/3}Co_{1/3}Ni_{1/3}O_2$混合氧化物，引起了研究者极大兴趣。

我们研究了 Li/(Mn＋Co＋Ni) 比对 LSM 电化学性质的影响[14]。采用共沉淀法制备 Mn-Co-Ni 氢氧化物，再与碳酸锂通过球磨法完全混合。调节 Li/(Mn＋Co＋Ni) 比分别为 1.00、1.05、1.10、1.15 和 1.20，在空气气氛中，混合粉末在 900℃下热处理 20h。将热处理后的样品进行 XRD 测试，除层状材料外没有发现其他组分。

对上述采用锂负极的 CR2032 纽扣式电池进行了测试，电池在 4.3～3.0V 之间进行充放电。首先以 0.4C（假定 160mA/g 为 1C）进行恒流充电，随后在 4.3V 下进行恒压充电（CCCV 充电），直到电流降至 0.05mA 以下为止，再以 0.4C 放电电流进行放电。分别以 0.4C、0.8C、1.2C、1.6C 及 2.0C 放电测试电池倍率性能。

图 17.2 为样品初始充放电的曲线。对于不同 Li/M 摩尔比的样品，充放电曲线没有明显区别。可是，当 Li/M 摩尔比大于 1.10 时，放电容量略有降低。首次充放电效率在 87%～93%之间，并且随着 Li/M 摩尔比的增加而提高。

图 17.3 展示了不同 Li/M 摩尔比样品的倍率性能。斜率（mAh/g，1C）是通过放电容

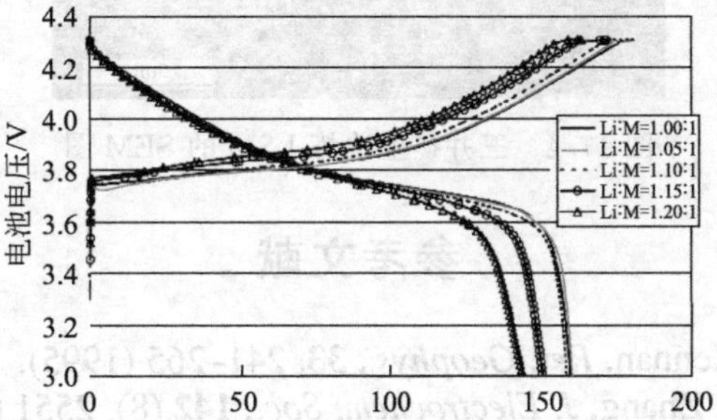

图 17.2 Li/(Mn＋Co＋Ni) 比为 1.00、1.05、1.10、1.15、1.20 的 Li-Mn-Co-Ni 氧化物首次充放电曲线，放电电流相同

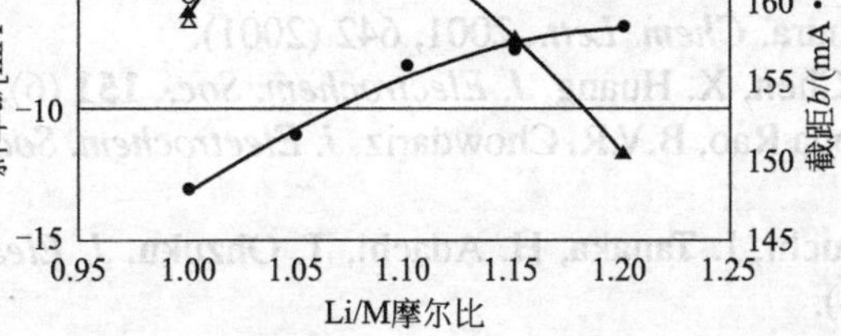

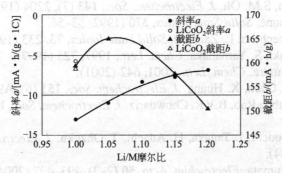

图 17.3 不同 Li/(Mn＋Co＋Ni) 摩尔比下的倍率性能

量和放电电流（C）的关系曲线计算出来的，随着锂含量的增加，直线的斜率趋近于零，这预示着电池具有更好的倍率性能。当 Li/M 摩尔比高的时候，其倍率性能更好。另外，Li/M 摩尔比为 1.20 时，其倍率性能与 $LiCoO_2$ 接近。

根据这些结果，我们主推的 LSM 的 Li/M 摩尔比在 1.10 左右，也可根据客户对电池性能的要求调整 Li/M 摩尔比。

表 17.2 展示了 LSM 产品的典型粉末特性，比表面积可低至 $0.2m^2/g$，振实密度可高达 $2.6g/cm^3$。电极中活性材料的堆积密度是影响锂离子电池能量密度一个非常重要的因素，它取决于二次粒子的形状和结构。图 17.4 是 LSM 中一个粒子的 SEM 图。二次粒子外观为球形，一次粒子在二次粒子中致密堆积。预期这些致密堆积的粒子有利于制造高能量密度的电池。因为含锰正极活性物质具有安全和成本优势，所以非常引人关注。此外，如果充电时对 Li/Li^+ 电压超过 4.3V，LSM 有望达到比 $LiCoO_2$ 更高的容量。

表 17.2　MMS LSM 的粉末特性

粉末特性	值	粉末特性	值
平均粒径/μm	11.7	比表面积/(m^2/g)	0.2
振实密度/(g/cm^3)	2.6		

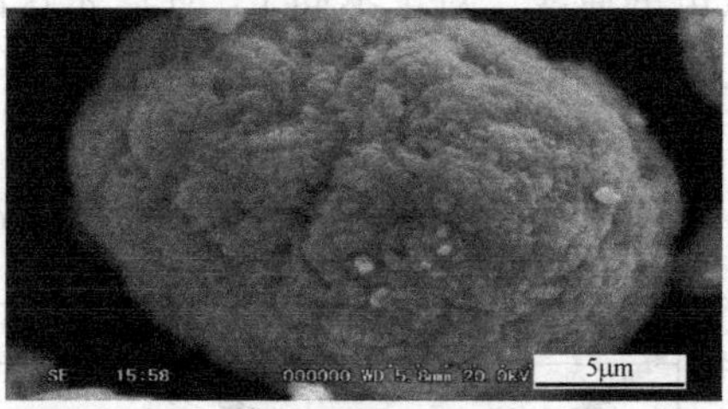

图 17.4　三井矿业冶炼 LSM 的 SEM 图

参考文献

1. S.R. Taylor, S.M. McLennan, *Rev. Geophys.*, **33**, 241–265 (1995).
2. G. Pistoia, D. Zone, Y. Zhang, *J. Electrochem. Soc.*, **142** (8), 2551 (1995).
3. J.C. Hunter, *J. Solid State Chem.*, **39**, 142 (1982).
4. M.M. Thackeray, P.J. Johnson, L.A. de Picciotto, P.G. Bruce, J.B. Goodenough, *Mater.Res. Bull.*, **19**, 179 (1984).
5. Y. Gao, J.R. Dahn, *J. Electrochem. Soc.*, **143** (1), 100 (1996).
6. D.H. Jang, Y.J. Shin, S.M. Oh, *J. Electrochem. Soc.*, **143** (7), 2204 (1996).
7. C. Delmas, I. Saadoune, *Solid State Ionics*, **370** (1992).53–56,
8. R. Stoyanova, E. Zhecheva, L. Zarkova, *Solid State Ionics*, **73**, 233 (1994).
9. K. Numata, C. Sakaki, S. Yamanaka, *Chem. Lett.*, 1997, 725 (1997).
10. T. Ohzuku, Y. Makimura, *Chem. Lett.*, 2001, 642 (2001).
11. Z. Wang, Y. Sun, L. Chen, X. Huang, *J. Electrochem. Soc.*, **151** (6), A914–A921 (2004).
12. K.M. Shaju, G.V. Subba Rao, B.V.R. Chowdariz, *J. Electrochem. Soc.*, **151** (9), A1324–A1332 (2004).
13. Y. Koyama, N. Yabuuchi, I. Tanaka, H. Adachi, T. Ohzuku, *J. Electrochem. Soc.*, **151** (10), A1545–A1551 (2004).
14. Y.M. Todorov, K. Numata, *Electrochim. Acta*, **50** (2–3), 493–497 (2004).

第18章

锂离子电池碳负极材料发展趋势

Tatsuya Nishida

18.1 概述

随着移动电话、笔记本电脑和便携式摄影机等小型移动设备销量的迅速增长，人们对为这些设备提供主要能量来源的锂离子电池的需求也日益增加。此外，电动车有望成为解决全球环境问题的一个方法，作为其电源的锂离子电池的发展也已处于实际应用阶段[1]。

锂离子电池与镍镉（Ni-Cd）电池和镍氢电池（Ni-MH）电池相比是有优势的，它具有更高的体积比能量密度和质量比能量密度，所以设备小型化，轻便化有可能实现。另外，小型移动设备对锂离子电池的需求有望使锂离子电池得到进一步发展，如能量密度及充放电能力的提高。

尽管锂离子电池负极材料主要使用无定形炭[2]和中间相碳微球，但近几年，主要使用具有更低电压和更高能量密度[3]的人造石墨以满足移动设备的高要求。

本章将描述在锂离子电池中具有优异性能的负极块状人造石墨（MAG）。MAG 的开发是为了大量生产一种适用于电池的独特石墨，是基于各种人造石墨的传统生产技术开发的。这种材料在日本锂离子电池制造中占据 70％左右的负极材料市场。

18.2 MAG 的粉末特性

在高性能锂离子电池负极材料的开发中，研究人员开展了相关的研究工作，以制造出一种具有独特的聚集结构和晶体结构的负极材料，在传统的石墨（例如球形石墨或层状天然石墨）中没有发现此类结构。基于以上概念，一种新的 MAG 得以开发，下面将描述它的粉末特性。

18.2.1 MAG 的聚集结构

MAG 粒子的外观形貌和颗粒横断面的电子扫描图像（SEM）如图 18.1 所示。MAG 颗粒由细小扁平的球状晶体团聚而成，平均粒径为 20～30μm，纵横比约为 1。MAG 颗粒的横断面图像显示了假各向同性结构，在这里，扁平的一次粒子随机地聚集在一起。此外，在球

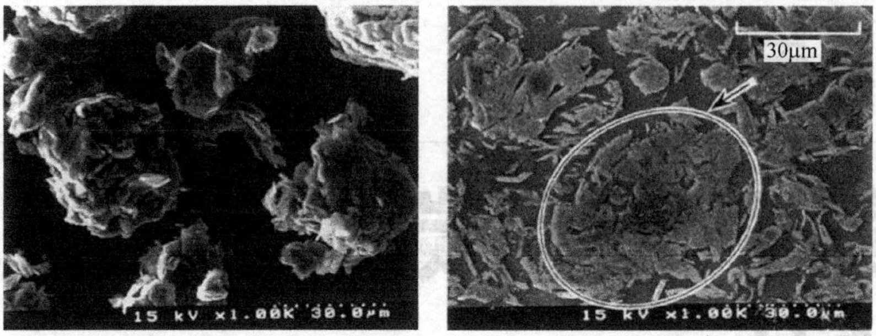

(a) 外观　　　　　　　　　　　(b) 横断面

图 18.1　MAG 颗粒的 SEM 图

状团聚物中，还有许多大孔分布在细小扁平的颗粒附近。图 18.2 展示了通过压汞法测量得到的孔径分布数据。MAG 的孔径分布范围很宽，从 100nm 到 100μm。与传统的球状石墨相比，MAG 的特点是它的孔径小于 5μm，这种小孔使 MAG 具有更高的孔隙容量（$1\times10^{-3}m^3/kg$）。通常，没有粒内孔隙的石墨在充电时会按下面的步骤进行：Li^+ 嵌入颗粒的表面，然后 Li 扩散到石墨晶体中。对于这种新开发的负极材料 MAG 而言，锂离子的嵌入和脱嵌不仅可以在 MAG 聚集颗粒的外表面进行，也可以通过粒内孔隙在 MAG 颗粒的内表面上进行，像被液体水银浸透一样，粒内孔隙会被电解质浸透。另外，尽管石墨负极在充放电时具有膨胀和收缩的性质[4]，但由于新型负极材料 MAG 具有假各向同性结构，所以可以承受这种膨胀和收缩。

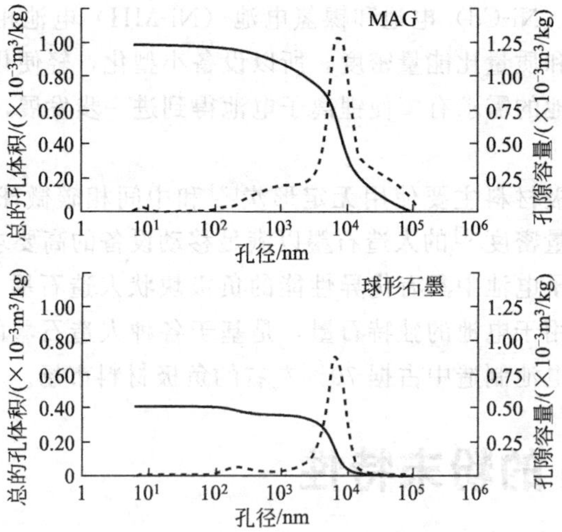

图 18.2　MAG 和球形石墨的孔径分布和计算所得的孔隙容积

18.2.2　MAG 的晶体结构

图 18.3 为 MAG 和球形石墨的 X 射线衍射（XRD）图谱。$2\theta=26.5°$处的衍射线代表石墨晶体的（002）平面[5]。根据（002）平面的衍射线可以计算得到石墨晶体的层间距（d），MAG 和球形石墨的层间距分别为 0.336nm 和 0.338nm。由于 MAG 与天然石墨的层间距非常相近，因此可以认为这种负极 MAG 材料具有高结晶度。

石墨有两种晶体结构：六方形结构和菱形结构。六方形结构是由石墨片层按有序的

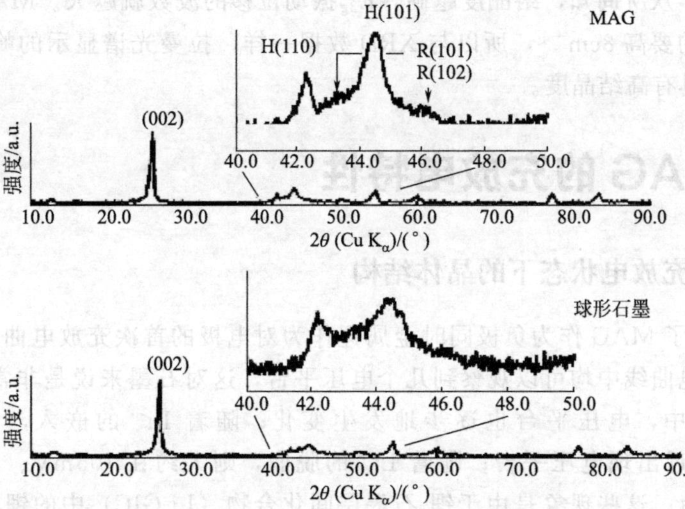

图 18.3　(a) MAG 和 (b) 球形石墨的 X 射线衍射图像

ABAB…排列方式堆叠而成，而菱形结构则是由石墨片层按 ABCABC…排列方式堆叠而成。这两种晶体结构的 XRD 图在 $2\theta=40^{\circ}\sim50^{\circ}$范围内是有差异的。MAG 菱形（101）和（102）的衍射线峰值强度［见图 18.3 中的 R（101），R（102）］低于六方形（100）和（101）的衍射线峰值强度［见图 18.3 中的 H（100），H（101）］，这说明 MAG 的结构很接近纯粹的六方形。

图 18.4 为 MAG 和球状石墨的拉曼光谱。在具有 D_{6h} 对称性的六方形石墨中，在 $1580cm^{-1}$左右的拉曼位移处出现一个 E_{2g}振动峰，这个峰对应的是由石墨片层内共轭 C—C 键的伸缩振动[6,7]。此外，无序碳的拉曼位移大约在 $1350cm^{-1}$处。在球形石墨中可以检测到 $1568cm^{-1}$和 $1354cm^{-1}$两处拉曼位移，但在 MAG 中只观察到 $1576cm^{-1}$处一个拉曼位移。换句话说，它在 $1350cm^{-1}$附近没有位移。因此，可以说 MAG 是几乎不含无序碳的六

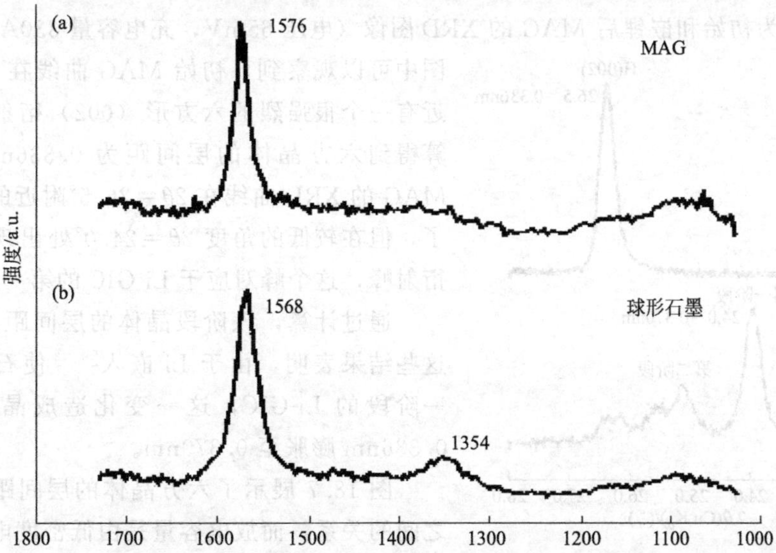

图 18.4　MAG (a) 和球形石墨 (b) 的拉曼位移

方形晶体。另外，众所周知，结晶度越高，E_{2g}振动位移的波数就越大。MAG 的 E_{2g}模式的波数比球状石墨的要高 $8cm^{-1}$，所以与 XRD 数据一样，拉曼光谱显示的峰宽窄和峰强高，也证实了 MAG 具有高结晶度。

18.3 MAG 的充放电特性

18.3.1 各种充放电状态下的晶体结构

图 18.5 展示了 MAG 作为负极同时金属锂作为对电极的首次充放电曲线。在低电压区域内的充电和放电曲线中均可以观察到几个电压平台，这对石墨来说是非常罕见的。此外，在充放电的过程中，电压平台也逐步地发生变化；随着 Li^+ 的嵌入，大约在 190mV、95mV、65mV 附近出现电压平台；随着 Li^+ 的脱嵌，则大约在 105mV、140mV、230mV 附近出现电压平台。这些现象是由于锂-石墨层间化合物（Li-GIC）中的锂在石墨层间嵌入和脱出，引起了阶段性的结构变化所致。

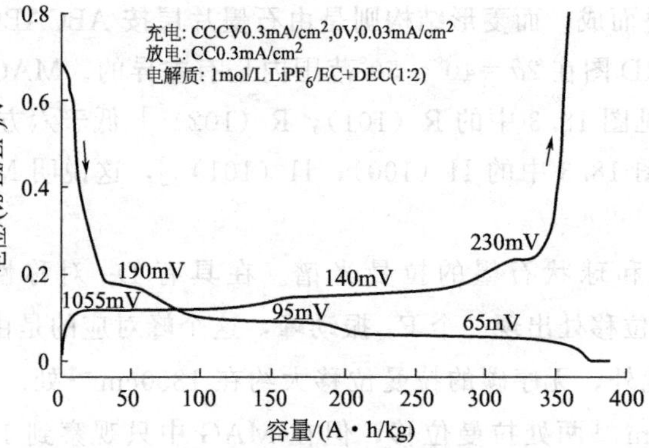

图 18.5 MAG 电极的初始充放电曲线

图 18.6 为初始和嵌锂后 MAG 的 XRD 图像（电压 65mV，充电容量 330A·h/kg）。从图中可以观察到，初始 MAG 曲线在 $2\theta=26.5°$附近有一个很强烈的六方形（002）衍射峰。由此计算得到六方晶体的层间距为 0.336nm。嵌锂后，MAG 的 XRD 曲线在 $2\theta=26.5°$附近的衍射峰消失了，但在较低的角度 $2\theta=24.0°$处出现了一条新的衍射峰，这个峰对应于 Li-GIC 的第一阶段。

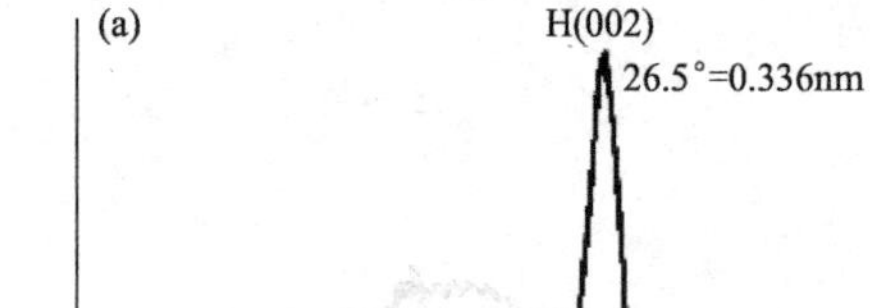

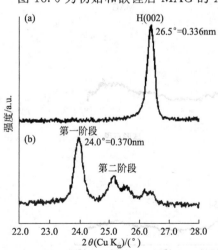

图 18.6 初始 MAG（a）和嵌锂 MAG（b）充电容量：330A·h/kg）的 XRD 图

通过计算，该阶段晶体的层间距为 0.370nm。这些结果表明，由于 Li 嵌入[8,9]使石墨转变成第一阶段的 Li-GIC，这一变化造成晶体层间距由 0.336nm 膨胀至 0.370nm。

图 18.7 展示了六方晶体的层间距与放电容量之间的关系，而放电容量是由低密度电极（$10^4 kg/m^3$）所决定的。MAG 显示出更高的放电容量——362A·h/kg，这与石墨的理论容量（370A·h/kg）

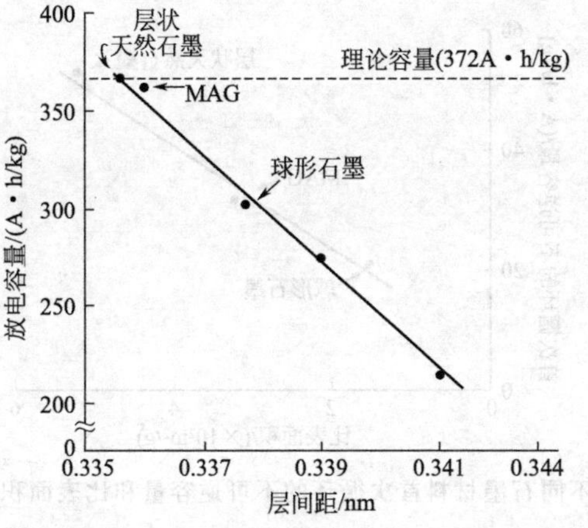

图 18.7　不同石墨的层间距及其放电容量之间的关系

已经非常接近。高结晶度的石墨，其晶体层间距较小，因此其放电容量相对较高。这可以归功于高结晶度石墨的有序堆积结构，不适合的无序结构比例较低，这种有序堆积结构适于形成 Li-GIC。

18.3.2 库仑效率

图 18.8 展示了 MAG 电极的循环次数与库仑效率之间的关系。式(18.1) 和式(18.2)分别定义了库仑效率和不可逆容量：

$$\text{库仑效率}(\%)=\frac{\text{放电容量}}{\text{充电容量}}\times 100\% \qquad (18.1)$$

$$\text{不可逆容量}(\text{A}\cdot\text{h/kg})=\text{充电容量}-\text{放电容量} \qquad (18.2)$$

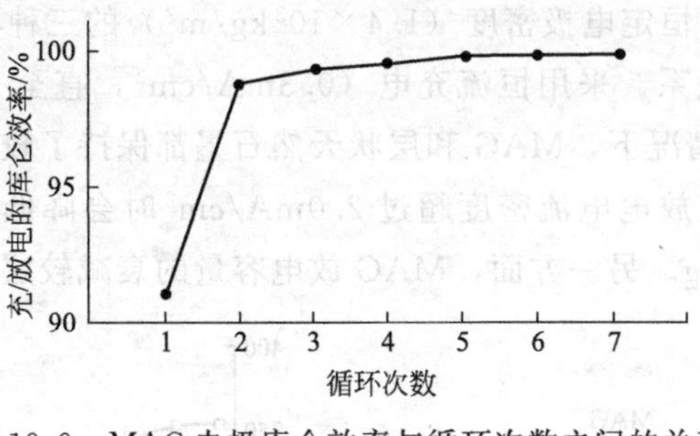

图 18.8　MAG 电极库仑效率与循环次数之间的关系

首次循环时，MAG 电极的库仑效率为 91.6%（不可逆容量为 33A·h/kg），二次循环时为 99.2%，在第五次循环后，它几乎达到了 100%的理论值。通常来讲，碳负极首次循环的库仑效率都很低，存在较高的不可逆容量。从提高电池容量的观点来讲，因为碳负极的不可逆容量会影响锂离子电池的放电容量，所以希望它尽可能低。众所周知，第一次循环的不可逆容量可以归因于电解质在负极表面的还原分解。这种反应主要发生在石墨材料的初次充电过程中。负极表面的产物通常称为固体电解质表面薄膜（SEI），由于这种电解质的还原分解在第二次循环后被抑制了，所以在以后的循环中不可逆容量可以降低至零。

图 18.9 展示了各种石墨材料在首次循环时不可逆容量与比表面积之间的关系。首次循环的不可逆容量与比表面积之间几乎呈线性关系，比表面积越小，不可逆容量也越小。由此可以推测出比表面积越低，电解质分解反应的反应面积越小。

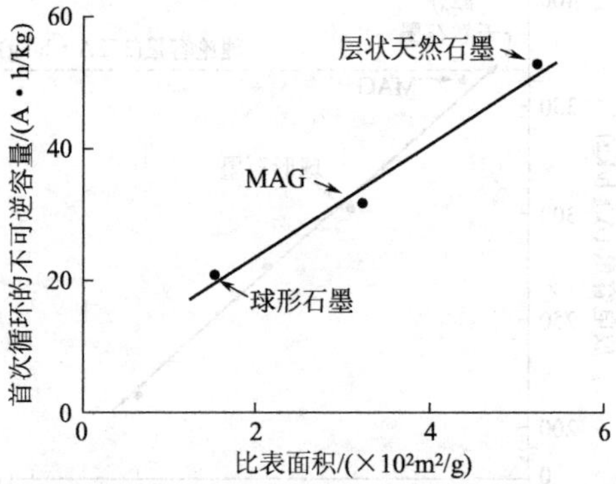

图 18.9　不同石墨材料首次循环的不可逆容量和比表面积之间的关系

18.3.3　循环特性

图 18.10 展示了密度为 1.5×10^3 kg/m³ 的两种电极的循环特性。新的锂金属作为辅助电极，因为每 15 次循环更换一次，所以容量迅速恢复。MAG 展示了优异的循环性能，甚至在 100 次循环后，放电容量仍然可以保持在 340A·h/kg（容量保持率为 94%）。另一方面，在循环时，层状天然石墨显示出很高的容量衰减，在第 100 次循环时容量仅为 290A·h/kg（容量保持率为 81%）。

18.3.4　高倍率放电性能

电池在短时间内大电流放电时，我们希望放电容量的衰减较小。近些年，电动装置的工作需要高功率电源，因此高倍率放电性能是电池最重要的特性之一。

图 18.11 展示了具有恒定电极密度（1.4×10^3 kg/m³）的三种石墨碳负极材料放电容量与放电电流密度之间的关系。采用恒流充电（0.3mA/cm²，直至 0V），在放电电流密度为 2.0mA/cm² 或者更低的情况下，MAG 和层状天然石墨都保持了较高的放电容量。然而，层状天然石墨的放电容量在放电电流密度超过 2.0mA/cm² 时会降低，在电流密度为 6.0mA/cm² 时，只有 200A·h/kg。另一方面，MAG 放电容量的衰减较层状天然石墨要少得多，甚

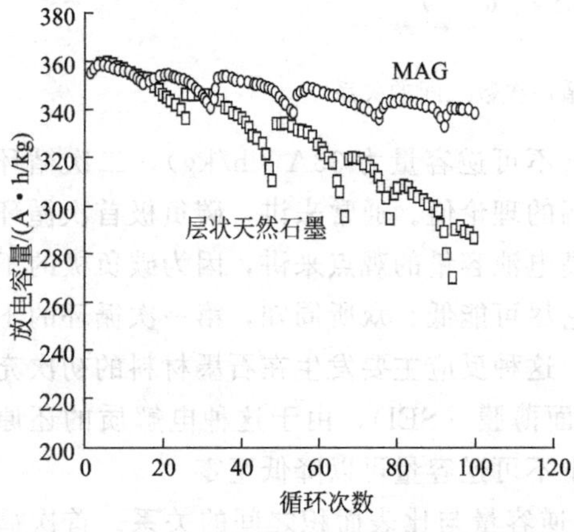

图 18.10　MAG 和层状天然石墨的循环性能

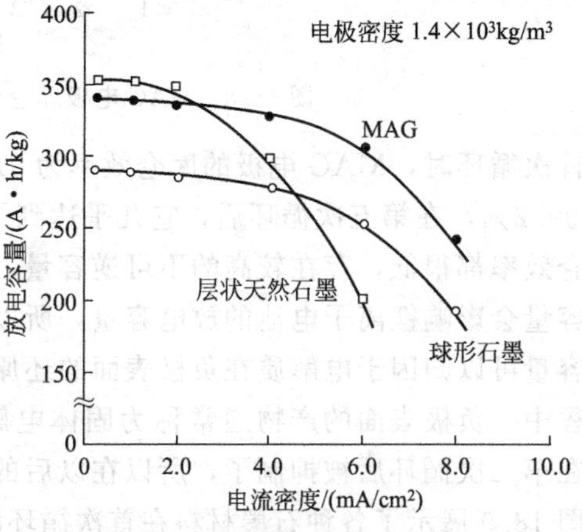

图 18.11　三种石墨碳负极的放电容量与放电电流密度之间的关系

至在电流密度为 6.0m·A/cm^2 时，MAG 也放出了 310A·h/kg 的高容量。尽管球状石墨的放电容量很低，但是其放电容量的衰减比层状天然石墨要小。

图 18.12 为 MAG 和层状天然石墨负极截面的 SEM 图。天然石墨负极中许多石墨晶体个体具有与铜集流体反向平行的取向，另一方面，MAG 中的扁平晶体表现出随机结构。在充放电的过程中，Li^+ 的移动发生在垂直于集流体的方向上，Li^+ 嵌入石墨的过程发生在石墨晶体的边缘处。因此，由于这种随机排列的结构，在充放电过程中，锂离子在 MAG 中的传输比在层状天然石墨中更容易一些。我们相信这种电极结构是 MAG 具有优异的高倍率放电性能的重要影响因素之一。

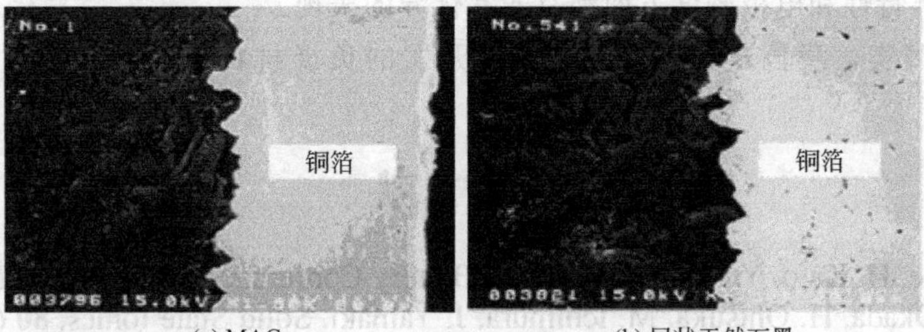

图 18.12　MAG (a) 和层状天然石墨负极 (b) 截面的 SEM 图

18.3.5　MAG 负极的电极密度

锂离子电池需要小型化，换句话说，提高体积能量密度是很重要的。因此，开发一种高堆积密度的负极材料是很有必要的，以实现在不降低电化学性能的前提下增加电极密度。

图 18.13 展示了三种石墨碳负极的电极密度与放电容量之间的关系。随着每种材料电极密度的增加，三种电极的放电容量都有所降低。电极密度的增加会减小电极内部小孔的体积，这些孔是由石墨炭堆积而形成的，且具有储存电解质的能力。由于孔中缺少电解质，电化学反应中锂的扩散则主要发生在外层电解质与负极材料之间。特别是电极密度超过 1.4×10^3 kg/m^3 的层状天然石墨，可以观测到其放电容量会迅速降低。如图 18.12 中所示，层状天然石墨电极具有定向结构，当电极密度增加时，定向的程度也会进一步增加时，这会导致放电容量的迅速下降。另一方面，当电极密度增加时，MAG 材料和球状石墨的放电容量略有下降。在电极密度为 1.6×10^3 kg/m^3 时，MAG 放电容量可以达到 320A·h/kg。MAG 的

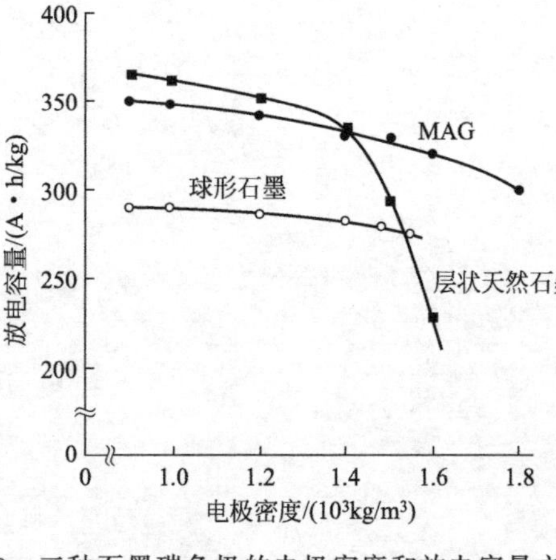

图 18.13　三种石墨碳负极的电极密度和放电容量之间的关系

高容量显示，在高密度电极中石墨晶体的各向同性结构具有很大优势。

18.4 结论

优异的 MAG 已经被开发出来作为锂离子电池的负极材料，这种材料的特性总结如下：

① 生长良好的初级晶体形成了具有假各向同性结构的块状聚合体，这种结构中包含了 100nm 到 2μm 的孔；

② 通过其典型的结构和理想的六方晶体结构，MAG 可以获得高放电容量，它在高倍率放电特性、循环特性和电极密度方面都有非常优异的表现。

基于这些事实，我们相信 MAG 这种新开发的负极材料是最适合锂离子电池的负极材料。

参考文献

1. M. Nagamine, H. Kato, Y. Nishi (eds.). 33rd Battery Conference of Japan, Ab 1C11 (1992).
2. H. Arai, S. Okada, H. Ohtsuka, M. Ichimura, J. Yamaki. Solid State Ionics, **80** (1995) 261.
3. T. Fujieda. J. Jpn. Met. Soc. Mater., **38** (1999) 488.
4. M. Uratani, R. Takagi, K. Sumiya, K. Sekine, T. Takamura. 38th Battery Conference of Japan, Ab 2B12 (1997).
5. Carbon Material Society of Japan (ed.). The Introduction of Carbon Material (in Japanese), 1996, p. 24.
6. L. Nikiel, P. W. Jagodzinski. Carbon, **31** (1993) 1313.
7. F. Tuinstra, J. L. Koenig. J. Chem. Phys., **53** (1970) 1126.
8. J. R. Dahn, R. Fong, M. J. Spoon Phys. Rev., **B42** (1990) 6424.
9. T. Ohzuku, Y. Iwakoshi, K. Sawai. J. Electrochem. Soc., **140** (1993) 2490.

第19章

锂离子电池功能电解质

Hideya Yoshitake

19.1 概述

1992年，日本宇部（UBE）开始将锂离子电池使用的高纯度溶剂进行商业化，并在1997年率先推出具有特殊添加剂功能的功能电解质[1]。从1998年开始，UBE在高端手机用锂离子电池市场占有65%的份额，在锂离子电解质市场占有40%的份额。功能电解质的开发方向大致分为：为锂离子电池开发新的添加剂和电解质；针对不同公司的不同类型的正极/负极体系开发专用添加剂。UBE独特的开发方式，明显改变了电解质进入市场的途径。

UBE应客户的要求开发了几种功能电解质，目前正在为尖晶石体系的锂离子电池开发更多的添加剂，以防止铝箔腐蚀等。锂离子电池在能量密度、安全性和循环寿命等性能方面的提升，根本原因是功能电解质的开发；甚至在改变正负极材料、使用不同类型的石墨以及混合不同类型的正极活性材料，都要使用不同的添加剂。只有UBE采用上述方法进行锂离子电池的设计并使其商业化。

聚合物电池发展非常缓慢的原因是功能电解质领域的技术发展缓慢。接下来将讨论电解质和添加剂的发展历史以及锂离子电池电解质的设计过程。

19.2 锂离子电池电解质的过去和未来

19.2.1 锂离子电池电解质的历史

图19.1展示了1992～2005年18650型锂离子电池的容量增长趋势。可以看到放电容量已增至2550mA·h，这一容量是过去的三倍。对于电池容量的增长，高性能的活性材料是不可或缺的，除此之外还有其他方面的原因。早期的电池使用焦炭或硬碳（150～200mA·h/g），之后开始使用低结晶度的石墨（250～280mA·h/g），现在使用高性能的人造石墨，如块状人造石墨MAG（320～360mA·h/g）。除此之外，充电电压也从4.1V增加至4.4V，这也提高了锂离子电池的容量，如图19.1所示。功能电解质的开发和应用，促使高性能（高结晶度）石墨得以应用，也使充电电压升高。同时电解质的组成也发生了明显的改变。最初的电池是用碳酸丙烯酯（PC）和碳酸二乙酯（DEC）作为电解质溶剂；1992年，开始采用碳酸亚乙酯（EC）和γ-丁内酯（γ-BL）；1993年开始使用碳酸甲乙酯（MEC）、丙酸甲酯（MP）和碳酸二甲酯（DMC）作为溶剂。之后直到2000年，电解质的主要溶剂基本不变。

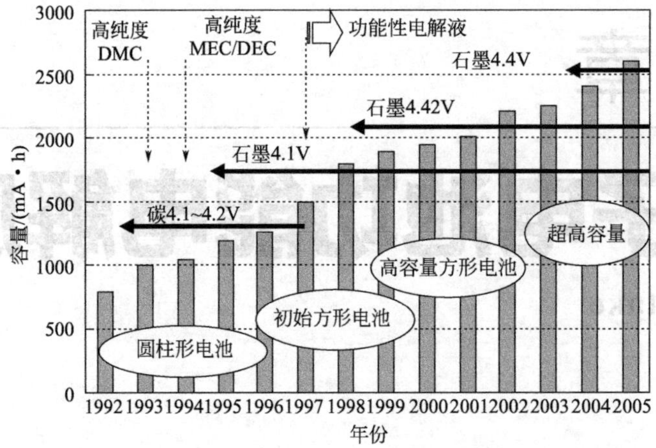

图 19.1　随着负极的改善和充电电压的提升，18650 型锂离子电池的容量增长趋势

2000 年氟苯（FB）开始小规模生产，为未来锂离子电池电解质的发展提供了重要线索。到 2005 年氟代碳酸乙烯酯（FEC）已实际用于商品化电解质。这是一个重要发现，因为人们意识到氟代化合物有很强的抗氧化性，是锂离子电池电解质的优良溶剂。

目前，可溶的锂盐——$LiPF_6$是碳酸酯类电解质的常用锂盐，而 $LiBF_4$ 是 γ-BL 体系电解质的常用锂盐。1994 年，开发出了高纯度 $LiPF_6$的制备方法，并明确了高纯溶剂和添加剂的使用方法，在功能电解质的快速发展方面迈出了重要的一步。2000 年，新的有机锂盐双三氟甲磺酰基亚胺锂 LiTFSI（HQ115）和双五氟乙磺酰基亚胺锂（LiBETI）引入锂离子电池，这标志着电解质发展的一个新的方向。

19.3 功能电解质

1997 年之前，18650 圆柱形电池容量始终保持每年 10％的增长速率，但是之后很难保持这样的增长趋势。电池容量衰减的主要原因是由于在循环过程中，石墨负极与电解质及锂盐发生反应，形成固体电解质界面（SEI 膜）所致。在第一次充电过程中，锂盐与电解质反应自发形成 SEI 膜，在之后的循环过程中相同的反应也以很慢的速率发生，导致负极表面形成了一层厚且阻抗高的 SEI 膜，最终使正常的电池反应无法进行。SEI 膜在充放电过程中自发形成，且不可避免。

1997～1998 年，UBE 针对不同的石墨负极专门开发并引进了第一款电解质——使用添加剂的高纯电解质。这款电解质不仅阻止了 SEI 膜在负极上的累积，而且形成了一种新的表面膜，称之为“功能膜”。这项突破克服了 SEI 膜累积的弊端，提高了锂离子电池的循环寿命，使得高容量、高结晶度的石墨得以应用。功能电解质的含义是在 SEI 膜形成之前，电解质中的特殊添加剂形成了一种保护性的界面膜。A. Yoshino 博士形容这项发明稳定了锂离子与石墨材料的局部化学反应，使碳电极材料可以参与稳定的局部化学反应（锂离子在负极上的脱嵌）。

19.3.1 利用高纯溶剂提高溶剂的氧化电位

图 19.2 显示了 1992 年普遍使用的不同溶剂的氧化电位和纯度的关系。对于锂离子电池

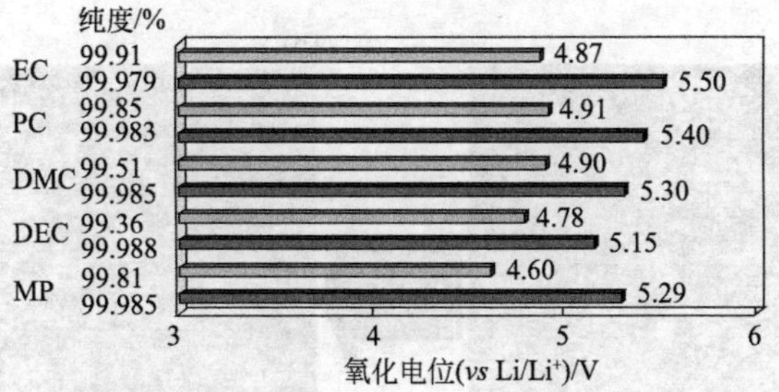

图 19.2　氧化电位和几种溶剂之间的关系

来说，氧化电位在 5.0V 的溶剂是可用的，但大多数纯度低于 99.9%的溶剂的分解电位只有 4.6～4.9V（对 Li/Li^+）。因此，将溶剂的氧化电位提高到 5.0V 以上对于锂离子电池是十分必要的。

图 19.3 展示了 DMC 的典型生产方法及主要杂质。液相 CO 合成和光气合成会含有氯族杂质，不适合用于锂离子电池溶剂。UBE 研究发现在普通溶剂中的电化学杂质会产生一个很小但可检测到的残余电流，这是导致锂离子电池循环寿命短的主要因素。如图 19.2 所示，当使用高纯度溶剂时，氧化电位可以提高到 5.2～5.5V。因此，UBE 在气相 CO 合成 DMC 的基础上开发了一种新的 DMC 生产方法，这一方法生产出的 DMC 不含卤素、纯度很高且电化学窗口宽。这种不含电化学活性杂质的高纯溶剂可以生成稳定的低阻抗 SEI 膜。1992 年，UBE 开始商品化生产 DMC，同年 3 月开始供应高纯电解质，也可用 DMC 作引发剂，通过酯交换方法获得高纯度的 DEC 和 MEC。

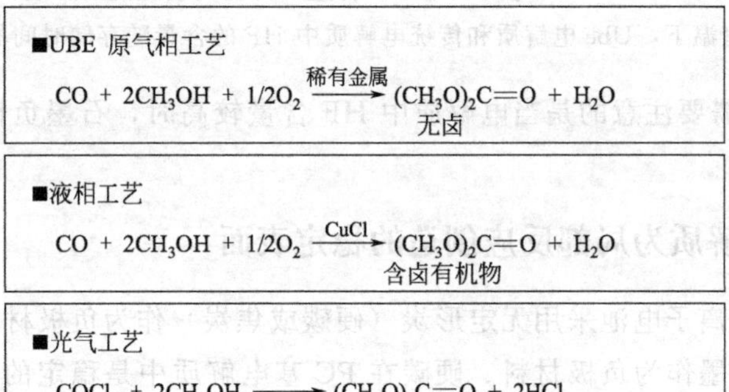

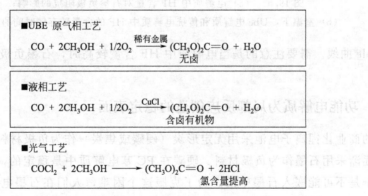

图 19.3　不同工艺制备的 DMC 中的主要杂质

19.3.2　低阻抗电解质

$LiPF_6$是电解质的重要组成部分，其纯度也是影响 SEI 膜形成的另一个重要因素。1994 年，开发了高纯度 $LiPF_6$的生产工艺，这种高纯度的电解质锂盐可以显著提高电池的电化学性能，为电解质的发展奠定了很好的前期基础。图 19.4 比较了传统的 $LiPF_6$和用于功能电解质的高纯 $LiPF_6$之间的形貌差异。

测量技术用于检测不同方法制备的溶剂的纯度是非常有用的。例如，图 19.5(b) 比较了室温条件下，普通电解质和高纯电解质中 HF 含量随存储时间的增幅。当电解质中的杂质含量较高时，HF 的含量在 5 天内快速上升至 62μg/mL，并在 10 天后达到饱和值 67μg/mL，而纯净的 UBE 电解质一天后就可达到饱和值 18μg/mL。石墨负极的阻抗见图 19.5(a)

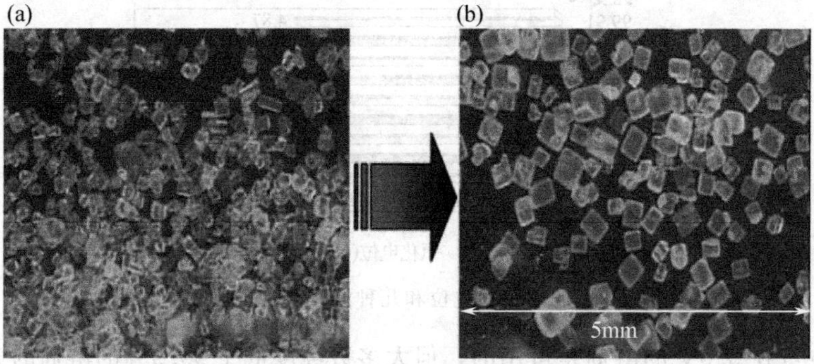

图 19.4　传统 $LiPF_6$（a）和用于功能电解质的 $LiPF_6$（b）的形貌图

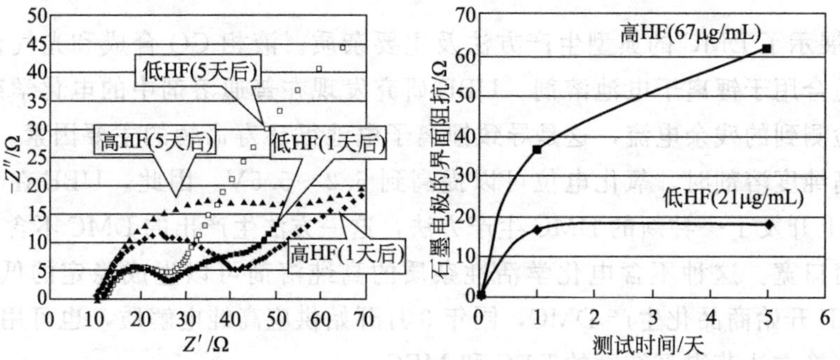

图 19.5　（a）电解质中 HF 含量对石墨负极阻抗的影响；
（b）室温下，Ube 电解质和传统电解质中 HF 的含量随存储时间的变化

的 Cole-Cole 曲线。需要注意的是当电解质中 HF 含量较高时，石墨负极在存储时阻抗快速增加。

19.3.3　功能电解质为局部反应创造的稳定表面

早期的商业化锂离子电池采用无定形炭（硬碳或焦炭）作为负极材料。随后为了提高电池容量，逐渐采用石墨作为负极材料。硬碳在 PC 基电解质中是稳定的，而在 PC 基电解质中，锂离子是不可能嵌入石墨中的。为了克服这个困难，人们在石墨电极电池中使用 EC。但 EC 在室温下是固体（熔点 36℃），即使 DMC、MEC 或 DEC 与 EC 混合制成电解质，电池的低温性能也很差。充电过程中 SEI 膜在负极表面形成，Aurbach 等人已广泛研究了其形成机理，他们认为在石墨上形成 SEI 膜是不可避免的，只要使用有机电解质就无法改变 SEI 膜的性质[2]。普遍的看法是：锂离子电池电解质在反复充放电过程中逐渐恶化，最终在正负极表面形成了一层高阻抗的 SEI 膜，因此循环过程中容量逐渐衰减。UBE 提出的新想法不仅有助于对 SEI 膜形成机理进行研究，也有利于发现使用匹配的添加剂形成新的功能膜。

由于 PC 具有非常低的熔点（－40℃），因此人们致力于 PC 基电解质的开发，在首次充电过程中，通过使用添加剂改善表面反应，生成更有效的表面包覆，以形成稳定、坚固的 SEI 膜。第一种途径是溶剂和电解质盐（$LiPF_6$）的提纯；第二种途径是向电解质中加入新型添加剂，以改善 SEI 膜的性质，在石墨负极表面形成一种稳定的、利于锂离子脱嵌的表面膜（功能膜）。在电解质开始分解破坏 SEI 膜形成之前，电解质添加剂已在石墨负极表面

形成了一种稳定有效的膜。分子轨道（MO）计算可用于筛选添加剂，这种方法在鉴别化合物方面非常有用[3]。图 19.6 是对分子轨道理论的简单描述。当前功能电解质的基本思想是修饰石墨负极表面，使其可以提供一个有利于电化学反应的表面结构。

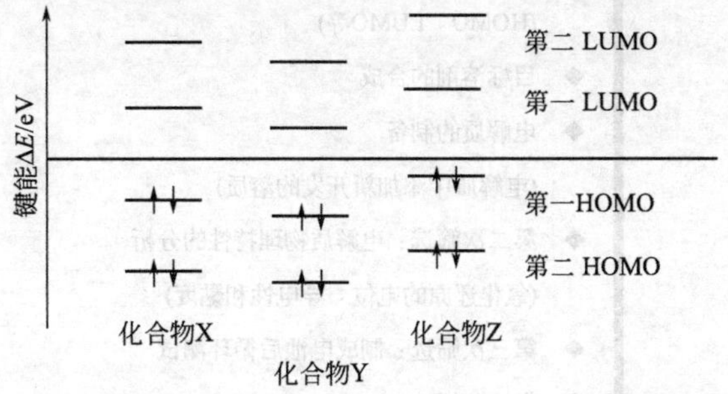

图 19.6　化合物 X、Y、Z 的 HOMO 和 LUMO 值

从图 19.6 可以看出，化合物 Y 的最低未占分子轨道（LUMO）能量很低，是很好的电子受体，且相对于化合物 X 或 Z，Y 更容易分解。而化合物 Z 有很高的最高占有分子轨道（HOMO），是很好的电子供体，相对于 X 或 Y，Z 在正极表面更容易反应。

图 19.7 展示了 3V 锂金属电池溶剂与 4V 锂离子电池正负极添加剂的 LUMO/HOMO 的关系。对于锂金属电池而言，醚类溶剂不易与金属阳极反应，因此溶剂分子的 LUMO 值应较高。对于 4V 的锂离子电池来说，溶剂主要是环状和链状的碳酸酯。此类溶剂分子具有较低的 HOMO 轨道值，抗氧化性比较强。我们用于计算分子轨道的软件是修正过的，因此所计算的值和普通商用软件可能有差别。

图 19.8 展示了选定溶剂的 HOMO 能量和氧化电位的关系。氧化电位是用循环伏安法测定的，工作电极为 Pt。从图中可以看到，氧化电位和 HOMO 轨道能量是成比例的，这证明了分子轨道理论用于筛选电解质添加剂的正确性。

分子轨道理论对于确定化合物的氧化还原电位的确是有效的。因此有人设计了一个图表以便于选择电解质添加剂，如图 19.9 所示。

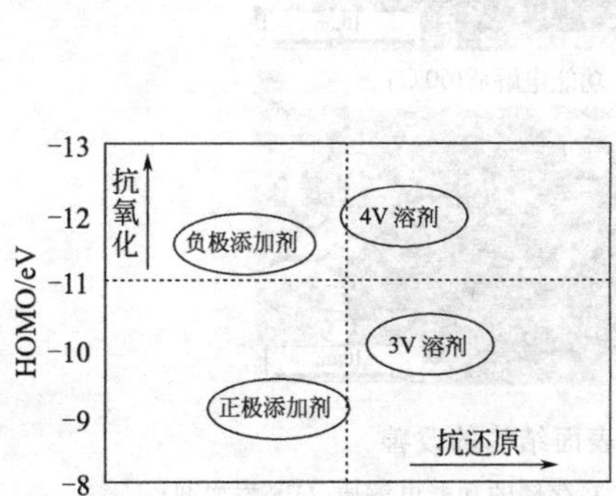

图 19.7　基于 MO 理论，用于锂金属电池、4V LIB、正负极添加剂的溶剂的分类

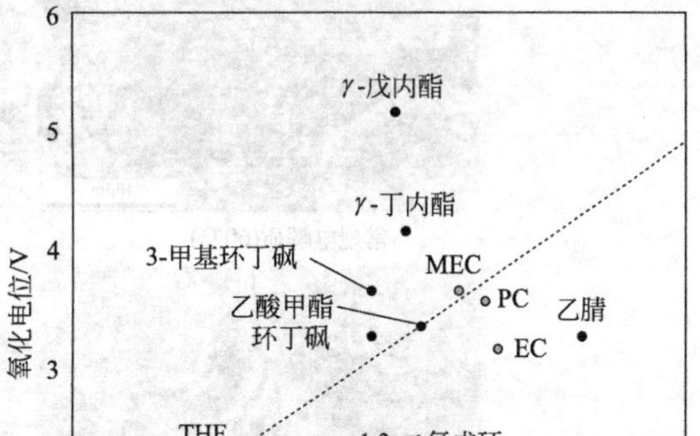

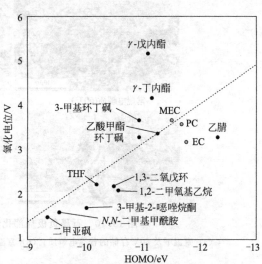

图 19.8　氧化电位和 HOMO 值之间的关系

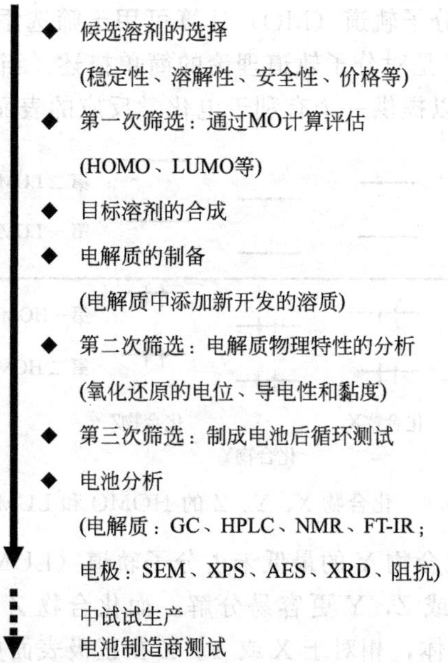
◆ 候选溶剂的选择
(稳定性、溶解性、安全性、价格等)
◆ 第一次筛选：通过MO计算评估
(HOMO、LUMO等)
◆ 目标溶剂的合成
◆ 电解质的制备
(电解质中添加新开发的溶质)
◆ 第二次筛选：电解质物理特性的分析
(氧化还原的电位、导电性和黏度)
◆ 第三次筛选：制成电池后循环测试
◆ 电池分析
(电解质：GC、HPLC、NMR、FT-IR；
电极：SEM、XPS、AES、XRD、阻抗)
中试试生产
电池制造商测试

图 19.9 功能电解质添加剂的筛选设计

图 19.10 是一个很典型的例子。它展示了丙磺酸内酯（PS）作为负极添加剂，可有效提高石墨负极的高温稳定性。当作为锂离子电池负极材料的 MCMB（石墨化中间相碳微球）在常规电解质中满电存储一个月以后，石墨的表面会被破坏［见图 19.10(a)］，不能再继续进行充放电循环。而将同样的石墨储存在功能电解质中，石墨表面未被破坏，循环也很好［见图 19.10(b)］。下面将描述更好的负极以及功能电解质对提高正极和锂离子电池性能的作用。

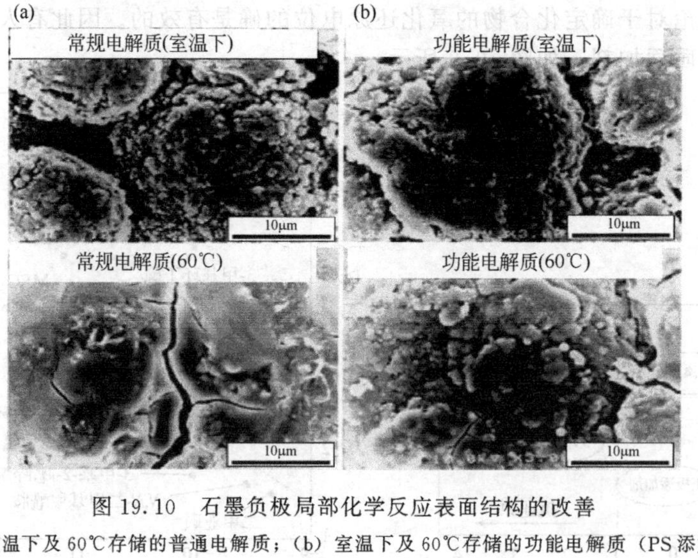

图 19.10 石墨负极局部化学反应表面结构的改善

(a) 室温下及 60℃存储的普通电解质；(b) 室温下及 60℃存储的功能电解质（PS 添加剂）

19.4 第二代功能电解质

对于第一代功能电解质，提出的新概念是使用高纯度的溶剂和电解质锂盐。而第二代电解质则处于研发负极石墨表面结构控制技术的新时期。由于使用高容量的负极材料，电化学容量获得了很大的提升，但循环寿命却会衰减。这就对电解质的发展提出了更高要求。

第二代电解质的主要研究方向之一是负极表面成膜技术。当一种普通电解质用于电化学体系时，在充放电循环过程中，负极表面会形成一层几百纳米厚的表面膜（SEI膜），这种SEI膜可以抑制 Li^+ 与石墨负极的局部反应。功能电解质形成的SEI膜可以显著地抑制这些反应，且阻抗低。第二代技术转向于 20μm 颗粒表面纳米膜的生成。

本节主要介绍一些新化合物的设计及其在第二代功能电解质控制功能方面的实例。在以石墨为负极的电池体系中，EC溶剂的优势是分解较少。然而EC在室温下呈固态，因此电池的低温性能很差。而使用PC作为溶剂时，溶剂分子在石墨上分解，电池无法工作。在PC电池中，石墨分解PC，生成高电阻物质，并从石墨结构上脱落。因此，明显抑制了局部化学反应。

采用天然石墨作为负极的电池，性能通常很差。这是因为电解质在石墨负极表面反应生成了一种高阻抗的SEI膜。于是一些特殊的化合物如乙酸乙烯酯（VA）、己二酸二乙烯酯（ADV）、碳酸甲基丙烯酯（AMC），被添加到普通电解质中，以期改善电池的性能[3~7]。图 19.11 比较了几种不同电解质添加剂对正极活性物质循环性能的影响。目前已经确认在不含添加剂的PC基电解质中，石墨负极表面会被破坏。不含添加剂的电池循环 10 次以后容量就会衰减，难以继续循环。而含有VA、ADV或AMC的电池循环曲线变化却非常平缓。在EC电解质中，由于EC分子分解形成的SEI膜性能较好，即使没有电解质添加剂，电池的充放电循环也很好。图 19.12 是天然石墨在含与不含功能添加剂的溶剂中的SEM图。在PC基电解质中加入VA，有利于改善局部的充放电反应。将覆盖在负极表面的纳米尺寸的膜称为功能膜，这不是普通的SEI膜，而是VA分子先于PC分子在负极表面发生还原反应生成的。如图 19.12 所示，天然石墨在添加VA的PC基电解质中表面状态与在无添加剂的EC基电解质中表面状态类似。

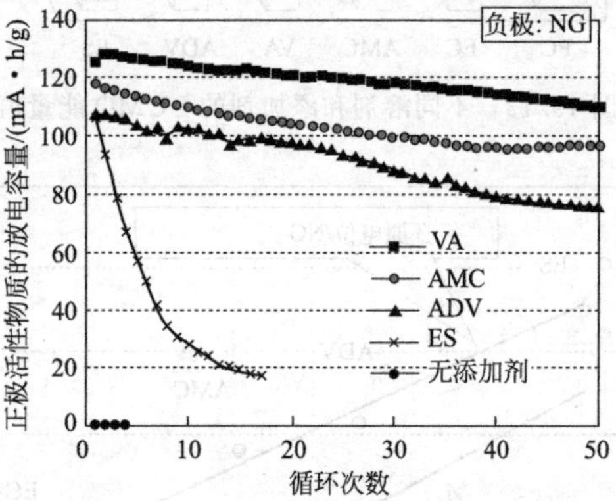

图 19.11　在 1mol/L $LiPF_6$/PC-DMC（1：2）电解质体系中，添加 1%（质量分数）不同功能添加剂对天然石墨室温下循环性能的影响

图 19.13 展示了各种不同溶剂和添加剂分子的LUMO轨道能量。LUMO能量越低，化合物的分解电位越高，越容易被还原。因此，以上几种化合物在石墨表面的分解电位（对 Li/Li^+）由低到高的顺序为：PC＜EC＜AMC＜VA＜ADV＜ES。分解电位与LUMO能量值是成比例的，如图 19.14 所示。在这些电位下，添加剂化合物在石墨负极上分解，首次充电过程中在达到PC或EC溶剂的分解电压前，生成功能膜。

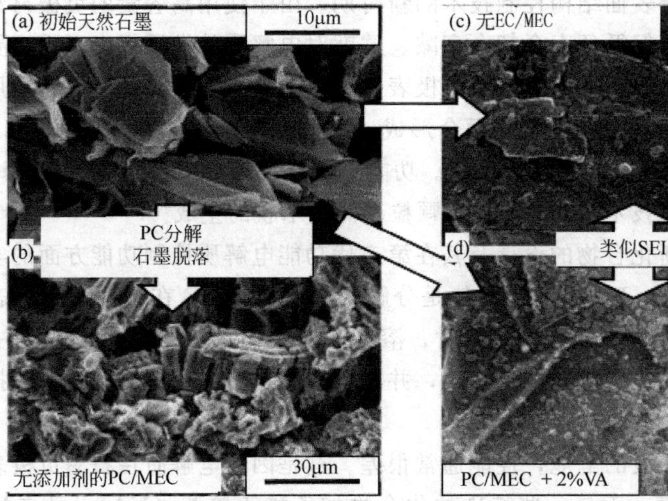

图 19.12 （NG）天然石墨表面的 SEM 图像

（a）原始 NG；（b）PC/MEC（1∶2）电解质中 NG 的脱落；

（c）EC/MEC 电解质中没有脱落发生；（d）含有 VA 添加剂的 PC/MEC 电解质无脱落

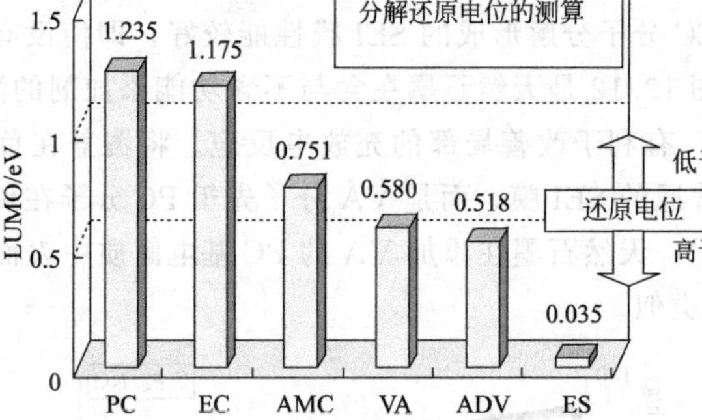

图 19.13 不同溶剂和添加剂的 LUMO 能量值

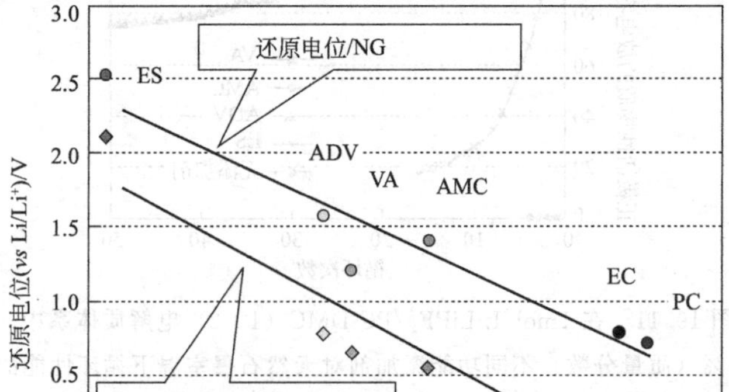

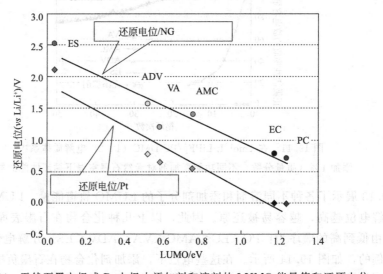

图 19.14 天然石墨电极或 Pt 电极中添加剂和溶剂的 LUMO 能量值和还原电位

LUMO能量值在选择负极添加剂中起到很好的指导作用，但还是有必要通过实际的电池实验来分析添加剂化合物，检测局部化学反应的包覆膜的详细组分。这些测试为功能电解质的开发提供了重要信息。图19.14展示了在天然石墨电极和Pt电极表面的添加剂分子的还原电位和LUMO轨道能级的关系。由于石墨具有催化活性，添加剂在石墨电极表面的还原电位要高于Pt电极的还原电位，添加剂的还原电位也会因石墨的不同而不同。电池制造商有时会在负极中混掺两种或三种不同的石墨材料。UBE的功能电解质是为某一特定的石墨负极而特别设计的，这就意味着为了满足客户的要求，会在电解质里加入5～6种添加剂。

厚度和阻抗是SEI膜的重要特性。表19.1展示了不同添加剂和溶剂所形成的SEI膜的特性。AMC生成的SEI膜是最薄的，只有100nm，而VA生成的SEI膜的阻抗最低。这些数据解释了为什么相比于AMC，VA具有最高的容量保持率（见图19.11）。从ES到VA，膜的厚度间的差异只有从130～330nm，但是ES膜的阻抗却增加了10倍。膜厚度的细小差别会对电池性能产生很大的影响，如ES的循环衰减很快（见图19.11）。精确地控制成膜厚度和阻抗对于负极性能的进一步提升是非常必要的。

表19.1 含有添加剂和不含添加剂的天然石墨电极包覆膜的厚度和阻抗

电解质	NG(负极活性材料)	
	SEI膜厚度/nm	阻抗/Ω
EC/MEC,无添加剂	26.67	0.34
PC/MEC,无添加剂	—	—
PC/MEC+VA	21.18	0.15
PC/MEC+ADV	28.22	0.69
PC/MEC+AMC	13.69	0.24
PC/MEC+ES	33.03	1.83

19.5 为正极设计的第三代功能电解质

纳米表面膜控制技术的最初设计理念是将正负极的局部化学反应分开，这对于商品化高容量电池是不可或缺的，尤其是高电压电池。如图19.15所示，正极在充电过程中表面的电压分布不均匀，由于极化作用的影响，有些活性区域电压很高，电解质就会在这些活性点氧化分解。因此设计在高纯度电解质中加入一种添加剂，这种添加剂可以先于电解质分子在正极表面发生氧化分解。这种电解质添加剂的氧化电位必须低于溶剂分子，并且不能在负极表面还原。基于这种理念，选择了联苯（BP）和邻三联苯（OTP）进行实验。图19.16展示

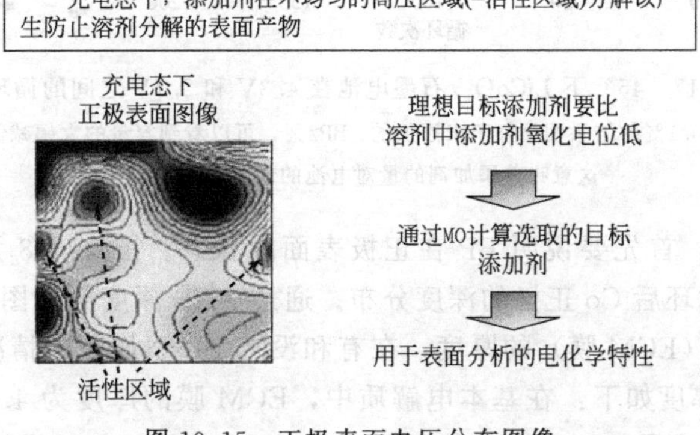
充电态下，添加剂在不均匀的高压区域(=活性区域)分解以产生防止溶剂分解的表面产物
充电态下
正极表面图像
活性区域
理想目标添加剂要比溶剂中添加剂氧化电位低
通过MO计算选取的目标添加剂
用于表面分析的电化学特性

图19.15 正极表面电压分布图像

化合物	BP	OTP	EC	DMC
	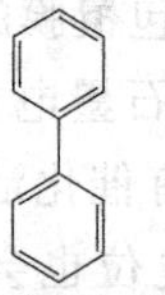	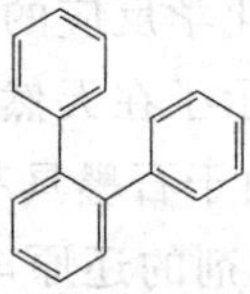	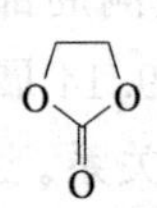	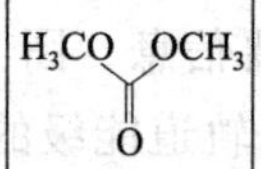
HOMO/eV	-8.92	-9.34	-11.8	-11.6
氧化电压 (vs Li/Li^+)/V	4.5	4.5	5.5	5.3

- 测得的BP和OTP氧化电位低于EC和DMC
- MO的测量值与经验值有很好的关联

图 19.16 通过 CV 测得的各种化合物的 HOMO 能量和氧化电位

了不同化合物的 HOMO 能级和通过循环伏安法测得的氧化电位。从这些数据中可以清楚地看出，氧化电位越高，HOMO 能级越低。

当正极表面的活性区域电压达到 4.5V 时，BP 和 OTP 会先于溶剂在正极表面分解形成一层薄膜，这层膜使得正极表面的电压分布更加均匀。对于 BP 稳定电压的作用，提出了一种新的机理。

在以石墨为负极的 18650 型电池中加入 0.1%的 BP 作为电压稳定剂，测定电池在 45℃条件下 4.3V 的充放电循环。如图 19.17 所示，没有添加 BP 的电池，$LiCoO_2$的循环性能非常差；当在基础电解质中加入少量的 BP 后，电池的循环寿命得到了提高；但是当 BP 的加入量过大后，电池的循环寿命又会变短。因此，添加剂的用量是非常重要的。Moli 能源已经将 BP 作为抗过充电添加剂写入专利，但 BP 的添加量过大（2%），在过充电过程中会有氢气产生，并使电极的保护膜破裂[8]。BP 作为抗过充电添加剂与正极添加剂的作用机理是完全不同的[9,10]。

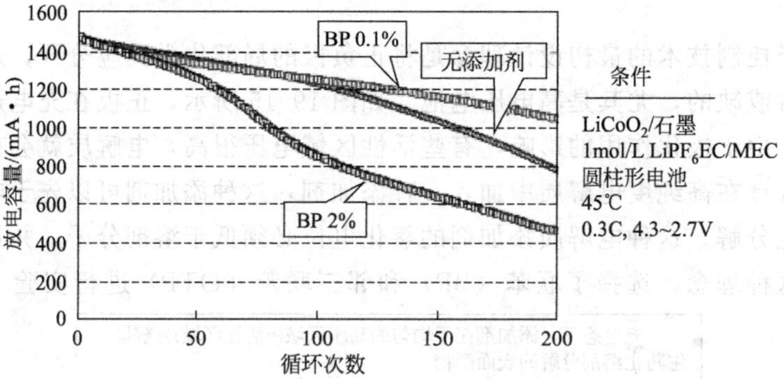

图 19.17 45℃下 $LiCoO_2$/石墨电池在 4.3V 和 2.7V 之间的循环性能

BP0.1%的结果明显好于未添加的；BP2%，可以看到容量的大幅减低；

这意味着添加剂的量对电池的性能有很大影响

在讨论这些之前，首先要说明 BP 在正极表面的状态。图 19.18 为采用俄歇电子能谱（AES）测试 200 次循环后 Co 正极的深度分布。通过 AES 深度剖析图中的 Co 和 O 原子的浓度可以估算导电膜（ECM 膜）的厚度，在有和没有 BP 添加剂的情况下，原子浓度 90%时观察到的 ECM 膜厚度如下：在基本电解质中，ECM 膜的厚度为 4.5nm；当电解质中含 1%BP 时，ECM 膜厚度是 6.8nm；当电解质中含 2%BP 时，ECM 膜的厚度是 21.7nm。这

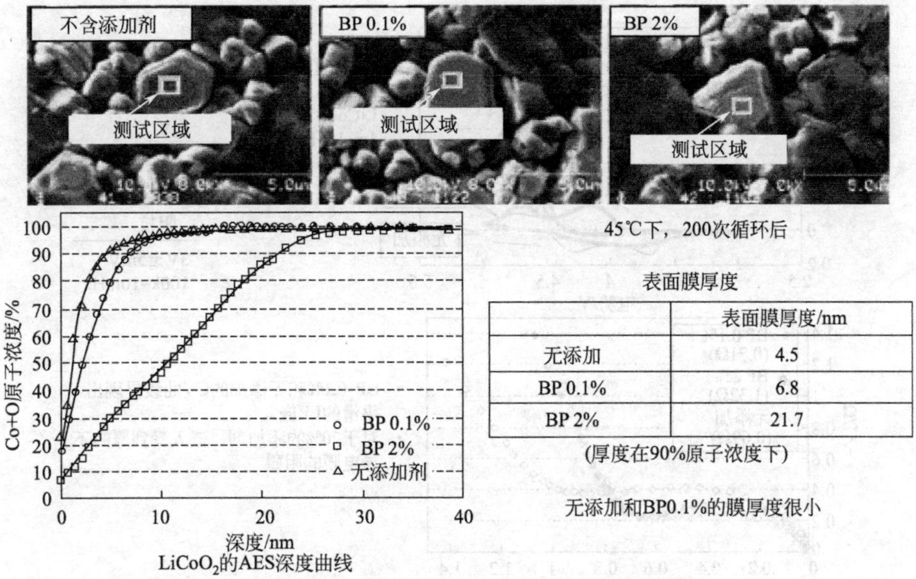

	表面膜厚度/nm
无添加	4.5
BP 0.1%	6.8
BP 2%	21.7

图 19.18　$LiCoO_2$ 正极表面膜厚度的 AES 测定

不含添加剂、添加 0.1%（质量分数）、2%（质量分数）BP 的圆柱形电池的 $LiCoO_2$ 电极在 45℃下，在 1mol/L $LiPF_6$ EC∶MEC=3∶7 中，200 次充放电循环后的图像

些数据表明，正极表面 ECM 膜的厚度随着 BP 加入量的增加而增加。基于以上结果，基本电解质电池的循环寿命应该会更好。但是实际上，在电解质中加入少量 BP（膜厚度 6.8nm 时），电池的性能最好。

这种特殊的薄膜并不是负极表面生成的 SEI 膜，而是在具有导电性的正极表面形成的，如下所示，它的厚度比 SEI 薄很多。作者将这层非常薄的膜命名为 ECM 膜，原因是它完全遵循循环伏安法的特性。应注意的是，在三种电解质的循环伏安曲线中，这三种电解质具有不同的氧化还原行为，仅靠 ECM 膜的深度分布表征电池功能很难评估其分解行为。重点是添加少量 BP 的功能电解质的电化学特性。功能电解质的设计理念是，在电解质分解前优先分解添加剂化合物，以在电极表面生成最优良的 ECM 膜。这种在电极表面发生的分解反应可以借助循环伏安法进行研究。对于钴酸锂正极/锂金属负极的电化学体系，只能观察到正极的深度分布。在 1mol/L $LiPF_6$ 的 PC 电解质中，以小电流进行 CV 循环测试来观察其氧化行为，可以看到电解质中加入少量的 BP 后，在 4.5V 左右，添加 BP 的电解质会先于基础电解质发生氧化反应，这是因为 BP 成膜导致增加的阻抗可以忽略不计，如图 19.19 所示。

我们利用 X 射线光电子能谱（XPS）分析 ECM 膜的组成。如图 19.20 所示，加入 BP 以后，C_{1s} 谱中代表黏结剂 PVDF 和碳酸酯的特征峰减弱，而代表有机物组分的 C—H/C—C 峰有所增强；F_{1s} 谱中代表黏结剂的 F—C 特征峰减弱；Co-2p 谱中代表 $LiCoO_2$ 的 Co—O 特征峰减弱。这些 XPS 结果表明，加入 0.1%（质量分数）的 BP 后会在正极表面覆盖一层有机物，使得黏结剂和 $LiCoO_2$ 很难被检测到。此外，C_{1s} 谱中碳酸酯的特征峰并没有增强，这也表明正极表面的膜是由添加剂形成的，而不是由溶剂形成的。

可以发现，BP 分解后形成的膜中，Co 的浓度在分析下限，这说明 $LiCoO_2$ 表面在有 BP 衍生膜的情况下非常稳定。相反地，在膜中发现的 Co 与电解质原液中的相同，而且 BP 衍生膜中的锂和氟含量比电解质原液膜中的锂和氟含量要小很多，BP 衍生膜中的碳含量却要更高。

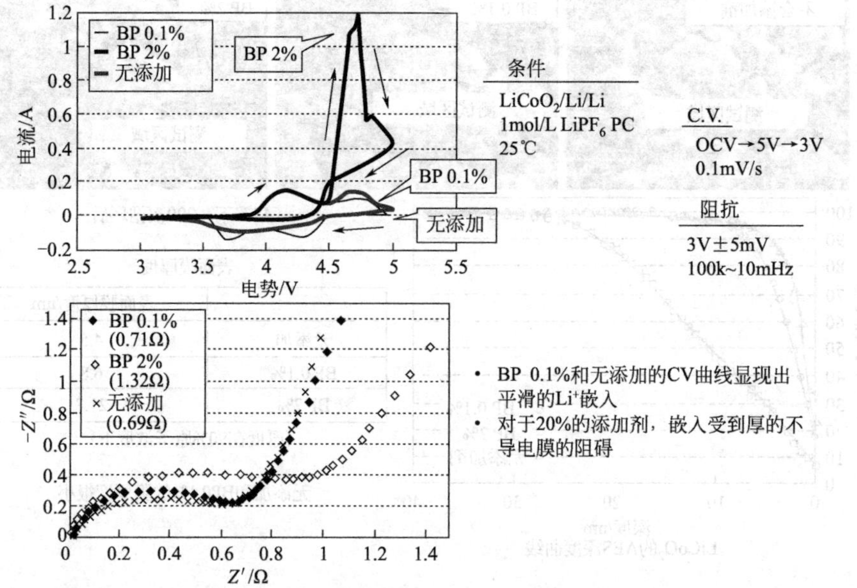

图 19.19 0.1mV/s 条件下，无添加剂、含 0.1%（质量分数）和 2%（质量分数）BP 三种情况下的 1mol/L $LiPF_6$ PC 电解质中的 $LiCoO_2$ 的循环伏安曲线及膜的阻抗值

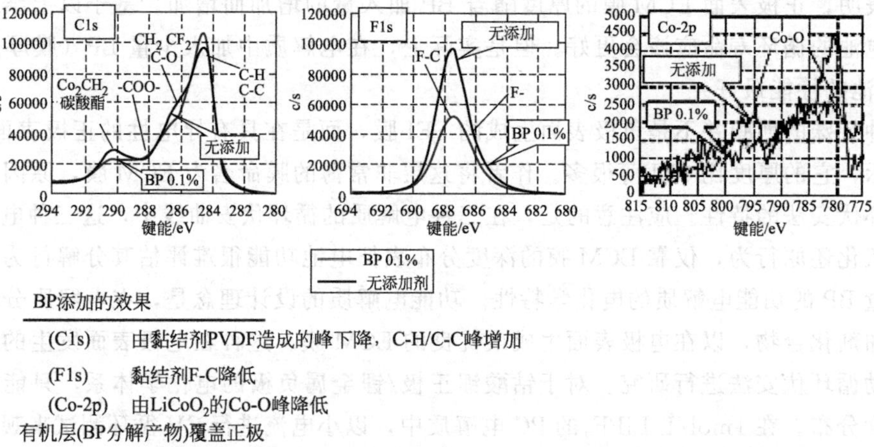

图 19.20 45℃下，圆柱形电池充放电循环 200 次后，$LiCoO_2$电极正极表面膜的 XPS 分析分别在不含添加剂和添加 0.1%（质量分数）BP 的 1mol/L $LiFP_6$/EM∶MEC＝3∶7 电解质中

在电解质中使用正极添加剂可提高正极的充电电压，从而可以提高锂离子电池的能量密度。例如，通过镁包覆将 $LiCoO_2$的充电电压提高到 4.2V 以上，增加了 $LiCoO_2$的质量比容量；例如三元层状材料 $LiMn_{1/3}Co_{1/3}Ni_{1/3}O_2$（NCM111）的充电电压可以达到 4.3V 甚至更高；而充电电压在 4.2V 时，层状材料的质量比容量很低。基于上述结果，证明在正极钴酸锂和绝缘黏结剂的表面存在一层特殊的膜。经过对 BP 分解的电化学性质的精确分析后，发现膜既具有绝缘性，也具有导电性，其导电性会随着 BP 添加量的变化而变化。基于实验结果，我们提出一种新的概念，即在电解质中添加微量的 BP（0.1%），就可以在正极表面产生局部化学结构（见图 19.17）。

19.6 其他功能电解质

19.6.1 稳定尖晶石型锰锂化合物的电解质

哪种电解质是适用于大型高功率电池的功能电解质？市场对于这种大型高功率电池的性能有怎样的要求？大型电池必须廉价并且具有很高的可靠性，其能量密度并不重要。大型电池在开发的过程中价格昂贵，但是最终的设计必须是廉价的。廉价的电池必定会选择低成本的材料。而高可靠性则要求电池材料可以长期耐用。在这项研究中，选用了价格便宜的尖晶石型锰锂作为正极，其在长期的存储和使用中电化学结构稳定。

对于用尖晶石型锰酸锂作为正极材料的锂离子电池，电解质的设计思路是稳定尖晶石结构，解决 Mn 溶解的问题。为加速 Mn 的溶解，设计了一组实验验证 Mn 溶解度和 HF 浓度的关系，实验结果如图 19.21 所示。

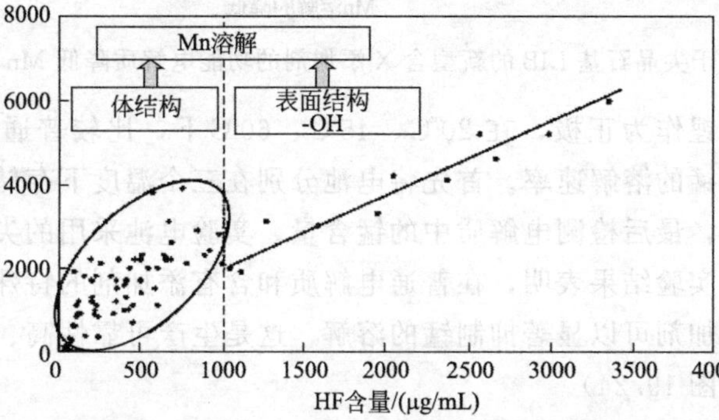

图 19.21 80℃下，$LiMn_2O_4$ 在 1mol/L $LiPF_6$ EC/DEC（3∶7）电解质中储存 10 天过程中，Mn 离子溶解量和 HF 含量的关系

存储期内，锰离子的浓度明显增加，这一过程可分为两个阶段：

- 水分子嵌入 Mn 结构形成 Mn-OH 杂质，通过阳离子交换与 $LiPF_6$ 发生反应，形成 HF 分子；
- HF 一旦形成即刻与 $LiMn_2O_4$ 反应，尖晶石结构被破坏。

图 19.22 给出了反应机理。

对于 Mn 离子溶解，主要有以下两个原因：一是尖晶石型锰酸锂的体相结构，二是表面的氢氧化物。通常锰尖晶石表面的氢氧化物有两种来源：尖晶石中的水和氢氧化锰衍生物。假设在尖晶石正极的充放电循环过程中，水分子从氧化物中缓慢释放出来。也可以假设尖晶石中的氢氧化物呈碱性。电化学反应中氢氧化物与 $LiPF_6$ 反应生成 HF，并且在充放电过程中，反应产生热量。HF 可以与尖晶石反应，溶解尖晶石颗粒，使得电解质中锰的浓度增加。

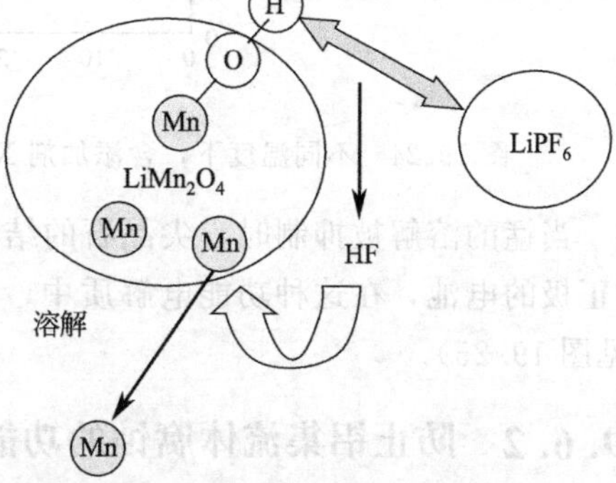

图 19.22 80℃下尖晶石结构 Mn 溶解机理的示意图

为了抑制锰的溶解，有效的办法是减少电解质

中氢氧化物与 $LiPF_6$ 的反应。因此，在电解质中加入能促使 $LiPF_6$ 与尖晶石中氢氧化物反应提早发生的化合物是很好的解决方案。也就是说，该化合物相对于 $LiPF_6$ 更易于与 OH^- 反应。这种化合物应该设计为在非水电解质中可产生质子，形成中性溶液，向功能电解质中添加这种化合物后，它很容易与电解质基液中尖晶石的 OH^- 反应。这种含有添加剂 X 的新型功能电解质尤其适合于尖晶石基的 LIB，称之为化学反应可控溶液（见图 19.23）。

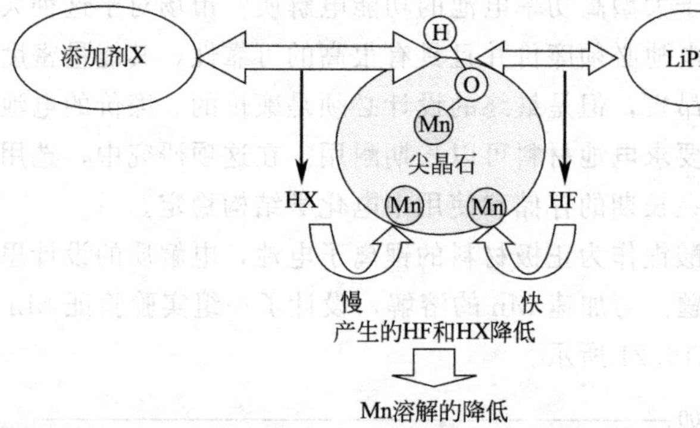

图 19.23　应用于尖晶石基 LIB 的新型含 X 添加剂的功能电解质降低 Mn 溶解的机理阐述

将尖晶石型锰酸锂作为正极，在 20℃、45℃、60℃下，比较普通电解质和含有添加剂的特殊功能电解质中锰的溶解速率。首先将电池分别在三个温度下存储 1 个月，然后分别进行 100 次充放电循环，最后检测电解质中的锰含量。实验电池采用的尖晶石化合物是通过高端技术方法制备的。实验结果表明，在普通电解质和含有添加剂的特殊电解质中，锰的含量有很大差别，因此添加剂可以显著抑制锰的溶解。这是生产可靠性高、长期稳定电池的较为重要的技术理念（见图 19.24）。

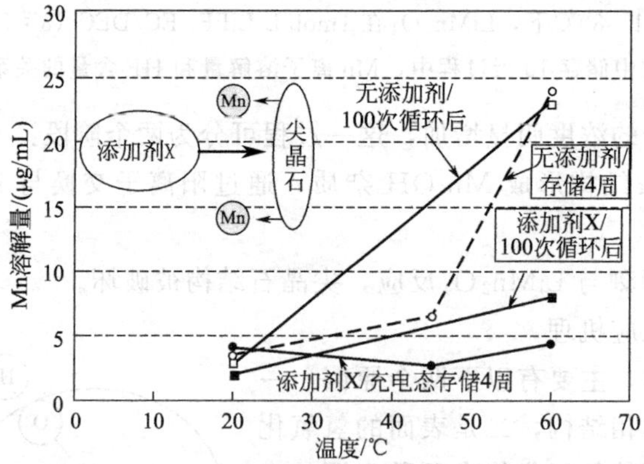

图 19.24　不同温度下，含添加剂 X 的功能电解质和普通电解质中 Mn 离子溶解的比较

当锰的溶解被抑制时，尖晶石的结构会保持稳定而不被破坏。实际上，以尖晶石锰酸锂为正极的电池，在这种功能电解质中，高温 60℃循环 100 次后，尖晶石结构依然未被破坏（见图 19.25）。

19.6.2　防止铝集流体腐蚀的功能电解质

为了生产出可靠性高的电池，仅研究稳定的活性材料是不够的。由于电解质会分解，且黏结剂会与电解质发生反应，所以防止正极或负极的导电网络破坏是长期必要的措施。在电

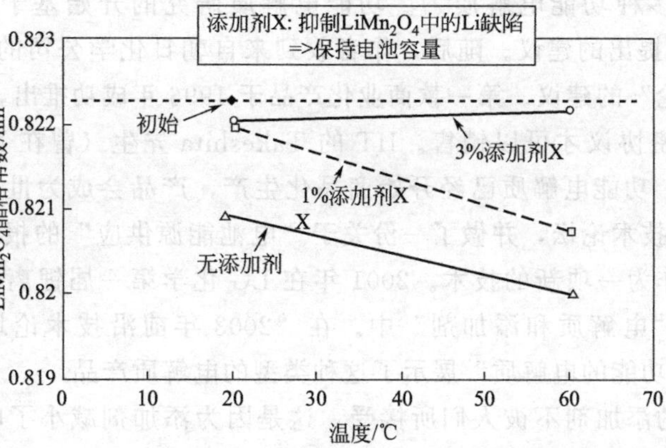

图 19.25 不同温度下，电解质中含有和不含添加剂 X 的尖晶石/石墨电池中石墨的晶格常数

池中，电解质与很多组件都会发生接触，例如活性物质、集流体、黏结剂、隔膜、垫片以及胶带，由此可能会产生非预期的电化学和化学反应。

本节只介绍了在大型高功率电池中，功能电解质对铝集流体腐蚀的抑制。这种功能电解质可以有效提高活性材料和其他材料的利用率，进而提高整个电池的性能。如果将电池比为人的身体，电解质则是身体中的血液。电解质添加剂对于电池来说是一种药，它可以到达受伤部位，解决问题或治愈疾病。集流体的主要功能是导电，需要具有高稳定性，能正常工作5～10 年。为了加速对集流体的评估，电池通常在高温下工作，以使含有铝防腐剂的功能电解质和普通的基础电解质发生一定程度的劣化。随后将铝集流体从电池中取出，并作为电极进行充放电循环。这种测试是为了证实铝箔的电腐蚀性。对比基础电解质，含有防铝腐蚀(NI) 的特殊功能电解质中的铝箔在测试后保持了最初的表面形貌（表面没有凹坑）；而在基础电解质中进行测试的铝箔表面有很多凹坑（见图 19.26）。结果表明，使用防腐蚀添加剂可以延长电池的寿命，提高电池的可靠性。

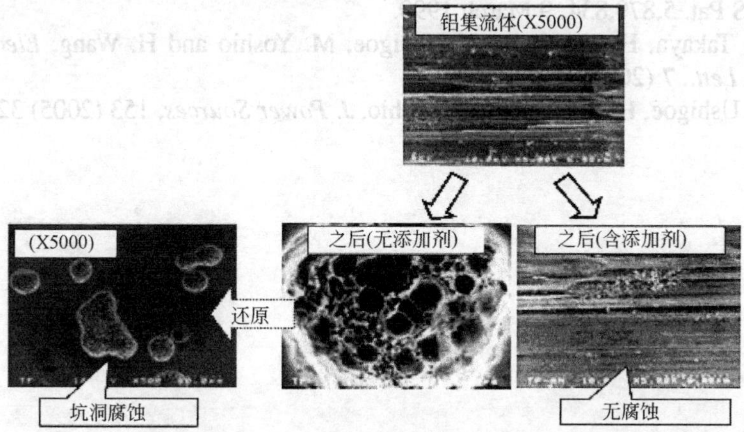

图 19.26 含有抑制铝基体腐蚀 NI 添加剂的新型功能电解质的效果

19.7 补充说明

过去，电解质被认为是锂离子的输送者。现在为了提高电池的性能，使其具有特殊的优

良特性，已开发出多种功能电解质[9]。功能电解质研究的开始基于 1992 年佐贺大学的 Masaki Yoshio 教授提出的建议。随后，作者收到来自朝日化学公司的 Akira Yoshino 博士关于“局部化学理论”的建议。第一款商业化产品于 1996 年成功推出，它的商标是“Purelyte”，只有签订保密协议才可以销售。IIT 的 Takeshita 先生（曾在 NRI 工作过）在一份 NRI 的报告中指出，功能电解质已经开始商品化生产，产品会成为世界第一。作者曾受邀参加 1999 年的前沿技术论坛，并做了一份关于“电池能源供应”的报告。在报告中，作者提出将功能电解质作为一项新的技术。2001 年在 LG 化学第一届锂离子电池研讨会上，功能电解质被涵盖在“电解质和添加剂”中。在“2003 年前沿技术论坛”上，三菱化学以“电池和电源的特定功能的电解质”展示了这种类型的电解质产品。

早期电解质中的添加剂不被人们所接受，这是因为添加剂减小了电极材料的电化学窗口。如今，功能电解质作为电池发展的一个重要方向，已经被人们广泛接受。笔者有幸成为此类功能电解质的发起人，同时感到对该领域内未来发展责任重大。笔者也衷心地希望功能电解质的发展可以推动电池行业更好、更快地发展。

参考文献

1. H. Takeshita, NRI Report Market of Advanced Secondary Battery, NRI, 1997.
2. D. Aurbach, *Advances in Lithium Ion Batteries*, Chap. 1, W. A. Schalkwijk, B. Scrosati (eds.).
3. H. Yoshitake, K. Abe, T. Kitakura, J. B. Gong, Y. S. Lee, H. Nakamura and M. Yoshio, *Chem. Lett*., **32** (2003) 134.
4. P. Ghimire, H. Nakamura, M. Yoshio, H. Yoshitake and K. Abe, *Electrochemistry*, **71** (2003) 1084.
5. K. Abe, H. Yoshitake, T. Kitakura, T. Hattori, C. Wang and M. Yoshio, *Electrochim. Acta*, **49** (2004) 4613.
6. P. Ghimire, H. Nakamura, M. Yoshio, H. Yoshitake and K. Abe, *ITE Letters on Batteries. New Technologies & Medicine*, **6** (2005) 16.
7. P. Ghimire, H. Nakaramura, M. Yoshio, H. Yoshitake and K. Abe, *Chem Left*., **34** (2005) 1052
8. H. Mao, US Pat. 5,879,834, 9 March 1999.
9. K. Abe, T. Takaya, H. Yoshitake, Y. Ushigoe, M. Yoshio and H. Wang, *Electrochem. And Solid-State Lett*.. **7** (2004) A462.
10. K. Abe, Y. Ushigoe, H. Yoshitake, M. Yoshio, *J. Power Sources*, 153 (2005) 328.

第20章

锂离子电池隔膜❶

Zhengming (John) Zhang and Premanand Ramadass

20.1 概述

近年来，随着电化学体系的持续改进和新体系的引入与发展，电池技术取得了长足进步。然而，迄今为止，仍没有一款在任何运行环境下都能够表现良好的理想电池。同样地，也没有一种能够堪称“完美”的隔膜，能够完全满足电池电化学体系以及几何尺寸的要求。

隔膜是置于正负极之间的一种多孔薄膜，离子可以自由通过，同时又能防止正负极短路。近几年来，已有多种隔膜应用于电池。从一开始的雪松盖板和香肠包装材质，隔膜经历了由纤维纸和玻璃纸制造的无纺布、泡沫材料、离子交换膜和由聚合物材料制成的多孔膜等一系列的转变。随着电池技术的进步，它们对隔膜功能的要求也变得越来越苛刻和复杂。

在所有电池中，隔膜都起着关键的作用。隔膜的主要功能是保持正极和负极隔开，以防止短路，并且同时允许离子的快速转移，因为这些离子正是电化学电池实现电流通路所必需的。隔膜是良好的电子绝缘体，具有通过固有离子导体或电解质浸透传导离子的能力。隔膜应该尽量减少离子传递对电池电化学体系能量效率的不利影响。

与电极材料和电解质相比，直接针对隔膜表征和新型隔膜开发的工作少之又少。同样，电池相关的出版物也很少关注隔膜。近年来，已经出现了一些关于电池的制备、性能、实际应用等方面的综述，但是并没有对隔膜详细地讨论[1~10]。最近出现了少量的英语和日语论文，讨论了不同类型的隔膜在各种电池体系中的应用[11~20]。关于铅酸电池隔膜和锂离子电池隔膜的细节，已经在《电池材料手册》中由 Boehnstedt[13] 和 Spotnitz[14] 分别报道。更早的时候，Kinoshita 等人已经完成了一份不同种类的薄膜/隔膜在不同电化学体系中应用的概论，包括在电池中的应用[11]。

目前大多数电池用隔膜是作为现有薄膜生产技术的拓展产品而开发的。通常，它们不是专门为电池体系开发研究的，因此，对于这些电池体系来说，隔膜并不是完全适用的。以相对低的成本来生产高容量的电池，这是运用现有技术的积极结果。低成本隔膜的实用性是电池商品化过程中一个重要的因素，这是由于电池产业通常利润很薄，并且科研预算相对较少。

本章旨在提供隔膜在锂离子电池的应用情况及其化学性能、力学性能和电化学性能的详细综述，同时也探讨了锂离子电池对隔膜性能和表征技术的要求。尽管隔膜已有广泛的应

---

❶ 经 Chem. Rev 授权部分引用[104]。(2004) 4419－4462，版权 (2004)，美国化学学会会刊。

用，但仍迫切需要降低成本、提高其性能和寿命。下文尝试讨论了各种隔膜的关键问题，并希望引起对现在与未来的研究方向和隔膜技术发展的关注。

20.2 电池及隔膜市场

在过去的几年中，电池产业中的便携式二次电池得到了巨大发展。推动该发展的主要动力来自移动电话、掌上电脑、笔记本电脑以及其他无线电子产品的广泛使用。电池仍然是诸如移动电话、掌上电脑、电动或混合动力车的主流能量来源。2000 年全球电池市场销售额约为 410 亿美元，其中一次电池占 162 亿美元，二次电池占 249 亿美元[21]。

2003 年，应用于移动设备的二次电池（镍镉、镍氢和锂离子）市场销售额约为 52.4 亿美元，比 2002 年增长了约 20%。锂离子电池市场销售额约为 38 亿美元（占总市场销售额的 73%），超过 90%的移动电话、便携式摄像机和笔记本电脑采用锂离子电池，同时近年来锂离子电池也开始应用于电动工具领域[22]。

近期的一项市场调查显示，锂电池正成为一款全能的二次电池。2006 年，其需求量达到约 20 亿只，并且年增长率超过 10%。笔记本电脑和手机用锂电池的需求一直在稳定增长。同时，在另外一个重要应用领域——电动工具方面，尽管对镍镉电池的需求仍在增长，但是对锂电池的需求也超出了预期。目前，采用锂电池的 UPS 已经商业化，毋庸置疑，锂离子电池混合动力汽车（LIB-HEV）将在 2010 年成为主要突破点并且实现超越[23]。

图 20.1 展示了 1991～2006 年几大主流二次电池体系（镍镉、镍氢、锂离子电池和软包装锂离子电池）的总销售明细[23]。二次电池体系的总市场销售额保持在 60 亿美元以上，到目前为止，锂电池的销售额超过 45 亿美元，加上混合动力汽车上的应用，二次电池的市场销售额有望达到 100 亿美元甚至更高。

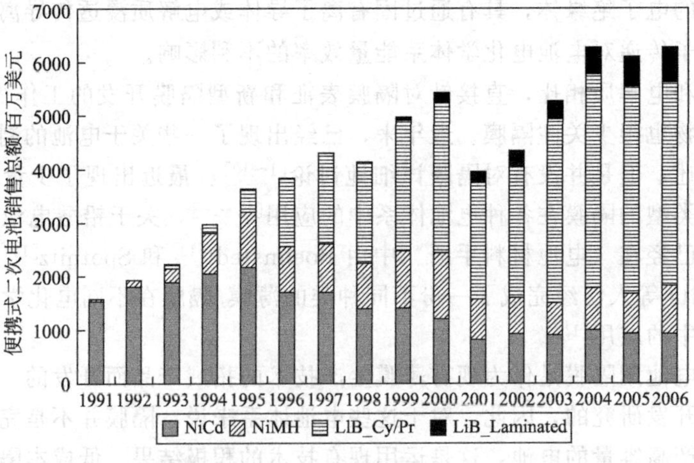

图 20.1 全球二次电池市场概况

从 1994 年到 2002 年，锂离子电池飞速发展，18650 圆柱形和方形锂离子电池的体积能量密度和质量能量密度增长了两倍。过去几年，锂离子电池的生产已经由日本扩展至韩国（三星、LG 等）和中国（比亚迪、比克、力神等）[22]。一些日本（三洋、索尼、MBI、NEC 等）和韩国（LG 化学）的制造商也将他们的制造厂转移到中国。2000 年，日本的二次电池占全球市场的 94%，到目前已经降至 65%[22~25]。锂离子电池市场的不断增长推动了对电池隔膜的强劲需求。主要的隔膜制造商（Celgard、Asahi、Tonen），有的已经在2003年提高了产量，有的计划在2004年提高产量[26~28]。

在文献中，关于电池隔膜市场的有效信息并不多。据估计，电池材料或零部件的市场规模相当于锂离子电池市场的30%左右，即大约15亿美元。在锂离子电池所有的零部件市场中，锂离子电池隔膜大概占有3.3亿美元的市场[29,30]。近期，弗里多尼亚集团的报告称，美国对电池隔膜的需求量将由1977年的2.37亿美元涨至2002年的3亿美元，到2007年将达4.1亿美元[31,32]。

20.3 隔膜与电池

电池的形状和结构多种多样——纽扣式的、平板的、方形（长方形）的、圆柱形的（AA、AAA、C、D、18650等）。电池零部件（包括隔膜）的设计要根据具体电池的形状和设计来确定。隔膜或是堆叠于两电极之间，或是与电极卷绕在一起构成极组，如图20.2所

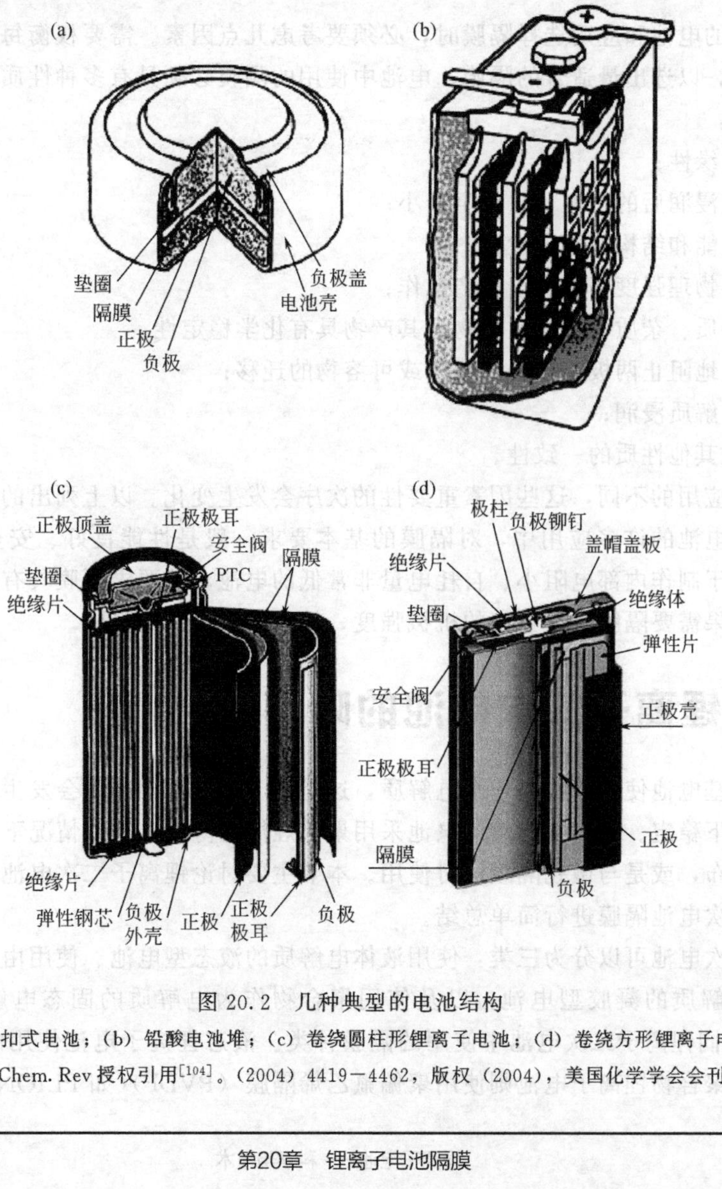

图20.2 几种典型的电池结构

(a) 纽扣式电池；(b) 铅酸电池堆；(c) 卷绕圆柱形锂离子电池；(d) 卷绕方形锂离子电池

经 Chem. Rev 授权引用[104]。(2004) 4419−4462，版权 (2004)，美国化学学会会刊

示。普通叠片电池内的各个组件被电池外壳压实。锂离子凝胶聚合物叠片电池，则是通过将电极与隔膜通过粘接/层压制成的，在粘接过程中，隔膜的性能不会发生明显的变化。在某些电池中，会使用涂层隔膜，这样可以更好地粘接，并减小接触电阻[33~35]。

传统的制造卷绕电池的方法是将两层隔膜与正负极卷绕在一起，最后形成隔膜-负极/隔膜-正极的结构。它们被尽可能地紧密卷绕在一起，以保证良好的表面接触。这就要求隔膜有足够的强度，以防止电极刺穿隔膜而使正负极短路。同样，隔膜也不能收缩变窄，否则会造成正负极的短路。

卷绕好的极组放入电池壳中，并注入电解质；隔膜应被电解质迅速浸润，以减少静置时间；然后扣上电池顶盖，并与壳体进行封装。在某些方形电池中，极组会在高温高压下压实，然后放入长方形的外壳里。典型的 18650 型锂离子电池需要使用 0.07～0.09m^2 的隔膜，其质量为整个电池的 4%～5%[36]。

20.4 隔膜的要求

根据特定的电池和应用选择隔膜时，必须要考虑几点因素。需要权衡每种可用隔膜的特点和使用要求，以选出最适合的隔膜。电池中使用的隔膜必须具有多种性质，选择隔膜时应考虑以下因素：

① 电子绝缘性；

② 电解液浸润后的（离子）电阻最小；

③ 力学性能和结构的稳定性；

④ 足够的物理强度，以易于生产操作；

⑤ 对电解质、杂质、两极反应物及其产物具有化学稳定性；

⑥ 能有效地阻止两极间粒子、胶体或可溶物的迁移；

⑦ 易被电解质浸润；

⑧ 厚度及其他性质的一致性。

根据电池应用的不同，这些因素重要性的次序会发生变化。以上列出的是电池对隔膜的主要要求。在电池的许多应用中，对隔膜的基本要求一般是性能良好、安全性高和成本低等。例如，用于制作内部电阻小、自耗电量非常低的电池，就要求隔膜具有较高的孔隙率且较薄；但是如果需要隔膜有足够高的机械强度，就需要厚一些的隔膜。

20.5 锂离子二次电池的隔膜

所有的锂基电池使用的都是非水电解质，这是由于锂在水溶剂中会发生反应，且非水电解质在高电压下稳定。大多数锂离子电池采用聚烯烃微孔薄膜，某些情况下，可能会单独使用聚烯烃无纺布，或是与微孔隔膜同时使用。本节主要讨论锂离子二次电池的隔膜，随后也会对锂离子一次电池隔膜进行简单总结。

锂离子二次电池可以分为三类：使用液体电解质的液态型电池、使用由聚合物和液体混合成的凝胶电解质的凝胶型电池，以及使用聚合物作为电解质的固态电解质型电池。表 20.1 给出了不同锂离子二次电池中使用的隔膜种类。液态锂离子电池使用的是微孔聚烯烃隔膜，而凝胶聚合物锂离子电池则使用聚偏氟乙烯隔膜（PVDF)（如 PLION® 电池），或是

表 20.1 应用于二次锂离子电池的各类型的隔膜

电池体系	隔膜类型	材质
锂离子(液体电解质)	微孔	聚烯烃(PE、PP、PP/PE/PP)
锂离子凝胶聚合物	微孔	聚偏氟乙烯
	微孔	涂覆有聚偏氟乙烯或其他凝胶剂的聚烯烃(PE、PP、PP/PE/PP)
锂离子聚合物(如 $Li-V_6O_{13}$)	聚合物电解质	聚环氧乙烷-锂盐(PEO-LiX)

注：经 Chem. Rev 授权引用[104]。(2004) 4419－4462，版权 (2004)，美国化学学会会刊。

涂有聚偏氟乙烯的微孔聚烯烃隔膜。PLION 电池使用聚偏氟乙烯隔膜，其表面涂覆硅材料，内部含有均匀分散的增塑剂，通过去除增塑剂，然后填充液态电解质以形成微孔结构，它们也具备凝胶电解质的特点。在固态聚合物型锂离子电池中，固态电解质同时充当电解质及隔膜。本章仅针对传统的液态锂离子电池体系进行讨论。

过去的十年中，室温锂离子电池技术已经取得了重大的进步。由于锂离子电池具有更高的能量密度、更长的循环寿命和更高的工作电压，成为大多数便携式电子设备能源的首选。2002 年，全球市场上移动通信信息设备使用的二次电池中，66％的是锂离子电池，其他的则为镍基电池[37,38]。

典型锂离子电池的正极是由铝箔和涂在其表面的薄层金属氧化物（例如 $LiCoO_2$）粉末组成；负极则是由铜箔和涂在其表面的薄层石墨粉或其他某种碳组成。正负极由多孔薄膜隔开，该膜浸透在溶有 $LiPF_6$ 的有机溶剂中，如碳酸乙烯酯（EC）、碳酸甲乙酯（EMC）或者碳酸二乙酯（DEC）等。在充放电过程中，锂离子在活性物质的原子层间嵌入或脱出。

20 世纪 90 年代早期，索尼公司引入的锂离子电池急需一种新的隔膜。这种隔膜不但需要具有良好的力学性能和电学性能，还需要具有热阻断机制，可以提供安全保护性能。虽然各种隔膜（例如纤维素、无纺布等）已经在不同类型的电池上应用，但是由于锂离子电池需要隔膜具备多种特性，所以在过去的几年时间里，关于锂离子电池隔膜的各种研究一直在进行中。

由于传统隔膜材料很难满足锂离子电池对隔膜的特性要求，所以，隔膜厂家开发了一种新型微孔聚烯烃隔膜，并将其广泛应用在锂离子电池中。在锂离子电池中，两层隔膜夹在正负极之间，然后卷绕成圆柱形或方形结构。隔膜的微孔中充满了离子导电的液体电解质。

目前使用的微孔聚烯烃膜非常薄（$<30\mu m$），由聚乙烯（PE）、聚丙烯（PP）或者多层聚乙烯聚丙烯组成[39]。使用聚烯烃材料是因为它具有出色的力学性能、化学稳定性和可以接受的价格[40,41]。人们发现微孔聚烯烃膜在兼顾电化学性能的同时，在电池几百次循环以后，其化学和物理性能没有明显降低。

商品化薄膜的孔径大小在 $0.03\sim0.1\mu m$ 的范围内，孔隙率为 30％～50％。PE 的熔点低使其具有热保险的作用。当温度接近聚合物的熔点时，隔膜的孔闭合，能完全或部分地切断电池内部电流，阻止电池内部继续产生焦耳热，从而提高电池安全性。PE 熔点为 135℃，PP 熔点为 165℃。Celgard 研发了三层聚合物隔膜（PP/PE/PP）[42]。当电池温度过高时，低熔点的 PE 层闭孔，电流阻断，而这时高熔点的 PP 仍然保持了隔膜的结构完整性。旭化成公司的平面薄膜"Hipore™"的厚度范围为 $20\mu m$ 到几百微米之间，并且孔径在 $0.05\sim0.5\mu m$ 的尺寸范围内具有高度的一致性[43]。表 20.2 列出了主要的锂离子电池隔膜制造商及其主要产品。

表 20.2 主要锂离子电池隔膜生产商及其主要产品

制造商	结构	组分	工艺	商标名称
日本旭化成	单层	PE	湿法	HiPore
Celgard LLC	单层	PP、PE	干法	Celgard
恩泰克薄膜	多层	PP/PE/PP	干法	Celgard
恩泰克薄膜	聚偏氟乙烯涂布	PVdF、PP、PE、PP/PE/PP	干法	Celgard
日本三井化学	单层	PE	湿法	Teklon
日本日东电工	单层	PE	湿法	
帝斯曼	单层	PE	湿法	
东燃化学	单层	PE	湿法	Solupur
东燃化学	单层	PE	湿法	Setela
日本宇部	多层	PP/PE/PP	干法	U-Pore

注：经 Chem. Rev 授权引用[104]。(2004) 4419－4462，版权 (2004)，美国化学学会会刊。

近年来，因为便携式电子产品的迅速增长，所以高容量电池的市场需求强烈。减小隔膜的厚度是提高电池容量的一种方法。电池制造商已经开始将 20～16μm 的隔膜应用在高容量（>2.0A・h）的圆柱形电池上，在凝胶聚合物电池上应用的则是 9μm 的隔膜。

虽然无纺布材料已经被开发应用于锂离子电池，但是还没有被广泛接受，部分原因是难以制造一致性好、强度高的薄膜材料[44]。目前，无纺布隔膜已经被应用在部分纽扣电池和圆柱形电池中，这些电池可接受较厚的隔膜和低放电速率。

20.5.1 隔膜的发展

锂离子电池隔膜的制造工艺大概可分为湿法[47]和干法[45,46]两种。这两种工艺通常采用一个或多个取向步骤来获得多孔性，和/或增加拉伸强度。干法工艺包括以下几个步骤：熔融聚烯烃树脂、挤出成膜、热处理以增加片状结晶的数量和大小，然后精确地拉伸隔膜以形成紧密有序的微孔[48～52]。对于这种工艺，在最初的挤出步骤中，聚合物会形成一排排的片状结晶结构。通过挤出和热处理后，这种无孔结构具有高度的方向性。在下一个步骤里，薄膜被拉伸形成微孔，这种微孔结构连续分布在整个薄膜的内部[53]。

Celgard[48,50,54,55]和宇部[56]使用干法制得聚丙烯和聚乙烯微孔薄膜。因为不需要任何溶剂，干法工艺在技术上是很简便的。然而，迄今为止，只有一种单向的拉伸方法获得了成功，但单向拉伸使隔膜的微孔看起来像撕裂的裂缝，且在力学性能上为各向异性，横向的拉伸强度相对来说也较低。

湿法（即相转变工艺）[57,58]包括以下步骤：通常先将液态烃或者其他一些低分子量的造孔剂和聚烯烃树脂混合，加热熔化，挤出成薄片，将薄片纵向（MD）拉伸或者双向拉伸，然后用挥发性溶剂将造孔剂萃取出来[45,59]。旭化成[60]、东燃[61～63]、三菱化学公司[64]的隔膜就是通过湿法工艺制备的，最近的 Polypore/Membrana and Entek 也采取这种工艺[65]。这种工艺可以通过控制溶液的成分和蒸发或者减少凝胶和固化过程中的溶剂，而改变薄膜的结构和性质。湿法制得的隔膜可以使用超高分子聚乙烯（UHMWPE）[58]，因此可以提供更好的力学性能和一定程度的熔化完整性。

湿法工艺的不足在于，要处理大量已用过的溶剂，而对这些溶剂的回收使用是很困难的。湿法工艺对聚丙烯这类的聚合物也不方便，因为它们不溶解于传统的溶剂。Ihm 等人已经发表了一篇综述，研究了通过使用高密度聚乙烯的共聚混合物来制备隔膜湿法工艺。结果表明，聚烯烃混合溶液中超高分子聚乙烯的含量和分子量会对隔膜的机械强度和拉伸强度造成影响。表 20.3 对比了典型的湿法和干法微孔薄膜的制造工艺。

表 20.3　典型多微孔薄膜的生产过程

过程	机理	原料	性能	薄膜类型	生产商
干法拉伸	牵引	聚合物	单一	PP、PE	Celgard、宇部
			各向异性	PP/PE/PP	
湿法拉伸	相分离	聚合物＋溶剂	各向同性	PE	旭化成、东燃
		聚合物＋溶剂＋填充剂	大孔径	PE	旭化成
			高孔隙率		

注：经 Chem. Rev 授权引用[104]。（2004） 4419－4462，版权（2004），美国化学学会会刊。

图 20.3(a)、(b) 分别给出了锂离子电池中使用的聚烯烃隔膜以及隔膜制造工艺的简要流程图[66]。纯的聚合物进行预处理后，与辅助剂混合（例如抗氧化剂和增塑剂等），然后挤压。根据工艺不同，通过不同的步骤挤压聚合物。对于干法来讲，包括热处理和拉伸；对于湿法而言，则包括萃取造孔剂和拉伸。制得的薄膜随后被裁成所需要的宽度，进行包装，运输给电池制造商。随着更薄隔膜的出现，制造过程中膜的处理对其最终质量已经变得非常重要。隔膜制造商已经通过在线检测系统来检测隔膜的质量。

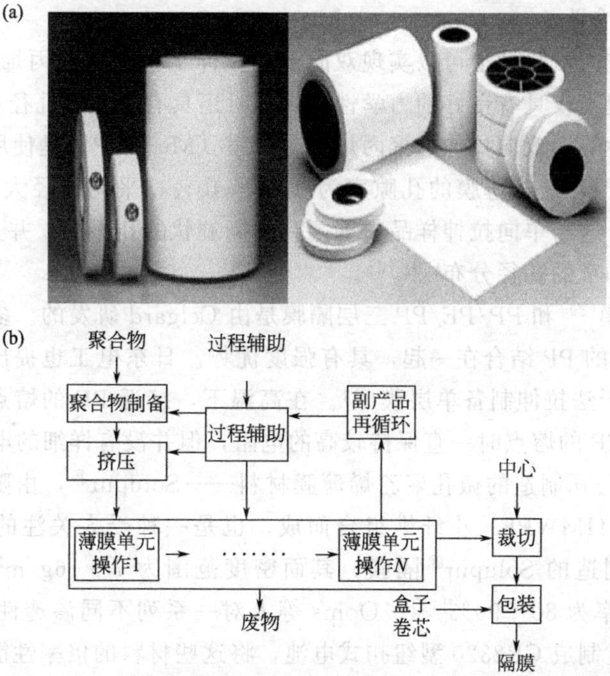

图 20.3　（a）锂离子电池用聚烯烃隔膜及（b）隔膜制造工艺的简要流程

隔膜生产中的每一步都通过在线监测系统监视隔膜质量

单向拉伸的薄膜仅在一个方向上具有较高的强度，而双向拉伸的薄膜在纵向（MD）和横向（TD）上都有相对较高的强度。尽管直观上，相对于单向拉伸的薄膜来说，人们可能会更倾向于选择双向拉伸的薄膜；但是在实际使用上，双向拉伸薄膜并没有性能上的优势。

在实际使用过程中，双向拉伸薄膜倾向于在TD方向上收缩，这种高温下的收缩，可能使正负极短路。隔膜在纵向上必须具有足够的强度，使其宽度不减小，或者在卷绕张力作用下不破裂。在卷绕电池的生产过程中，横向强度并没有纵向强度那样重要。一般来说，对于25μm的隔膜，实际需要的最小纵向拉伸强度为1000kg/mm[58]。

表20.4中总结了一些商业化微孔薄膜的典型性能。Celgard2730和Celgard2400分别是单层PE膜和PP膜，然而Celgard2320和2325则是20～25μm厚的三层隔膜。Asahi和Tonen的隔膜都是通过湿法制备的单层PE隔膜。这些隔膜的基本性质，如厚度、透气率、孔隙率、熔化温度和离子电阻率等都在表20.4中列出，并在20.5.2章节中给出了这些性质的具体定义。

表20.4　几种商品化微孔隔膜的典型特性

隔膜/特性	Celgard2730	Celgard2400	Celgard2320	Celgard2325	Asahi Hipore	Tonen Setela
结构	单层	单层	多层	多层	单层	单层
组成	PE	PP	PP/PE/PP	PP/PE/PP	PE	PE
厚度/μm	20	25	20	25	25	25
透气性/s	22	24	20	23	21	26
离子电阻率①/Ω·cm²	2.23	2.55	1.36	1.85	2.66	2.56
孔隙率/%	43	40	42	42	40	41
熔点/℃	135	165	135/165	135/165	138	137

① 在电解质1mol/L $LiPF_6$ EC∶EMC（30∶70，体积比）中。经Chem. Rev授权引用[104]。(2004) 4419－4462，版权（2004），美国化学学会会刊。

经过努力，研究人员找到了可以实现双向干法拉伸工艺制造聚丙烯微孔薄膜的新方法，这种方法制造的薄膜不仅具有良好的力学性能，同时还具有亚微米孔径和窄的孔径分布、高的气体和液体渗透性等。双向拉伸的聚丙烯微孔薄膜（Micpor®）是使用β-晶体含量高的无孔聚丙烯薄膜制成[67]，这些薄膜的孔隙率为30%～40%，平均孔径大约为0.05μm。薄膜表面的孔近似圆形，这与单向拉伸样品中观测到的撕裂状的孔不同，并且具有高的流体渗透性、好的力学性能和窄的孔径分布[68～70]。

PP/PE双层隔膜[39]和PP/PE/PP三层隔膜是由Celgard研发的。多层隔膜将熔点较低的PE和高温强度好的PP结合在一起，具有强度优势。日东电工也提出了一项专利，是由PE/PP混合物通过干法拉伸制备单层膜[71]。在高温下，接近PE的熔点时，隔膜的电阻增加，并且在远低于PP的熔点时一直保持较高的电阻，但并没有详细的电池性能数据。

DSM Solutech公司制造的微孔聚乙烯薄膜材料——Solupur®，由随机取向的粗和细的超高分子聚乙烯（UHMWPE）小纤维组合而成，也是一种受人关注的锂离子电池隔膜材料。按照标准等级制造的Solupur®隔膜，其面密度范围为7～16g/m²，平均孔径范围为0.1～2.0μm，孔隙率为80～90%[72]。Ooms等人对一系列不同渗透性的DSM Solupur材料进行了研究。通过制成CR2320型纽扣式电池，将这些材料的倍率性能和循环测试结果同已经商业化的隔膜进行比较。Solupur®材料表现出低曲折系数、高拉伸强度和穿刺强度、优异的润湿性、优良的高倍率性能和低温性能，这些都应该归功于高孔隙率和UHMWPE结构[73]。

最近日东电工开发了一款新型电池隔膜，这种隔膜由湿法工艺制备，并且具有高刺穿强度和高熔融破裂温度[74]。混有高分子量橡胶的聚烯烃树脂是制备这种隔膜的主要成分，通过在空气中氧化形成交联结构。通过热机械分析得出，这种材料的熔融破裂温度在200℃以上。他们也尝试利用紫外线照射和电子束将 UHMWPE 进行交联，但是这种过程带来的副作用是会引起聚烯烃的降解，包括主链的断裂，并因此导致强度的降低。

图 20.4 为日东电工隔膜的 SEM 图像，它的无纺布结构与湿法工艺制得的隔膜样品很像。日东电工的隔膜更容易在纵向和横向上发生收缩。当隔膜加热到接近聚烯烃的熔点时，表现出闭孔行为，但是熔化完整性很差。

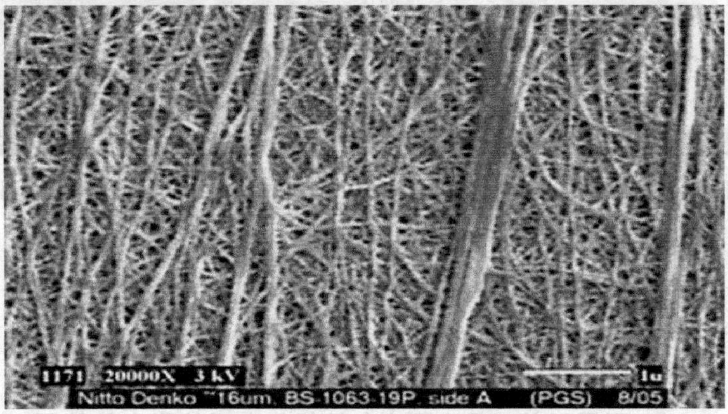

图 20.4 日东电工隔膜的 SEM 图

三井化学集团已经研发出了一种微孔薄膜，这种隔膜采用一种高分子量的聚乙烯材料，据报道，这种薄膜具有非常优异的强度和空气渗透性[64]。这种微孔薄膜是由含有伸长链晶体及薄层晶体的纤维、和/或含有螺旋晶体的纤维组成。这种多孔薄膜是在不具备空气渗透性的高分子量聚乙烯薄膜基础上制备的，将不具备空气渗透性的薄膜热处理，如果需要的话，还需进行拉伸和/或热定型处理。图 20.5 展示了三井隔膜的 SEM 图像。三井隔膜也表现出闭孔行为，但是相对于日东电工隔膜而言，具有更好的熔融完整性。

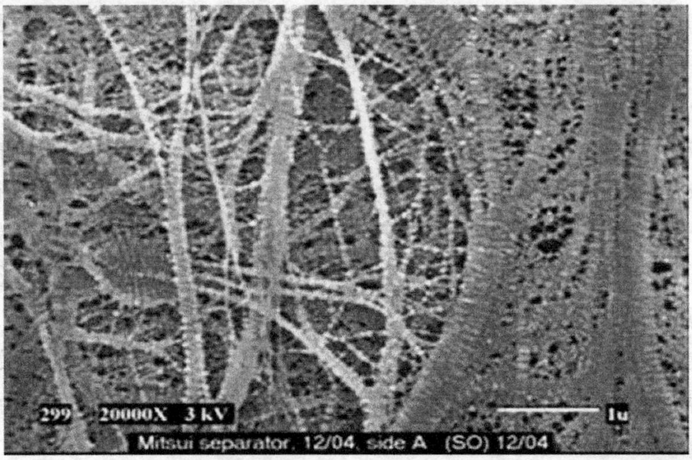

图 20.5 三井隔膜的 SEM 图

ENTEK Membranes LLC 开发出了 Teklon™，一种锂离子电池用的高度多孔的 UHMWPE 隔膜。Pekala 等人对 Celgard™、Setela™ 和 Teklon™ 隔膜的物理、力学和电性能进行了表征[75]。最近 Chen 等人[76]已经开发出了一种导电聚合物，它可以通过一种可逆的内部自激活机制，为锂离子电池提供了过充电保护功能。浸满电化学活性聚合物——聚(3-丁基噻吩)(P3BT) 的微孔聚丙烯隔膜，被氧化以后就具有导电性。图 20.6 展示了这种微孔聚

图 20.6 P3BT 沉积之前（a）和之后（b）的微孔聚丙烯隔膜 SEM 图

丙烯隔膜在 P3BT 沉积之前和之后的 SEM 图像。这种复合薄膜表面具有一个聚合物薄层，约 10％的薄膜微孔被聚合物填充。这种导电聚合物复合隔膜通过 TiS_2-Li 电池（3.5V 体系）进行测试，当电池过充电到 4V 以上时，电池仍然保持完整。这是因为导电聚合物承担了多余的电流，这样充电电压就被限制在 3.2V。

Chen 等人在 LBNL 开展了关于具有更高起始氧化电压的聚合物的研究工作，这项研究将应用于 4V 锂离子电池的过充电保护。他们开发了一种导电的双层复合聚合物隔膜，这种隔膜将会为高电压锂离子电池提供过充电保护[77]。具有更高氧化电位的聚合物与正极接触，建立了过充电保护限，低电压聚合物实现了可逆分流，防止高电压聚合物在负极电位下不稳定发生降解。这种方法已经被 Chen 等人成功应用于对 $LiFePO_4$/Li 电池和 $LiNi_{0.8}Co_{0.15}Al_{0.05}O_2$/Li 电池的保护。

迄今为止，Celgard 的隔膜是在文献中描述的最好的锂离子电池隔膜，该隔膜已经被广泛应用于许多电池体系。Bierenbam 等人[45]描述了 Celgard 隔膜的加工、物理性质、化学性质和最终应用。Fleming 和 Taskier[78]描述了 Celgard 微孔薄膜作为电池隔膜的用途。Hoffman 等人[79]提供了 Celgard 的 PP 和 PE 微孔薄膜材料的对比结果。Callahan 讨论了 Celgard 薄膜的一些新应用。Callahan 和合作者[80]采用 SEM 图像分析、压汞孔隙率、透气度和电阻等分析手段表征了 Celgard 薄膜，随后也表征了 Celgard 薄膜的穿刺强度和温度/电阻[39]。Spotnitz 等人报道了模拟卷绕电池的短路行为和电阻/温度行为，以及热力学性能[81]。Yu[82]发现三层结构的 PP/PE/PP Celgard™微孔薄膜具有超常的穿刺强度。

无纺布材料，比如纤维，还没有成功应用于锂离子电池中，这与纤维纸薄膜的自然吸湿性有关。与锂金属接触时，纤维纸薄膜很容易降解并且在厚度低于 100μm 时，纤维纸薄膜容易形成针孔。在未来的应用中，比如电动汽车和电力工厂中的负载均衡系统，纤维纸隔膜或许可以找到一席之地，因为它们在较高温度下比聚烯烃稳定。它们也许会和聚烯烃膈膜层压在一起，以保证高温熔融的完整性。

旭化成化学工业已经针对锂离子电池对纤维隔膜的需求做了相关的调查研究[83]。为了获得具有合适的锂离子电导率、机械强度的无纺布隔膜，并且防止隔膜中出现针孔，旭化成制造出了一种复合隔膜（其孔径为 39～45μm），这种隔膜是嵌有小型纤维丝（直径 0.5～5μm）的微孔纤维膜（孔径 10～200nm）。这种纤维能够降低因过充电或者短路引起隔膜熔断的概率。与传统的聚烯烃微孔隔膜相比，这种隔膜具有相同或者更低的电阻，即使长期循环使用性能也相当好。

Pasquier 等人[84]在平板袋式锂离子电池中使用了一种纸质隔膜，然后将其性能与 Celgard 聚烯烃隔膜制成的电池进行对比。纸质隔膜具有优异的润湿性能和力学性能，但是不具有大型锂离子电池必需的阻断效应。它们的电阻与聚烯烃隔膜相似，当从纸质隔膜中去除痕量水时，它们的循环性能与 Celgard 隔膜相近。纸质隔膜可以被应用于小型平板袋式电池，这些电池的隔膜并不需要很高的强度和阻断特性。大型圆柱形卷绕电池需要高强度的隔膜，并且有阻断特性，所以不会使用纸质隔膜。

最近 Degussa 公司宣布，他们已经开发出应用于锂离子电池的 Separion® 隔膜，它是将柔韧的聚烯烃隔膜和具有化学、热力学电阻等优势的亲水陶瓷材料结合在一起。Separion® 可以通过连续涂覆工艺进行生产。陶瓷材料，例如铝、硅和锌都被涂覆和固化在光滑的基体表面[85,86]。根据 Degussa 公司的研究，Separion® 隔膜具有优异的高温稳定性、出色的化学惰性和良好的润湿性，尤其是在低温环境下。他们测试了 Separion® 隔膜在 18650 型电池中的性能和安全行为，其性能可与聚烯烃的隔膜相媲美[87]。

图 20.7 展示了 Separion 隔膜的 SEM 图，可以清晰地观察到，陶瓷材料涂覆在黏结了聚合物的无纺布表面。Separion® 隔膜在穿刺强度和拉伸强度方面都很弱，并且电介质击穿强度也较低，但在混合穿刺方面有相当高的强度。此外，该隔膜的涂覆黏结性能也很差。

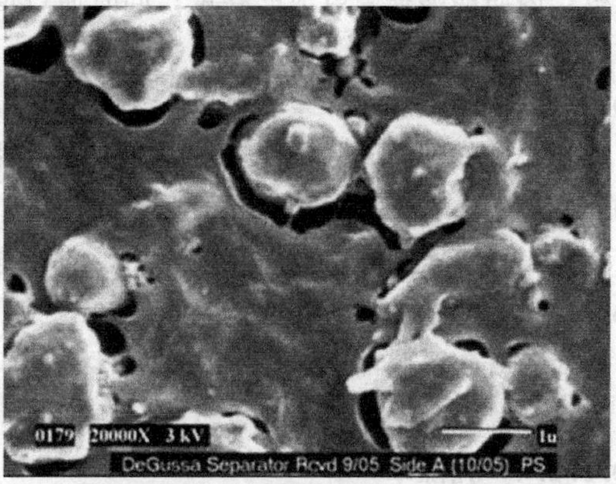

图 20.7 Separion® 隔膜的 SEM 图，可以清楚地看到涂覆在表面的高温隔绝陶瓷材料

Sachan 等人介绍了下一代聚合物锂离子电池的离子交换薄膜的潜在用途[88,89]。通过全氟磺酸转化形成锂盐，单一迁移的电导率会超过 10^{-4} S/cm。

为了获得薄的（低于 15μm）锂离子电池隔膜，Optodot 在光滑表面高速涂覆一种金属氧化物的溶胶-凝胶层，随后，通过分层方法获得独立隔膜。通过这种方法，使用大规模生产的涂覆设备可以生产厚度为 6～11μm 的隔膜[90]。他们发现溶胶-凝胶隔膜在 8～9μm 范围内，可以实现厚度和强度的优化组合。金属氧化物的溶胶-凝胶涂覆材料是水溶剂体系，没有有机物的存在。涂覆材料的配方包括聚合物和表面活性剂。聚合物可以改善涂覆材料的流变性、机械强度和其他性质，表面活性剂可以改善基体的润湿性能。制得的薄膜厚度大约为 11μm，孔隙率为 45%，在非水溶剂中具有完全的润湿性，熔化温度大于 180℃。这些薄膜相对较薄，可以提高电池能量密度，但是对于紧密卷绕的电池来说，强度可能不够。此外，隔膜的阻断温度似乎非常高，因此并不适合于锂离子电池。

Gineste 等人将亲水单体接枝到 PP 或者 PE 隔膜上，来提高只有少量润湿剂的锂离子电池用隔膜的浸润性能[91,92]。他们用 0.5～4Mrad 的电子束在空气中照射处理厚度为 50μm 的 PP 薄膜（Celgard2505），在双官能团交联剂（二甘醇 二甲基丙烯酸酯，DEGDM）的存在下，将单功能的单体结构（丙烯酸，AA）接枝到照射后的薄膜上。当接枝率高于 50% 的时候，隔膜的力学性能开始降低。

20.5.2 隔膜的要求

在锂离子电池中，电池隔膜的主要作用是阻止正负极的短路，同时能使锂离子在正负极之间迁移。隔膜应能够在高速卷绕机上使用，并且具有很好的阻断性能。一次锂离子电池最常用的是多孔聚丙烯薄膜。在锂离子电池中，多微孔聚丙烯膜和聚丙烯与聚乙烯的复合膜的应用很广泛[93]，这些薄膜材料在二次锂离子电池中的化学和电学性能稳定。对于锂离子一次电池用隔膜来说，关键是要求它们的孔足够小，以防止被锂枝晶刺穿。锂离子电池隔膜的一般要求[94]如下。

20.5.2.1 厚度

应用于消费电子类的锂离子电池一般采用较薄的微孔隔膜（低于 25μm），为 EV/HEV 应用开发的隔膜则较厚（约 40μm）。隔膜越厚，机械强度越好，电池装配时隔膜刺穿的可能性越小，但是电池中的活性物质的量就越少。较薄的隔膜占用的空间更小，能容纳更长的电极，因而能够提高电池的容量；同时通过增加接触面积，从而提高了倍率性能，而且隔膜越薄，其内阻越低。

20.5.2.2 渗透性

正常条件下，隔膜不能影响电池的电学性能。通常，使用隔膜会使电解质的有效阻抗增加 6～7 倍。充满了电解质的隔膜电阻与电解质本身电阻的比率就是 McMullin 数。McMullin 数高达 10～12 的隔膜被用于消费电子类电池中。

20.5.2.3 Gurley（空气渗透性）

对于既定隔膜的形态，空气渗透性与电阻成正比。一旦透气性和电阻的关系式确定，可由此来计算电阻（ER）。电性能良好的隔膜，其透气性数值一般较小。

20.5.2.4 孔隙率

透气性的要求表明，常用的锂离子电池隔膜的孔隙率在 40%左右。控制孔隙率对电池隔膜至关重要。孔隙率的百分比规格通常是隔膜的一个整体指标。碱性锌锰干电池中，隔膜的孔隙率一般为 80%～90%。

20.5.2.5 浸润性

隔膜应能够迅速、完全地浸润在典型的电池电解质中。

20.5.2.6 吸液和保液能力

隔膜应能够吸收和保留电解质，离子传递需要电解质具备吸液能力，微孔薄膜在吸收电解液的过程中不应发生膨胀。

20.5.2.7 化学稳定性

隔膜应该在电池内长时间保持稳定。对剧烈的氧化还原反应呈惰性，不降解、不降低机械强度，也不产生妨碍电池功能的杂质。隔膜在 75℃下，应不与强氧化性的正极发生反应，也不与腐蚀性的电解质发生反应。隔膜对氧化反应的抵抗能力越强，在电池中稳定存在的时间就越长。聚烯烃对多数常规化学物质具有很高的抗性，并且具有良好的力学性能，能在适当的温度范围内使用，因而成为制造锂离子电池隔膜的理想聚合物之一。聚丙烯薄膜在与锂离子电池正极直接接触时，表现出了比聚乙烯膜更强的抗氧化性，因此，用聚丙烯作为外层，聚乙烯为内层的三层隔膜（PP/PE/PP），与单层隔膜相比，体现出了更好的抗氧化性。隔膜的氧化会导致力学性能降低，最终导致电池失效。

20.5.2.8 尺寸稳定性

隔膜应保持平整，展开时边缘不能起卷，否则将不易于电池的装配。浸泡在电解质中时，隔膜不能收缩。当电池卷绕时，隔膜的多孔结构不能发生任何不利的改变。

20.5.2.9 穿刺强度

用于卷绕电池中的隔膜需要有很高的穿刺强度，以避免电极物质刺穿隔膜。如果电极物质中的微粒材料刺穿了隔膜，将会导致短路，造成电池失效。锂离子电池中使用的隔膜，与锂一次电池中的相比，需要更高的强度。一次锂电池只有一个粗糙的电极，因此不需要很高的强度。根据经验，在实际应用中，锂离子电池隔膜的穿刺强度至少需要达到 400g/mil (1mil＝25.4μm)。混合穿刺强度能更好地评估电池中隔膜的强度。

20.5.2.10 混合穿刺强度

用混合穿刺强度来表征隔膜抗颗粒刺穿的能力[49]。在卷绕过程中，相当大的机械压力施加在正极-隔膜-负极三者接触面间，任何脱落的颗粒都可能被挤压刺穿隔膜而导致电池短路。

20.5.2.11 热稳定性

锂离子电池中不能存在水，因此所有锂电池中的材料通常要在 80℃的真空环境下干燥。在该条件下，隔膜不能明显收缩，也绝不能起皱。每个电池生产厂商都有专门的烘干工序。通常，在 90℃下干燥 60min（真空），纵向和横向的收缩程度都低于 5%是合理的。

20.5.2.12 孔径

锂电池隔膜的一个关键要求就是孔要足够小，以防止锂枝晶刺穿隔膜。经证实，对于锂电池来说，亚微米的孔径就能满足要求了。

20.5.2.13 拉伸强度

隔膜与电极在张力下进行卷绕。隔膜在张力作用下应不能有明显的伸长，以避免宽度方向收缩。有时会给出拉伸强度的指标要求，但关键参数是纵向上的杨氏模量。由于杨氏模量难以测量，2%的偏移量成为适宜的衡量标准。对于大多数卷绕机来说，在 1000psi（1psi≈6.895kPa）下偏移量小于 2%是可接受的。

20.5.2.14 弯曲度

在理想状态下，当隔膜被展开时，应该是笔直的，而不是弯曲或歪斜的。然而在实际情况下，经常会发现隔膜的弯曲现象。在极端情况下，弯曲会导致电极和隔膜的对齐度不好。弯曲度可通过将隔膜平铺在桌面上，用直尺进行平行测量。隔膜的弯曲度应少于 0.2mm/m。

20.5.2.15 阻断特性

锂离子电池隔膜一定程度上可以防止电池短路或过充电。130℃时，隔膜电阻会明显增加，这样会有效地阻止锂离子在正负极间的迁移[95,96]。130℃以上时，隔膜的机械强度越高，隔膜的安全系数就越大。隔膜一旦失去机械强度，正负电极就会直接接触并发生化学反应，从而导致电池热失控。隔膜的阻断行为可以通过加热浸润了电解质的隔膜至较高温度，同时监视隔膜的电阻来表征[81,96]。

20.5.2.16 高温稳定性

如果隔膜能够在高温下避免正负极的接触，则该隔膜就有较高的安全系数。高温下仍具有很高的力学性能的隔膜，能够为锂离子电池提供更高的安全系数。热机械分析法（TMA）可以用来测试隔膜的高温稳定性。使用热机械分析法时，对隔膜施加恒定压力，并测量延伸率和温度；当达到熔断温度时，隔膜的延伸率急剧增加。

20.5.2.17 电极界面

隔膜应与电极形成良好的界面，以保证电解质流动顺畅。除了上述各项性能外，隔膜本身应该没有任何类型的缺陷（针孔、凝胶、褶皱、有污染物等）。在用于锂离子电池隔膜时，上述所有隔膜的性能均需优化。表 20.5 对锂离子电池用隔膜的常规要求做了相关概括。

表 20.5 锂离子电池隔膜的一般要求[94]

参数	目标	参数	目标
厚度[97,98]/μm	<25	收缩率[103]/%	<5%纵向和横向
电阻(MacMullin 值[99]，量纲为 1)	<8	拉伸强度[104]	<2%，1000psi 下补偿
电阻/Ω·cm²	<2	闭孔温度/℃	约 130
透气性[100]/s	约 25/mil	熔融破裂温度/℃	>150
孔径[101]/μm	<1	浸润性	在电池电解质中能够完全浸润
孔隙率/%	约 40	化学稳定性	在电池中稳定的时间较长
穿刺强度[102](g/mil)	>300	结构稳定性	隔膜平整；在电解质中稳定
混合穿刺强度/kgf/mil	>100	弯曲度/(mm/m)	<0.2

注：经 Chem. Rev 授权引用[104]。（2004）4419－4462，版权（2004），美国化学学会会刊。1mil＝25.4μm，1psi＝6.895kPa。

20.5.3 隔膜的性能/特性

隔膜是通过其结构特性和功能特性来表征的：前者描述这是种什么样的隔膜，后者则描述其性能。隔膜通过结构特性和功能特性来表征，结构特性描述隔膜是什么；功能特性描述隔膜起什么作用。结构特性包括化学（分子）和微晶的性质、厚度、孔径、孔径分布、孔隙率和其他相关的化学和物理性质，如化学稳定性和吸液能力。有用的功能特性为电阻率、渗透性和离子传输能力。对隔膜的结构和功能特性进行表征，并在它们与电池性能之间建立关联是很有用的。许多表征技术已用于隔膜的评价，有些会在本章进行介绍。

20.5.3.1 Gurley（透气率）

隔膜的渗透性通常用透气率来表征。Gurley 数值是指一定体积的空气，在一定压力下穿过一定面积的隔膜所用的时间。标准的测试方法参考 ASTM-D726（B）。

Gurley 数值之所以用来评价隔膜的透气性，是因为这种测量方法非常精确，而且操作简便，其数值与标准值的偏差能够很好地显示隔膜透气性的好坏。从隔膜形态上讲，透气率（Gurley）与电阻（ER）成正比[80]。一旦 Gurley 数值与电阻（ER）之间的关系确定，就可以通过 Gurley 数值求得电阻（ER）：Gurley 数值越小，孔隙率越高，曲折系数越低，相应的电阻（ER）越小。

20.5.3.2 电阻

隔膜的性质可能影响电池的电性能，因此隔膜电阻的测量对于电池制造来说非常重要。对隔膜渗透性而言，测试电阻是比测试 Gurley 数值更综合性的方法，这是由于电阻测量是在实际的电解质溶液中进行的。实质上，多孔膜的离子电阻率是浸入隔膜孔隙中电解质的电阻率。通常，浸入电解质中的微孔隔膜的电阻率，是相对应体积的电解质电阻率的 6～7 倍。隔膜电阻由其孔隙率、曲折系数、厚度以及电解质电阻、电解质润湿孔隙的程度决定[105]。隔膜电阻是真正衡量电池性能的指标，它描述了电池在放电过程中可能出现的电压损失，且能通过电池的测试结果预测倍率极限。

Falk 和 Salkind[5] 以及 Robinson 和 Walker[106] 介绍了典型的微孔隔膜电阻的测量技术。

因为直流电会引起电池电极极化和电解质的分解，因此采用交流电测量电解质的电阻率更为精确。现代的交流阻抗测量系统允许在较宽的范围或者频率下快速地测量电池电阻，而不受电容的影响。与直流电技术相比，交流电技术的理论和对设备的要求更复杂，但是交流电测量能够获得离子长距离迁移以及电池内部发生的极化现象等信息。在交流电测试中，作为扰动结果的电池电压正弦曲线和电池电流正弦曲线是确定的。四电极电池通常被用作电阻率的测量，外面的两个电极提供正弦曲线的电势，产生的电流通过里面的两个电极进行测量。应用这项技术，避免了外面两个电极附近不规则电场引起的影响。已经有关于水溶液中测量电阻率的实验技术优秀的评论可以借鉴[107,108]。

隔膜电阻的测量方法是剪一小块隔膜将其置于两个块状电极之间。隔膜被电解质完全浸润，隔膜的电阻是通过特定频率下的交流电阻技术测定的。所采用的频率要使隔膜的阻抗等于隔膜的电阻。为了减少测量误差，最好是选取多层隔膜来进行多次测量，单层的平均电阻也通过多次测量获得。浸润电解质的隔膜的电阻率可以通过下式计算：

$$\rho_s = \frac{R_s A}{l} \tag{20.1}$$

式中，R_s为测量得到的隔膜电阻，Ω；A 代表电极的面积，cm^2；l 代表隔膜的厚度，cm。

与上式类似，电解质电阻率 ρ_e(Ω·cm) 的公式为：

$$\rho_e = \frac{R_e A}{l} \tag{20.2}$$

式中，R_e为测量得到的隔膜电阻，Ω。

隔膜电阻率与电解质电阻率的比值叫做 MacMullin 值，用符号 N_m表示。可以用这个参数评估隔膜在电池性能中的影响，其计算公式为[109]：

$$N_m = \frac{\rho}{\rho_e} = \frac{\tau^2}{\varepsilon} \tag{20.3}$$

式中，τ 为隔膜的曲折率；ε 是隔膜的孔隙率。

MacMullin 数描述了隔膜对电池电阻的相对贡献。这个数不依赖于电解质，并且在它的计算公式中，隔膜厚度被消除了。这个过程中，假设隔膜完全被电解质浸润。综合式(20.1)～式(20.3)，通过下式得到微孔隔膜的电阻[5,110]：

$$R_m = \rho_e \left(\frac{\tau^2 l}{\varepsilon A} \right) \tag{20.4}$$

以下给出的是 Celgard 隔膜的电阻计算方法，其结果与透气性参数有关[80]：

$$R_m A = \frac{P_e}{5 \times 18 \times 10^{-3}} t_{gur} d \tag{20.5}$$

式中，R_m代表隔膜的电阻，Ω；A 代表隔膜的面积，cm^2；ρ_e代表具体电解质的电阻，Ω·cm；t_{gur}代表透气性参数（$10cm^3$空气，2.3mmHg）；d 代表微孔的尺寸；$5 \times 18 \times 10^{-3}$ 是一个换算系数。

通常评价电池隔膜的方法是从最终产品上切几块测试样品，因此事实上只有一小部分隔膜被真正检验过。Ionov 等已经提出了一个可供替代的测量技术，该方法是在大块面积隔膜上测量隔膜的电阻[111]。该技术中，电阻测量传感器安装在电解质槽的横向方向上，隔膜穿过电解质槽，被放置在两个电阻测量传感器中间。通过移动隔膜从而实现在整个材料表面的电阻测量。如果生产过程能保证整个隔膜表面上物理化学性能的一致性，两个传感器的输出值会非常接近。如果隔膜表面的物理化学性质不均一，输出结果与材料其他位置的平均值会有明显差异，输出结果或高或低，这种情况下隔膜被认为是有缺陷的。

20.5.3.3 孔隙率

孔隙率对于高渗透率和电解质的储液性至关重要。人们期望高且均一的孔隙率，这样它不会阻碍离子的迁移，不均一的孔隙率会导致电流密度不均一，从而会进一步导致电极活性的降低。这种情况下，在电池放电过程中，一些区域比另一些区域工作更困难，最终会导致电池失效。

隔膜的孔隙率被定义为孔的体积与隔膜体积的比值。通常是通过骨架密度、基体质量、材料尺寸等计算出来的［见式(20.6)］，不一定能反映接近材料真实的孔隙率，其计算公式为：

$$孔隙率(\%)=1-\frac{(样品质量/样品体积)}{隔膜密度}\times 100\% \tag{20.6}$$

在 ASTM D-2873 中描述了孔隙率的标准测试方法。也可以通过隔膜微孔吸收的液体（如正十六烷）的质量来测量真实或者接近真实的孔隙率。在这个方法中，称量隔膜在浸入正十六烷溶液前后的质量，假定被浸润的正十六烷溶液的体积是隔膜孔隙的体积，其计算公式如下：

$$孔隙率(\%)=\frac{被正十六烷浸润的体积}{隔膜体积+被正十六烷浸润的体积}\times 100\% \tag{20.7}$$

20.5.3.4 曲折系数

曲折系数是平均有效毛细管状结构的长度与隔膜厚度的比值，其代表符号为 τ，其表达式为：

$$\tau=\frac{l_s}{d} \tag{20.8}$$

式中，l_s是离子透过隔膜的路径；d 是隔离层的厚度。

曲折系数被广泛用于描述微孔结构对离子迁移产生的影响。$\tau=1$，描述的是一种理想的对离子迁移不产生影响的微孔结构，即平行排列的圆柱型孔；然而实际的微孔结构都会对离子迁移产生一定阻碍，即 $\tau>1$。高曲折系数微孔结构可更有效地阻碍枝晶生长，但同时会导致隔膜电阻。

20.5.3.5 孔径和孔径分布

对任何电池应用来说，隔膜都应该具有均一的微孔分布，以避免由于电流密度不均匀而导致的电池性能下降。亚微米尺寸的孔径对于防止锂离子电池内部正负极之间短路是很关键的，因为通常来说，这些隔膜只有 25μm 厚或者更薄。现今的电池厂家在不断地追求更薄的隔膜以提高电池容量，因此这一点尤为重要。孔的结构通常受到高分子材料的结构、拉伸条件如拉伸温度、拉伸速度和拉伸比率的影响。在湿法膜加工过程中，与先拉伸再萃取法制得的隔膜（孔径在如 Tonen 所声称的 0.1～0.13μm）相比，先萃取再进行拉伸制得的隔膜得到的孔径更大（如旭化成化学和三井化学所声称的 0.24～0.34μm），孔径分布更广[58]。

对电池隔膜的测试和隔膜微孔特性的控制是保证电池能良好运行的关键。为了使电池获得所需的功能，测试电池隔膜和控制隔膜微孔的特性至关重要。以往使用压汞仪测量隔膜的孔隙率、平均孔径和孔径分布[112]。在这种方法中，汞在一定压力下被挤压到微孔中，用汞的量来测量孔的体积和尺寸。对大部分材料而言，汞是非润湿性的，所以必须通过施加压力以克服水银进入微孔的表面张力。

疏水性的隔膜（比如聚烯烃材料）也可以用水溶液法（非压汞法）来表征，该方法中用水代替汞。对于研究锂离子电池用聚烯烃隔膜的特性来说，这个技术是非常有用的[113]。孔隙率测定法可以给出孔的体积、表面积、平均孔径和孔径分布。在典型的实验中，样品被放置在仪器中，然后抽真空。随着压力的升高，被挤压到孔隙中水的增加量与即时压力下孔体积以及孔径的微差成正比。因此，对于一个给定孔径分布的隔膜，通过连续增大压力便可获得一条特定的孔体积对压力或孔径的曲线。把水压入直径为 D 的孔中所需的压力通过以下公式推导：

$$D=\frac{4\gamma\cos\theta}{p} \tag{20.9}$$

式中，D 是孔直径（假设是圆柱型的孔）；p 是压差；γ 是不润湿液体（水）的表面张力；θ 是与水的接触角。

一般地，隔膜中的孔不是一个恒定直径的球形，它们的形状和尺寸通常是变化的。因此，在看待任何一个有关孔径的表述时都不要忘记这一点。

另一个测量孔径和孔径分布的技术是由 Porous Materials 公司[114]发展的毛细管流动测孔仪，它可用于描述锂电池隔膜的特性[115,116]。利用该仪器可以测量锂电池隔膜的一些参数，比如在其最大压紧位置处大部分收缩位置的孔径、最大孔径、孔径分布、渗透性和表面积[117]。

扫描电子显微镜（SEM）也常被用来检测隔膜的结构。可用扫描电子显微镜（SEM）检测隔膜的形貌。一些商用薄膜的 SEM 图像如图 20.8～图 20.10 所示。Celgard2400、2500 和 2730 的表面 SEM 图像如图 20.8 所示。从图像中可以看出孔是均一分布的。

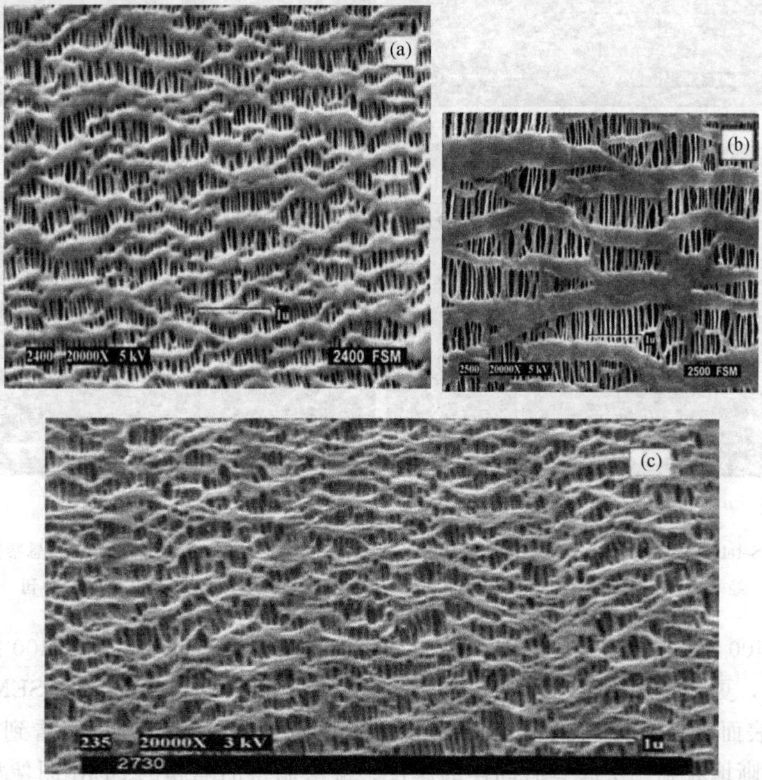

图 20.8　锂离子电池中的单层 Celgard 隔膜的表面 SEM 图

(a) 2400 (PP) 小孔；(b) 2500 (PP) 大孔径；(c) 2730 (PE)

经 Chem. Rev 授权引用[104]。(2004) 4419—4462，版权 (2004)，美国化学学会会刊

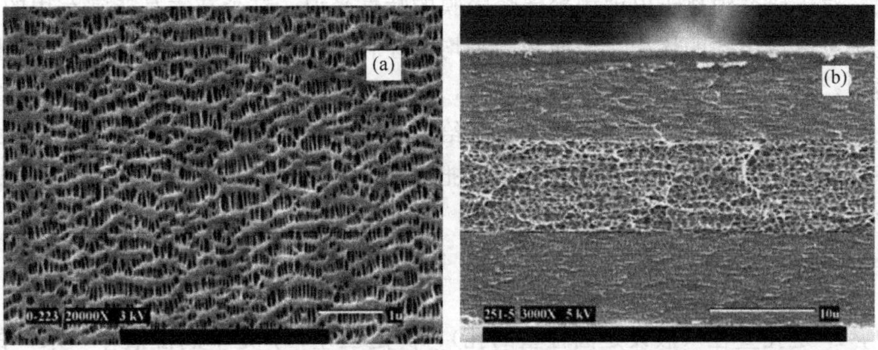

图 20.9 锂离子电池中的 Celgard 2325（PP/PE/PP）隔膜的 SEM 图

(a) 表面 SEM；(b) 横截面 SEM

经 Chem. Rev 授权引用[104]。(2004) 4419－4462，版权 (2004)，美国化学学会会刊

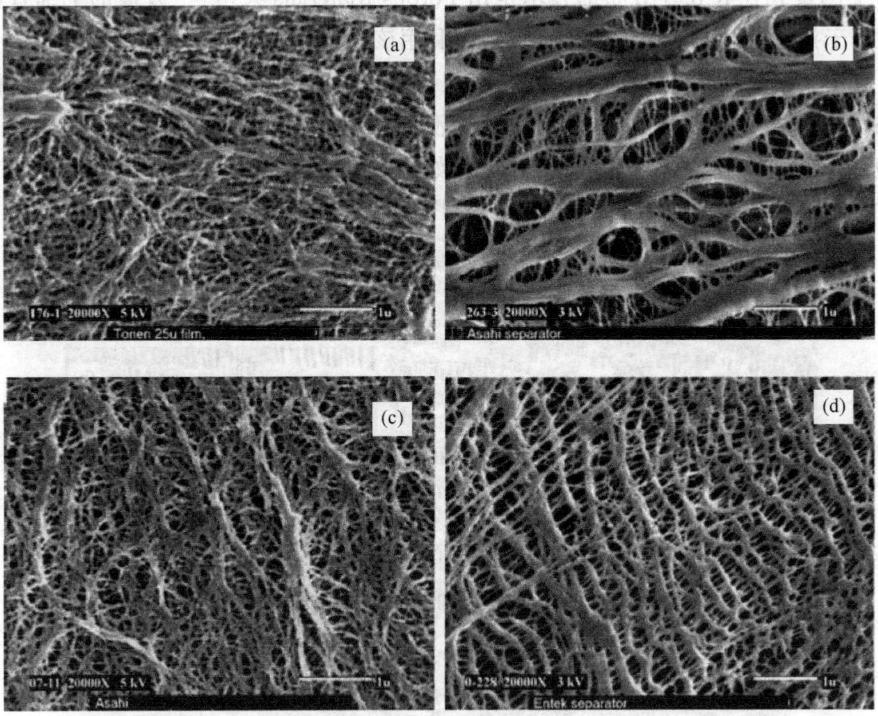

图 20.10 用于锂离子电池且由湿法制备的隔膜 SEM 图

(a) Setela（东燃）；(b) Hipore-1（朝日）；(c) Hippore-2（朝日）和 (d) Teklon（恩泰克）。

经 Chem. Rev 授权 引用。(2004) 4419－4462，版权 (2004)，美国化学学会会刊

Celgard2400 和 2500 都是单层 PP 膜。Celgard2500 的孔径比 Celgard2400 的大，所以具有更低的电阻，更适合于高倍率电池。图 20.9 显示了 Celgard2325 的表面 SEM 图和横截面的 SEM 图。表面 SEM 图只显示了 PP 的孔，横截面的 SEM 图上则可以看到 PE 的孔。从图像上可以清晰地看到三层膜具有同样的厚度。湿法制得的隔膜的 SEM 图像如图 20.10 所示，所有这些薄膜的孔结构都是非常相似的。相比于其他薄膜，Hipore-1［见图 20.10(b)］隔膜明显具有更大的孔径。

图像分析也已用于表征薄膜材料的孔结构[118]。比如扫描隧道显微镜、原子力显微镜和

场发射扫描电子显微镜等都曾用于表征 Celgard 薄膜[53,119]。当 McMullin 值和 Gurley 值已知时，Celgard 薄膜的孔径可由式（20.5）计算。

20.5.3.6 穿刺强度

隔膜需要有足够的物理强度，以满足电池装配和日常充放电循环过程中的严格要求。物理强度需要满足基本的手工操作、电池装配、物理冲击、穿刺、磨损和挤压的要求。

穿刺强度（PS）是使针尖完全穿透隔膜所需的力[45,120]。它通常用于评估电池发生短路的可能性，这是由于在电池装配和循环充放电过程中粗糙的电极表面可能将隔膜刺破。由于锂离子电池的隔膜必须夹在两个粗糙电极表面之间，因此对隔膜穿刺强度的要求要高于金属锂一次电池。市面上用来测试纺织品穿刺强度的仪器并不适合电池隔膜，使用带负荷结构的设备（如拉伸强度试验机）可以得到更多重复性的结果。

隔膜的强度很大程度上依赖于所使用的原料和生产方法，湿法双向拉伸工艺在横向和纵向上同时进行拉伸，因此所制得的隔膜在两个方向上都有一定拉伸模量和断裂强度[45,120]。高聚物交联和拉伸都利于提高隔膜的物理强度。

测量混合穿刺强度能更好地反映电池隔膜的强度。在进行混合穿刺测试时，使电极混合物刺穿隔膜直至发生短路，这个测试更接近于电池中的真实情况。

20.5.3.7 混合穿刺强度

将电极混合物（电极材料）穿透隔膜造成短路时的力定义为混合穿透强度。在这个测试中，通过一个直径 0.5in（1in=25.4mm）的小球将力施加到正极/隔膜/负极形成的三明治结构上，当混合物刺穿隔膜导致短路时的力称为混合穿透强度。混合穿透强度用于评估隔膜在电池装配过程中出现短路的可能性。与穿刺力相比，混合穿刺力更接近于颗粒的穿刺阻力[49]。

20.5.3.8 拉伸强度

拉伸强度可以通过许多大家熟知的标准方法测量（例如杨氏模量法、强度偏移百分比、断裂伸长率、断裂拉力）。这些方法既可以测试横向拉伸强度，又可以测试纵向拉伸强度；生产过程会影响到拉伸特性；单向拉伸薄膜只在一个方向上有较高的拉伸强度，而双向拉伸薄膜则在横向和纵向上有更加一致的拉伸强度。ASTM 测试方法 D882-00 对于“塑料薄膜拉伸强度的标准测量方法”是一种适当的测试方法。

隔膜应具备足够的强度以适应在电池卷绕和装配过程中的机械操作，并且在卷绕过程中保持尺寸稳定和不收缩。宽度方向的收缩会导致电极接触而发生短路，因此隔膜在纵向上的拉伸强度特性应高于横向上的。

20.5.3.9 收缩率

纵向和横向上都要进行收缩测试。在测试中，先测量隔膜的尺寸，再将隔膜置于 90℃ 下存放一定时间，然后测量隔膜尺寸的变化，根据以下公式进行计算：

$$收缩率(\%)=\frac{L_i-L_f}{L_i}\times 100\% \tag{20.10}$$

式中，L_i表示最初的长度；L_f表示隔膜经过高温存放后的最终长度。单向拉伸隔膜往往只在纵向方向上收缩，然而双向拉伸隔膜在纵向和横向方向上都收缩。隔膜的收缩率也可以通过机械热分析（TMA）测试来比较。

20.5.3.10 阻断特性

隔膜阻断行为对于防止电池短路时内部温度过高或泄气是非常有用和必要的[81]。它通常在温度接近于聚合物的熔点时发生，此时发生孔塌陷，导致原本在电极之间起离子导电作用的多孔薄膜转变为无孔的绝缘膜。此时，电池内阻显著增加，电流通路被阻断。这可以阻止电池内进一步发生电化学反应，避免电池发生爆炸。

PE基隔膜的阻断能力取决于其分子量、结晶度（密度）和加工过程。通过调整材料性质和加工方法，可使阻断行为自动发生且彻底。在感兴趣的温度范围内，这种优化必须做到不影响材料的力学性能。Celgard生产的三层膜是比较容易进行这种优化的，因为其中一种材料被用来控制阻断行为，而另一种材料用来保持隔膜的力学性能。在防止电池热失控上，含有PE的隔膜，尤其是PP/PE/PP三层复合膜最有优势[117,121]。对于控制电池的温度和防止热失控来说，130℃的闭孔温度是足够的。如果不影响电池的力学性能和高温特性的话，较低的闭孔温度将更为理想。可以通过测量隔膜在温度线性增加时的阻抗得到隔膜的闭孔温度[96,81]。图20.11显示了celgard三层膜的测量方法，升温速率为60℃/min左右，在频率为1kHz的条件下测量阻抗。由于膜的熔化引起孔结构的塌陷，相应地会导致阻抗的增大。为了防止电池热失控，膜的阻抗至少要增加1000倍。由于聚合物熔化和或电极刺穿隔膜导致隔膜裂开，从而使得阻抗下降，这种现象称为“熔融完整性”破坏。这项测试给出的阻抗增大时的温度值是相当可靠的，但在表征随后的阻抗下降时会出现一些变动性。

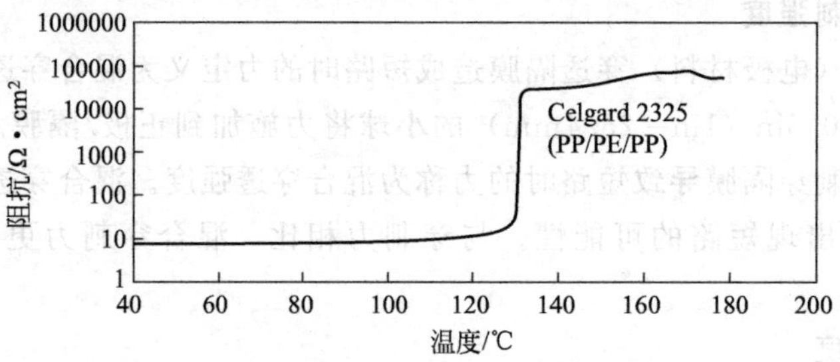

图 20.11 Celgard 2325（PP/PE/PP）隔膜阻抗（1kHz）

加热速率：60℃/min

Chem. Rev 授权引用[104]。(2004) 4419－4462，版权（2004），美国化学学会会刊

图20.11中给出的是三层Celgard薄膜（PP/PE/PP）的阻断行为。在聚乙烯PE熔点（130℃）的附近，电阻增加并且持续至温度达到聚丙烯PP的熔点（165℃）。隔膜的闭孔温度由隔膜材料的熔点决定。达到熔点时，隔膜中的微孔塌陷，在正负极之间形成一种无孔薄膜。这在DSC测试中得到了验证，如图20.12中所示。在图20.12中，DSC测试得到熔化温度的峰值，其中Celgard2730为135℃，Celgard 2400为168℃，Celgard2325为135/165℃。薄（<20μm）隔膜的闭孔行为与厚隔膜的非常相似。在没有影响隔膜阻断行为的情况下，电池厂家已经成功地利用薄隔膜生产出具有同样阻断效力的电池。

Laman等人介绍了一种利用温度与电阻之间的函数关系来表征隔膜闭孔特性的方法[96]。在升温速率为1℃/min时，他们发现在温度接近膜的熔点时，电阻可以增大好几个数量级。他们验证了Lundquist等人在其专利中[122]提出的PP/PE双层膜具有更广的高阻抗区间，即可在两种聚合物的熔点之间保持高阻抗。Lundquist等人[123,124]发展了利用多层膜中的一层作为保险丝的概念。Geiger等人[39]和Spotnitz等人[81,110]证实了Laman的结果。Spotnitz等人开发了一种可允许温度扫描速率达到5℃/min或更高的薄层电池，并获得与Laman等人相似的结果。

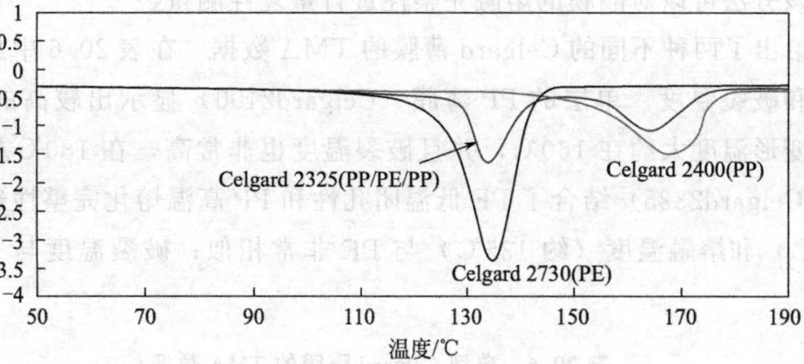

图 20.12　Celgard 2730（PE）、2400（PP）、2325（PP/PE/PP）的 DSC 比较

经 Chem. Rev 授权引用[104]。(2004) 4419－4462，版权（2004），美国化学学会会刊

Prior 之前的一些工作也将隔膜进行蜡处理并研究其闭孔特性[125,126]。在这些案例中，他们将蜡状物或低熔点的聚合物涂覆在聚烯烃隔膜的表面。该技术的缺点是涂覆在表面的物质会堵住隔膜的微孔，增加了隔膜的电阻，从而导致电池性能受到影响。另外，为了得到良好的阻断特性，必须具有较高的涂覆水平。

在电池发生外部短路和过充电时，隔膜的阻断特性能够对电池起到保护作用，但当电池内部出现短路时，它几乎没有什么作用。当正负极相互接触时，或电解质中的杂质及其他的树枝状溶解物形成枝晶导致短路时，隔膜的作用仅仅是延迟电池的失效。在内部短路造成电池瞬间失效时，温度升高过快，而电池隔膜的阻断行为却相对较慢，不足以控制升温速度。

20.5.3.11　熔融完整性

锂离子电池隔膜应该具有高温熔融完整性。隔膜在闭孔以后，应该保持其熔融完整性，以免电极接触造成短路。这样，即使电池在高温环境下也能避免热失控。热机械分析（TMA）是一项非常好的测量隔膜高温熔融完整性的技术。

当温度呈线性增加时，在一定的载荷下，通过 TMA 可以测量隔膜形状的变化。如图 20.13 所示，隔膜通常会发生收缩，然后开始伸长，最后断裂。测试中使用小块的隔膜样品（大约 MD 方向 5～10mm，TD 方向 5mm），将样品固定在小型英斯特朗型电子拉力机的夹具上。在样品上施加 2*g* 恒定的荷载，同时以速率为 5℃/min 升温并超过熔点，直至薄膜被拉破。TMA 测试中给出了三个参数，分别为开始收缩初始温度、熔融温度、熔融破裂温

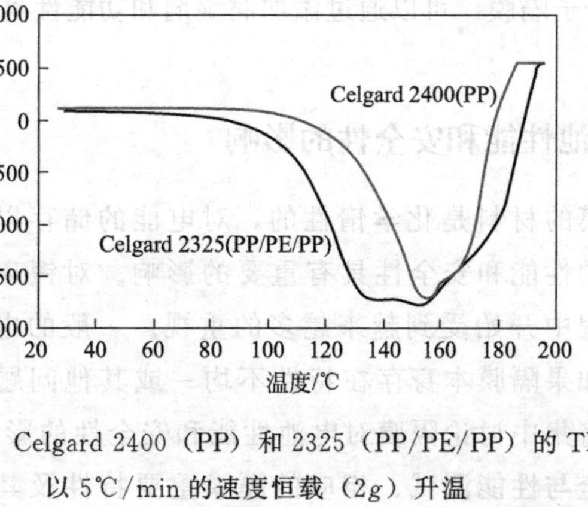

图 20.13　Celgard 2400（PP）和 2325（PP/PE/PP）的 TMA

以 5℃/min 的速度恒载（2*g*）升温

经 Chem. Rev 授权引用[104]。(2004) 4419－4462，版权（2004），美国化学学会会刊

度。经证明，该方法可以对隔膜的熔融完整性进行重复性测量[81]。

图 20.13 给出了两种不同的 Celgard 薄膜的 TMA 数据。在表 20.6 中总结了收缩初始温度、变形温度和破裂温度。单层的 PP 薄膜（Celgard2400）显示出较高的软化温度（大约121℃），它的变形温度大约在 160℃，并且破裂温度也非常高，在 180℃左右。多层的 PP/PE/PP 隔膜（Celgard2325）结合了 PE 低温闭孔性和 PP 高温熔化完整性这两个特性，软化温度（约 105℃）和熔融温度（约 135℃）与 PE 非常相似；破裂温度与 PP 非常相似（约为 190℃）。

表 20.6 典型 Celgard 隔膜的 TMA 数据

项目	Celgard 2730	Celgard 2400	Celgard 2325
收缩的设定温度/℃	100	121	106
变形温度/℃	125	156	135、154
断裂温度/℃	140	183	192

注：经 Chem. Rev 授权引用[104]。(2004) 4419－4462，版权 (2004)，美国化学学会会刊。

对于锂离子电池而言，人们期望隔膜在 200℃以上仍具有熔融完整性。相对于单层的 PE 隔膜，三层隔膜外层的 PP 有助于保持隔膜在较高温度下的熔融完整性。这一点对应用于混合动力汽车和电动汽车较大尺寸的锂离子电池来说，是特别重要的。

20.5.3.12 润湿性和浸润速度

对电解质的吸收和保持是隔膜的两种物理特性，它们对于电池的制造是很重要的。在电池制造过程中，任何优良的隔膜都应是具有可吸收大量的电解质且能保持住的能力。这些性能对于密封电池更加重要，因为在密封电池中不存在游离态的电解质，为了使电池的内阻最小，隔膜吸收电解质的数量应越多越好。

隔膜润湿性的好坏会直接影响隔膜及电池的电阻，从而影响电池的性能。因为会导致隔膜或电池电阻的增加，隔膜的润湿性可能会影响电池的性能。隔膜的浸润速度与电池的注液时间有关。浸润速度由聚合物类型（表面能）、孔径、孔隙率和隔膜的曲折系数决定。对于隔膜的润湿性还没有一个统一的测试方法，不过，通过观察滴到隔膜上的电解质的浸润快慢可以表明润湿性的好坏，测试液滴的接触角也是测量润湿性的一个很好的方法。

许多疏水性的高分子隔膜，可以通过添加润湿剂和功能性离子基团（如离子交换膜）来增强对电解质的吸收。

20.5.4 隔膜对电池性能和安全性的影响

用于制造电池隔膜的材料是化学惰性的，对电能的储存以及输出不会产生影响，而其物理特性则对电池的性能和安全性具有重要的影响。对锂离子电池来说尤为如此，因此隔膜在电池设计过程中开始受到越来越多的重视。一般的电池设计都会设法避免隔膜限制电池的性能，但如果隔膜本身存在特性不均一或其他问题时，电池的性能和安全性将会受到影响。本节将集中讨论隔膜对电池性能和安全性的影响。表 20.7 给出了锂离子电池的不同类型的安全与性能测试、相应的隔膜重要特性及其对电池性能和（或）安全性影响的解析。

表 20.7 隔膜特性与锂离子电池安全和性能的关系及其影响

电池性能	隔膜特性	解析
电池容量	厚度	通过制造薄的隔膜增加电池容量
电池内阻	电阻	隔膜电阻是厚度、孔径、孔隙率和弯曲度的函数
高倍率性能	电阻	隔膜电阻是厚度、孔径、孔隙率和弯曲度的函数
快充	电阻	低电阻隔膜总体上来说有助于更快的充电,因为它允许更大或者更长时间的恒流充电
高温荷电	氧化电阻	隔膜的氧化作用会导致储能变差和电池寿命减短
高温循环	氧化电阻	隔膜的氧化作用会导致电池循环性能下降
自放电	不牢固区面积,针孔	电池使用和测试中出现的软短路会导致内部漏电
长期循环	电阻,收缩率,孔径	高电阻、高收缩率和很小的孔径会导致循环性能下降
过放电	闭孔特性;高温熔融完整性	在高温时,隔膜应该完全闭孔以保持其熔融完整性
外部短路	闭孔特性	隔膜闭孔阻止电池过热
过热箱	高温熔融完整性	在高温时,隔膜应该保证两个极片分开
针刺	闭孔(阻止延迟失效)	在内部短路的情况下,隔膜可能是阻止电池过热的唯一安全装置
撞击	闭孔(阻止延迟失效)	在内部短路的情况下,隔膜可能是阻止电池过热的唯一安全装置

为了得到性能良好的锂离子电池，隔膜应该电阻低、收缩率低且孔结构的一致性好。高电阻的隔膜会使电池的高倍率放电性能变差，同时也会延长充电时间。收缩率低对于隔膜而言是一个非常重要的特性，尤其是对于高容量电池。高容量电池通常应用于高速运行的笔记本电脑中，在笔记本电脑特定的运行情况下，电池要经受较高的温度（70～75℃）[127]，这可能会导致隔膜收缩，使得电池电阻升高，长期循环性能变差[127]。横向上的收缩会导致电极之间的内部短路造成安全问题。孔太大会导致电池在装配过程中发生短路或者无法通过Hi-pot 试验。较大的孔还会造成更多的微短路和更高的自放电，尤其是在高温情况下。孔太小会导致内阻变大，并且在高温下的循环和储存过程中循环寿命变短。因此，需要对隔膜孔径进行优化，以获得良好的强度和性能。

提高电池容量的一个途径是减小隔膜的厚度。最新的高容量电池（超过 2.0A·h）一般采用厚度 20μm 和 16μm 的隔膜；而 1.6～1.8A·h 的电池一般采用 25μm 的隔膜。隔膜越薄，电阻越小，这有助于提高电池容量。但是，它们能够保持的电解质也较少，机械强度也较厚隔膜低。因此，在电池设计中，应适当地做出改变，以保持电池的安全性。对于隔膜制造商来说，生产较薄的隔膜也是一个挑战。他们必须在保证薄隔膜具有相同的电性能和力学性能的同时，提高薄隔膜的质量。隔膜制造商已经建立了更好的控制标准和质量标准，而且已经开始提供 16μm 厚的隔膜产品。许多电池专家认为，16μm 隔膜是锂电池保持性能要求和安全要求前提下的最小使用厚度。

锂离子电池隔膜面向正极的一侧处于极强的氧化环境，面向负极的一侧则处于极强的还原环境。在该环境下长期循环，隔膜必须保持稳定，尤其是在高温条件下。抗氧化作用差的隔膜会导致电池高温存储性能不良和存储循环性能不好。在锂离子电池中，当直接与正极接触时，聚丙烯隔膜应具有更好的抗氧化性。因此与单层 PE 膜相比，外层 PP、内层 PE 的三层隔膜（PP/PE/PP）的抗氧化能力更强一些。

电解质分解产物也会堵塞隔膜的孔，从而使电池的内阻增加。低电阻的隔膜有助于提高锂离子电池的低温性能。在极低的温度下，电解质的电阻非常高，因此低电阻的隔膜有助于降低电池的电阻。

Zeng 等人[128]发现，通过在隔膜上真空沉积的方法，可以将少量的活性锂金属加入锂离子电池中。锂金属膜（4～8μm）沉积在微孔聚丙烯薄膜上，可与两个电极发生电化学反应。这样，负极的不可逆容量可以通过有效体积的金属锂进行补偿。这也可能为设计高容量的电池提供了一个新的思路，但是，鉴于锂离子会在高分子膜上产生沉淀，并且对于成型膜的操作存在困难，该思路似乎并不实际可行而且不经济。

在高温循环或老化时，锂离子电池会出现功率损耗。Norin 等人[129]证明，由于隔膜会增加离子电阻，因此隔膜至少是功率损耗的一部分原因。他们指出，在高温情况下对锂离子电池进行循环或老化测试时，电池阻抗将显著增大，而其中大约 15%是隔膜造成的。他们在随后的文章中指出，隔膜离子导电性的降低是由于电解质分解物阻塞隔膜孔隙造成的，而且在高温下电解质的分解会加速[130]。

美国交通运输部（DOT）将所有的锂离子电池与金属锂一次电池归为运输危险材料[131]。通过对电池容量和性能进行特殊检测可使其免于危险责任。有几个组织负责对锂离子电池进行规范及检测以确保其在滥用状态下可以保证安全。另外，UL 实验室[132,133]、国际电工技术委员会（IEC）[134]以及联合国[135]都开发了锂离子电池安全测试过程的标准，设计这些标准的目的是为了确保电池的船运安全，也保证电池可以抵御常见的极端条件，例如内部短路、过充电、过放电、震动、撞击以及在正常运输环境中可能遇到的温度变化。

UL 实验室要求消费类电池经过一系列的安全测试（UL1642[136]和 UL2054[137]）。联合国、国际电工技术委员会和日本电池协会[139]对运输危险品[138]也有类似的建议[139]。因电气滥用（过充电、短路）、机械滥用（针刺或者撞击）导致的内部过热会引起电池温度的异常升高。外部加热也会导致电池温度的升高。因此，包括锂电池在内都设计有安全控制回路，这些安全控制回路具有安全防护性能（PTC、CID、防爆阀和热熔胶等）。隔膜的闭孔是电池内部安全装置之一，起到最后一道安全防护的作用。隔膜的闭孔过程是不可逆的，这对闭孔温度在 130℃左右的 PE 膜来说是可以接受的。

由于电池滥用（比如短路、过充电）而导致电池温度升高，会使得隔膜的阻抗升高 2～3 个数量级。隔膜不仅仅需要在 130℃左右闭孔；同时，在更高的温度下也应保持它的力学完整性，最好能经受 200℃的高温。如果隔膜不能实现正常的闭孔，那么在过充电测试中电池的温度会不断升高，从而导致热失控。当电池长期过充电或者长期置于高温环境时，隔膜的高温熔融完整性是保持电池安全的一个非常重要的特性。

图 20.14 展示了 18650 型锂离子电池在隔膜闭孔时典型的短路曲线。该电池没有其他的安全装置（如 CID 和 PTC），这些装置通常在隔膜闭孔前工作。当通过一个很小的分流电阻使电池外部短路时，由于大电流通过电池开始升温，在大约 130℃时隔膜闭孔，阻止了电池温度的进一步升高。隔膜闭孔导致电池内阻升高，电流减小，所以隔膜闭孔有益于避免电池的热失控。

如果充电控制系统不能正确检测电压或充电器损坏，电池可能会发生过充电。与正常充电相比，这种情况下，会有更多的锂离子从正极脱嵌，嵌入负极。如果碳负极嵌锂的能力比较小，那么金属锂就会在碳负极上形成枝晶，这将大幅度降低热稳定性。

在较高的充电倍率下，由于输出的焦耳热是根据 I^2R 计算得到的，电池的热量输出会有大幅升高。随着温度升高，在电池内部将发生几个放热反应（锂与电解质之间反应，正负极的热分解以及电解质的热分解等）。当电池的温度达到如图 20.15 所示的 PE 熔点时，隔膜会发生闭孔。在图 20.15 所示的试验中，18650 型锂离子电池的电流中断装置（CID）和正温度系数热敏电阻（PTC）被事先移除，以便单独对隔膜性能进行测试。隔膜闭孔会导致电池内部电阻增加，进而导致电流减小。一旦隔膜的微孔因软化而闭合，电池的充放电过程

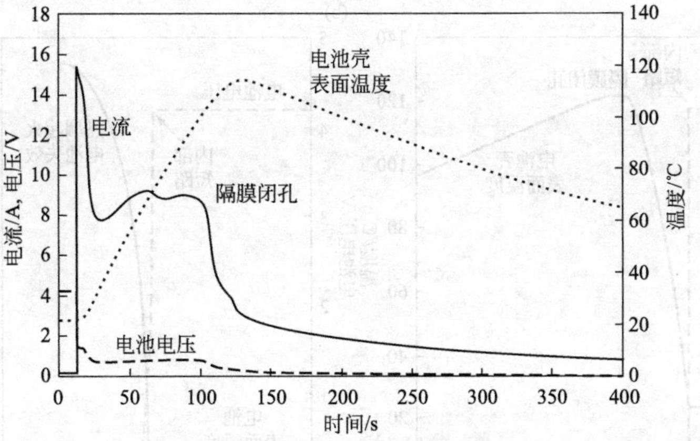

图 20.14 采用阻断隔膜和电流中断装置（CID）的 18650 型锂离子电池的典型短路行为该测试为模拟电池外部短路

经 Chem. Rev 授权引用[104]。(2004) 4419—4462，版权 (2004)，美国化学学会会刊

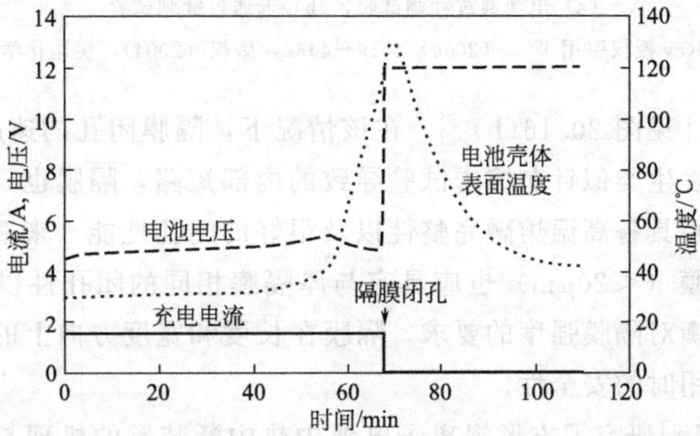

图 20.15 采用阻断隔膜的 18650 型锂离子电池的典型过充电行为已将 PTC 和 CID 从电池盖顶部取出

经 Chem. Rev 授权引用[104]。(2004) 4419—4462，版权 (2004)，美国化学学会会刊

将不能继续进行，这样可以避免热失控。在持续过充电时，电池隔膜应保持闭孔特性，避免电池被再次加热。隔膜也要保持熔融完整性，避免两个电极直接接触。

隔膜也应该具有防止被任何枝晶刺穿，从而导致内部短路的功能。内部短路时，如果不是瞬间失效，隔膜将成为唯一具有阻止热失控的安全装置。如果升温速率过快，隔膜的闭孔无法阻止瞬间的失效；但升温速率不太快时，隔膜的闭孔将有助于控制升温速率，并阻止热失控。

一般在针刺实验中，在针刺入电池的瞬间会发生瞬间内部短路。针与电极之间的回路电流（双层放电和电化学反应）会产生巨大的热量。接触面积因穿刺的深度不同而不同，深度越浅，相互接触的面积越小，产生的局部电流密度以及热量就越大。局部热量的聚集可能诱导电解质与电极材料的分解，就更容易发生局部热失控。相反地，如果电池被完全刺穿，接触面积增加，电流减小，因此所有的针刺实验都会通过。相比于外部短路试验，内部短路试验更难通过。因为金属针之间的接触面积小于集流器体的接触面积，因此产生的电流密度就更大。

图 20.16 展示了锂离子电池在闭孔隔膜时典型的针刺实验曲线。显然，由于针刺而发生内部短路时，电池温度上升，电压瞬间从 4.2V 降至了 0V。如果升温速率较慢，温度接近隔膜闭孔温度时，电池停止升温［见图 20.16(a)］。如果升温速率很快，电池持续升温，

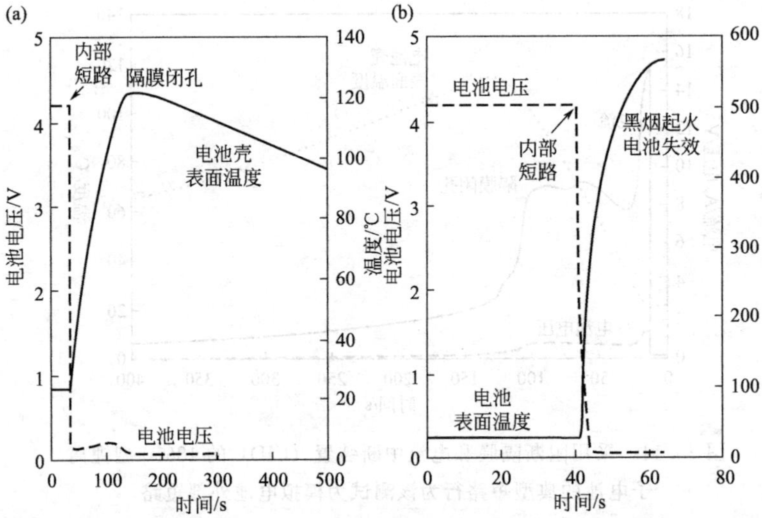

图 20.16　采用阻断隔膜的 18650 型锂离子电池的典型针刺行为该试验为模拟电池内短路；

(a) 电池通过针刺试验，(b) 未通过针刺试验

经 Chem. Rev 授权引用[104]。(2004) 4419－4462，版权 (2004)，美国化学学会会刊

将不能通过穿刺实验［见图 20.16(b)］，在该情况下，隔膜闭孔的速度不足以阻止电池的热失控。因此，一旦发生类似针刺撞击试验导致的内部短路，隔膜也只能防止延迟性失效。电池短路测试要求隔膜具备高温熔融完整性以及很好的闭孔性能（来避免延迟失效）。高容量电池中使用的薄隔膜（$<20\mu m$）也应具有与厚隔膜相同的闭孔性以及高温熔融完整性。应根据电池设计而权衡对隔膜强度的要求，隔膜在长度和宽度方向上的特性应该保持一致，以保证电池在异常使用时的安全性。

Venugopal 等人[140]研究了方形锂离子电池中热中断装置的机理与性质。他们以 1kHz 的频率检测电阻、电池的开路电压，并对温度作图。他们测试了所有使用含聚乙烯基、闭孔温度在 130～135℃之间隔膜的电池。在这样狭窄的温度范围内，隔膜闭孔导致电池的电阻出现一个急剧且不可逆转的升高。单层聚乙烯隔膜在 145℃左右起作用，高于这个温度则会出现熔融。因为存在一个高熔点的 PP 层，三层隔膜的熔融温度可以达到 160℃。同时他们发现，隔膜不能完全阻断电池。在过充电测试中，即使在隔膜闭孔后，电池依旧会在较小的电流下充电，如果不能及时安全地处理，电池将存在潜在的危险。一般来说，这在商品化电池中不会成为问题，因为电池制造商在单体电池中加入了多重中断装置。

20.6 总结

理想的电池隔膜应该具有以下特性，首先要尽可能的薄，不阻碍离子在电解质中的传输，作为电子绝缘体可以阻碍电子的传导，具有高曲折系数以防止枝晶的生长，表现出化学惰性。不幸的是，现实世界中，不存在这种理想的材质。现实中，隔膜只是一层电子绝缘膜，它的离子电阻率只能通过调整隔膜厚度和孔隙率来达到期望的范围。

可以清楚地看出，没有一种隔膜能满足所有电池设计者的要求，所以只能采取折中的方法，最后只能根据用途决定哪一种隔膜最适合。我们所提供的信息是纯技术层面的，不包含

其他重要参数，如成本费用、可行性以及长期循环的稳定性。

为提高电池的功率和容量，对更薄的电池隔膜的需求将持续存在。对应用在便携式电子设备上的锂离子电池来说，这种需求更加重要。然而，保证电池持久的安全性尤其重要，这也是电池隔膜最重要的作用。因此，在保持电池安全性的前提下，优化电池中的各组分来提高电池性能是很有必要的。隔膜制造商要与电池制造商并肩努力，研制出可靠性更高和性能更优异的新一代电池。但与此同时，永远要记住安全第一。

20.7 未来的发展方向

截至目前，大多数隔膜和薄膜都不是专门为了电池的应用而开发的。因此，未来的研究应当为电池应用而专门开发相应的隔膜。隔膜的大致研究目标应该是：

① 研发新型的廉价隔膜；

② 了解隔膜在电池中的特性；

③ 优化与电池性能、寿命以及安全性相关的隔膜的特性。

实现这些目标的途径之一就是建立数学模型，这种模型可以反映隔膜的电阻、厚度、孔径、收缩率、曲折系数和机械强度对电池最终性能和安全性的影响。未来的电池隔膜不仅仅需要具有好的绝缘性和机械透过性，还需要具有独特的电化学性能。

参考文献

1. Linden, D., Reddy, T. B. *Handbook of Batteries*, 3rd ed., McGraw Hill: New York, 2002
2. Besenhard, J. O. Editor, *Handbook of Battery Materials*, Wiley: Weimheim, 1999
3. Berndt, D. *Maintenance Free Batteries*, 3rd ed., Research Studies Press Ltd.: Taunton, Somerset, England, 2003
4. Bode, H. *Lead-Acid Batteries*, Wiley: New York, 1977
5. Falk, S. U., Salkind, A. J. *Alkaline Storage Batteries*, Wiley: New York, 1969
6. Fleischer, A., Lander, J. J. *Zinc-Silver Oxide Batteries*, Wiley: New York, 1971
7. Brodd, R. J., Friend, H. M., Nardi, J. C. Editors, *Lithium Ion Battery Technology*, ITE-JEC: Brunswick, OH, 1995
8. Wakihara, M., Yamamoto, O. Editors, *Lithium Ion Batteries, Fundamentals and Performance*, Wiley: New York, 1998
9. Yoshino, A. *Chem. Ind.*, **146** (1995) 870
10. Schalkwijk, W. A. V. Editor, *Advances in Lithium Ion Batteries*, Kluwer: New York, 2002
11. Kinoshita, K., Yeo, R., *Survey on Separators for Electrochemical Systems*, LBNL, January 1985
12. Benett, J., Choi, W. M. Developments in small cell separators, Proceedings of the Tenth Annual Battery Conference on Application and Advances, IEEE Aerospace and Electronics Systems Society, New York, January 10–13, 1995, 265
13. Boehnstedt, W. *Handbook of Battery Materials*, J. O. Besenhard, Editor, Wiley: Amsterdam and New York, 1999
14. Spotnitz, R. *Handbook of Battery Materials*, J. O. Besenhard, Editor, Wiley: Amsterdam and New York, 1999
15. Shirai, H., Spotnitz, R. *Lithium Ion Secondary Battery – Materials and Applications*, K. Yoshio, Editor, Nikkan Kogyo Shin-bun: Osaka, 1996, p 91 (in Japanese)
16. Shirai, H., Spotnitz, R., Atsushi, A. *Characterization of Separators for Lithium Ion Batteries – A Review, Chemical Industry*, **48** (1997) 47 (in Japanese)

17. Hiroshi, T. *The Latest Technologies of the New Secondary Battery Materials*, Z. Ogumi, Editor, CMC, Tokyo, p. 99, 1997
18. Hiroshi, T. *Advanced Technologies for Polymer Battery*, N. Oyama, Editor, CMC, Tokyo, p. 165, 1998
19. Koichi, K. *Advanced Technologies for Polymer Battery*, N. Oyama, Editor, CMC, Tokyo, p. 174, 1998
20. Kiyoshi, K. *Lithium Secondary Battery Technology for the 21st Century*, K. Kanamura, Editor, CMC, Tokyo, p. 116, 2002
21. Brodd, R. J., Bullock, K. R., Leising, R. A., Middaugh, R. L., Miller, J. R., Takeuchi, E. *J. Electrochem. Soc.*, **151** (2004) K1
22. Takeshita, H. The 21st International Seminar & Exhibit on Primary & Secondary Batteries, Fort Lauderdale, FL, Florida Educational Seminars, Inc., March 8, 2004
23. Takeshita, H. The 23rd International Battery Seminar & Exhibit, Fort Lauderdale, FL, Florida Educational Seminars, Inc., March **13**, 2004
24. *Battery & EV Technology, January*, **28** (2004) 2
25. Pilot, C. *The Worldwide Rechargeable Battery Market, Batteries 2004*, 6th Ed., Paris, June 2nd–4th 2004
26. Celgard Inc. http://www.celgard.com
27. Celgard completes capacity expansion, Global Sources, http://www.globalsources.com, February 04, 2004
28. Asahi Kasei adding battery membrane capacity, *Nikkei Net Interactive*, http://www.nni.nikkei.co.jp/AC/TNKS/Nni20030806D06JFA23.htm, August 7, 2003
29. Advanced Rechargeable Battery Industry, 2001/2002, Nomura Research Institute Limited, 2002
30. About Edison Batteries, Inc, http://www.optodot.com/sys-tmpl/htmlpage/
31. Battery and Fuel Cell Components, The Fredonia Group, August 2003
32. *Advanced Battery Technology*, February, **40** (2004) 22
33. Hamano, K., Yoshida, Y., Shiota, H., Shiraga, S., Aihara, S., Murai, M., Inuzuka, T. U.S. Patent 6,664,007 B2, 2003
34. Sun, L., Chen, G., Xu, D., Abe, T. The Electrochemical Society, Abs 423, 204th Meeting, 2003
35. Sun, L. U.S. Patent 2003/0152828A1, 2003
36. Johnson, B. A., White, R. E. *J. Power Sources*, **70** (1998) 48
37. Bradford, S. M. Battery Power Products & Technology, March 2004, 17
38. Frost & Sullivan Research World Rechargeable Battery Markets for Mobile IT and Communication Devices (A575-27), 2002
39. Geiger, M., Callahan, R. W., Diwiggins, C. F., Fisher, H. M., Hoffman, D. K., Yu, W. C., Abraham, K. M., Jillson, M. H., Nguyen, T. H. The Eleventh International Seminar on Primary and Secondary Battery Technology and Application, Fort Lauderdale, FL, Florida Educational Seminars Inc., February 28–March 3, 1994
40. Tanba, H. *Molding Process*, **11** (1999) 759
41. Adachi, A., Spotnitz, R. M., et al. *Osaka Chemical Marketing Center* (1997), 69–80
42. Yu, W. C., Hux, S. E. US Patent, 5,952,120, 1999
43. Hipore, A. K. http://www.asahi-kasai.co.jp/memrbane/english/tradenm/t07.html
44. Soji, N., Hiroyuk, H., Kiichiro, M., Ryoichi, M. US Patent 5,480,745, 1996
45. Bierenbaum, H. S., Isaacson, R. B., Druin, M. L., Plovan, S. G. *Ind. Eng. Chem. Prod. Res. Dev.*, 13, 2, 1974
46. *Jpn. Ind. News*, Japan Industrial Journal, Tokyo, **91**, 1996
47. Kim, S. S., Lloyd, D. R. *J. Membrane Sci.*, **64** (1991) 13
48. Druin, M. L., Loft, J. T., Plovan, S. G. U.S. Patent 3,801,404. 1974
49. Schell, W. J., Zhang, Z. The Fourteenth Annual Battery Conference on Applications and Advances, Long Beach, CA, IEEE Aerospace and Electronics Systems Society, New York,

50. Isaacson, R. B., Bierenbaum, H. S. U.S. Patent 3,558,764, 1971
51. Kamei, E., Shimomura, Y. U.S. Patent 4,563,317, 1986
52. Yu, T. H. *Processing and Structure-Property Behavior of Microporous Polyethylene – From Resin to final Film*, Ph.D. Dissertation, Virginia Polytechnic Institute and State University, 1996
53. Sarada, T., Sawyer, L. C., Ostler, M. I. *J. Membrane Sci.*, **15** (1983) 97
54. Bierenbaum, H. S., Daley, L. R., Zimmerman, D., Hay, I. L. U.S. Patent, 3,843,761, 1974
55. Hamer, E. A. G. U.S. Patent, 4,620,956, 1986
56. Hiroshi, K., Tetuo, A., Akira, K. U.S. Patent 5,691,047, 1997
57. Kesting, R. E. *Synthetic Polymeric Membranes*, 2nd Ed., Wiley: New York, Ch 2 1985
58. Ihm, D. W., Noh, J. G., Kim, J. Y. *J. Power Sources*, **109** (2002) 388
59. Takita, K., Kono, K., Takashima, T., Okamoto, K. U.S. Patent, 5,051,183, 1991
60. Michiyuki, A.; Jpn. Patent 8064194, 1996
61. Kotaro, T., Koichi, K., Tatsuya, T., Kenkichi, O. U.S. patent 5,051,183, 1991
62. Koichi, K., Kotaro, T., Mamoru, T., Tatsuya, T. Jpn. Patent 8012799, 1996
63. Norimitsu, K., Kotaru, T., Koichi, K., Hidehiko, F. U.S. Patent 6,153,133, 2000
64. Akinao, H., Kazuo, Y., Hitoshi, M. U.S. Patent 6,048,607, 2000
65. Pekala, R. W., Khavari, M. U.S. Patent 6,586,138, 2003
66. Userguide, FreedomCar Separator Costing Document, February 2003
67. Xu, M., Hu, S., Guan, J., Sun, X., Wu, W., Zhu, W., Zhang, X., Ma, Z., Han, Q., Liu, S. U.S. Patent 5,134,174, 1992
68. Fisher, H. M., Wensley, C. G. U.S. Patent 6,368,742, 2002
69. Zhu, W., Zhang, X., Zhao, C., Zu, W., Hou, J., Xu, M. *Polymersr Adv. Technol.s*, 7 (1996) 743
70. Sadamitsu, K., Ikeda, N., Hoki, M., Nagata, K., Ogino, K. World Patent Application 02066233A1, 2002
71. Higuchi, H., Matsushita, K., Ezoe, M., Shinomura, T. U.S. Patent 5,385,777, 1995
72. Calis, G. H. M., Daemen, A. P. M., Gerrits, N. S. J. A., Smedinga, J. T. *J. Power Sources*, **65** (1997) 275
73. Ooms, F. G. B., Kelder, E. M., Schoonman, J., Gerrits, N., Smedinga, J., Calis, G. *J. Power Sources*, **97–98** (2001) 598
74. Yamamura, Y., Ooizumi, S., Yamamoto, K. Separator for rechargeable lithium ion batteries with high puncture strength and high melt rupture temperature, Nitto Denko Technical Report (http://www.nitto.com/rd/rd6_1.html), **39** (2001) 39
75. Pekala, R. W., Khavari, M., Dobbie, G., Lee, D., Fraser-Bell, G. 17th International Seminar & Exhibit on Primary and Secondary Batteries, Fort Lauderdale, Fl, Florida Educational Seminars, March 6–9, 2000
76. Chen, G., Richardson, T. J. *Electrochem. Solid-State Lett.*, **7(2)**, (2004) A23–A26
77. Chen, G., Thomas, J. R. *Electrochem. Solid-State Lett.*, **9(1)**, (2006) A24–A26
78. Fleming, R., Taskier, H. *Prog. Batt. Solar Cells*, **9** (1990) 58
79. Hoffman, D., Fisher, H., Langford, E., Diwiggins, C. *Prog. Batt Solar Cells*, 9 (1990) 48
80. Callahan, R. W., Nguyen, K. V., McLean, J. G., Propost, J., Hoffman, D. K. Proceedings of the 10th International Seminar on Primary and Secondary Battery Technology and Application, Fort Lauderdale, FL, March 1–4, Florida Educational Seminars Inc., 1993
81. Spotnitz, R., Ferebee, M., Callahan, R. W., Nguyen, K., Yu, W. C., Geiger, M., Dwiggens, C., Fischer, H., Hoffman, D. Proceedings of the 12th International Seminar on Primary and Secondary Battery Technology and Applications, Fort Lauderdale, FL,Florida Educational Seminars Inc., 1995March 6–9
82. Yu, W. C., Callahan, R. W., Diwiggins, C. F., Fischer, H. M., Geiger, M. W., Schell, W. J. North America Membrane Society Conference, Breckenridge, CO, North America Membrane Society, 1994

83. Kuribayashi, I. *J. Power Sources*, **63** (1996) 87
84. Pasquier, A. D., Gozdz, A., Plitz, I., Shelburne, J. 201st meeting, The Electrochemical Society Philadelphia, PA, May 12–17, 2002
85. Augustin, S., Volker, H., Gerhard, H., Christian, H. *Desalination*, **146** (2002) 23
86. http://www.separion.com
87. Hying, C. Separion separators for lithium batteries – safety & performance, Batteries 2004, 6th Ed., Paris, June 2nd–4th 2004
88. Sachan, S., Ray, C. A., Perusich, S. A. *Polymer Engineer. Sci.*, **42** (2002) 1469
89. Sachan, S., Perusich, S. Electrochemical Society Meeting, Seattle, 1999
90. Carlson, S. A.; *Membrane & Separation Technology News*, 2004, 22, 8
91. Abraham, K. M. *Electrochim. Acta*, **38** (1993) 1233
92. Gineste, J. L., Pourcell, G. *J. Membrane Sci*, **107** (1995) 155
93. Hoffman, D. K., Abraham, K. M. Proceedings of the Fifth International Seminar on Lithium Battery Technology and Applications, Deerfield Beach, FL,Florida Educational Seminars Inc., 1991
94. USABC "Development of low cost separators for lithium-ion batteries", RFPI 2001
95. Laman, F. C., Sakutai, Y., Hirai, T., Yamaki, J., Tobishima, S. Ext. Abstr., 6th Int. Meet. Lithium Batteries, Münster, Germany, 10–15 May 1992, p 298–300
96. Laman, F. C., Gee, M. A., Denovan, *J. J. Electrochem. Soc*, **140** (1993) L51
97. ASTM D5947-96, Standard Test Methods for Physical Dimensions of Solid Plastics Specimens, ASTM International, July 2002
98. ASTM D2103, Standard Specification for Polyethylene Film and Sheeting, ASTM International
99. Caldwell, D. L., Poush, K. A. U.S. Patent, 4,464,238, 1984
100. ASTM D726, Standard Test Methods for Identification of Fibers in Textiles, ASTM International
101. ASTM E128-99, Standard test method for Maximum Pore Diameter and Permeability of Rigid Porous Filters for Laboratory Use, ASTM International
102. ASTM D3763, Standard Test Method for High Speed Puncture Properties of Plastics using Load and Displacement Sensors, ASTM International
103. ASTM D1204, Standard Test methods for Linear Dimensional Changes of Nonrigid Thermoplastic Sheeting or Film at Elevated Temperatures, ASTM International
104. ASTM D882, Standard Test Method for Tensile Properties of Thin Plastic Sheeting, ASTM International
105. Abraham, K. M. *Electrochim. Acta*, **38** (1993) 1233
106. Robinson, R. G., Walker, R. L., Batteries, D. H., CollinsEditor, The MacMillan Company: New York, NY, 1963, p15
107. Lander, J. J., Weaver, R. D., Salkind, A. J., Kelley, J. J. in *Characteristics of Separators for Alkaline Siver Oxide Zinc Secondary Batteries. Screening Methods* J. E. Cooper, A. Fleischer, Editors, NASA Technical Report NAS 5-2860 1964
108. Kilroy, W. P., Moynihan, C. T. *J. Electrochem. Soc.*, **125** (1978) 520
109. MacMullin, R. B., Muccini, G. A. *AIChE J.*, **2** (1956) 393
110. Spotnitz, R., Ferebee, M. W. Meeting Abstracts, The Electrochemical Society Inc., Volume 96-2, Fall Meeting, San Antonio, TX, October 6–11, 1996
111. Ionov, V. V., Isakevitch, V. V., Katalevsky, E. E., Chernokoz, A. J. *J. Power Sources*, **30** (1990) 321
112. Lowell, S., Shields, E. *Powder Surface Area and Porosity*, 3rd ed., Chapman and Hall: London, 1991
113. PMI Conference 2000 Proceedings, PMI short course, Ithaca, NY, October 16–19, 2000

114. Porous Materials Inc, http://www.pmiapp.com
115. Jena, A. K., Gupta, K. M. *J. Power Sources*, **80** (1999) 46
116. Jena, A. K., Gupta, K. M. *J. Power Sources*, **96** (2001) 214
117. Venugopal, G., Moore, J., Howard, J., Pendalwar, S. *J. Power Sources*, **77** (1999) 34
118. Zeman, L., Denault, L. *J. Membrane Sci.*, **71** (1992) 221
119. Chen, R. T., Saw, C. K., Jamieson, M. G., Aversa, T. R., Callahan, R. W. *J. Appl. Polym. Sci.*, **53** (1994) 471
120. Fujii, T., Mochizuki, T. U.S. Patent, 5,759,678, 1998
121. Venugopal, G. The role of plastics in lithium-ion batteries, Proceedings of the 3rd Annual Conference on Plastics for Portable and Wireless Electronics, Philadelphia, 11, October 14–15, 1997
122. Lundquist, J. T., Lundsager, C. B., Palmer, N. L., Troffkin, H. J., Howard, J. U.S. Patent 4,731,304, 1998
123. Lundquist, J. T., Lundsager, C. B., Palmer, N. I., Troffkin, H. J. U.S. Patents 4,650,730, 1987
124. Zuckerbrod, D., Giovannoni, R. T., Grossman, K. R. Proceedings of the 34th International Power Sources Symposium, Cherry Hill, NJ, June 25–28, 1990, p. 172
125. Faust, M. A., Suchanski, M. R., Osterhoudt, H. W. U.S. Patent No. 4,741,979, 1988
126. Matthias, U., Dieter, B., Heinrich, R., Thomas, B.; U.S. Patent, 6,511,517, 2003
127. Maleki, H., Shamsuri, A. K. *J. Power Sources*, **115** (2003) 131
128. Zeng, S., Moses, P. R. *J. Power Sources*, **90** (2000) 39
129. Norin, L., Kostecki, R., McLarnon, F. *Electrochem. Solid State Lett.*, **2002**, 5, A67
130. Kostecki, R., Norin, L., Song, X., McLarnon, F. *J. Electrochem. Soc.*, **2004**, 151, A522
131. *Hazardous Materials Regulations*, Code of Federal Regulations, CFR49 173.185
132. UL1640, Lithium Batteries, Underwriters Laboratories, Inc
133. UL2054, Household and Commercial Batteries, Underwriter Laboratories, Inc
134. Secondary Lithium Cells and Batteries for Portable Applications, International Electrotechnic Commission, IEC 61960-1 and IEC 61960-2
135. Recommendations on the Transport of Dangerous Goods, Manual of Tests and Criteria, United Nations, New York, 1999
136. Safety Standard for Lithium Batteries, UL 1642, Underwriters Laboratories Inc, 3rd ed., 1995
137. Standard for Household and Commercial Batteries, UL 2054, Underwriter Laboratories, Inc., 1993
138. UN Recommendations on the Transport of Dangerous Goods, December 2000
139. A Guideline for the Safety Evaluation of Secondary Lithium Cells, Japan Battery Association, 1997
140. Venugopal, G. *J. Power Sources*, **101** (2001) 231

第21章

聚合物电解质与聚合物电池

Toshiyuki Osawa and Michiyuki Kono

21.1 概述

锂离子电池的发展促进了有机或无机锂离子导体的开发，如锂超离子导体玻璃（LISI-CON）、碘化锂（LiI）、固态聚合物电解质（SPE）。在这些电解质中，固态电解质技术对提升电池性能是很有帮助的。

近期，由于在高离子导电性和可加工性方面具备独特的优势，SPE 已引起广泛关注。通常，正极材料、电解质、负极材料三种主要材料中使用了 SPE 的电池都称为“聚合物电池”。

为了获得更高的性能，如可靠性、不漏液、超薄外形、柔韧性和高能量密度，有几家公司［如索尼、Lithium Technology、Ultralife、Moltech、SAFT（Alcatel）、TDI、PolyPlus 等］已经开发出了聚合物电池。

为了防止漏液，很久之前干电池中就已经使用水性凝胶态电解质。通过在液态电解质中添加凝胶剂，如糊精、淀粉、交联的淀粉、羧甲基纤维素，电解质变成了半固态。类似于凝胶在干电池中的使用，固化技术对非水系电池的发展是不可或缺的。

SPE 将成为下一代锂离子电池中的关键材料。

21.2 锂离子电池的聚合物电解质

使用 SPE 的聚合物电池特点如下：

① 外形多样化，易于设计；

② 不漏液、阻燃、自熄等聚合物电解质特性可以确保电池的安全性；

③ 叠片结构的电极和电解质的抗冲击和抗振动性能好；

④ 用聚合物电解质作为隔膜能减小极片间隔，从而提升容量；

⑤ 由于电极和电解质之间的界面阻抗减小，循环性能有望得以提升。

一般来说，聚合物电解质分为两种：一种是由聚合物基体和电解质盐组成的干式聚合物电解质；另一种是在适当的聚合物基体中加入极性溶剂作为增塑剂的凝胶型电解质。此外，凝胶型电解质划分为热塑凝胶和交联凝胶。关于 SPE 的研究历程如图 21.1 所示：

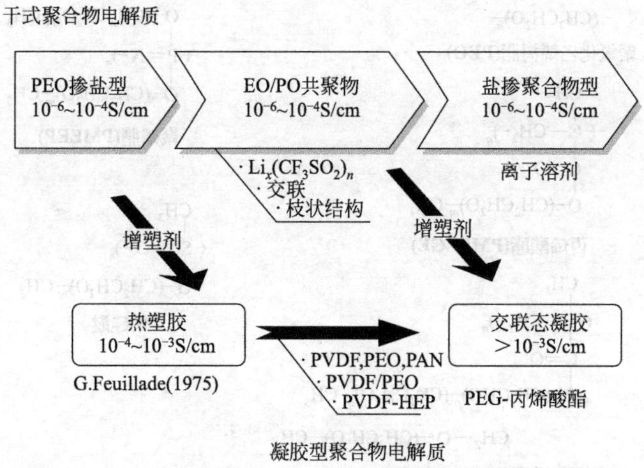

图 21.1 SPE 研究历程

21.3 干式聚合物电解质

自从 P. V. Wright[2] 发现环氧乙烷聚合物的离子导电性以来，M. B. Armand 首次提出干式聚合物电解质可用于电池[1]。干式聚合物电解质是由聚合物主体和碱金属盐组成的。聚合物主体具有能与阳离子相互作用的极性基团（重复的官能团），如氧化乙烯基或氧化丙烯基单体中的醚键。盐在其中溶解性好、易离解、离子易扩散，这是聚合物主体必备的特性。聚合物结构中诸如环氧乙烷和乙烯亚胺等离子离解单体的存在加快了电解质盐离解成离子的速度[3,4]。宏观弛豫和微观弛豫对离子通过聚合物主体的迁移有极大影响，宏观弛豫决定聚合物动态属性，微观弛豫决定聚合物链摆动。聚合物的弛豫现象很大程度上取决于温度，因此聚合物电解质的离子电导性也取决于温度。

从离子电导率取决于温度的行为来看，SPE 中离子的传输可根据自由体积理论或最大熵模型来解释。

一般来说，离子电导率 σ 可近似用 Williams-Landel-Ferry（WLF）方程表示[5]：其中，T_g 是玻璃化转变温度，C_1 和 C_2 是 WLF 系数。

$$\lg[\sigma(T)/\sigma_g(T)]=C_1(T-T_g)/[C_2+(T-T_g)] \tag{21.1}$$

从 WLF 方程可以看出，当温度高于 T_g 时，聚合物电解质会显示出离子导电性；当温度低于 T_g 时，离子导电性迅速下降。从离子离解观点来看，人们认为乙氧基单体是最完美的结构。离子在非晶态聚合物畴中随着氧化乙烯基链的摆动而迁移，但氧化乙烯基结构容易结晶，因此为了加速聚合物链的分子运动和离子快速扩散，降低聚合物基体的结晶度是很重要的。抑制聚合物结晶化的方法举例如下：将聚环氧乙烷链引入低 T_g 的聚合物（如聚硅氧烷和磷氮烯）中[6,7]，或者在聚合物主链中引入如环氧乙烷/环氧丙烷（EO/PO）等不对称单体。

另一方面，在聚合物基体中引入交联结构也是一种有效的方法，这可以解决在高温区的流动性问题。图 21.2 是一个典型聚合物基体结构的示例。

近来研究表明，通过引入短链、枝状的环氧乙烷，干式聚合物电解质获得了高电导率[8]。在该体系中，支链起到内部增塑的作用，此聚合物在 30℃左右时表现出 10^{-4} S/cm

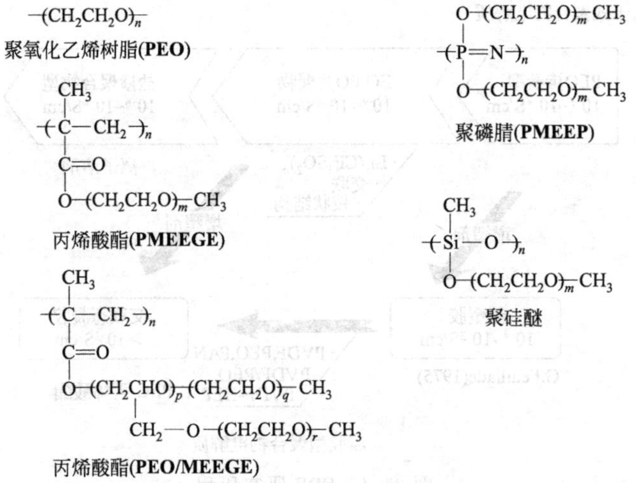

图 21.2 典型聚合物基体结构示例

的高离子电导率[9]。

一般情况下，干式 SPE 在超过 60℃时的离子电导率相当于液态电解质的室温电导率。因此，干式 SPE 可用于在高温环境下工作的电池。

根据差示扫描量热计（DSC）的测试结果，锂金属与聚合物电解质反应的放热少于与液体电解质反应的放热。聚合物电解质还能有效地防止锂枝晶的形成，这意味着当使用聚合物电解质时，金属锂可以作为负极使用。此外，由于聚合物电解质有足够高的机械强度，因此它也可作为隔膜使用。

21.4 凝胶态聚合物电解质

Feuillade 等人发现了热塑性的非水凝胶[10]，几乎同期，P. V. Wright 发现了干式聚合物的离子导电性。Feuillade 报道了有机液态电解质与聚乙烯醇缩醛形成凝胶后可达到 10^{-4} S/cm 的电导率。通常，热塑性凝胶很容易制备，通过将聚合物溶解在加热后的液态电解质中，然后冷却得到，聚合物为高分子量的聚环氧乙烷（PEO）、聚偏二氟乙烯（PVDF）或聚丙烯腈（PAN）等。在室温条件下，热塑性的凝胶可以变成一种有弹性的凝胶，并且与液态电解质的离子电导率水平相同。

从安全方面来讲，电池的阻燃性非常重要。根据最近的报道，作为聚合物基体，使用了 PAN 的特殊凝胶具有高离子电导率和自熄特性。这种现象在使用 $LiPF_6$ 作为电解质盐，并且以 PAN 为基体的凝胶体系中可以观测到[11]。这种凝胶是半固态的，且具有“热可逆”性，这是因为凝胶经过加热后又会变成流动的液体[12]。贝尔公司提出了使用聚偏氟乙烯/六氟丙烯共聚物（PVDF/HFP）制作凝胶电解质，这种技术引起了工业界的广泛关注。该类型凝胶与热塑型凝胶有明显的区别，即在很宽的热范围内具有高蠕变性和高弹性。众所周知，将液体电解质溶解到由 PVDF 和 HFP 共聚形成的氟橡胶 Viton® （由杜邦公司生产）中所形成的塑胶具有很高的离子电导率，通过增加 HFP 在共聚反应中的比例（相对于 PVDF），可以更好地提升其加工性能。例如，曾报道过由 Mn_2O_4 正极、1mol/L $LiPF_6$/EC/DMC 凝胶电解质和碳负极所组成的 4V 聚合物锂离子电池。贝尔凝胶是按如下步骤制备的：首先，将增塑剂（诸如邻苯二甲酸二辛酯（DOP）或丙酮）和填充物（诸如煅制二氧化硅）溶于聚合物基体；然后除去 DOP；接着，薄膜就形成了微孔；将液体电解质填充到微孔中，就形成了凝胶聚合物电解质。将填充物加入聚合物基质中，以保证具有离子导电性及类似隔膜的必要的溶胀性和强度。这种工艺被认为是当前电池制造领域最好的工艺，并且很多电池制造商已经获得了贝尔公司的专利授权。

与热塑性凝胶的性质不同，热固性凝胶（交联凝胶）即使在高温下也不会变成液体。热固性凝胶通过活性单体或低聚物发生交联反应制得，例如在液体电解质中发生的乙烯聚合反应、氨基甲酸乙酯反应、多烯-硫醇反应和内酯的开环反应[13,14]。通过选择适合的单体或低聚物，可合成具有高弹性的凝胶。

制备热固性凝胶最方便的方法是向液体电解质中添加活性单体（诸如环氧烷中的丙烯酸酯和甲基丙烯酸酯），并通过光照加热、紫外线照射或电子束进行交联。剩余的单体可以通过红外吸收（在吸收峰值为 $1638cm^{-1}$ 的基础上）、超临界流体色谱法和示差热扫描（光学差异扫描热分析）方法进行检测。

可以通过改变一种丙烯酸酯单体将凝胶聚合物的网状结构改变成梳状和梯状结构。通过双官能团丙烯酸酯化合物（如聚乙二醇二丙烯酸酯类）的交联反应，也可能获得“聚烯键”结构的离子导电凝胶。尽管威能公司正在开发 V_3O_8 作正极、锂金属作负极的凝胶聚合物电池，但该电池还不能商业化[15]。表 21.1 展示了各种凝胶聚合物电解质的离子导电性。

表 21.1　各种凝胶聚合物电解质的离子导电性

电解质			离子导电性/(S/cm)	温度/℃
聚合物集体	电解质盐	溶剂		
P(VDF-HFP)	$LiPF_6$	EC/PC	3×10^{-3}	22
P(VDF-HFP)	$LiPF_6$	EC/DMC	3×10^{-3}	22
PAN	$LiClO_4$	EC/PC	2.9×10^{-3}	20
PAN	$LiAsF_6$	BL	6.1×10^{-3}	20
PAN	$LiN(CF_3SO_2)_2$	BL/EC	4.0×10^{-3}	20
PAN	$LiCF_3SO_3$	EC/PC	1.4×10^{-3}	20
PEG-DA	$LiCF_3SO_3$	PC	1×10^{-3}	RT
PEG-A/TMPA	$LiBF_4$	PC/DME	3×10^{-3}	25
PEG-A/TMPA	$LiN(CF_3SO_2)_2$	EC-DME	4.6×10^{-3}	25
PEG-A/TMPA	$LiPF_6$	EC-type	6.4×10^{-3}	25
P(VDF-HFP)	$LiPF_6$	EC/PC	3×10^{-3}	22
SBR	锂盐	BL-DME	1.4×10^{-3}	RT

注：SBR 丁苯橡胶、P（VDF-HFP）聚偏氟乙烯/六氟丙烯、PAN 聚丙烯腈、PEG-DA 聚乙二醇二丙烯酸酯、PEG-A/TMPA 聚乙二醇丙烯酸酯/三羟甲基丙烷丙烯酸酯。

21.5 使用纯聚合物电解质的商业聚合物电池

魁北克省电力公司（魁北克水电）自 1978 年开始研究一种使用聚合物电解质的大型电池。由酰亚胺阴离子和负碳离子组成的锂盐，由于晶格能低和阴离子体积大而被用作耐热盐。

2002 年 9 月，Avestor 开始生产干式聚合物电池。图 21.3 为 AVESTOR 已经投放市场的电池的结构。

根据 DSC 检测，金属锂和聚合物电解质的放热反应比液态电解质弱。聚合物电解质能够有效地防止生成锂枝晶，这意味着使用聚合物电解质时，可以用金属锂作为电池负极。此

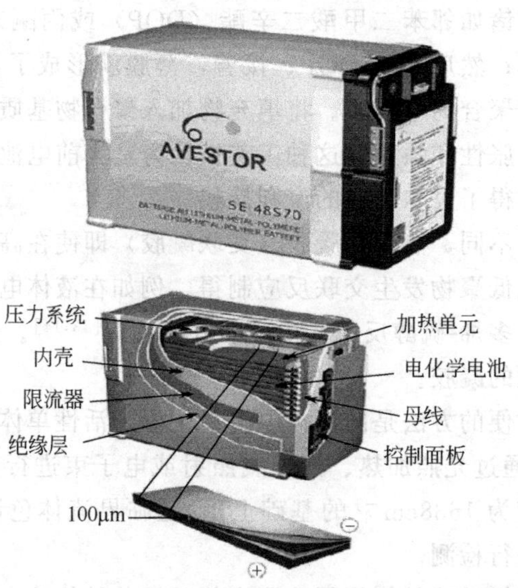

图 21.3 Avestor 商业化的纯聚合物锂离子电池外观及内部结构

外，由于聚合物电解质具有足够高的机械强度，它也有望被用于隔膜。

这种电池有望替代无线电通讯设备使用的阀控密封式铅酸电池（VRLA）。VRLA 的寿命很短，而无线电通信装置中的继电器设备一般安装在偏僻的地方，不便于维护。因为 Avestor 锂金属聚合物电池的寿命超过了 10 年且免维护，因此极大地减少了维护的工作量和费用。另外，这种电池具有一种特性，即可以通过远程装置来监控电池本身的状态。

Avestor 的制造工艺也很独特，他们采用了一种环境友好的电池制造工艺，即通过挤压工艺制造正极和电解质，这种工艺不会使用任何挥发性的有机溶剂，而这些有机溶剂又是当前涂覆工艺中常用的。

21.6 使用凝胶聚合物电解质的商业化聚合物电池

基于前文提到的 Bellcore 技术，日本一家电池制造商最先尝试实际应用这种技术。但由于聚合物基体与液体电解质分离而导致了电池漏液事故发生，这种首次商业化的聚合物电池退出了市场。此后，Sony 公司将使用凝胶和类似的聚合物基体制成的聚合物电池在中国实现了商业化，而这种技术与 Bellcore 技术是不同的。图 21.4 展示了 Sony 公司制造的聚合物

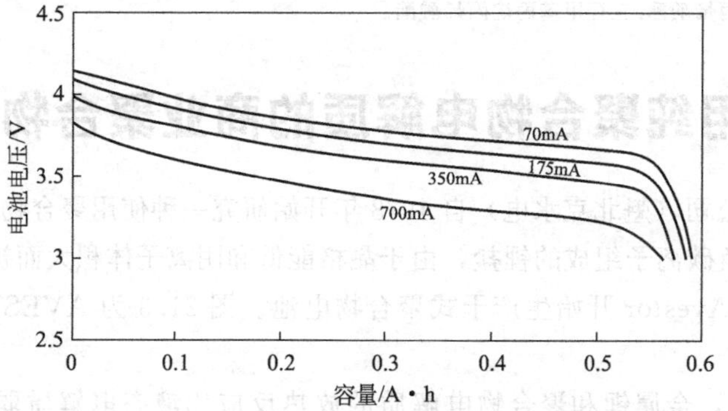

图 21.4 Sony 公司制造的锂离子聚合物电池 UP383562A A2 WIB02H 的倍率性能

电池的倍率性能，可见，室温下的倍率性能和循环性能都很优异。

Sony公司在制造凝胶聚合物锂离子电池，特别是较小尺寸（低于1A·h）电池方面全球排名第一，Sanyo-GS（日本）和Samsung SDI（韩国）也在生产这种电池。近年来，一家中国的制造商也开始生产凝胶聚合物锂离子电池。作为最大的电池制造商之一，ATL正在使用Bellcore技术生产聚合物电池，这些使用Bellcore技术的制造商仍在继续生产小型电池。

近期助力自行车、电动自行车和混合动力汽车所使用的大中型锂离子电池市场需求增加，随着电池容量的上升，安全性变得非常重要。即使锂离子电池容量不断上升，凝胶聚合物电解质也能很好地保证电池的安全性。

使用丙烯酸酯凝胶可以显著提升电池的性能。例如，通过引入一种网状聚合物的结构，可以制得与液体的离子电导率几乎相同且弹性可达到10^4 dyn/cm（1dyn=10^{-5}N），甚至更高的凝胶。

图21.5展示了DKS（Dai-Ichi Kogyo Seiyaku）有限公司为聚合物锂离子电池专门开发的凝胶型聚合物电解质。丙烯酸酯交联后的结构可以容纳大量的液体电解质，并且不会发生漏液[16]。

图21.5　交联态凝胶电解质

近期一个名为双一力（SYL）的合资公司在中国天津成立。SYL是由日本的Enax公司和DKS公司以及天津一轻集团（持有股份）合资成立。SYL已开始使用凝胶聚合物电解质技术生产3.5～10A·h的中型电池，图21.6为SYL生产的中型聚合物电池。

图21.6　SYL商业化的凝胶聚合物电池

图21.7展示了SYL电池的倍率性能、温度特性、循环寿命和过充测试的情况。电池的性能很出色，最重要的一点是这种电池的安全性高。图21.7(d)为过充测试的结果，电池的温度随着充电容量的增加而升高，最高温度达57℃，此后没有观测到温度继续升高。这些电池将会应用在电动工具、电动自行车、混合动力汽车和纯电动汽车（EV）上。

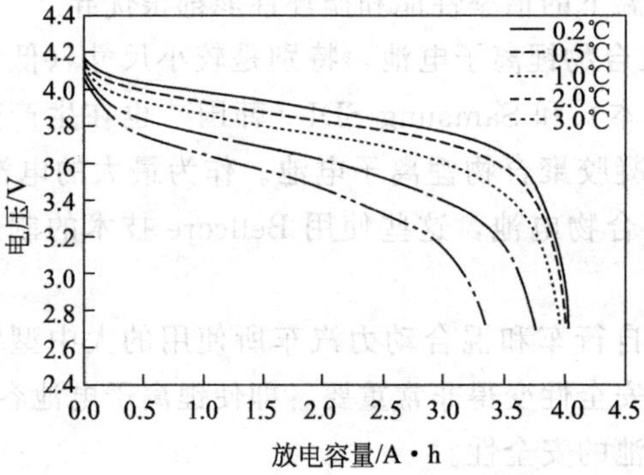

(a) 倍率性能

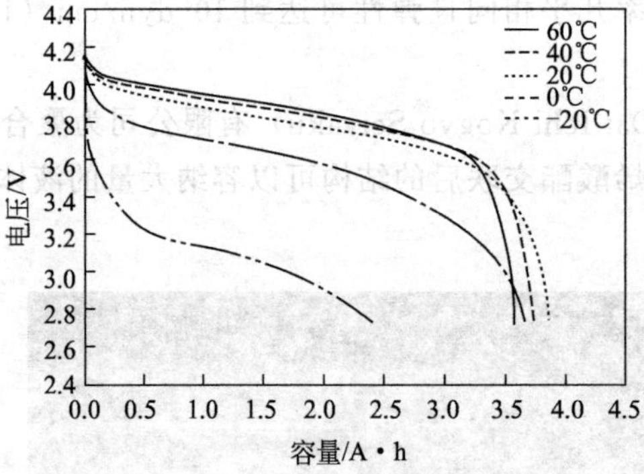

(b) 温度特性

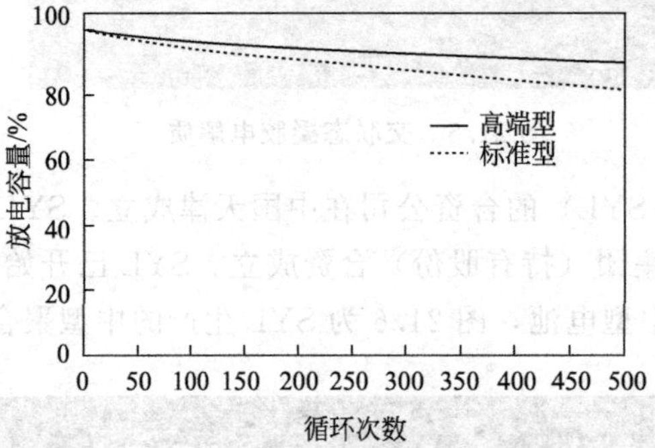

(c) 循环性能

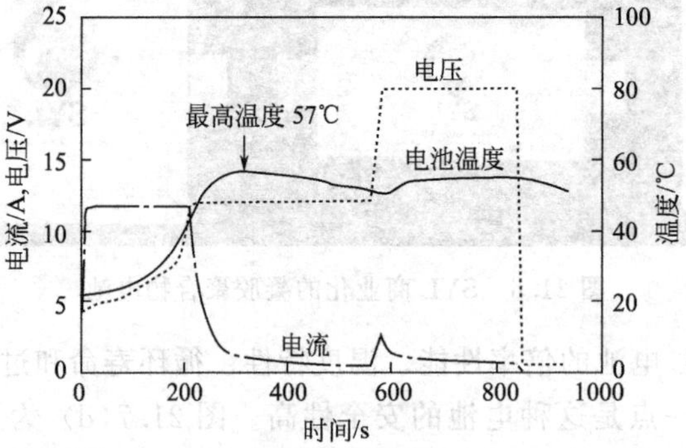

(d) 过充电测试

图 21.7　SYL 制造的凝胶聚合物电池性能

21.7 新趋势

S. J. Visco 等人采用有机硫化物代替无机硫化物进行可逆的聚合反应，从而提出了一个室温下可再充的新的电池体系[17]。对于 2，5-二巯基-1，3，4-噻二唑（DMcT）这种有机硫化物而言，通过电化学氧化还原反应，单体和聚合物有可能发生可逆变化。由二硫化碳聚合沉积形成具有聚乙炔结构的含硫聚合物，它的能量密度可高达 2500mA·h/g。对于这种电池体系，需要提高聚合物沉积和溶解的可逆性。这种凝胶的离子电导率高达 10^{-2}S/cm。在电极上使用聚苯胺可大幅度提升循环寿命[18]。正极的能量密度可达到 180mA·h/g。

在聚合物链和盐的相互作用下会产生载体离子，如果电解质盐的浓度增加，载体离子密度也会增加，这使得离子电导率升高。然而，通常聚合物电解质的浓度升高时，玻璃化温度也会升高，这会导致离子迁移率的降低，因此需要一种新概念来克服这种电解质的局限性。由 Angell 等人提出的“盐掺聚合物型”的概念不同于传统的“聚合物掺盐型”[19]。例如，添加聚环氧丙烷到离子液体这种关键材料中，可以获得橡胶状的 SPE。典型离子液体结构示例如图 21.8 所示。离子液体是阳离子电解质盐，如咪唑、吡啶和铵盐，它们在室温下为液态。离子液体是不可燃的，并且它可以在宽的温度范围内作为电解质。盐掺聚合物型电解质作为下一代二次锂离子电池的聚合物电解质，受到人们的高度关注。这种离子液体是通过锂盐溶解于离子溶液中来制备的，它主要由电压窗口宽的铵盐阳离子组成。通常这些电解质形成凝胶后，电导率会降低。然而，最近发现了一种新的氟化凝胶剂，在形成凝胶之后它的电导率几乎不会发生变化。这种氟化凝胶通过氟化烷烃与末端为含氟卟啉封端单元 {[-Rf-(AMPS)$_q$]$_p$-} 的 2-丙烯酰胺-2 甲基丙硫醇酸（AMPS）的低聚物反应制得[20]，它的离子电导率高达 10^{-2}S/cm。

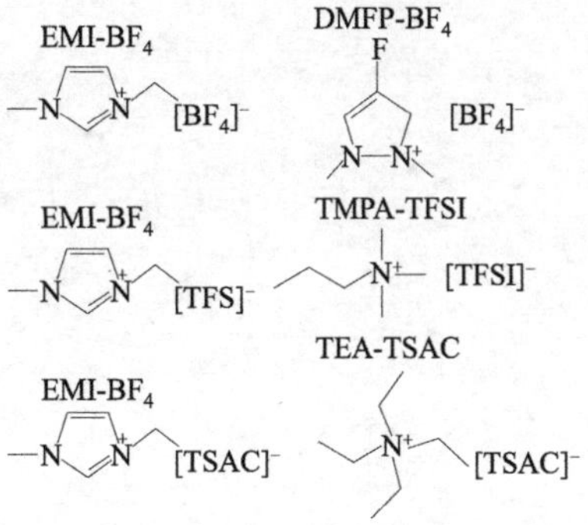

图 21.8 典型离子液体的结构

21.8 前景展望

聚合物电池可选用的电极范围很宽，它的应用范围从便携式电子装置到电动汽车，因此有望持续对二次电池市场做出贡献。聚合物电池正在开发应用于信息处理设备的二次电池新市场，例如个人数据处理设备。

聚合物电解质材料的技术创新为聚合物电池的应用提供了有力支持。为了在不久的将来聚合物电池能在电池工业领域中占据牢固的地位，人们迫切期望开发出适合于电池制造工艺的聚合物电解质材料和满足电池性能的工艺技术。

参考文献

1. M. B. Armand, J. M. Chabagno, M. J. Duclot, *First Ion Transport in Solids* P. Vashishta, J. N. Mundy, G. K. Shenoy, Eds., Elsevier, New York (1979), p. 131.
2. P. V. Wright, *Br. Polym. J.*, 7 (1975) 319.
3. S. Claucy, D. F. Shriver, L. A. Ochrymowycz, *Macromolecules*, 19 (1986) 606.
4. C. S. Harris, D. F. Shriver, M. A. Ratner, *Macromolecules*, 19 (1986) 987.
5. M. H. Cohen, D. Turnbull, *J. Chem. Phys.*, 31 (1959) 1164.
6. P. G. Hall, G. R. Davis, J. E. McIntyre, I. M. Ward, D. J. Banister, K. M. F. LeBrocq, *Polym. Commun.*, 27 (1986) 98.
7. P. M. Blonsky, D. F. Shriver, P. Austin, H. R. Allcock, *J. Am. Chem. Soc.*, 106 (1984) 6854.
8. M. Kono, K. Furuta, S. Mori, M. Watanabe, N. Ogata, *Polym. Adv. Technol.* , 4 (1993) 85.
9. M. Kono, E. Hayashi, M. Watanabe, *J. Electrochem. Soc.*, 145 (5) (1998) 1524.
10. G. Feuillade, Ph. Perche, *J. Appl. Electrochem.*, 5 (1975) 63.
11. H. Akashi, K. Tanaka, K. Sekai, *Engineer. Mater.*, 1 (1997) 1.
12. C. Shmutz, J. M. Tarascon, A. S. Gozdz, P. C. Warren, F. K. Shokoohi, *Electrochem. Soc. Proc.*, 28 (1994) 330–335.
13. T. Ohsawa, O. Kimura, T. Kabata, N. Katagiri, T. Fujii, Y. Hayashi, *Electrochem. Soc. Proc.*, 28 (1994) 481–486.
14. M. Kono, E. Hayashi, M. Watanabe, *J. Electrochem. Soc.*, 146 (5) (1999) 1626.
15. US. Patent; US5037712 (1990).
16. M. Kono, E. Hayashi, M. Nishiura, M. Watanabe, *J. Electrochem. Soc.*, 147 (7) (2000) 2517.
17. S. J. Visco, M. Liu, L. C. DeJonghe, *J. Electrochem. Soc.*, 138 (1990) 1191.
18. T. Sotomura, N. Oyama, *Denki Kagaku*, 65 (10) (1997) 796.
19. C. A. Angell, C. Liu, E. Sanchez, *Nature*, 362 (1993) 137.
20. H. Sawada, Y. Murai, M. Kurachi, T. Kawase, T. Minami, J. Kyokane, T. Tomita, *J. Mater. Chem.*, 12 (2002) 188–194.

第22章

用于大型二次锂离子电池的优化新型硬碳

Aisaku Nagai, Kazuhiko Shimizu, Mariko Maeda, and Kazuma Gotoh

22.1 概述

吴羽公司使用交联石油沥青制备非石墨化碳（也称硬碳）作为锂离子电池（LIB）负极材料已将近20年[1]。然而，手机、数码相机和笔记本电脑等便携式设备用电池对能量密度的要求比对寿命要求更高，因此近年来电池的负极材料还是广泛采用石墨。硬碳只应用在专业摄像机、卫星、电动自行车方面，这是因为这些电池寿命终止时可能很难进行更换。

近年来，锂离子电池在电动工具、混合动力汽车（HEV）等大型设备中的应用受到了广泛关注。HEV电池需要有足够宽的工作电压窗口，以便在高倍率下产生电能。但是，以石墨为负极、$LiCoO_2$为正极的锂离子电池的工作电压范围过窄、曲线太平，在高于4.3V时电压将突变而不能防止过充电。另一方面，使用硬碳的锂离子电池的工作电压窗口较宽。事实证明，与石墨相比，使用硬碳的电池在任何充电条件下都具有更高的输入和输出功率，这是硬碳引起人们广泛关注的原因[2]。

为小型设备的应用而设计开发的硬碳Carbotron P（F）已经有所进步[3]，它的充电容量高于500A·h/kg，且使用寿命长。为了提高反应速率，材料的粒径必须足够小，以缩短锂离子进入碳的扩散路径，据此开发了另一种适合于HEV的硬碳，称为Carbotron PS（F）。Carbotron P（F）和Carbotron PS（F）的电化学性质基本相同。然而，这些硬碳的充放电效率都很低，并且使用前在空气中储存会导致容量衰减，所以如果将此类硬碳用在HEV上就需要对其重新进行设计。

22.2 一种新型硬碳的结构和电化学性质

通过异丙醇测定硬碳的真密度为1.5g/cm^3，比石墨的密度2.26g/cm^{3}要小。这说明在硬碳中存在微孔，锂原子可以存储在这些微孔中。有一位作者率先使用^{7}Li-NMR（核磁共振）技术分析了这种新的锂存储机理，这种机理也是硬碳比石墨充电容量高的原因[1]。在氮气等温吸附实验中，硬碳对氮气的吸附速率非常慢，需要一个星期以上，因此，硬碳的孔与活性炭的孔相比有很大的区别。当硬碳在空气中长时间储存时，氧气和水蒸气会缓慢地吸附到硬碳的孔隙中，这些气体可能会导致容量的衰减，并且锂存储在类似墨水瓶结构的孔隙中会导致充放电效率降低。

硬碳作为负极材料的特性之一是它的充放电曲线具有两个区域。在第一个区域内，电压是渐变的（称为CC区）；在第二区域内，电压几乎是恒定的（称为CV区）。据报道，通过^{7}Li-NMR检测得知，锂原子存储在硬碳的孔隙中并且在CV区域形成类似于锂团簇的结构[1,4~7]。因此，CV区域的充电容量源于孔隙结构。另一方面，在实际电池中CV区域碳的电位基本上与锂金属的电位等同，因此无法利用CV区域的容量，而且在充电过程中锂枝晶的沉积似乎不可避免。在HEV的应用中，锂离子电池的SOC维持在50%左右，并且只有CC区域的容量可用。

为HEV开发的新型硬碳材料的目标是去除硬碳中类似墨水瓶结构的孔，提高其稳定性和效率。最近发明了一种名为Carbotron P（J）的硬碳[8]，它的颗粒尺寸几乎与Carbotron PS（F）的相同，但是它的电化学性质却不同于Carbotron P（F）和PS（F）。

图22.1是Carbotron P（J）表面的扫描电镜图（SEM）。图22.2是由带有转靶和CuK_α射线的Rigaku RAD-C衍射仪表征的Carbotron P（J）的XRD图谱[7]。表22.1中给出的是通过XRD（002）反射和谢乐公式[9]计算出来的层间距和微晶尺寸系数（L_c）。图22.3给出的是Carbotron P（J）、P（F）和PS（F）三种硬碳的粒径分布。表22.1给出了由分布估算出的平均粒径。

图22.1 Carbotron P（J）的SEM图
经Elserier有限公司授权，从参考文献7复印得到，版权（2006）

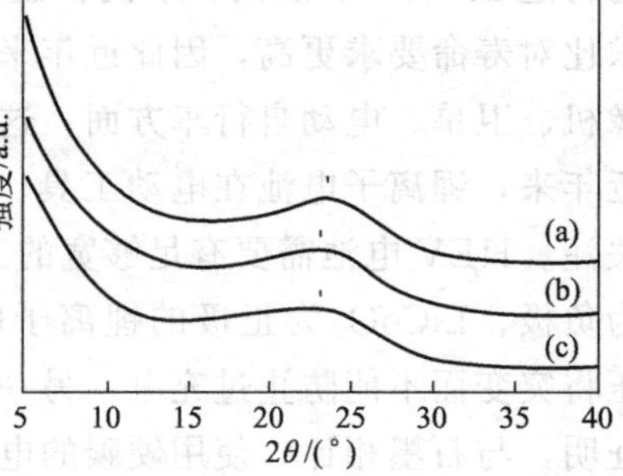

图22.2 碳的XRD图谱（a）Carbotron P（J）、（b）Carbotron PS（F）、（c）Carbotron P（F）
经Elserier有限公司授权，从参考文献7复印得到，版权（2006）

表22.1 通过XRD（002）反射和谢乐公式[9]计算得出的层间距（d002）、微晶尺寸系数（L_c002）以及三种碳样品的平均粒径

样本	d_{002}/nm	L_{c002}/nm	粒径/μm
Carbotron P(J)	0.374	1.40	9
Carbotron PS(F)	0.379	1.31	9
Carbotron P(F)	0.380	1.10	22

从XRD数据看，这些碳没有明显的变化，但是电化学特性却有很大不同，如图22.3和表22.2所示[7]。这些数据是通过纽扣式电池测试获得的。其中对电极为锂金属，电解质为1mol/L $LiPF_6$溶于体积比为1：1的碳酸丙烯酯（PC）和碳酸二甲酯（DMC）。以0.5mA/cm^2电流密度恒流（CC）充电，电池电压达到0.0V时，电压保持0.0V直到电流平衡（CV

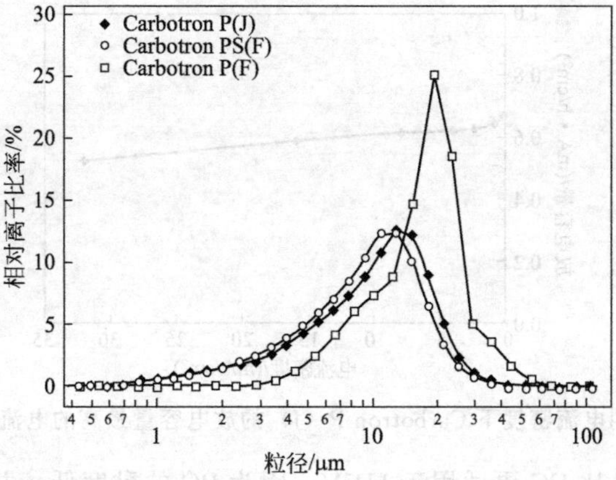

图 22.3　Carbotron P（J）(a)、Carbotron PS（F）(b) 和 Carbotron P（F）(c) 的粒径分布
(a) 和 (b) 具有相似的分布；(a)、(b)、(c) 的平均粒径如表 22.1 所示

表 22.2　使用碳样品：(a) Carbotron P（J）、(b) Carbotron PS（F）、(c) Carbotron P（F）电池的电化学性能评价

样品	整体充电容量/(mA·h/g)	CC 容量/(mA·h/g)	CV 容量/(mA·h/g)	初始不可逆容量/(mA·h/g)
a	352	305	47	53
b	530	264	266	77
c	511	240	271	73

锂化过程），然后以 0.5mA/cm² 恒流放电。

与 Carbotron P（F）和 PS（F）相比，Carbotron P（J）的总体充电容量很小，但 Carbotron P（J）在 CC 阶段的容量，也就是在 HEV 应用中有效的负极容量，几乎和其他两种产品一样，甚至更高。Carbotron P（J）的另外一个优点就是提高了充放电效率，减小了不可逆容量，从而提升了电池容量。

表 22.3 给出了碳在温度为 40℃、相对湿度为 90%RH 的环境中保存 70h 后水分的吸附量。Carbotron P（J）的水分吸附量只有 Carbotron PS（F）的一半或更低。进一步的实验表明 Carbotron P（J）所吸附的水分含量有可能降至 1%以下。

表 22.3　温度为 40℃，湿度为 90%RH，存储 70h 后 (A) Carbotron P（J）、(B) Carbotron PS（F）碳吸水质量分数

样品	质量分数/%	样品	质量分数/%
A	2.4	B	5.8

Carbotron P（J）的真密度与 Carbotron PS（F）相同，因此碳孔隙的体积没有差异，但 CV 区域的容量和水吸附量却明显降低。这些现象表明，在制备过程中 Carbotron P（J）中的一些孔闭合了，这个假设在近来的 ^{7}Li-NMR 实验中得到了证实。

图 22.4 为 Carbotron P（J）的倍率容量，测试样品是 2016 型纽扣式电池。对电极采用锂金属，电解质采用 1mol/L 的 $LiPF_6$（溶剂组分的体积比为 EC：DMC：EMC＝1：2：2）。电池以 0.5mA/cm² 电流密度恒流充电，当电池电压达到 0.0V 时，保持 0.0V 电压直到电流减小到 1/100C 以下。采用不同电流密度进行恒流放电，终止电压为 1.5V。最高电流

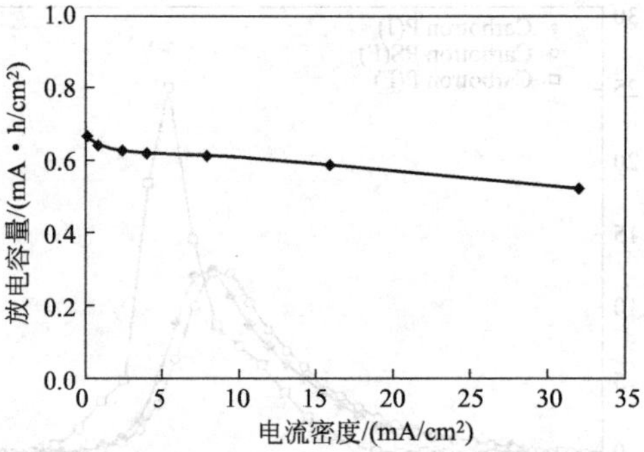

图 22.4　不同电流密度下 Carbotron P（J）的放电容量最高的电流密度对应 60C

密度为 60C。显然，PC 比 EC 更适用于 HEV，因为 PC 的黏度低，并且在 PC 电解质中对硬碳充电时没有连续的电化学反应。图 22.4 表明，即使石墨与适合的 EC 电解质配合使用，新型硬碳也可以获得比它更好的高倍率性能。

22.3 小结

大型的锂离子二次电池设计中已采用新型的硬碳材料。这种碳在空气中稳定、充电效率更高、倍率性能更好，其充放电电压曲线更适合 HEV。

参考文献

1. A. Nagai, M. Ishikawa, J. Masuko, N. Sonobe, H. Chuman, T. Iwasaki, *Mater. Res. Soc. Symp. Proc.*, **393** (1995) 339–343.
2. Y. Tanjo, T. Abe, H. Horie, T. Nakagawa, T. Miyamoto, K. Katayama, *Soc. Automot. Eng.*, **SP-1417** (1999) 51–55.
3. Y. Ohashi, Y. Shigaki, Eur. Pat. Appl. (1996) EP 726606.
4. K. Tatsumi, J. Conard, M. Nakahara, S. Menu, P. Lauginie, Y. Sawada, Z. Ogumi, *Chem. Commun.*, (1997) 687–688.
5. K. Tatsumi, T. Kawamura, S. Higuchi, T. Hosotubo, H. Nakajima, Y. Sawada, *J. Power Sources*, **68** (1997) 263–266.
6. K. Tatsumi, J. Conard, M. Nakahara, S. Menu, P. Lauginie, Y. Sawada, Z. Ogumi, *J. Power Sources*, **81–82** (1999) 397–400.
7. K. Gotoh, M. Maeda, A. Nagai, A. Goto, M. Tansho, K. Hashi, T. Shimizu, H. Ishida, *J. Power Sources*, **162** (2006) 1322–1328.
8. K. Shimizu, M. Maeda, S. Morinishi, A. Nagai, A. Hoshi, *PCT Int. Appl.* (2005) WO 2005098999.
9. P. Scherrer, *Nachr. Ges. Wiss. Göttingen*, **2** (1918) 98.

第23章

高容量锂离子电池正极材料$LiMn_2O_4$

Masaki Okada and Masaki Yoshio

23.1 概述

层状氧化物材料 $LiMO_2$（M＝Co，Li）作为二次锂电池的正极材料已经被广泛研究[1,2]。$LiMn_2O_4$材料因其成本低、毒性低和满电态安全性能好，成为最有希望替代高成本 $LiCoO_2$和 $LiNi_{1/3}Co_{1/3}Mn_{1/3}$ 的材料之一。在 4V 区间内 $LiMn_2O_4$ 显示了良好的循环性能[3,4]，但是它的容量却较其他正极材料如 $LiMO_2$（M＝Co，Li）的低。如果在 3V 区间内，过量的 Li 能够可逆地嵌入 $LiMn_2O_4$中，那么这个缺陷就可以被克服。然而，过去的研究结果表明：Li 完全嵌入/脱嵌会导致其原始晶体结构坍塌，在 3～4V 区间内，$LiMn_2O_4$容量衰减明显[5]。

本章介绍了在 3～4V 区间内，$LiM_xMn_{2-x}O_4$（M＝Mn，Co，Ni）的晶体结构与电化学性质之间的关系，描述了宽电压区间的高容量可再充材料的合成。

23.2 实验

$LiMn_2O_4$由原材料锰氧化物（CMD、EMD、γ-MnOOH）与 $LiNO_3$按化学计量比混合（Li/Mn＝0.5，摩尔比）制备而成。$LiM_xMn_{2-x}O_4$（$0<x\leqslant 0.5$）则由原材料 γ-MnOOH、$LiNO_3$、Ni（OH）$_2$或者 Co（OH）$_2$制备而成。首先，这些混合物在 450℃的大气环境下预焙烧 24h，然后利用熔融浸润法在 700℃下焙烧 24h[6]。用 Cu K_α 射线对粉末进行 X 射线衍射来测定产物的晶相和晶格参数；分别用电感耦合等离子体法（ICP）和 $KMnO_4$氧化还原滴定法来测定其化学成分和锰的平均化合价；通过制备成 CR2030 型纽扣式电池来评价其电化学特性。电池的装配方法如下：电池正极由 50mg 活性物质和 25mg 导电黏结剂（聚四氟乙烯和乙炔黑）组成，将其压实在集流体（2.5cm^2 的不锈钢的网）上，压力为 1000kgf/cm^2（1kgf/cm^2＝98.0665kPa），然后在 200℃真空（<1mmHg，约 133.322Pa）烘箱中烘干 2h。电池由正极、锂-金属负极、多孔聚丙烯隔膜、电解质［1mol/L 的 $LiPF_6$，溶剂是体积比为 1∶4 的碳酸丙烯酯（PC）和碳酸二乙酯（DEC）］构成，电压区间为 2.0～4.2V，

充放电的电流密度为 1.0mA/cm^2。

23.3 结果和讨论

分别以 γ-MnOOH（样品 1）、CMD（样品 2）和 EMD（样品 3）作为氧化锰源来制备 $LiMn_2O_4$样品。样品均呈单相尖晶石结构，没有杂质。图 23.1 显示了上述三种正极材料样品在电流密度为 1.0mA/cm^2、工作电压区间为 2.0～4.2V 下的循环测试结果，这些样品在充放电循环过程中的容量衰减程度不同，在所有的样品中，样品 1 的循环性能最好。在 3V 区间内，$LiMn_2O_4$的晶体结构从立方尖晶石相转变为四方尖晶石相[7]。为了解释这些样品循环行为的差异，下面将对样品的晶体结构进行分析。

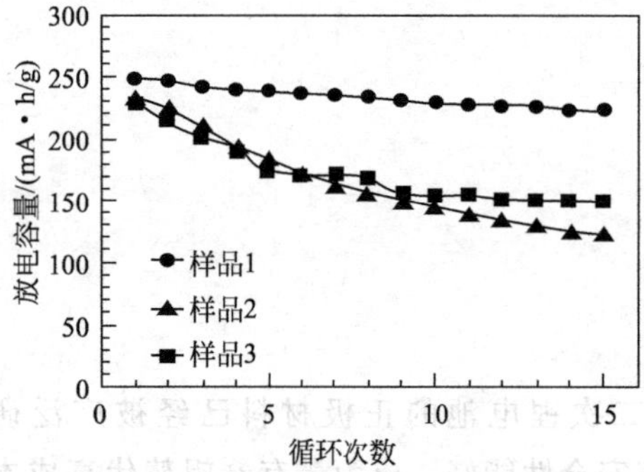

图 23.1 使用不同正极样品 1（γ-MnOOH）、样品 2（CMD）和样品 3（EMD）制备的 Li/1mol/L $LiPF_6$ PC-DEC（1∶4）/$LiMn_2O_4$ 电池在 1.0mA/cm^2 的电流密度和 2.0～4.2V 电压区间内的循环性能

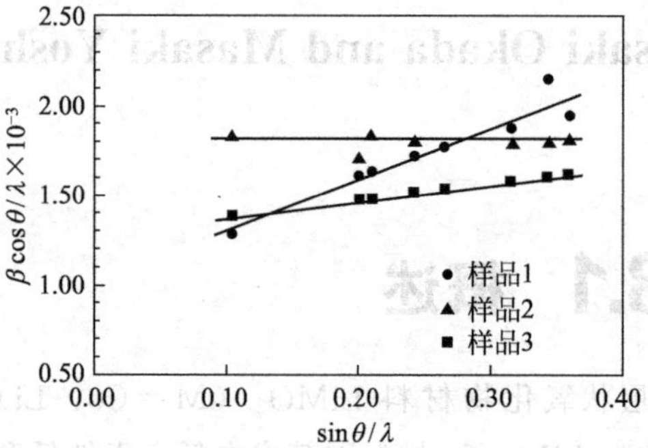

图 23.2 样品 $\sin\theta/\lambda-\cos\theta/\lambda$ 曲线（Hall 曲线）η 值分别是 1.45×10^{-3}(样品 1)，0.00×10^{-3}(样品 2)，0.45×10^{-3}(样品 3)

图 23.2 是样品的 $\sin\theta/\lambda$-$\beta\cos\theta/\lambda$ 曲线（Hall 曲线）[8]，下面的方程式可以用 Scherrer 公式来推导[1]：

$$\beta\cos\theta/\lambda=1/\varepsilon+2\eta(\sin\theta/\lambda) \tag{23.1}$$

式中，β 表示衍射峰积分宽度；η 表示晶体结构的应力；ε 表示晶体尺寸；λ 常数为 0.15405nm（CuK_α）。通过晶体结构的分析，阐明了在 3～4V 的工作区间内，循环放电容量随着 Hall(=2η) 曲线斜率值的增加而减少。样品 1 有最大的 η 值（$\eta=1.46\times10^{-3}$），这就意味着样品 1 的晶粒尺寸更小、结构应力更大。我们推测，晶体尺寸和结构应力是充放电过程中 $LiMn_2O_4$从立方尖晶石相转变为四方尖晶石相的重要影响因素。

为了改善 $LiMn_2O_4$在 4V 区间内的循环性能，进行了很多尖晶石结构中锰元素被掺杂元素取代的研究，如 $LiM_xMn_{2-x}O_4$（M=Co，Ni，Cr，Al…）。研究结果表明，掺杂金属离子可以抑制容量的衰减。这是因为掺杂元素在锂离子嵌入/脱嵌过程中抑制了尖晶石原始结构的破坏。下面将介绍 $LiM_xMn_{2-x}O_4$化合物（M=Co，Ni，x=0～0.5）的研究结果。

样品由 γ-MnOOH、$LiNO_3$和 Ni（OH)$_2$或者 Co（OH)$_2$作为原材料制备而成。对于 $LiCo_xMn_{2-x}O_4$化合物，经测定所有的样品为单一相尖晶石，且在 x 区间没有杂质。与原始衍射峰位置相比，所有样品的衍射峰均向着更高的角度移动，这可能利于保持尖晶石结构的立方对称性。如果没有相变的话，晶格常数会随着 x 值的增加而减小。

图 23.3 为 $LiNi_xMn_{2-x}O_4$化合物的 XRD 结果。当 x 为 0.3 时，可以认为样品是单一的尖晶石相；当 x 为 0.5 时，图上出现了 NiO 的相关衍射峰［如图 23.3（e）所示］，这意味着当 x 为 0.5 时，用镍进行掺杂取代的尖晶石结构不能形成完美的固溶体。通过固相反应制备用镍掺杂取代的尖晶石是非常困难的。利用传统方法制备的 $LiNi_xMn_{2-x}O_4$，总能观察到 NiO 衍射峰，这些衍射峰在经过几次高温煅烧后会消失[9]。在我们研究制备的样品中，仅当 x 为 0.5 时出现了微弱的 NiO 衍射峰。对于金属掺杂尖晶石的制备，我们的方法比传统方法更加有效。

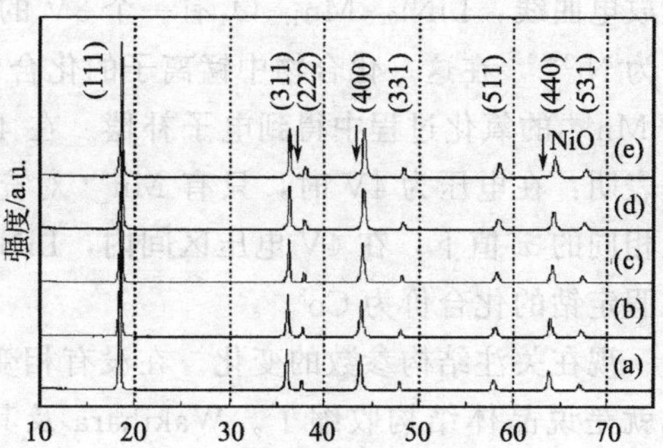

图 23.3 $LiNi_xMn_{2-x}O_4$样品粉末的 XRD 图

分别为 (a) $x=0.0$，(b) $x=0.1$，(c) $x=0.2$，(d) $x=0.3$ 及 (e) $x=0.5$

图 23.4 为 $LiCo_xMn_{2-x}O_4$（$x=0.1$，0.5）和 $LiNi_xMn_{2-x}O_4$（$x=0.1$，0.5）的第一次

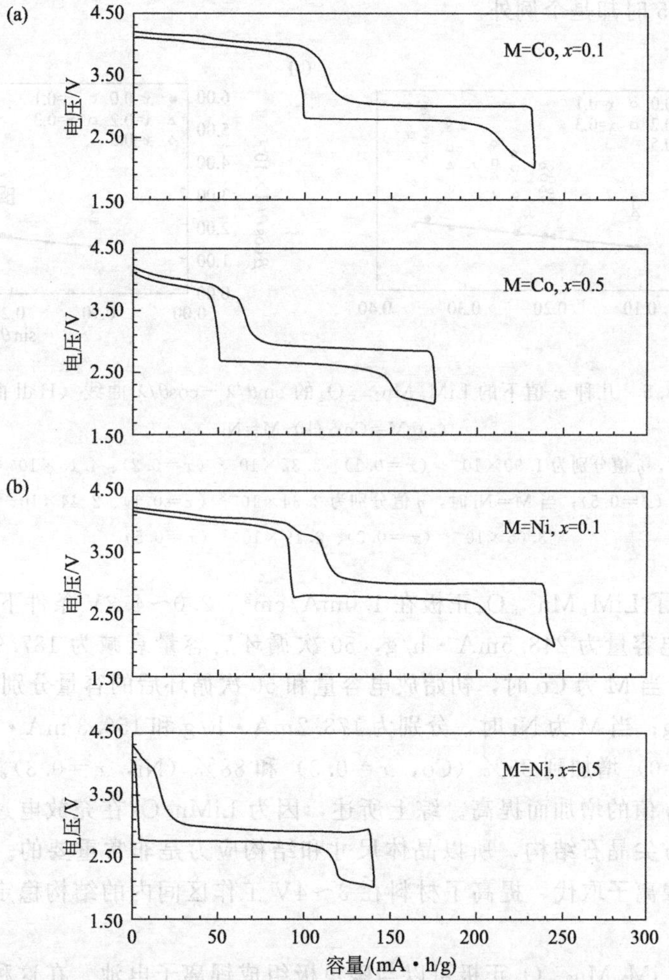

图 23.4 $LiM_xMn_{2-x}O_4$（$x=0.1$ 和 0.5）的首次充放电曲线

电压区间 2.0～4.2V，电流密度 $1.0mA/cm^2$；(a) M=Co；(b) M=Ni

充放电曲线，$LiNi_{0.5}Mn_{1.5}O_4$有一个 3V 的电压平台［见图 23.4(b)］。由于镍的稳定化合价为 Ni^{2+}，在这一化合物中锰离子的化合价变为 Mn^{4+}，因为尖晶石母体必须从 Mn^{3+} 转变为 Mn^{4+}的氧化过程中得到电子补偿。在 4V 的位置，充放电容量随着 x 值的增加而减小。这表明：在电压为 4V 时，只有 Mn^{3+} 对充放电容量有贡献，这个结果与另一组结果一致。在相同的 x 值下，在 4V 电压区间内，$LiNi_xMn_{2-x}O_4$ 比 $LiCo_xMn_{2-x}O_4$的容量低，因此，可以假定钴的化合价为 Co^{3+}。

现在关注结构参数的变化。在没有相变的情况下，晶格常数会随着 x 值的增加而减小，也就是说晶体结构收缩了。Wakihara 及其团队报道了尖晶石结构中 $16d$-$32e$ 的键长是指 M—O 键的平均键长（对于 $LiNi_xMn_{2-x}O_4$来说包括 M—O 和 Mn—O 键），M—O 键长会随着掺杂量的增加而缩短[10]。镍离子和钴离子均在锰 $16d$ 的位置上被取代。因而，有理由认为对 $LiM_xMn_{2-x}O_4$来说，M—O 和 Mn—O 键是非均匀收缩的，这是因为金属离子存在不同的氧化态（Ni^{2+}、Co^{3+}、Mn^{3+}或 Mn^{4+}等）。而且，可以预计随着镍离子和钴离子的增加，可以提高晶体的张力。图 23.5 为 $LiCo_xMn_{2-x}O_4$ ［见图 23.5(a)］和 $LiNi_xMn_{2-x}O_4$ ［见图 23.5(b)］的 Hall 曲线。正如所预计的，η 随着掺杂含量 x 值的增大而增大，然而对于镍来说，$x=0.5$ 时却是个例外。

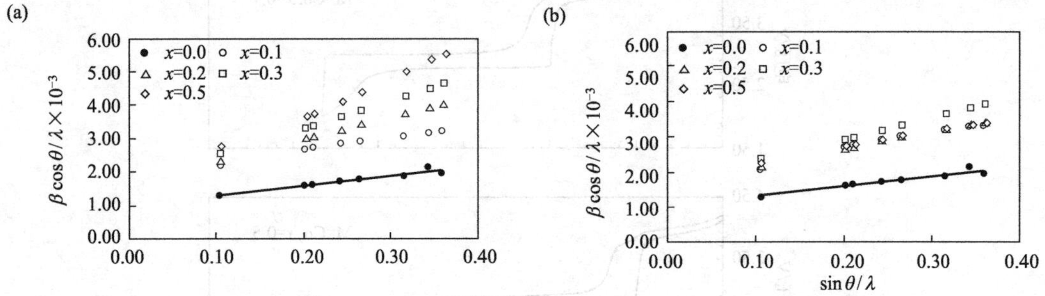

图 23.5　几种 x 值下的 $LiM_xMn_{2-x}O_4$的 $\sin\theta/\lambda-\cos\theta/\lambda$ 曲线（Hall 曲线）

(a) M=Co；(b) M=Ni

当 M=Co 时，η 值分别为 1.90×10^{-3}（$x=0.1$）、3.32×10^{-3}（$x=0.2$）、4.13×10^{-3}（$x=0.3$）、5.49×10^{-3}（$x=0.5$）；当 M=Ni 时，η 值分别为 2.34×10^{-3}（$x=0.1$）、2.44×10^{-3}（$x=0.2$）、3.05×10^{-3}（$x=0.3$）、2.19×10^{-3}（$x=0.5$）

图 23.6 显示了 $LiM_xMn_{2-x}O_4$正极在 1.0mA/cm²、2.0～4.2V 条件下的循环测试结果。$LiMn_2O_4$初始放电容量为 248.5mA·h/g，50 次循环后容量衰减为 187.9mA·h/g。对于 $LiM_{0.3}Mn_{1.7}O_4$，当 M 为 Co 时，初始放电容量和 50 次循环后的容量分别为 209.4mA·h/g 和 178.1mA·h/g；当 M 为 Ni 时，分别为 178.2mA·h/g 和 156.3 mA·h/g。循环容量保持率从 76%（$x=0$）增加到 85%（Co，$x=0.3$）和 88%（Ni，$x=0.3$）。充放电循环中样品的稳定性随着 η 值的增加而提高。综上所述，因为 $LiMn_2O_4$ 在充放电过程中从立方尖晶石结构转变为四方尖晶石结构，所以晶体尺寸和结构应力是非常重要的。$LiMn_2O_4$ 中的部分锰离子被钴或镍离子取代，提高了材料在 3～4V 工作区间内的结构稳定性，改善了材料的循环性能。

$LiMn_2O_4$或 $LiM_xMn_{2-x}O_4$正极可以与碳负极组成锂离子电池。在这种情况下，电池中锂的唯一来源是 $LiMn_2O_4$正极；另一方面，当前锂离子电池的主要问题为：在电池充电初期，电解质随着锂在碳负极上的不断消耗而消耗，这一降低涉及某种不可逆容量，它是锂在

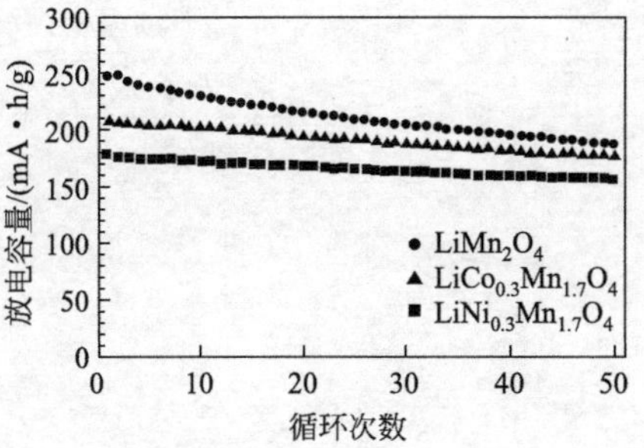

图 23.6　不同正极 Li/1mol/L $LiPF_6$ PC-DEC (1：4) /$LiM_xMn_{2-x}O_4$ 电池循环性能曲线电流密度为 1.0mA/cm^2、电压区间为 2.0～4.2V 条件下

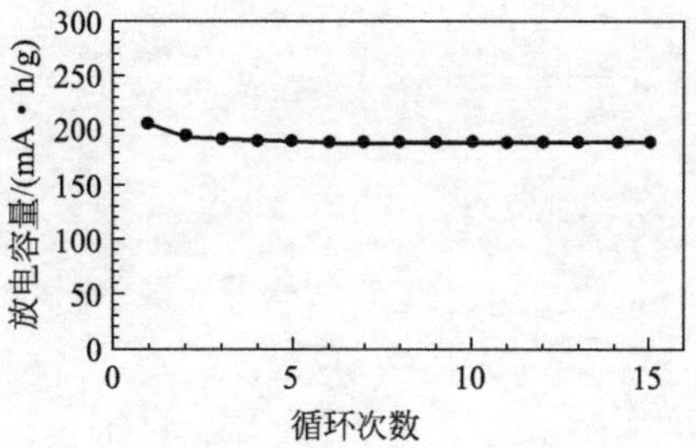

图 23.7　在 1.0mA/cm^2、2.0 和 4.2V 下，Li/1mol/L $LiPF_6$ PC-DEC (1：4) /$Li_{1.91}Mn_2O_4$ 电池循环性能曲线过锂 $Li_{1.91}Mn_2O_4$ 由样品 1 制备而得，初始充电容量为 239mA・h/g

碳中嵌入可逆容量的 20%～60%[11]。考虑到这些因素，作为 4V 或者 3～4V 正极，$LiMn_2O_4$或者 $LiM_xMn_{2-x}O_4$在使用前嵌入过量的锂是必要的。过锂的 $Li_{1.91}Mn_2O_4$是由 $LiMn_2O_4$在锂离子作为还原剂的有机溶剂中发生锂化反应而制得的[12]。图 23.7 显示了在 3～4V 工作区间中 $Li_{1.91}Mn_2O_4$的初始循环性能。如图所示，这个样品显示了优异的循环性能和近 190mA・h/g 的高容量。因此，使用过锂的 $LiMn_2O_4$正极材料是解决锂离子电池体系中锂损失问题的一个非常好的方案。

23.4 结论

$LiMn_2O_4$和 $LiM_xMn_{2-x}O_4$ (M＝Co，Ni) 化合物是通过熔盐浸渍法合成的。我们发现，在充放电过程中，晶粒尺寸和结构张力是 $LiMn_2O_4$晶体结构从立方尖晶石相转变为四方尖晶石相的重要影响因素，结构张力随着掺杂元素含量的增加而增加。具有较小晶粒尺寸和较高结构张力的样品在 3～4V 区间内显示了优异的循环性能。$LiMn_2O_4$、$LiCo_{0.3}Mn_{1.7}O_4$和 $LiM_xMn_{2-x}O_4$的循环容量保持率（第 50 次循环容量对第一次循环容量）分别为 76%、85%和 88%。在 $LiMn_2O_4$中，钴或镍离子对锰离子的取代增强了结构的稳定性，提高了其在 3～4V 工作区间的循环性能。$Li_{1.91}Mn_2O_4$是由 $LiMn_2O_4$锂化制备而成的，它显示了优异的循环性能和近 190mA・h/g 的高容量。

参考文献

1. K. Mizushima, P. C. Jones, P. J. Wiseman, J. B. Goodenough, *Mater. Res. Bull.*, **15** (1980) 783
2. J. R. Dahn, *J. Electrochem. Soc.*, **138** (1991) 2207
3. Y. Xia, M. Yoshio, *J. Electrochem. Soc.*, **143** (1996) 825
4. Y. Gao, J. R. Dahn, *J. Electrochem. Soc.*, **143** (1996) 1783
5. J. M. Tarascon, E. Wang, F. K. Sehokoohi, *J. Electrochem. Soc.*, **138** (1991) 2859
6. Y. Xia, H. Takeshige, H. Noguchi, M. Yoshio, *J. Power Sources*, **56** (1997) 61
7. T. Ohzuku, M. Kitagawa, T. Hirai, *J. Electrochem. Soc.*, **137** (1995) 769
8. W. H. Hall *J. Inst. Met.*, **75** (1950) 1127
9. K. Amine, H. Tukamoto, H. Yasuda, Y. Fujita, *J. Electrochem. Soc.*, **143** (1996) 1607
10. Li Gvohua, H. Ikuta, T. Uchida, M. Wakihara, *J. Electrochem. Soc.*, **143** (1996) 178
11. D. Peramunage, K. M. Abraham, *J. Electrochem. Soc.*, **145** (1998) 1131
12. J. M. Tarascom, D. Guyomard, *J. Electrochem. Soc.*, **138** (1991) 2864